T0220354

Von den natürlichen Zahlen zu den Quaternionen

Jürg Kramer · Anna-Maria von Pippich

Von den natürlichen Zahlen zu den Quaternionen

Basiswissen Zahlbereiche und Algebra

2., erweiterte Auflage

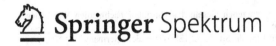 Springer Spektrum

Jürg Kramer
Institut für Mathematik
Humboldt-Universität zu Berlin
Berlin, Deutschland

Anna-Maria von Pippich
Fachbereich Mathematik und Statistik
Universität Konstanz
Konstanz, Deutschland

ISBN 978-3-658-36620-9   ISBN 978-3-658-36621-6   (eBook)
https://doi.org/10.1007/978-3-658-36621-6

Die Deutsche Nationalbibliothek verzeichnet diese Publikation in der Deutschen Nationalbibliografie;
detaillierte bibliografische Daten sind im Internet über http://dnb.d-nb.de abrufbar.

Planung/Lektorat: Iris Ruhmann
Springer Spektrum ist ein Imprint der eingetragenen Gesellschaft Springer Fachmedien Wiesbaden
GmbH und ist ein Teil von Springer Nature.
Die Anschrift der Gesellschaft ist: Abraham-Lincoln-Str. 46, 65189 Wiesbaden, Germany

Vorwort zur zweiten erweiterten Auflage

Das vorliegende Buch zum Aufbau der Zahlbereiche ist im Jahr 2013 zum ersten Mal unter dem gleichnamigen Titel erschienen. Aus dem nachfolgenden Vorwort zur ersten Auflage geht hervor, dass es das Ziel dieses Buchs ist, einen umfassenden und fundierten Aufbau der Zahlbereiche ausgehend von den natürlichen Zahlen bis hin zu den Hamiltonschen Quaternionen zu geben und dabei gleichzeitig algebraisches Wissen zu vermitteln, das damit in Zusammenhang steht.

Als Ergänzung zur ersten Auflage wurde in der vorliegenden zweiten Auflage zu jedem Kapitel ein Anhang hinzugefügt, der – im Gegensatz zum rigorosen Stil des Buches – in der lockeren Art eines Überblickberichts wesentliche Aspekte bis hin zu aktuellen Entwicklungen des Inhalts des entsprechenden Kapitels darstellt.

An dieser Stelle sei erwähnt, dass im Jahr 2017 eine ins Englische übersetzte Version dieses Buches mit dem Titel „From Natural Numbers to Quaternions" erschien, der die zuvor genannten Anhänge bereits hinzugefügt sind. Die englische Version wurde in der Reihe „Springer Undergraduate Mathematics Series" veröffentlicht.

Wir hoffen, dass dieses Buch Mathematikstudierenden, Lehrkräften sowie an Mathematik Interessierten hilft, die zum Teil existierende Ausbildungslücke zum Aufbau der Zahlbereiche zu schließen und dass die Anhänge den einen oder anderen Leser zu weiterführenden mathematischen Studien inspirieren.

Berlin, im September 2021
Jürg Kramer
Anna-Maria von Pippich

Vorwort zur ersten Auflage

Zentrales Anliegen dieses Buches ist eine elementare Einführung in den Aufbau der Zahlbereiche, wie ihn Studierende in den ersten Semestern ihres Mathematikstudiums benötigen. Ausgehend von den natürlichen Zahlen werden sukzessive alle weiteren umfassenden Zahlbereiche bis hin zu den reellen Zahlen, den komplexen Zahlen und den Hamiltonschen Quaternionen mit den dazu benötigten algebraischen Hilfsmitteln konstruiert. Unsere Erfahrung zeigt, dass in den Anfängervorlesungen für Mathematikstudierende oftmals die Zeit für einen fundierten Aufbau der Zahlbereiche fehlt, so dass mit diesem Buch ein Beitrag für das Schließen dieser Lücke geleistet wird.

Der Aufbau der Zahlbereiche stellt auch einen wichtigen Bestandteil in der fachwissenschaftlichen Ausbildung von Lehramtsstudierenden mit dem Fach Mathematik dar. Aus diesem Grund soll dieses Buch ebenfalls dazu beitragen, einen möglichst in sich abgeschlossenen und kompakten Aufbau der für die verschiedenen Schulstufen relevanten Zahlbereiche von einem fachwissenschaftlichen Standpunkt mit Blick auf fachdidaktische Aspekte zu geben.

Das Buch ist aus mehrfach an der Humboldt-Universität zu Berlin gehaltenen Vorlesungen zur elementaren Algebra und Zahlentheorie entstanden. Teile des Buchs „Zahlen für Einsteiger: Elemente der Algebra und Zahlentheorie" (Vieweg Verlag, Wiesbaden, 2008) des ersten Autors fanden in revidierter und ergänzter Form Eingang in dieses neu konzipierte Buch zum Aufbau der Zahlbereiche. Zahlreiche Übungsaufgaben mit ausführlichen Lösungen erleichtern dem Leser den Einstieg in die Thematik.

Die Realisierung des Buches wäre ohne die große Mithilfe vieler nicht möglich gewesen: An dieser Stelle möchten wir zuerst Frau Christa Dobers und Herrn Matthias Fischmann für das Tippen von ersten Manuskriptteilen danken. Weiter möchten wir all' den Studierenden danken, die durch ihre Mitschriften der Vorlesungen ebenfalls zu dem vorliegenden Text beigetragen haben. Überdies möchten wir allen unseren Kolleginnen und Kollegen, insbesondere Herrn Andreas Filler und Herrn Wolfgang Schulz, für ihre Verbesserungsvorschläge zu ersten Versionen des Manuskripts herzlich danken. Ein spezieller Dank geht dabei auch an Herrn Olaf Teschke für seine Mitarbeit bei der Erstellung der Aufgaben sowie an Frau Barbara Jung und Herrn André Henning für ihren Beitrag zu den Lösungen der Aufgaben. Schließlich möchten wir Herrn Christoph Eyrich für seine sehr kompetente Unterstützung bei der Gestaltung des Layouts des Buchs und Frau Ulrike

Schmickler-Hirzebruch für ihre stets motivierende und unterstützende Be-
treuung von Seiten des Verlages Springer Spektrum sehr herzlich danken.

Berlin, im Februar 2013   Jürg Kramer
                                                     Anna-Maria von Pippich

Inhalt

Einleitung

Zur Entwicklung der Zahlen und der Algebra

Zählen gehört zu einem der Uranliegen der Menschheit. Daher nimmt die Entwicklung von Zahl- und Ziffernbegriffen in jeder Zivilisation ihren speziellen Platz ein. Die enorme Leistungsfähigkeit unseres dezimalen Zahlensystems ist das Ergebnis Jahrhunderte, ja sogar Jahrtausende alter Anstrengungen, die eine gewaltige kulturelle Errungenschaft darstellen. Das Uranliegen, Objekte zu zählen, d. h. eine Menge von gleichwertigen Objekten, welcher Natur auch immer, in eine eineindeutige Beziehung zu einer einheitlich festgelegten Zahlenmenge zu bringen, stellt einen nicht unerheblichen Abstraktionsprozess dar.

In den großen Kulturen wurde dazu jeweils eine (mehr oder weniger) effektive Symbolik zur Bezeichnung dieser Zahlen entwickelt. Es sei in diesem Zusammenhang an die babylonischen Keilschriftzeichen, die ägyptischen Hieroglyphen, die römischen Ziffern oder die indischen Schriftzeichen zur Kennzeichnung von Zahlen erinnert. Erst nachdem sich das indische dezimale Stellenwertsystem über den arabischen Raum kommend im 13./14. Jahrhundert im westlichen Europa etablierte, entstanden die uns heute bekannten „arabischen Ziffern".

Mit der Entwicklung von Zahlensystemen geht relativ unmittelbar auch die Entwicklung von Rechenverfahren einher. In diesem Bezug waren beispielsweise die babylonischen und indischen Zahlensysteme den ägyptischen und römischen deutlich überlegen. Allerdings blieben die Rechenverfahren sowohl in den alten Kulturen als auch im westlichen Europa bis ins späte 15. Jahrhundert nur einem sehr begrenzten Personenkreis vorbehalten, den sogenannten Rechenmeistern. Erst durch die Rechenbücher von Adam Ries, die sich an das „Liber abbaci" des Leonardo da Pisa, bekannt unter dem Namen Fibonacci, anlehnen, wurden die uns heute geläufigen Rechenverfahren ab dem 16. Jahrhundert dem „allgemeinen Volk" zugänglich gemacht. Die Verbreitung der Rechenverfahren ist auf der Gelehrtenseite mit einer Systematisierung der Arithmetik verknüpft, welche sukzessive in die Entwicklung der Algebra mündet. Zunächst hat die Algebra nur Werkzeugcharakter, verselbstständigt sich in der Folge aber mehr und mehr und entwickelt sich schließlich zu der eigenständigen Disziplin, wie wir sie heute kennen. Bei einem fundierten Aufbau der Zahlbereiche von einem fachwissenschaftlichen Standpunkt aus wird also die Algebra eine wichtige Rolle spielen.

Ein erster Blick auf die Zahlbereiche

Wir alle erinnern uns an unsere Schulzeit, in der uns zunächst die Zahlen
$1, 2, 3, \ldots$, dann Quadratwurzeln solcher Zahlen, z. B. $\sqrt{2}$, und etwas später
die Kreiszahl π und möglicherweise sogar die Eulersche Zahl e begegne-
ten. Bei der ersten Begegnung mit diesen Zahlen war uns nicht bewusst,
dass letztlich ein gewaltiger Apparat bereit gestellt werden muss, um einen
Zahlbereich zu kreieren, der alle diese Zahlen enthält und in dem man „ver-
nünftig" rechnen kann, nämlich der Bereich der reellen Zahlen. Die Schöp-
fung dieses Zahlbereichs stellt eine hervorragende Leistung des menschli-
chen Geistes dar, und es ist wesentliches Hauptanliegen dieses Buches, Studierenden den Aufbau der reellen Zahlen näher zu bringen, um sie mit der
Feinstruktur dieser Zahlen vertraut zu machen.

Das letztlich Verblüffende ist die Tatsache, dass die Menge der reellen
Zahlen $\mathbb{R}$ im Wesentlichen aus der Zahl 1 (Eins) hervorgeht. Wir wollen diese Erkenntnis im Folgenden kurz skizzieren; ihre fundierte Umsetzung ist
dann Hauptgegenstand dieses Buchs. Identifiziert man die Zahl 1 zunächst
mit einem Gegenstand und nimmt einen weiteren Gegenstand derselben
Art dazu, so hat man also zwei Gegenstände und gewinnt somit die Zahl
2. Man kann diesen Prozess dahingehend formalisieren, dass man $2 = 1 + 1$
schreibt. Indem man dieses Vorgehen fortsetzt, erhält man der Reihe nach
die Zahlen

$$3 = 2 + 1 = 1 + 1 + 1,$$
$$4 = 3 + 1 = 1 + 1 + 1 + 1,$$
$$\ldots,$$

d. h. die Menge der natürlichen Zahlen $\mathbb{N}$ bis auf die Zahl 0 (Null), die wir
im nächsten Schritt gewinnen und zu den natürlichen Zahlen hinzufügen
werden. Man kann sagen, dass die Zahl 1 jede positive natürliche Zahl additiv erzeugt, d. h. die Zahl 1 ist – additiv gesehen – das Atom, aus dem jede
positive natürliche Zahl hervorgeht.

Wir stellen uns die natürlichen Zahlen $1, 2, 3, \ldots$ in regelmäßigen Abständen wie die Perlen einer Kette von links mit 1 beginnend nach rechts anein-
andergereiht vor. Wir können dies auch geometrisch darstellen. Dazu wählen wir eine Einheitsstrecke; diese tragen wir, ausgehend von einem Punkt
P einer Geraden G, entlang dieser Geraden nach rechts ab. Wir bezeichnen
den dadurch konstruierten Punkt auf der Geraden mit 1. Indem wir so fortfahren, erhalten wir als nächstes den Punkt, den wir mit 2 bezeichnen, usw.:

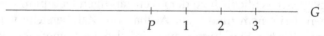

Allein schon aus Symmetriegründen besteht nun der Wunsch, diesen Prozess auch nach links auszuführen. Natürlich muss man den neu gewonne-

nen Punkten neue Bezeichnungen geben. Wir bezeichnen das Spiegelbild der 1 am Punkt P mit -1, usw., und erhalten:

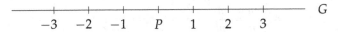

Den Spiegelpunkt P benennen wir schließlich mit 0. Was hier auf sehr anschauliche Weise gewonnen wurde, ist der Prozess der Erweiterung des Zahlbereichs der natürlichen Zahlen $\mathbb{N}$ zum Zahlbereich der ganzen Zahlen $\mathbb{Z}$. Dies kann man algebraisch dadurch interpretieren, dass man die Lösbarkeit der Gleichung

$$x + n = m \quad (m, n \in \mathbb{N})$$

uneingeschränkt möglich macht.

Bisher haben wir ausschließlich den additiven Standpunkt eingenommen. Wir können nun aber natürliche bzw. ganze Zahlen in einer zweiten Art, nämlich multiplikativ, miteinander verknüpfen. So wie das Addieren als entsprechendes hintereinander Abtragen von Einheitsstrecken interpretiert werden kann, kann das Multiplizieren als Flächenmessung bzgl. des Einheitsquadrates (das Quadrat, dessen Seiten gleich der Einheitsstrecke sind) deuten. Indem man für $n \in \mathbb{N}$ definiert

$$n \cdot 0 := 0$$

und dann für $m \in \mathbb{N}$ induktiv

$$n \cdot (m + 1) := (n \cdot m) + n$$

festlegt, erhält man das formale Pendant dazu. So wie wir die 1 als Atom zum additiven Aufbau der natürlichen und ganzen Zahlen erkannt haben, kann man sich jetzt die entsprechende Frage im multiplikativen Fall stellen. Die Antwort fällt deutlich komplexer aus: Man wird auf die (unendliche Menge der) Primzahlen geführt. Dass nun jede ganze Zahl (abgesehen von der Reihenfolge und Einheiten) eindeutig durch ein Produkt von Primzahlen dargestellt werden kann, ist nicht von vornherein klar. Es ist dies der Inhalt des Fundamentalsatzes der Arithmetik.

Von einem algebraischen Standpunkt aus gesehen, kann man sich in Analogie zum additiven Fall nun auch im multiplikativen Fall nach der uneingeschränkten Lösbarkeit der Gleichung

$$n \cdot x = m \quad (m, n \in \mathbb{Z})$$

fragen. Natürlich besteht keine Lösung, wenn $n = 0$ und $m \neq 0$ ist. Wie steht es aber im Fall $n \neq 0$? Im allgemeinen wird es keine Lösung $x \in \mathbb{Z}$ geben, außer es ist n ein Teiler von m. Um diese Einschränkung zu überwinden, wird man auf den Bereich der rationalen Zahlen geführt. Solche Zahlen sind uns als „Brüche" $r = \frac{m}{n}$ ($m, n \in \mathbb{Z}$; $n \neq 0$) bekannt. Allerdings ist zu beachten, dass die Darstellung von r in der Form $\frac{m}{n}$ nicht eindeutig ist: Wir können Zähler und Nenner nämlich beliebig erweitern bzw. kürzen, d. h. wir haben die Beziehung

$$r = \frac{m}{n} = \frac{m'}{n'} \iff m \cdot n' = n \cdot m'.$$

Für das Verständnis von $\mathbb{Q}$ ist also wesentlich, dass wir uns unter einer rationalen Zahl eine Klasse von Paaren ganzer Zahlen vorzustellen haben.

Es gibt nun mehrere Möglichkeiten, eine weitere Zahlbereichserweiterung zu motivieren. So stellt man beispielsweise nach griechischem Vorbild mit Hilfe des Fundamentalsatzes der Arithmetik einfach fest, dass die Länge der Diagonalen im Einheitsquadrat, d. h. die „Zahl" $\sqrt{2}$, nicht rational ist, was nach einer Zahlbereichserweiterung von $\mathbb{Q}$ verlangt. Eine alternative Motivation ist die folgende: Indem wir die zuvor für die ganzen Zahlen gewonnene geometrische Darstellung als Punkte einer Geraden mit Hilfe der Strahlensätze auf die Menge der rationalen Zahlen erweitern, erhalten wir diese als weitere Punkte auf der Zahlengeraden, die „dicht gepackt" erscheinen. Es erhebt sich die Frage, ob denn die auf diese Weise neu gewonnenen Punkte die gesamte Zahlengerade ausfüllen, d. h. die Frage nach der Lückenlosigkeit der Zahlengeraden. Die Antwort fällt bekannterweise negativ aus und motiviert, die Lücken zu „stopfen". Ein weiteres Mal ist man auf eine Zahlbereichserweiterung von $\mathbb{Q}$ und somit auf die Konstruktion der reellen Zahlen $\mathbb{R}$ geführt. Dieser nicht ganz triviale Prozess der sogenannten Vervollständigung der rationalen Zahlen hat weitreichende Konsequenzen, indem er die Basis für die Analysis legt und somit z. B. erst die Behandlung von Differentialgleichungen, welche sehr viele Vorgänge in unserer Welt beschreiben, möglich macht.

Zur Gliederung der Inhalte im Einzelnen

Zur Einführung der natürlichen Zahlen kann man sich an verschiedenen Aspekten orientieren. Meistens wird auf den *Kardinalzahlaspekt* (Zählaspekt) oder den *Ordinalzahlaspekt* (Ordnungszahlaspekt) der natürlichen Zahlen zurückgegriffen. Dabei deutet der Kardinalzahlaspekt die natürlichen Zahlen als Äquivalenzklassen gleichmächtiger Mengen; der Ordinalzahlaspekt hingegen baut auf die Voraussetzung, dass die Menge der natürlichen Zahlen einen Anfang besitzt, dass jede natürliche Zahl genau eine nachfolgende Zahl hat und dass voneinander verschiedene natürliche Zahlen voneinander verschiedene Nachfolger haben. Im Rahmen unserer axiomatischen Herangehensweise knüpfen wir an den Ordinalzahlaspekt an und begründen die natürlichen Zahlen zu Beginn des ersten Kapitels mit Hilfe der Peano-Axiome. Mit Hilfe des fünften Peano-Axioms, dem Axiom der vollständigen Induktion, definieren wir Addition und Multiplikation natürlicher Zahlen und leiten die üblichen Rechengesetze her. Im zweiten Teil des ersten Kapitels entwickeln wir die Teilbarkeitslehre natürlicher Zahlen; das Hauptergebnis dieses Teils ist der Beweis des Fundamentalsatzes der Arithmetik. Das erste Kapitel schließt mit einem Abschnitt zur Division mit Rest, welche für die Dezimaldarstellung von Zahlen eine wichtige Rolle spielt.

Die im ersten Kapitel entwickelten Strukturen der Addition und Multiplikation natürlicher Zahlen werden im zweiten Kapitel abstrahiert und führen zur Definition von Halbgruppen und Monoiden. Diese Begriffe stehen am Anfang einer Systematisierung des Aufbaus der Zahlbereiche durch die Algebra, die wir im zweiten und dritten Kapitel im Rahmen des Notwendigen entwickeln. Im zweiten Kapitel konzentrieren sich unsere Ausführungen vor allem auf einen elementaren Aufbau der Gruppentheorie: es werden Gruppen, Untergruppen, Normalteiler, Gruppenhomomorphismen, Nebenklassen und Faktorgruppen eingeführt. Am Ende dieser theoretischen Überlegungen steht die Erkenntnis, dass kommutative, reguläre Halbgruppen im Wesentlichen eindeutig zu Gruppen erweitert werden können. Dies liefert insbesondere die mathematisch fundierte Erweiterung der additiven Halbgruppe $(\mathbb{N}, +)$ der natürlichen Zahlen zur additiven Gruppe $(\mathbb{Z}, +)$ der ganzen Zahlen.

Die Erweiterung der Multiplikation natürlicher Zahlen auf den neu konstruierten Bereich der ganzen Zahlen führt zum algebraischen Konzept eines Rings. Das Studium der Grundaspekte der Ringtheorie ist Gegenstand des dritten Kapitels: dazu werden Ringe, Unterringe, Ideale, Ringhomomorphismen und Faktorringe studiert. Mit den Integritätsbereichen und Körpern werden spezielle Klassen von kommutativen Ringen entdeckt, die wiederum im Hinblick auf den Aufbau der Zahlbereiche eine besondere Rolle spielen; in Körpern ist beispielsweise die Division mit Ausnahme der Null jeweils uneingeschränkt ausführbar. Wir werden erkennen, dass sich Integritätsbereiche immer zu Körpern erweitern lassen. Da sich der Ring $(\mathbb{Z}, +, \cdot)$ als Integritätsbereich herausstellt, gelangen wir unter Anwendung dieses Ergebnisses zum Körper $(\mathbb{Q}, +, \cdot)$ der rationalen Zahlen. Das dritte Kapitel schließt mit einer Diskussion über spezielle Ringe, was durch eine algebraische Systematisierung der Teilbarkeitslehre motiviert ist.

Zu Beginn des vierten Kapitels übertragen wir die Dezimaldarstellung ganzer Zahlen auf die im dritten Kapitel konstruierten rationalen Zahlen. Wir erhalten damit die Dezimalbruchentwicklung rationaler Zahlen. Es stellt sich dabei heraus, dass diese Entwicklungen entweder abbrechend oder periodisch sind. Es ergibt sich unmittelbar die Frage nach einem umfassenderen Zahlbereich, der „Zahlen" mit beliebiger Dezimalbruchentwicklung enthält. Wie sich zeigen wird, ist dies der Bereich der reellen Zahlen, aber bis zu dessen Konstruktion ist es noch ein langer Weg: Mit Hilfe des Faktorrings der rationalen Cauchyfolgen modulo dem Ideal der rationalen Nullfolgen konstruieren wir zunächst einen $\mathbb{Q}$ umfassenden Körper. Wir stellen fest, dass dieser Körper vollständig ist, d. h. dass jede Cauchyfolge mit Elementen aus diesem Körper einen Grenzwert in diesem Körper besitzt. Mit dieser Kenntnis gelingt uns die Erkenntnis, dass sich dieser abstrakt konstruierte Körper mit der Menge der unendlichen Dezimalzahlen identifizieren lässt. Damit sind wir zum Körper $\mathbb{R}$ der reellen Zahlen geführt. Im letzten Teil des Kapitels thematisieren wir alternative Charakterisierungen der Vollständigkeit von $\mathbb{R}$, wie z. B. die Existenz des Supremums einer nach oben beschränkten Teilmenge von $\mathbb{R}$. Ein weiterer wesentlicher Punkt zum Abschluss dieses Kapitels ist die Identifikation von $\mathbb{R}$ mit der Zahlengeraden, welche erst möglich wird, nachdem die klassischen Axiome der Euklidischen Geometrie um ein Axiom erweitert werden, welches sozusagen die Lückenlosigkeit der Zahlengeraden postuliert.

Das fünfte Kapitel geht zunächst der Frage nach einer weiteren Erweiterung des Bereichs der reellen Zahlen nach: Nachdem die Bereiche der ganzen und der rationalen Zahlen dadurch begründet wurden, dass durch diese Zahlbereichserweiterungen die uneingeschränkte Lösbarkeit der linearen Gleichung

$$a \cdot x + b = c \quad (a, b, c \in \mathbb{Q}; a \neq 0)$$

ermöglicht wird, erhebt sich automatisch die Frage nach der Lösbarkeit von Gleichungen höheren, z. B. zweiten, Grades. Mit quadratischer Ergänzung erkennt man, dass das Lösen quadratischer Gleichungen auf die Existenz von Quadratwurzeln hinausläuft. Für positive reelle Zahlen erweist sich dies im Bereich der reellen Zahlen als immer möglich. Allerdings findet man für negative reelle Zahlen niemals eine reelle Quadratwurzel. Durch die Festlegung, dass die Zahl -1 die imaginäre Einheit i als eine Quadratwurzel besitzt, werden wir auf den Körper $\mathbb{C}$ der komplexen Zahlen geführt. Nach der Konstruktion von $\mathbb{C}$ gelangen wir zur Erkenntnis, dass das Quadratwurzelziehen im Bereich der komplexen Zahlen uneingeschränkt möglich ist. Dass damit sogar jede polynomiale Gleichung mit komplexen Koeffizienten auch komplexe Nullstellen hat, ist die Aussage des Fundamentalsatzes der Algebra, von dem wir einen elementaren Beweis geben. Im zweiten Teil des Kapitels untersuchen wir die Feinstruktur der reellen (und komplexen) Zahlen. Dabei werden wir auf die sogenannten algebraischen und transzendenten Zahlen geführt. Obgleich transzendente Größen a priori weniger einfach handhabbar zu sein scheinen, zeigt ihre Charakterisierung, dass sie sich besonders gut durch rationale Zahlen approximieren lassen. Das Kapitel schließt mit einem Transzendenzbeweis der Eulerschen Zahl $e = 2,718\ldots$

Im sechsten und letzten Kapitel besteht das Ziel, nach Körpern zu suchen, die den Körper der komplexen Zahlen $\mathbb{C}$ zu einem noch umfassenderen Körper erweitern. Da man $\mathbb{C}$ als 2-dimensionalen reellen Vektorraum auffassen kann, ist es naheliegend, in einem ersten Schritt nach einem Körper zu suchen, der aus einem 3-dimensionalen reellen Vektorraum hervorgeht. Es stellt sich aber heraus, dass ein solcher Körper nicht existiert. Sucht man nun nach einem Körper, der aus einem 4-dimensionalen reellen Vektorraum gewonnen werden kann, so werden wir feststellen, dass dies möglich ist, sobald wir die Forderung nach der Kommutativiät der Multiplikation aufgeben. Wir sind so auf die Konstruktion des Schiefkörpers der Hamilton-schen Quaternionen geführt, mit deren Untersuchung wir unseren Aufbau der Zahlbereiche beschließen.

Anhänge zu den einzelnen Kapiteln für den interessierten Leser

Wie im Vorwort bereits bemerkt, wurden in der vorliegenden zweiten Auflage die sechs Kapitel zum Aufbau der Zahlbereiche durch jeweils einen Anhang ergänzt. Diese Anhänge sind für die interessierten Leserinnen und Leser gedacht, die sich ein Bild davon machen möchten, zu welchen weiteren Entwicklungen der zur Diskussion stehende Zahlbereich im Verlauf der Geschichte bis hin zu aktuellen Ergebnissen Anlass gegeben hat bzw. nachwievor gibt. Im Gegensatz zur systematischen Aufbereitung des mathematischen Apparats, der zum vollständigen Verständnis des Aufbaus der Zahlbereiche nötig ist, haben wir uns bei der Zusammenstellung der Anhänge eines Stils bedient, der Überblickscharakter hat. Damit können die Anhänge weitestgehend unabhängig vom Rest des Buches gelesen werden und sollen insbesondere Studierenden einen ersten Einblick in aktuelle Forschungsfragen vermitteln. Die Wahl der Inhalte der Anhänge ist wesentlich durch den persönlichen mathematischen Geschmack der Autoren geprägt.

Der Anhang zum ersten Kapitel gibt Auskunft über interessante und aktuelle Entwicklungen zum Thema Primzahlen bis zu heute noch ungelösten Vermutungen. Der Anhang zum zweiten Kapitel gibt eine Einführung in das Rechnen mit Kongruenzen, welches sich insbesondere für kryptographische Zwecke eignet; darauf aufbauend wird das RSA-Verschlüsselungsverfahren mit seinen Stärken und Schwächen vorgestellt. Im Anhang zum dritten Kapitel geht es um das Finden rationaler Lösungen polynomialer Gleichungen in mehreren Variablen (mit ganzzahligen Koeffizienten), wobei das prominenteste Beispiel vermutlich durch die ganzzahlig nur trivial lösbare Fermat-Gleichung $X^d + Y^d = Z^d$ für natürliche Exponenten $d > 2$ gegeben ist. Nachdem im vierten Kapitel durch Vervollständigung der rationalen Zahlen bezüglich des (archimedischen) Absolutbetrags die reellen Zahlen gewonnen wurden, wird im Anhang die sogenannte p-adische Vervollständigung vorgestellt, die zu den p-adischen Zahlen $\mathbb{Q}_p$ führt, welche im Rahmen des Lokal-Global-Prinzips ihrerseits für das Finden rationaler Lösungen polynomialer Gleichungen sehr hilfreich sind. Nach der Konstruktion der komplexen Zahlen im fünften Kapitel bietet sich als Thema des diesbezüglichen Anhangs die Frage nach der Darstellbarkeit der Nullstellen von Polynomen in einer Variablen (mit komplexen Koeffizienten) durch Radikalausdrücke an, die sich im Allgemeinen als unmöglich erweist, sobald der Grad des Polynoms größer als vier ist; dies führt uns unmittelbar zur Galoistheorie und zum aktuellen Thema der sogenannten Galoisdarstellungen. Im Anhang des letzten Kapitels gehen wir schließlich der Frage nach, welche Zahlbereiche es nach den Hamiltonschen Quaternionen noch geben kann; es zeigt sich, dass unter zusätzlicher Aufgabe der Assoziativität der Multiplikation nur noch eine weitere Zahlbereichserweiterung möglich ist, die uns zu den Cayleyschen Oktonionen führt und damit das Thema dieses Buches in sehr schöner Weise abrundet.

Voraussetzungen für den Leser

Voraussetzung für das Studium dieses Buchs ist die naive Mengenlehre. Wir gehen also davon aus, dass der interessierte Leser/die interessierte Leserin den Mengenbegriff kennt, die Begriffe des Elementseins und des Enthaltenseins sowie die Operationen der Vereinigung, des Durchschnitts und der Differenz von Mengen bekannt sind. Weiter werden der Abbildungsbegriff zwischen Mengen und die Begriffe Injektivität, Surjektivität und Bijektivität von Abbildungen als bekannt angenommen. Einzig im fünften und sechsten Kapitel wird an passender Stelle auf die Theorie endlich dimensionaler Vektorräume Bezug genommen, und es werden Elemente der Differential- und Integralrechnung reeller Veränderlicher verwendet.

I Die natürlichen Zahlen

1. Die Peano-Axiome

Wir beginnen unsere Betrachtungen zur elementaren Zahlentheorie mit einer Diskussion über die Menge der natürlichen Zahlen. Nach Leopold Kronecker ist die Menge der natürlichen Zahlen $\{0,1,2,\dots\}$ zusammen mit der den meisten Lesern wohlvertrauten Addition und Multiplikation von Gott gegeben. Es soll hier nicht weiter über diesen Zugang zu den natürlichen Zahlen philosophiert werden. Vielmehr wollen wir zum Aufbau der Zahlbereiche in diesem Buch einen axiomatischen Standpunkt einnehmen und definieren die natürlichen Zahlen mit Hilfe der von Giuseppe Peano zugrunde gelegten Axiome.

Definition 1.1 (Peano-Axiome). Die Menge $\mathbb{N}$ *der natürlichen Zahlen* wird durch die folgenden Axiome charakterisiert:

(i) Die Menge $\mathbb{N}$ ist nicht leer; es gibt ein ausgezeichnetes Element $0 \in \mathbb{N}$.

(ii) Zu jedem Element $n \in \mathbb{N}$ gibt es ein wohlbestimmtes Element $n^* \in \mathbb{N}$ mit $n^* \neq n$; das Element n^* wird *der (unmittelbare) Nachfolger von n* genannt, n wird *der (unmittelbare) Vorgänger von n^** genannt.

(iii) Es gibt kein Element $n \in \mathbb{N}$, für dessen Nachfolger n^* die Beziehung $n^* = 0$ gilt, d. h. das Element 0 besitzt keinen Vorgänger und ist somit *das erste Element*.

(iv) Besteht für zwei natürliche Zahlen n_1, n_2 die Gleichheit $n_1^* = n_2^*$, so folgt daraus $n_1 = n_2$, d. h. die Nachfolgerbildung induziert eine injektive Abbildung von $\mathbb{N}$ nach $\mathbb{N}$.

(v) *Prinzip der vollständigen Induktion:* Ist T eine Teilmenge von $\mathbb{N}$ mit der Eigenschaft, dass $0 \in T$ gilt (Induktionsanfang) und dass mit $t \in T$ (Induktionsvoraussetzung) auch $t^* \in T$ (Induktionsschritt) ist, so muss $T = \mathbb{N}$ gelten.

Bemerkung 1.2. Wir bemerken an dieser Stelle, dass *der* Nachfolger einer natürlichen Zahl n den unmittelbaren Nachfolger n^* bedeutet. Dagegen bedeutet *ein* Nachfolger einer natürlichen Zahl n ein Element der Menge $\{n^*, n^{**}, n^{***}, \dots\}$; wir sprechen vom ersten Nachfolger, vom zweiten Nachfolger bzw. vom dritten Nachfolger von n etc.. Entsprechende Bezeichnungen gelten für Vorgänger von n.

Bemerkung 1.3. Sukzessive legt man nun mit Hilfe der Definition 1.1 die uns wohlvertrauten Bezeichnungen fest:

© Springer Fachmedien Wiesbaden GmbH, ein Teil von Springer Nature 2022
J. Kramer und A.-M. von Pippich, *Von den natürlichen Zahlen zu den Quaternionen*,
https://doi.org/10.1007/978-3-658-36621-6_1

$$1 := 0^*, 2 := 1^* = 0^{**}, 3 := 2^* = 1^{**} = 0^{***}, \ldots,$$

wobei die mehrfachen Sterne entsprechende mehrfache Nachfolgerbildung bezeichnen. Die Menge $\mathbb{N}$ der natürlichen Zahlen erscheint somit in der uns wohlbekannten Weise als

$$\mathbb{N} = \{0, 1, 2, 3, \ldots\}.$$

Das Axiom (v) aus Definition 1.1 bildet die Grundlage für Beweise mit Hilfe vollständiger Induktion, kurz für Induktionsbeweise: Soll nachgewiesen werden, dass alle natürlichen Zahlen eine gewisse Eigenschaft besitzen, so weist man zunächst nach, dass die natürliche Zahl 0 diese Eigenschaft besitzt (Induktionsanfang), nimmt anschließend an, dass diese Eigenschaft für eine natürliche Zahl n ($n \in \mathbb{N}$, beliebig, aber fest) erfüllt ist (Induktionsvoraussetzung), und zeigt schließlich, dass damit auch der Nachfolger n^* diese Eigenschaft erfüllt. Mit dem Axiom (v) gilt die Eigenschaft somit für alle $n \in \mathbb{N}$.

Es sei an dieser Stelle bemerkt, dass das Prinzip der vollständigen Induktion in der folgenden, modifizierten Form formuliert werden kann: Ist T eine Teilmenge von $\mathbb{N}$ mit der Eigenschaft, dass $n_0 \in T$ gilt (Induktionsanfang) und dass mit $t \in T$ (Induktionsvoraussetzung) auch $t^* \in T$ (Induktionsschritt) ist, so muss $T \supseteq \{n_0, n_0^*, \ldots\}$ gelten. Entsprechende Induktionbeweise erfassen dann nicht alle natürlichen Zahlen, sondern nur diejenigen, welche Nachfolger von n_0 sind.

Bemerkung 1.4. Man kann sich fragen, ob die Menge der natürlichen Zahlen, so wie wir sie gerade definiert haben, existiert und ob ein *Modell* für die Peano-Axiome existiert. Mit Hilfe der Mengenlehre lässt sich nachweisen, dass diese beiden Fragen positiv beantwortet werden können. Darüber hinaus beweist man, dass die natürlichen Zahlen eindeutig festgelegt sind, d. h. dass alle Modelle für die Peano-Axiome äquivalent, genauer gesagt isomorph, sind. Wir verweisen in diesem Zusammenhang auf die ausgewählte Literatur zum Mengen-, Zahl- und Ziffernbegriff am Ende des Buches.

Mit der folgenden Definition legen wir jetzt Addition und Multiplikation natürlicher Zahlen fest.

Definition 1.5. *Addition* bzw. *Multiplikation* natürlicher Zahlen m, n werden induktiv wie folgt definiert:

$$\text{Addition: } n + 0 := n, \, n + m^* := (n + m)^* \tag{1}$$

bzw.

$$\text{Multiplikation: } n \cdot 0 := 0, \, n \cdot m^* := (n \cdot m) + n. \tag{2}$$

Bemerkung 1.6. Mit Hilfe von Definition 1.5 werden in der Tat Addition und Multiplikation natürlicher Zahlen festgelegt. Will man beispielsweise zur natürlichen Zahl n die natürliche Zahl m addieren, so ist die *Summe* $n + m$ nach (1) wie folgt festgelegt: wir schreiben m in der Form $m = 0^{* \cdots *}$ (mit m Sternen, d. h. m ist der m-te Nachfolger von 0); es gilt zunächst $n + 0 = n$, somit haben wir dann

$$n + 1 = n + 0^* = (n + 0)^* = n^*,$$
$$n + 2 = n + 0^{**} = (n + 0^*)^* = (n + 1)^* = n^{**},$$
$$\vdots$$
$$n + m = n + 0^{* \cdots *} = n^{* \cdots *} \ (m\text{-mal}),$$

d. h. die Summe $n + m$ ist also gegeben als der m-te Nachfolger von n. Entsprechend ist das *Produkt* $n \cdot m$ von $n, m \in \mathbb{N}$ durch (2) festgelegt. Wir bemerken, dass wir im Laufe der Zeit den Malpunkt $\cdot$ nicht mehr notieren und damit für das Produkt von n mit m nur noch nm schreiben werden.

Mit Hilfe der Peano-Axiome weisen wir nun nach, dass für die Addition und Multiplikation die bekannten Rechengesetze gelten.

Lemma 1.7. *Es seien n, m, p beliebige natürliche Zahlen. Dann gelten die Rechengesetze:*
■ *Assoziativgesetze:*

$$n + (m + p) = (n + m) + p,$$
$$n \cdot (m \cdot p) = (n \cdot m) \cdot p.$$

■ *Kommutativgesetze:*

$$n + m = m + n,$$
$$n \cdot m = m \cdot n.$$

■ *Distributivgesetze:*

$$(n + m) \cdot p = (n \cdot p) + (m \cdot p),$$
$$p \cdot (n + m) = (p \cdot n) + (p \cdot m).$$

Beweis. Wir führen exemplarisch den Beweis zur Gültigkeit des Kommutativgesetzes der Addition vor: Dazu bedienen wir uns eines doppelten Induktionsbeweises, nämlich einer vollständigen Induktion nach m und, darin eingelagert, einer vollständigen Induktion nach n.

(i) Wir beginnen mit dem Induktionsanfang für $m = 0$: Wir haben

$$n + 0 = 0 + n$$

für alle $n \in \mathbb{N}$ zu zeigen. Da nach (1) $n + 0 = n$ gilt, haben wir $0 + n = n$ zu zeigen; dies tun wir mit vollständiger Induktion nach n. Für $n = 0$ ist die behauptete Aussage richtig. Unter der Induktionsvoraussetzung, dass $0 + n = n$ für ein $n \in \mathbb{N}$ gilt, haben wir $0 + n^* = n^*$ zu zeigen. Unter Beachtung von (1) und der Induktionsvoraussetzung stellen wir aber leicht fest, dass

$$0 + n^* = (0 + n)^* = n^*$$

gilt. Dies komplettiert die vollständige Induktion nach n und zugleich den Induktionsanfang für $m = 0$.

(ii) Wir machen nun die Induktionsvoraussetzung, dass für ein $m \in \mathbb{N}$ die Gleichheit

$$n + m = m + n$$

für alle $n \in \mathbb{N}$ besteht. Unter dieser Voraussetzung behaupten wir nun, dass damit auch

$$n + m^* = m^* + n$$

für alle $n \in \mathbb{N}$ gilt. Bevor wir dies aber tun, zeigen wir zunächst, dass $m^* + n = (m + n)^*$ für alle $n \in \mathbb{N}$ gilt, wiederum mit vollständiger Induktion nach n. Für $n = 0$ folgt diese Aussage erneut unmittelbar aus (1). Unter der Induktionsvoraussetzung $m^* + n = (m + n)^*$ gilt es nun zu zeigen, dass dann auch $m^* + n^* = (m + n^*)^*$ gilt. Dies ergibt sich sofort unter zweimaliger Beachtung von (1) und der Induktionsvoraussetzung, nämlich

$$m^* + n^* = (m^* + n)^* = \big((m + n)^*\big)^* = (m + n^*)^*.$$

Damit können wir die vollständige Induktion nach m abschließen. Unter Beachtung von (1), der Induktionsvoraussetzung und der soeben bewiesenen Gleichheit haben wir nämlich

$$n + m^* = (n + m)^* = (m + n)^* = m^* + n.$$

Damit ist die Kommutativität der Addition natürlicher Zahlen bewiesen.
$\square$

Aufgabe 1.8. Beweisen Sie die übrigen Rechengesetze der Addition und Multiplikation aus Lemma 1.7.

Bemerkung 1.9. Im Zusammenhang mit den Distributivgesetzen bemerken wir, dass die Multiplikation stärker bindet als die Addition. In Erinnerung an die Bemerkung, dass wir das Notieren des Malpunktes unterdrücken dürfen, erscheinen die Distributivgesetze dann in der Form

$$(n + m)p = np + mp,$$
$$p(n + m) = pn + pm.$$

Aufgabe 1.10. Beweisen Sie folgende Aussage: Das Produkt zweier natürlicher Zahlen m und n ist genau dann gleich 0, wenn mindestens eine der beiden Zahlen gleich 0 ist.

Bemerkung 1.11. Bei der vorhergehenden Definition von Addition und Multiplikation natürlicher Zahlen haben wir angenommen, dass Funktionen auf der Menge der natürlichen Zahlen rekursiv definiert werden können. Mit Hilfe des Prinzips der vollständigen Induktion kann man in der Tat beweisen, dass eine Funktion f auf $\mathbb{N}$ dadurch festgelegt ist, dass der Wert $f(0)$ definiert wird und dass der Wert $f(m^*)$ mit Hilfe von m und $f(m)$ definiert wird.

Zur Vereinfachung der Notation wollen wir jetzt noch die Potenzschreibweise einführen.

Definition 1.12. Es seien a und m zwei natürliche Zahlen. Wir definieren die *m-te Potenz a^m von a* mit Hilfe vollständiger Induktion nach m durch:

$$a^0 := 1,$$
$$a^{m^*} := a^m \cdot a.$$

Lemma 1.13. *Es seien a, m, n beliebige natürliche Zahlen. Dann gelten die Rechengesetze:*

$$a^m \cdot a^n = a^{m+n},$$
$$(a^m)^n = a^{m \cdot n}.$$

Beweis. Wir überlassen den Beweis dem Leser als Übungsaufgabe. $\square$

Aufgabe 1.14. Beweisen Sie die Potenzgesetze aus Lemma 1.13.

Definition 1.15. Es seien $m, n \in \mathbb{N}$ vorgelegt. Wir sagen, dass *m kleiner oder gleich n* ist, und schreiben dazu

$$m \leq n,$$

wenn m irgendein Vorgänger von n oder $m = n$ ist. Ist die Gleichheit $m = n$ ausgeschlossen, so nennen wir *m (echt) kleiner als n* und schreiben dazu

$$m < n.$$

Entsprechend definieren wir, dass *m größer oder gleich n* ist, und schreiben dazu

$$m \geq n,$$

wenn m irgendein Nachfolger von n oder $m = n$ ist. Ist die Gleichheit $m = n$ ausgeschlossen, so nennen wir m *(echt) größer als* n und schreiben dazu

$$m > n.$$

Bemerkung 1.16. Mit der Relation „$<$" wird die Menge der natürlichen Zahlen $\mathbb{N}$ eine *geordnete Menge*, d. h. es bestehen die drei folgenden Aussagen:
(i)   Für je zwei Elemente $m, n \in \mathbb{N}$ gilt $m < n$ oder $n < m$ oder $m = n$.
(ii) Die drei Relationen $m < n$, $n < m$, $m = n$ schließen sich gegenseitig aus.
(iii) Aus $m < n$ und $n < p$ folgt $m < p$.
Entsprechendes gilt für die Relation „$>$".

Aufgabe 1.17. Beweisen Sie die Eigenschaften (i), (ii) und (iii) der Bemerkung 1.16.

Bemerkung 1.18. Mit Hilfe der Relation „$<$" können wir die folgende Variante eines Induktionsbeweises, den sog. *starken Induktionsbeweis*, geben: Soll nachgewiesen werden, dass alle natürlichen Zahlen $n \geq n_0$ eine gewisse Eigenschaft besitzen, so weist man zunächst nach, dass die natürliche Zahl n_0 diese Eigenschaft besitzt (Induktionsanfang), wählt eine natürliche Zahl $n > n_0$ und nimmt an, dass die fragliche Eigenschaft für alle natürlichen Zahlen n' mit $n_0 \leq n' < n$ erfüllt ist (Induktionsvoraussetzung), und zeigt schließlich, dass damit auch die natürliche Zahl n diese Eigenschaft erfüllt (Induktionsschritt).

Bemerkung 1.19. Für die Relation „$<$" gelten in Bezug auf Addition und Multiplikation folgende Regeln:
(i)   Für alle $p \in \mathbb{N}$ gilt mit $m < n$ auch $m + p < n + p$.
(ii) Für alle $p \in \mathbb{N}$, $p \neq 0$, gilt mit $m < n$ auch $m \cdot p < n \cdot p$.
Entsprechendes gilt für die Relation „$>$".

Aufgabe 1.20. Beweisen Sie die Eigenschaften (i) und (ii) der Bemerkung 1.19.

Lemma 1.21 (Prinzip des kleinsten Elements). *Ist $M \subseteq \mathbb{N}$ eine nicht-leere Teilmenge der natürlichen Zahlen, so besitzt M ein kleinstes Element m_0, d. h. für alle $m \in M$ gilt die Beziehung $m \geq m_0$.*

Beweis. Im Gegensatz zur Behauptung nehmen wir an, dass die nicht-leere Menge M kein kleinstes Element besitzt. Diese Annahme werden wir zu einem Widerspruch führen.

Dazu betrachten wir die Menge $T := \mathbb{N} \setminus M$, d. h. die Komplementärmenge von M in $\mathbb{N}$, und zeigen mit Hilfe eines starken Induktionsbeweises (siehe Bemerkung 1.18), dass $T = \mathbb{N}$ gilt. Um das einzusehen, stellen wir fest, dass $0 \in T$ gelten muss, da andernfalls $0 \in M$ wäre und M somit ein kleinstes Element besäße, was aber unserer Annahme widerspricht. Indem wir nun eine natürliche Zahl $n > 0$ fixieren, treffen wir die Induktionsannahme, dass alle natürlichen Zahlen n' mit $0 \leq n' < n$ in T und somit nicht in M liegen. Mithin kann die natürliche Zahl n dann auch nicht in M liegen, da sie sonst entgegen unserer Annahme ein kleinstes Element von M wäre, d. h. es gilt $n \in T$. Das Prinzip der vollständigen Induktion zeigt schließlich, dass $T = \mathbb{N}$ gilt. Damit muss M die leere Menge sein, was der vorausgesetzten Nicht-Leerheit von M widerspricht. Damit ist das Lemma bewiesen.   □

Bemerkung 1.22. Der Beweis des Lemmas 1.21 zum Prinzip des kleinsten Elements beruht wesentlich auf dem Prinzip der vollständigen Induktion 1.1 (v). Es lässt sich mit nicht allzu großem Aufwand zeigen, dass umgekehrt die Gültigkeit des Prinzips des kleinsten Elements das Prinzip der vollständigen Induktion nach sich zieht, d. h. das Prinzip der vollständigen Induktion und das Prinzip des kleinsten Elements können als gleichwertig betrachtet werden.

Bemerkung 1.23. Das Prinzip des kleinsten Elements sichert uns die Existenz eines kleinsten Elements einer nicht-leeren Menge natürlicher Zahlen, es kann aber durchaus sein, dass dieses Element nur schwer explizit zu bestimmen ist.

Zum Beispiel kann man beweisen, dass eine natürliche Zahl m_0 existiert, so dass alle natürlichen Zahlen $m \geq m_0$ sich als Summe von höchstens sieben dritten Potenzen darstellen lässt. Nach dem Prinzip des kleinsten Elements gibt es also auch eine kleinste natürliche Zahl mit dieser Eigenschaft; sie ist jedoch bis heute nicht bekannt.

Aufgabe 1.24. Überlegen Sie sich Beispiele aus dem täglichen Leben, in denen kleinste Elemente existieren, aber praktisch unmöglich konkret zu bestimmen sind.

Definition 1.25. Es seien $m, n \in \mathbb{N}$ und $m \geq n$. Dann bezeichnet $(m - n)$, oder kurz $m - n$, die natürliche Zahl, welche der Gleichung $n + (m - n) = m$ genügt. Wir nennen $m - n$ die *Differenz von m und n*.

Aufgabe 1.26. Zeigen Sie, dass die Differenz $m - n$ zweier natürlicher Zahlen $m, n \in \mathbb{N}$ mit $m \geq n$ wohldefiniert ist, d. h. dass es genau eine natürliche Zahl x gibt, die die Gleichung $n + x = m$ erfüllt.

Bemerkung 1.27. Eine Motivation zur Erweiterung des Bereichs der natürlichen Zahlen ist der Wunsch, bei gegebenen natürlichen Zahlen m, n, die Gleichung

$$n + x = m$$

zu lösen. Die obige Definition zeigt, dass eine Lösung im Bereich der natürlichen Zahlen existiert, nämlich $x = m - n$, sobald $m \geq n$ gilt. Mit anderen

Worten: x ist dadurch determiniert, dass m der $x = (m - n)$-fache Nachfolger von n ist. Gilt andererseits $m < n$, so findet sich keine natürliche Zahl x, welche die Gleichung löst. Dies wird zur Konstruktion der ganzen Zahlen führen, die wir erst mit den algebraischen Hilfsmitteln von Kapitel II an die Hand nehmen können.

2. Teilbarkeit und Primzahlen

Wir beginnen mit der Definition der Teilbarkeit natürlicher Zahlen.

Definition 2.1. Eine natürliche Zahl $b \neq 0$ *teilt* eine natürliche Zahl a, in Zeichen $b \mid a$, wenn eine natürliche Zahl c mit $a = b \cdot c$ existiert. Wir sagen auch, dass b ein *Teiler von a* ist. Weiter heißt $b \in \mathbb{N}$ *gemeinsamer Teiler von* $a_1, a_2 \in \mathbb{N}$, falls $c_1, c_2 \in \mathbb{N}$ mit $a_j = b \cdot c_j$ für $j = 1, 2$ existieren.

Beispiel 2.2. Es seien $a = 12$ und $b = 6$. Dann gilt mit $c = 2$ die Gleichung $a = b \cdot c$, also gilt $6 \mid 12$. Wählt man hingegen $a = 12$ und $b = 7$, so ist $7 \nmid 12$.

Wählt man $a_1 = 12$, $a_2 = 6$ und $b = 3$, so erkennt man 3 als einen gemeinsamen Teiler von 12 und 6.

Bemerkung 2.3. Es sei a eine von Null verschiedene natürliche Zahl und b ein Teiler von a mit $b \neq a$ (d.h. $a = b \cdot c$ mit einem $c \in \mathbb{N}$, $c \geq 1$). Dann gilt $b < a$. Andernfalls müsste nämlich $b > a$ gelten, was unter Beachtung der Bemerkung 1.19 zur Ungleichung

$$a = b \cdot c \geq b \cdot 1 = b > a$$

führte. Dies stellt aber einen Widerspruch dar.

Aus dieser Überlegung folgern wir unmittelbar, dass aus der Gleichung $m \cdot n = 1$ natürlicher Zahlen $m = n = 1$ folgt. Es gilt nämlich $m \mid 1$, also folgte unter der Annahme $m \neq 1$ nach dem Vorhergehenden $m < 1$, d.h. $m = 0$, was aber wegen $0 \neq 1$ nicht möglich ist.

Lemma 2.4. *Es gelten die folgenden Grundtatsachen zur Teilbarkeitsbeziehung natürlicher Zahlen:*

(i) $a \mid a$ $(a \in \mathbb{N}; a \neq 0)$.

(ii) $a \mid 0$ $(a \in \mathbb{N}; a \neq 0)$.

(iii) $1 \mid a$ $(a \in \mathbb{N})$.

(iv) $c \mid b, b \mid a \Rightarrow c \mid a$ $(a, b, c \in \mathbb{N}; b, c \neq 0)$.

(v) $b \mid a \Rightarrow b \cdot c \mid a \cdot c$ $(a, b, c \in \mathbb{N}; b, c \neq 0)$.

(vi) $b \cdot c \mid a \cdot c \Rightarrow b \mid a$ $(a, b, c \in \mathbb{N}; b, c \neq 0)$.

(vii) $b_1 \mid a_1, b_2 \mid a_2 \Rightarrow b_1 \cdot b_2 \mid a_1 \cdot a_2$ $(a_1, a_2, b_1, b_2 \in \mathbb{N}; b_1, b_2 \neq 0)$.

(viii) $b \mid a_1, b \mid a_2 \Rightarrow b \mid (c_1 \cdot a_1 + c_2 \cdot a_2)$ $(a_1, a_2, c_1, c_2, b \in \mathbb{N}; b \neq 0)$.

(ix) $b \mid a \Rightarrow b \mid a \cdot c$ $(a, b, c \in \mathbb{N}; b \neq 0)$.

(x) $b \mid a, \, a \mid b \Rightarrow a = b$ $(a, b \in \mathbb{N}; \, a, b \neq 0)$.

Beweis. Da die Teilbarkeitseigenschaften in der elementaren Zahlentheorie von großer Bedeutung sind, führen wir die doch recht einfachen Beweise dennoch ausführlich vor.

(i) Aufgrund der Definition der Multiplikation natürlicher Zahlen (2) gilt für alle $a \in \mathbb{N}$ die Gleichheit $a = a \cdot 1$, d. h. wir haben $a \mid a$ für $a \neq 0$.

(ii) Ebenso gilt aufgrund von (2) für alle $a \in \mathbb{N}$ die Beziehung $0 = a \cdot 0$, d. h. wir haben $a \mid 0$ für $a \neq 0$.

(iii) Mit Hilfe der in (i) genannten Gleichung und der Kommutativität der Multiplikation gilt $a = 1 \cdot a$, woraus $1 \mid a$ folgt.

(iv) Da voraussetzungsgemäß $c \mid b$ und $b \mid a$ gilt, finden sich $m, n \in \mathbb{N}$ mit $b = c \cdot m$ und $a = b \cdot n$. Damit erhalten wir

$$a = b \cdot n = (c \cdot m) \cdot n = c \cdot (m \cdot n)$$

und folglich $c \mid a$.

(v) Aus $b \mid a$ folgt, dass es ein $m \in \mathbb{N}$ mit $a = b \cdot m$ gibt. Nach Multiplikation dieser Gleichung mit $c \in \mathbb{N}$, $c \neq 0$, ergibt sich die Gleichung $a \cdot c = (b \cdot m) \cdot c$. Unter Berücksichtigung der Kommutativität und Assoziativität der Multiplikation ergibt sich damit $a \cdot c = (b \cdot c) \cdot m$, d. h. $b \cdot c \mid a \cdot c$.

(vi) Aus $b \cdot c \mid a \cdot c$ folgt, dass es ein $m \in \mathbb{N}$ mit $a \cdot c = (b \cdot c) \cdot m$ gibt. Für die Differenz der linken und rechten Seite dieser Gleichung ergibt sich dann unter Berücksichtigung der Rechengesetze natürlicher Zahlen, insbesondere der Distributivität,

$$0 = a \cdot c - (b \cdot c) \cdot m = (a - b \cdot m) \cdot c.$$

Da nun aber $c \neq 0$ ist und das Produkt von $a - b \cdot m$ mit c null ergibt, muss $a - b \cdot m = 0$, also $a = b \cdot m$ gelten, woraus $b \mid a$ folgt.

(vii) Nach Voraussetzung existieren $m_1, m_2 \in \mathbb{N}$, so dass $a_1 = b_1 \cdot m_1$ und $a_2 = b_2 \cdot m_2$ gilt. Damit erhalten wir unter Berücksichtigung der Rechengesetze

$$a_1 \cdot a_2 = (b_1 \cdot m_1) \cdot (b_2 \cdot m_2) = (b_1 \cdot b_2) \cdot (m_1 \cdot m_2)$$

und folglich $b_1 \cdot b_2 \mid a_1 \cdot a_2$.

(viii) Wenn die Zahl b zwei natürliche Zahlen a_1, a_2 teilt, so existieren $m_1, m_2 \in \mathbb{N}$, so dass $a_1 = b \cdot m_1$ und $a_2 = b \cdot m_2$ gilt. Es seien jetzt $c_1, c_2 \in \mathbb{N}$ beliebig. Für die natürliche Zahl $c_1 \cdot a_1 + c_2 \cdot a_2$ erhalten wir dann durch Einsetzen nach kurzer Rechnung

$$c_1 \cdot a_1 + c_2 \cdot a_2 = c_1 \cdot (b \cdot m_1) + c_2 \cdot (b \cdot m_2)$$
$$= b \cdot (c_1 \cdot m_1 + c_2 \cdot m_2),$$

woraus $b \mid (c_1 \cdot a_1 + c_2 \cdot a_2)$ folgt.

(ix) Wegen $b \mid a$ existiert ein $m \in \mathbb{N}$ mit $a = b \cdot m$. Multiplizieren wir diese Gleichung mit einem $c \in \mathbb{N}$, so ergibt sich $a \cdot c = b \cdot (m \cdot c)$, woraus sofort $b \mid a \cdot c$ folgt.

(x) Aufgrund der Teilbarkeitsvoraussetzungen sind sowohl a als auch b von Null verschieden. Wegen $b \mid a$ bzw. $a \mid b$ existieren $n \in \mathbb{N}$ bzw. $m \in \mathbb{N}$ mit $a = b \cdot m$ bzw. $b = a \cdot n$. Durch Einsetzen der zweiten in die erste Gleichung ergibt sich

$$a = (a \cdot n) \cdot m \quad \Longleftrightarrow \quad a \cdot (m \cdot n - 1) = 0.$$

Da $a \neq 0$ gilt, folgt $m \cdot n - 1 = 0$, d. h. $m \cdot n = 1$. Die Bemerkung 2.3 zeigt nun sofort $n = m = 1$, woraus $a = b$ folgt.

$\square$

Aufgabe 2.5. Es seien $a_1, \ldots, a_k$ natürliche Zahlen derart, dass $a_1 \cdot \ldots \cdot a_k + 1$ durch 3 teilbar ist.
(a) Zeigen Sie, dass keine der Zahlen $a_1, \ldots, a_k$ durch 3 teilbar ist.
(b) Beweisen Sie, dass mindestens eine der Zahlen $a_1 + 1, \ldots, a_k + 1$ durch 3 teilbar ist.

Bemerkung 2.6. Gemäß Lemma 2.4 hat jedes $a \in \mathbb{N}$, $a \neq 0$, die Teiler 1 und a. Wir nennen diese Teiler die *trivialen Teiler von a* . Die Teiler von $a \in \mathbb{N}$, welche von a verschieden sind, werden *echte Teiler von a* genannt.

Man kann sagen, dass, vom additiven Standpunkt aus gesehen, die 1 der Grundbaustein der natürlichen Zahlen ist, da jede natürliche Zahl durch Addition von Einsen gebildet werden kann. Wir wenden uns nun dem multiplikativen Standpunkt zu und fragen uns nach den entsprechenden Grundbausteinen der natürlichen Zahlen. Dies führt zum Begriff der Primzahl, den wir nachfolgend einführen.

Definition 2.7. Eine natürliche Zahl $p > 1$ heißt *Primzahl*, wenn p keine nicht-trivialen Teiler hat, d. h. p besitzt nur die Teiler 1 und p. Die Menge der Primzahlen bezeichnen wir im Folgenden mit

$$\mathbb{P} := \{p \in \mathbb{N} \mid p \text{ ist Primzahl}\}.$$

Beispiel 2.8. Wir fragen uns, ob 11 eine Primzahl ist. Dazu suchen wir alle Teiler b von 11. Nach dem Vorhergehenden gilt

$$b \in \{1, \ldots, 11\}.$$

Durch direktes Nachrechnen stellen wir fest, dass die Zahlen $2, \ldots, 10$ nicht Teiler von 11 sein können. Deshalb besitzt 11 in der Tat nur die trivialen Teiler 1 und 11, so dass also $11 \in \mathbb{P}$ gilt.

Die Folge der Primzahlen beginnt mit

$$2, 3, 5, 7, 11, 13, 17, 19, 23, 29, 31, 37, 41, 43, 47, 53, \ldots$$

Lemma 2.9. *Jede natürliche Zahl $a > 1$ besitzt mindestens einen Primteiler $p \in \mathbb{P}$, d. h. es existiert eine Primzahl p mit $p \mid a$.*

Beweis. Wir betrachten die folgende, von a abhängige Menge

$$\mathcal{T}(a) := \{b \in \mathbb{N} \mid b > 1 \text{ mit } b \mid a\}.$$

Da $a \in \mathcal{T}(a)$ gilt, ist die Menge $\mathcal{T}(a)$ nicht leer. Nach dem Prinzip des kleinsten Elements (Lemma 1.21) besitzt $\mathcal{T}(a)$ als nicht-leere Teilmenge von $\mathbb{N}$ ein kleinstes Element, das wir mit p bezeichnen; konstruktionsgemäß gilt $p > 1$.

Wir zeigen nun, dass p eine Primzahl ist. Wäre im Gegensatz zu dieser Behauptung p keine Primzahl, so besäße p einen nicht-trivialen Teiler q, d. h. es gilt $q \mid p$ mit $1 < q < p$. Da $q \mid p$ und $p \mid a$ ist, folgt mit Lemma 2.4 (iv) die Beziehung $q \mid a$. Da überdies $q > 1$ gilt, ist $q \in \mathcal{T}(a)$. Dies widerspricht aber der minimalen Wahl von p. Somit ist p, wie behauptet, ein Primteiler von a.   □

Satz 2.10 (Euklid). *Es gibt unendlich viele Primzahlen.*

Beweis. Im Gegensatz zur Behauptung nehmen wir an, dass es nur endlich viele Primzahlen $p_1, \ldots, p_n$ gibt. Dann betrachten wir die natürliche Zahl

$$a := p_1 \cdot \ldots \cdot p_n + 1.$$

Es ist $a > 1$ und nach Lemma 2.9 besitzt a somit einen Primteiler p. Aufgrund der Annahme, dass nur endlich viele Primzahlen existieren, muss $p \in \{p_1, \ldots, p_n\}$ gelten. Insbesondere gilt somit $p \mid (p_1 \cdot \ldots \cdot p_n)$. Da andererseits auch die Teilbarkeitsbeziehung $p \mid a$ besteht, muss nach den Teilbarkeitsregeln auch $p \mid 1$ gelten. Dies impliziert $p = 1$, was aber nicht möglich ist. Damit ist die Endlichkeit der Primzahlmenge widerlegt und gezeigt, dass es unendlich viele Primzahlen gibt.   □

Bemerkung 2.11. Der Beweis des Satzes von Euklid liefert zugleich die Möglichkeit, eine unendliche Folge von Primzahlen zu konstruieren: Wir starten mit der Primzahl $p_1 = 2$. Indem wir $a_2 = p_1 + 1 = 3$ setzen, erhalten wir die weitere Primzahl $p_2 = 3$. Indem wir jetzt $a_3 = p_1 \cdot p_2 + 1 = 7$ bilden, kommen wir zu der weiteren Primzahl $p_3 = 7$. Wir setzen jetzt $a_4 = p_1 \cdot p_2 \cdot p_3 + 1 = 43$ und bekommen so die weitere Primzahl $p_4 = 43$. Indem wir analog weiterfahren, haben wir nun die natürliche Zahl $a_5 = p_1 \cdot p_2 \cdot p_3 \cdot p_4 + 1 = 1807$ zu bilden. Zum ersten Mal bekommen wir keine Primzahl, denn es besteht die Zerlegung $1807 = 13 \cdot 139$, d. h. wir erhalten die weiteren Primzahlen 13 und 139.

Aufgabe 2.12. Verifizieren Sie, dass man mit dem Verfahren aus Bemerkung 2.11 nicht alle Primzahlen erhält. Definieren Sie dazu die Zahlen $a_1 := 2$ und $a_{n+1} := (a_n - 1) \cdot a_n + 1$ ($n \in \mathbb{N}$, $n \geq 1$) und betrachten Sie die Mengen von Primzahlen

$$\mathcal{M}_n := \{p \in \mathbb{P} \mid p \mid a_n\} \quad (n \in \mathbb{N}, n \geq 1).$$

Zeigen Sie, dass $\bigcup_{n \in \mathbb{N}, n \geq 1} \mathcal{M}_n \neq \mathbb{P}$ gilt, indem Sie $5 \notin \mathcal{M}_n$ für alle $n \in \mathbb{N}, n \geq 1$, nachweisen.

Aufgabe 2.13. Nutzen Sie die Beweisidee von Euklid und Aufgabe 2.5, um zu zeigen, dass es sogar in der Teilmenge der natürlichen Zahlen

$$2 + 3 \cdot \mathbb{N} := \{2, 2 + 3, 2 + 6, \ldots, 2 + 3 \cdot n, \ldots \text{ mit } n \in \mathbb{N}\}$$

unendlich viele Primzahlen gibt.

Beispiel 2.14. Wir erwähnen in diesem Beispiel zwei spezielle Arten von Primzahlen.

(i) Eine Primzahl der Form $p = 2^n - 1$ ($n \in \mathbb{N}$) heißt *Mersennesche Primzahl* (nach dem französischen Mathematiker Marin Mersenne). Es besteht die Implikation:

$$2^n - 1 = \text{Primzahl} \quad \Rightarrow \quad n = \text{Primzahl}.$$

(ii) Eine Primzahl der Form $p = 2^n + 1$ ($n \in \mathbb{N}$, $n \geq 1$) heißt *Fermatsche Primzahl* (nach dem französischen Mathematiker Pierre de Fermat). Es besteht die Implikation:

$$2^n + 1 = \text{Primzahl} \quad \Rightarrow \quad n = 2^m \text{ mit einem } m \in \mathbb{N}.$$

Aufgabe 2.15. Verifizieren Sie diese beiden Aussagen.

Die Umkehrungen der in (i) und (ii) gegebenen Implikationen sind im allgemeinen aber falsch, denn für (ii) stellen wir beispielsweise fest:

$$
\begin{aligned}
m = 0: \quad & 2^{2^0} + 1 = 2^1 + 1 &&= 3, && \text{Primzahl,} \\
m = 1: \quad & 2^{2^1} + 1 = 2^2 + 1 &&= 5, && \text{Primzahl,} \\
m = 2: \quad & 2^{2^2} + 1 = 2^4 + 1 &&= 17, && \text{Primzahl,} \\
m = 3: \quad & 2^{2^3} + 1 = 2^8 + 1 &&= 257, && \text{Primzahl,} \\
m = 4: \quad & 2^{2^4} + 1 = 2^{16} + 1 &&= 65\,537, && \text{Primzahl,}
\end{aligned}
$$

aber die Zahl $2^{2^5} + 1 = 4\,294\,967\,297$ ist keine Primzahl mehr, da sie den nicht-trivialen Teiler 641 besitzt.

Wir bemerken an dieser Stelle, dass Carl Friedrich Gauß gezeigt hat, dass das regelmäßige p-Eck ($p \in \mathbb{P}$) genau dann mit Zirkel und Lineal konstruierbar ist, wenn p eine Fermatsche Primzahl, d. h. eine Primzahl von der Form $p = 2^{2^m} + 1$ ($m \in \mathbb{N}$) ist.

Beispiel 2.16. Eine natürliche Zahl n heißt *vollkommen*, falls die Summe all ihrer Teiler $2n$ ergibt, d. h. falls

$$\sum_{d|n} d = 2n$$

gilt.

Im 1. Jahrhundert veröffentlichte der griechische Mathematiker Nikomachos von Gerasa die ersten vier vollkommenen Zahlen: 6, 28, 496 und 8 128. Das Mysterium der vollkommenen Zahlen zog viele Mathematiker in seinen Bann, u. a. Euklid, Marin Mersenne und Leonhard Euler. Alle vollkommenen Zahlen, die man bisher fand, sind gerade. Bis heute weiß man nicht, ob es ungerade vollkommene Zahlen gibt. Für gerade vollkommene Zahlen können wir folgende Charakterisierung geben, die auf Leonhard Euler zurückgeht.

Lemma 2.17. *Eine natürliche Zahl n ist genau dann eine gerade vollkommene Zahl, wenn $n = 2^m \cdot (2^{m+1} - 1)$ mit geeignetem $m \in \mathbb{N}$ ist, wobei $2^{m+1} - 1$ eine Primzahl ist.*

Beweis. Wir schicken dem Beweis die folgende Bemerkung voraus: Für $n \in \mathbb{N}$ setze man $S(n) := \sum_{d|n} d$. Dann überlegt man leicht, dass für natürliche Zahlen a, b, deren einziger gemeinsamer Teiler 1 ist, die Gleichheit

$$S(a \cdot b) = S(a) \cdot S(b)$$

besteht.

Aufgabe 2.18. Beweisen Sie diese Aussage.

Mit dieser Vorüberlegung können wir nun den Beweis in Angriff nehmen.

Es sei $n \in \mathbb{N}$ eine gerade vollkommene Zahl. Da n gerade ist, finden sich eine natürliche Zahl $m > 0$ und eine ungerade natürliche Zahl b, so dass

$$n = 2^m \cdot b$$

gilt. Da n vollkommen ist, gilt aufgrund der einleitend gemachten Bemerkung $S(n) = S(2^m \cdot b) = S(2^m) \cdot S(b) = 2n$. Da

$$S(2^m) = 2^0 + 2^1 + 2^2 + \ldots + 2^m = \frac{2^{m+1} - 1}{2 - 1} = 2^{m+1} - 1$$

ist, erhalten wir die Gleichung

$$(2^{m+1} - 1) \cdot S(b) = 2^{m+1} \cdot b. \tag{3}$$

Somit muss die Zahl $2^{m+1} - 1$ ein Teiler von $2^{m+1} \cdot b$ sein. Mit Hilfe folgender Übungsaufgabe gilt sogar, dass $2^{m+1} - 1$ die Zahl b teilen muss.

Aufgabe 2.19. Zeigen Sie: Wenn eine ungerade Zahl $d \in \mathbb{N}$ die Zahl $2^{m+1} \cdot b$ $(m, b \in \mathbb{N})$ teilt, dann ist d ein Teiler von b.

Also existiert ein $a \in \mathbb{N}$, $a \neq 0$, mit $b = (2^{m+1} - 1) \cdot a$. Es bleibt zu zeigen, dass $a = 1$ und $2^{m+1} - 1$ eine Primzahl ist.

Dazu nehmen wir $a > 1$ an und leiten einen Widerspruch her. Wegen $b = (2^{m+1} - 1) \cdot a$ hat die Zahl b mindestens die Teiler $\{1, (2^{m+1} - 1), a, b\}$; also gilt die Abschätzung

$$S(b) \geq 1 + (2^{m+1} - 1) + a + b = 2^{m+1} + a + b = 2^{m+1} \cdot (a + 1).$$

Durch Multiplikation mit $2^{m+1} - 1$ ergibt sich daraus die weitere Abschätzung

$$(2^{m+1} - 1) \cdot S(b) \geq (2^{m+1} - 1) \cdot 2^{m+1} \cdot (a + 1)$$
$$> 2^{m+1} \cdot (2^{m+1} - 1) \cdot a = 2^{m+1} \cdot b,$$

welche der Gleichung (3) widerspricht. Damit muss $a = 1$ und $b = 2^{m+1} - 1$ gelten. Der Gleichung (3) entnehmen wir weiter

$$S(b) = 2^{m+1} = b + 1,$$

d.h. b hat nur die Teiler 1 und b, also ist $b = 2^{m+1} - 1$ eine Primzahl. Wie behauptet erhalten wir

$$n = 2^m \cdot (2^{m+1} - 1),$$

wobei $2^{m+1} - 1$ eine Primzahl ist.

Wir beweisen nun die Umkehrung der oben bewiesenen Behauptung. Dazu sei $n = 2^m \cdot (2^{m+1} - 1)$, wobei $2^{m+1} - 1$ eine Primzahl ist. Mit unserer Vorüberlegung ergibt sich

$$S(n) = S(2^m) \cdot S(2^{m+1} - 1) = (2^{m+1} - 1) \cdot (2^{m+1} - 1 + 1)$$
$$= 2 \cdot 2^m \cdot (2^{m+1} - 1) = 2n.$$

Somit ist n eine gerade vollkommene Zahl.   □

Aufgabe 2.20. (Befreundete Zahlen). Eng verwandt mit vollkommenen Zahlen sind die *befreundeten Zahlen*. Dies ist ein Paar verschiedener natürlicher Zahlen a und b mit $S(a) = a + b = S(b)$, d.h. die Zahl a ist gleich der Summe aller Teiler von b, die kleiner als b sind, und die Zahl b ist gleich der Summe aller Teiler von a, die kleiner als a sind.
(a) Überprüfen Sie, dass die Zahlen 220 und 284 befreundet sind. Dieses Paar war bereits den Pythagoreern um 500 v. Chr. bekannt.
(b) Beweisen Sie folgenden Satz des arabischen Mathematikers Thabit ibn Qurra: Für eine feste natürliche Zahl n setzen wir $x = 3 \cdot 2^n - 1$, $y = 3 \cdot 2^{n-1} - 1$ und $z = 9 \cdot$

$2^{2n-1} - 1$. Wenn x, y und z Primzahlen sind, dann sind die beiden Zahlen $a = 2^n \cdot x \cdot y$ und $b = 2^n \cdot z$ befreundet.

3. Der Fundamentalsatz der elementaren Zahlentheorie

Wir kommen nun zur Formulierung und zum Beweis des Fundamentalsatzes der elementaren Zahlentheorie, welcher besagt, dass die Primzahlen die (multiplikativen) Bausteine der natürlichen Zahlen sind.

Satz 3.1 (Fundamentalsatz der elementaren Zahlentheorie). *Jede von Null verschiedene natürliche Zahl a besitzt eine Darstellung der Form*

$$a = p_1^{a_1} \cdot \ldots \cdot p_r^{a_r}$$

als Produkt von r ($r \in \mathbb{N}$) Primzahlpotenzen zu den paarweise verschiedenen Primzahlen $p_1, \ldots, p_r$ mit den positiven natürlichen Exponenten $a_1, \ldots, a_r$. Diese Darstellung ist bis auf die Reihenfolge der Faktoren eindeutig.

Beweis. Wir beweisen zuerst die Existenz- und danach die Eindeutigkeitsaussage, in beiden Fällen mit Hilfe vollständiger Induktion nach der natürlichen Zahl a.

Existenzbeweis: Für $a = 1$ ist die Aussage mit $r = 0$ (leeres Produkt) richtig; dies legt den Induktionsanfang fest. Es sei nun $a \in \mathbb{N}$ mit $a > 1$, und wir nehmen als Induktionsvoraussetzung an, dass die Existenz der Primfaktorzerlegung für alle natürlichen Zahlen a' mit $1 \leq a' < a$ bewiesen ist. Unter dieser Voraussetzung beweisen wir nun, dass auch a eine Primfaktorzerlegung besitzt. Da $a \in \mathbb{N}$ und $a > 1$ gilt, besitzt a nach Lemma 2.9 einen Primteiler p, d. h. es ist

$$a = p \cdot b$$

mit einer natürlichen Zahl b. Da $p > 1$ ist, gilt $1 \leq b < a$. Nach unserer Induktionsvoraussetzung existiert für b eine Primfaktorzerlegung

$$b = q_1^{b_1} \cdot \ldots \cdot q_s^{b_s},$$

wobei $q_1, \ldots, q_s$ ($s \in \mathbb{N}$) paarweise verschiedene Primzahlen und $b_1, \ldots, b_s$ positive natürliche Zahlen sind. Zusammengenommen ergibt sich schließlich

$$a = p \cdot b = p^1 \cdot q_1^{b_1} \cdot \ldots \cdot q_s^{b_s}.$$

Ist hierbei $p = q_j$ für ein $j \in \{1, \ldots, s\}$, so können wir dies zusammenfassen zu

$$a = q_1^{b_1} \cdot \ldots \cdot q_j^{b_j+1} \cdot \ldots \cdot q_s^{b_s}.$$

Damit ist die Existenz der Primfaktorzerlegung für alle positiven natürlichen Zahlen gezeigt.

Eindeutigkeitsbeweis: Wir benutzen wiederum die Methode der vollständigen Induktion. Wie beim Existenzbeweis machen wir den Induktionsanfang mit $a = 1$ und erkennen die Eindeutigkeit der Primfaktorzerlegung in diesem Fall dadurch, dass das leere Produkt als solches eindeutig definiert ist. Wir wählen nun eine natürliche Zahl $a > 1$ und machen die Induktionsvoraussetzung, dass die Eindeutigkeit der Primfaktorzerlegung (bis auf die Reihenfolge der Faktoren) für alle natürlichen Zahlen a' mit $1 \le a' < a$ gilt. Unter dieser Voraussetzung beweisen wir nun, dass auch die Primfaktorzerlegung von a eindeutig ist.

Im Gegensatz dazu nehmen wir an, dass a zwei verschiedene Primfaktorzerlegungen

$$a = p_1^{a_1} \cdot p_2^{a_2} \cdot \ldots \cdot p_r^{a_r} = p_1 \cdot b \text{ mit } b = p_1^{a_1 - 1} \cdot p_2^{a_2} \cdot \ldots \cdot p_r^{a_r},$$

$$a = q_1^{b_1} \cdot q_2^{b_2} \cdot \ldots \cdot q_s^{b_s} = q_1 \cdot c \text{ mit } c = q_1^{b_1 - 1} \cdot q_2^{b_2} \cdot \ldots \cdot q_s^{b_s}$$

besitzt; hierbei sind r bzw. s von Null verschiedene natürliche Zahlen, $p_1, \ldots, p_r$ bzw. $q_1, \ldots, q_s$ paarweise verschiedene Primzahlen, von denen wir insbesondere annehmen dürfen, dass p_1 verschieden von $q_1, \ldots, q_s$ ist, und $a_1, \ldots, a_r$ bzw. $b_1, \ldots, b_s$ sind ebenfalls von Null verschiedene natürliche Zahlen. Ohne Beschränkung der Allgemeinheit können wir überdies annehmen, dass $p_1 < q_1$ gilt. Dann ist $a \ge p_1 \cdot c$ und wir erhalten durch Differenzbildung die natürliche Zahl

$$a' = a - p_1 \cdot c = \begin{cases} p_1 \cdot (b - c), \\ (q_1 - p_1) \cdot c, \end{cases}$$

für welche konstruktionsgemäß $a' < a$ gilt. Die Faktoren $b - c$, $q_1 - p_1$ und c von a' sind ebenfalls natürliche Zahlen, die echt kleiner als a sind. Aufgrund der Induktionsvoraussetzung besitzen die natürlichen Zahlen a', $b - c$, $q_1 - p_1$, c eindeutige Primfaktorzerlegungen. Die Gleichung $a' = p_1 \cdot (b - c)$ zeigt, dass die Primzahl p_1 in der Primfaktorzerlegung von a' vorkommen muss. Die Gleichung $a' = (q_1 - p_1) \cdot c$ zeigt weiter, dass p_1 entweder in der Primfaktorzerlegung von $q_1 - p_1$ oder von c auftreten muss. Aufgrund unserer Annahme kommt p_1 aber nicht in der Primfaktorzerlegung von c vor, so dass p_1 in der Primfaktorzerlegung der Differenz $q_1 - p_1$ auftreten muss, d. h. es müsste $p_1 \,|\, (q_1 - p_1)$ gelten. Zusammen mit $p_1 \,|\, p_1$ und der Beziehung $q_1 = (q_1 - p_1) + p_1$ ergäbe sich damit mit Hilfe der Teilbarkeitsregeln $p_1 \,|\, q_1$. Wegen $1 < p_1 < q_1$ wäre p_1 somit ein nicht-trivialer Teiler der Primzahl q_1, was natürlich nicht möglich ist. Damit haben wir einen Widerspruch gefunden. Unsere Annahme, dass a zwei verschiedene Primfaktorzerlegungen besitzt, ist also falsch; die Primfaktorzerlegung von a ist somit ebenfalls eindeutig, und der Eindeutigkeitsbeweis ergibt sich schließlich mittels vollständiger Induktion. $\square$

Aufgabe 3.2.   Finden Sie die Primfaktorzerlegung der Zahlen $720, 9797, 360^{360}$ und $2^{32} - 1$.

Mit Hilfe des Fundamentalsatzes der elementaren Zahlentheorie können wir nun leicht das folgende, auf Euklid zurückgehende Lemma beweisen.

Lemma 3.3 (Euklidisches Lemma).   *Es seien a, b natürliche Zahlen und p eine Primzahl. Gilt dann $p \mid a \cdot b$, so folgt $p \mid a$ oder $p \mid b$.*

Beweis. Aufgrund der vorausgesetzten Teilbarkeitsbedingung $p \mid a \cdot b$ existiert eine natürliche Zahl $c \neq 0$ derart, dass $a \cdot b = p \cdot c$ gilt. Aufgrund der Existenz und Eindeutigkeit der Primfaktorzerlegung muss die Primzahl p in der Primfaktorzerlegung des Produkts $a \cdot b$ vorkommen. Somit muss p in der Primfaktorzerlegung von a oder b auftreten. Dies bedeutet aber gerade $p \mid a$ oder $p \mid b$.   □

Bemerkung 3.4.   Nach dem Fundamentalsatz kann jede natürliche Zahl $a \neq 0$ in der Form

$$a = \prod_{p \in \mathbb{P}} p^{a_p}$$

geschrieben werden, wobei das Produkt über alle Primzahlen zu erstrecken ist; dabei sind aber nur *endlich* viele der Exponenten a_p von Null verschieden. Den bisher ausgeschlossenen Fall $a = 0$ beziehen wir formal in diese Schreibweise ein, indem wir für alle $p \in \mathbb{P}$ die Festlegung $a_p = \infty$ treffen.

Als Anwendung des Fundamentalsatzes der elementaren Zahlentheorie können wir das folgende, praktische Teilbarkeitskriterium herleiten.

Lemma 3.5.   *Es seien a, b natürliche Zahlen mit den Primfaktorzerlegungen*

$$a = \prod_{p \in \mathbb{P}} p^{a_p}, \quad b = \prod_{p \in \mathbb{P}} p^{b_p}.$$

Dann besteht das Kriterium

$$b \mid a \iff b_p \leq a_p \quad \text{für alle } p \in \mathbb{P}.$$

Bemerkung 3.6.   Man beachte, dass das Teilbarkeitskriterium auch die Fälle $a = 0$ oder $b = 0$ mit berücksichtigt.

Beweis. Ist b ein Teiler von a, so existiert eine natürliche Zahl $c \neq 0$ mit $a = b \cdot c$. Mit der Primfaktorzerlegung

$$c = \prod_{p \in \mathbb{P}} p^{c_p}$$

von c erhalten wir

$$\prod_{p\in\mathbb{P}} p^{a_p} = \prod_{p\in\mathbb{P}} p^{b_p} \cdot \prod_{p\in\mathbb{P}} p^{c_p} = \prod_{p\in\mathbb{P}} p^{b_p+c_p}.$$

Dies beweist die Gleichheit $a_p = b_p + c_p$, woraus sofort $b_p \leq a_p$ für alle $p \in \mathbb{P}$ folgt. Der Beweis der Umkehrung ist ebenso einfach.   □

Aufgabe 3.7. Zeigen Sie mit Hilfe des Kriteriums aus Lemma 3.5, dass 255 ein Teiler von $2^{32} - 1$ ist.

4. Größter gemeinsamer Teiler, kleinstes gemeinsames Vielfaches

Wir beginnen mit der Definition des größten gemeinsamen Teilers.

Definition 4.1. Es seien a, b natürliche Zahlen, die nicht beide zugleich null sind. Eine natürliche Zahl d mit den beiden Eigenschaften
(i) $d \mid a$ und $d \mid b$, d. h. d ist gemeinsamer Teiler von a, b;
(ii) für alle $x \in \mathbb{N}$ mit $x \mid a$ und $x \mid b$, folgt $x \mid d$, d. h. jeder gemeinsame Teiler von a, b teilt d,
heißt *größter gemeinsamer Teiler von a und b.*

Bemerkung 4.2. Wir bemerken, dass der größte gemeinsame Teiler von a und b eindeutig festgelegt ist. Dazu seien d_1, d_2 größte gemeinsame Teiler von a und b. Durch zweimaliges Anwenden der Definition 4.1 erkennen wir

$$d_1 \mid d_2, \text{d. h. } \exists c_1 \in \mathbb{N}: d_2 = d_1 \cdot c_1;$$
$$d_2 \mid d_1, \text{d. h. } \exists c_2 \in \mathbb{N}: d_1 = d_2 \cdot c_2.$$

Indem wir die erste Gleichung in die zweite einsetzen, ergibt sich

$$d_1 = d_1 \cdot c_1 \cdot c_2 \quad \Longleftrightarrow \quad 1 = c_1 \cdot c_2.$$

Bemerkung 2.3 zeigt nun sofort $c_1 = c_2 = 1$, woraus $d_1 = d_2$ folgt, wie behauptet.

Damit können wir von *dem* größten gemeinsamen Teiler zweier natürlicher Zahlen a und b sprechen. Wir bezeichnen diesen durch (a, b) und erinnern daran, dass in der Schule teilweise auch die Bezeichnung $\mathrm{ggT}(a, b)$ verwendet wird.

Satz 4.3. *Es seien a, b natürliche Zahlen, die nicht beide zugleich null sind, mit den Primfaktorzerlegungen*

$$a = \prod_{p\in\mathbb{P}} p^{a_p}, \quad b = \prod_{p\in\mathbb{P}} p^{b_p}.$$

Dann berechnet sich der größte gemeinsame Teiler (a, b) von a und b zu

$$(a, b) = \prod_{p \in \mathbb{P}} p^{d_p},$$

wobei $d_p := \min\{a_p, b_p\}$ ist.

Beweis. Wir setzen

$$d := \prod_{p \in \mathbb{P}} p^{d_p}.$$

Da die Exponenten $d_p = \min\{a_p, b_p\}$ für fast alle $p \in \mathbb{P}$ null sind, ist die natürliche Zahl d wohldefiniert. Wir haben nun die Eigenschaften (i) und (ii) der Definition 4.1 zu verifizieren.

Aufgrund der Ungleichungen

$$d_p \le a_p \text{ und } d_p \le b_p \text{ für alle } p \in \mathbb{P}$$

folgt aus Lemma 3.5 (Teilbarkeitskriterium) sofort

$$d \mid a \text{ und } d \mid b.$$

Damit ist d in der Tat ein gemeinsamer Teiler von a und b, und somit ist Eigenschaft (i) erfüllt.

Um Eigenschaft (ii) für d zu verifizieren, wählen wir einen beliebigen gemeinsamen Teiler x von a und b mit der Primfaktorzerlegung

$$x = \prod_{p \in \mathbb{P}} p^{x_p}.$$

Wiederum mit Hilfe des Teilbarkeitskriteriums folgern wir für alle Primzahlen p, dass

$$x_p \le a_p, \quad x_p \le b_p,$$

also

$$x_p \le \min\{a_p, b_p\} = d_p$$

gilt. Unter erneuter Anwendung des Teilbarkeitskriteriums ergibt sich $x \mid d$. Somit erfüllt d auch die Eigenschaft (ii), und wir haben $d = (a, b)$. □

Beispiel 4.4. Es seien die natürlichen Zahlen $a = 12 = 2^2 \cdot 3^1$ und $b = 15 = 3^1 \cdot 5^1$ gegeben. Dann ergibt sich für den größten gemeinsamen Teiler (a, b) von a und b

$$(a, b) = 2^0 \cdot 3^1 \cdot 5^0 = 3.$$

Bemerkung 4.5. In dem Spezialfall $a = 0$ und $b = 0$ setzen wir $(a, b) := 0$.

Aufgabe 4.6. Bestimmen Sie $(3600, 3240)$, $(360^{360}, 540^{180})$ und $(2^{32} - 1, 3^8 - 2^8)$.

Definition 4.7. Es seien a, b natürliche Zahlen, die beide von Null verschieden sind. Eine natürliche Zahl m mit den beiden Eigenschaften

(i) $a \mid m$ und $b \mid m$, d. h. m ist gemeinsames Vielfaches von a, b;

(ii)   für alle $y \in \mathbb{N}$ mit $a \mid y$ und $b \mid y$ folgt $m \mid y$, d. h. jedes gemeinsame Vielfache von a, b ist Vielfaches von m,

heißt *kleinstes gemeinsames Vielfaches von a und b*.

Bemerkung 4.8. Analog zur Bemerkung im Anschluss an die Definition des größten gemeinsamen Teilers überlegt man sich jetzt, dass das kleinste gemeinsame Vielfache eine wohldefinierte natürliche Zahl ist. Wir bezeichnen dieses durch $[a, b]$ und erinnern daran, dass in der Schule teilweise auch die Bezeichnung $\mathrm{kgV}(a, b)$ verwendet wird.

Satz 4.9. *Es seien a, b natürliche Zahlen, die beide von Null verschieden sind, mit den Primfaktorzerlegungen*

$$a = \prod_{p \in \mathbb{P}} p^{a_p}, \quad b = \prod_{p \in \mathbb{P}} p^{b_p}.$$

Dann berechnet sich das kleinste gemeinsame Vielfache $[a, b]$ von a und b zu

$$[a, b] = \prod_{p \in \mathbb{P}} p^{m_p},$$

wobei $m_p := \max\{a_p, b_p\}$ ist.

Beweis. Wir setzen

$$m := \prod_{p \in \mathbb{P}} p^{m_p}.$$

Wie im Beweis von Satz 4.3 überlegt man sich, dass die natürliche Zahl m wohldefiniert ist. Wir haben jetzt die Eigenschaften (i) und (ii) der Definition 4.7 zu verifizieren.

Aufgrund der Ungleichungen

$$m_p \geq a_p \text{ und } m_p \geq b_p \text{ für alle } p \in \mathbb{P}$$

folgt aus Lemma 3.5 (Teilbarkeitskriterium) sofort

$$a \mid m \text{ und } b \mid m.$$

Damit ist m in der Tat ein gemeinsames Vielfaches von a und b, und somit ist Eigenschaft (i) erfüllt.

Um Eigenschaft (ii) für m zu verifizieren, wählen wir ein beliebiges gemeinsames Vielfaches y von a und b mit der Primfaktorzerlegung

$$y = \prod_{p \in \mathbb{P}} p^{y_p}.$$

Wiederum mit Hilfe des Teilbarkeitskriteriums folgern wir für alle Primzahlen p, dass

$$y_p \geq a_p, \quad y_p \geq b_p,$$

also

$$y_p \geq \max\{a_p, b_p\} = m_p$$

gilt. Unter erneuter Anwendung des Teilbarkeitskriteriums ergibt sich $m \mid y$. Somit erfüllt m auch die Eigenschaft (ii), und wir haben $m = [a, b]$. $\square$

Bemerkung 4.10. In den Spezialfällen $a = 0$ oder $b = 0$ setzen wir $[a, b] := 0$.

Beispiel 4.11. Wir ziehen erneut das Beispiel $a = 12 = 2^2 \cdot 3^1$ und $b = 15 = 3^1 \cdot 5^1$ heran. Dann ergibt sich für das kleinste gemeinsame Vielfache $[a, b]$ von a und b

$$[a, b] = 2^2 \cdot 3^1 \cdot 5^1 = 60.$$

Bemerkung 4.12. Die Begriffe des größten gemeinsamen Teilers und des kleinsten gemeinsamen Vielfachen lassen sich rekursiv auf mehr als nur zwei Argumente erweitern. Für n vorgelegte natürliche Zahlen $a_1, \ldots, a_n$ wird der größte gemeinsame Teiler $(a_1, \ldots, a_n)$ rekursiv durch

$$(a_1, \ldots, a_n) := ((a_1, \ldots, a_{n-1}), a_n)$$

definiert. Analog setzt man für das kleinste gemeinsame Vielfache $[a_1, \ldots, a_n]$ der natürlichen Zahlen $a_1, \ldots, a_n$ rekursiv

$$[a_1, \ldots, a_n] := [[a_1, \ldots, a_{n-1}], a_n].$$

In beiden Fällen überlegt man sich, dass die Reihenfolge, in der man die rekursive Bestimmung vornimmt, keine Rolle spielt.

Aufgabe 4.13. Bestimmen Sie $(2\,880, 3\,000, 3\,240)$ und $[36, 42, 49]$.

Definition 4.14. Wir definieren:
(i) Zwei natürliche Zahlen a, b heißen *teilerfremd*, wenn sie nur 1 als gemeinsamen Teiler haben.
(ii) Die natürlichen Zahlen $a_1, \ldots, a_n$ heißen *teilerfremd*, wenn sie nur 1 als gemeinsamen Teiler haben.
(iii) Die natürlichen Zahlen $a_1, \ldots, a_n$ heißen *paarweise teilerfremd*, wenn jedes Paar unter ihnen teilerfremd ist.

Aufgabe 4.15. Finden Sie drei natürliche Zahlen a_1, a_2, a_3, die teilerfremd, aber nicht paarweise teilerfremd sind.

Lemma 4.16. *Es bestehen die folgenden Aussagen zur Teilerfremdheit:*
(i)   *Für die natürlichen Zahlen a, b gilt $(a, b) \cdot [a, b] = a \cdot b$.*
(ii) *Sind die natürlichen Zahlen $a_1, \ldots, a_n$ teilerfremd, so gilt $(a_1, \ldots, a_n) = 1$.*
(iii) *Sind $a_1, \ldots, a_n$ paarweise teilerfremd, so gilt $[a_1, \ldots, a_n] = a_1 \cdot \ldots \cdot a_n$.*

Beweis. (i) Sind a oder b gleich null, so folgt die Behauptung unmittelbar. Andernfalls gehen wir aus von den Primfaktorzerlegungen

$$a = \prod_{p \in \mathbb{P}} p^{a_p}, \quad b = \prod_{p \in \mathbb{P}} p^{b_p}$$

und setzen

$$d_p := \min\{a_p, b_p\}, \quad m_p := \max\{a_p, b_p\}.$$

Nach den Sätzen 4.3 und 4.9 erhalten wir dann

$$(a, b) \cdot [a, b] = \prod_{p \in \mathbb{P}} p^{d_p} \cdot \prod_{p \in \mathbb{P}} p^{m_p} = \prod_{p \in \mathbb{P}} p^{d_p + m_p}$$

$$= \prod_{p \in \mathbb{P}} p^{a_p + b_p} = a \cdot b.$$

(ii) Wir verwenden zum Beweis vollständige Induktion. Der Induktionsanfang für $n = 2$ ergibt sich aus der Tatsache, dass für zwei teilerfremde natürliche Zahlen a_1, a_2 stets $(a_1, a_2) = 1$ gilt. Wir nehmen nun an, dass die Behauptung für $n \geq 2$ teilerfremde natürliche Zahlen $a_1, \ldots, a_n$ richtig ist und zeigen damit, dass dies dann auch für $n + 1$ teilerfremde natürliche Zahlen gilt. Dazu unterscheiden wir zwei Fälle, nämlich dass $d := (a_1, \ldots, a_n)$ gleich eins oder größer eins ist. Im ersten Fall folgt sofort

$$(a_1, \ldots, a_n, a_{n+1}) = (d, a_{n+1}) = (1, a_{n+1}) = 1.$$

Im zweiten Fall ergibt sich aus der Teilerfremdheit von $a_1, \ldots, a_{n+1}$, dass d und a_{n+1} keinen gemeinsamen Teiler größer eins haben können, also folgt

$$(a_1, \ldots, a_n, a_{n+1}) = (d, a_{n+1}) = 1.$$

Damit ist (ii) induktiv bewiesen.

(iii) Wir verwenden erneut die Methode der vollständigen Induktion. Der Induktionsanfang ist derselbe wie im vorhergehenden Teil (ii). Im Rahmen der Induktionsvoraussetzung nehmen wir jetzt an, dass die Behauptung für $n \geq 2$ paarweise teilerfremde natürliche Zahlen $a_1, \ldots, a_n$ richtig ist und zeigen damit, dass dies dann auch für $n + 1$ paarweise teilerfremde natürliche Zahlen gilt. Damit stellen wir fest

$$[a_1, \ldots, a_n, a_{n+1}] = [[a_1, \ldots, a_n], a_{n+1}] = [a_1 \cdot \ldots \cdot a_n, a_{n+1}].$$

Da $a_1, \ldots, a_n, a_{n+1}$ voraussetzungsgemäß paarweise teilerfremd sind, sind insbesondere auch $a_1 \cdot \ldots \cdot a_n$ und a_{n+1} teilerfremd. Damit ergibt sich der Induktionsschritt aus (i) und (ii), nämlich

$$[a_1, \ldots, a_n, a_{n+1}] = 1 \cdot [a_1 \cdot \ldots \cdot a_n, a_{n+1}]$$
$$= (a_1 \cdot \ldots \cdot a_n, a_{n+1}) \cdot [a_1 \cdot \ldots \cdot a_n, a_{n+1}]$$
$$= a_1 \cdot \ldots \cdot a_n \cdot a_{n+1}.$$

Dies beendet den Beweis von Teil (iii). □

Aufgabe 4.17. Untersuchen Sie, unter welchen Bedingungen an die natürlichen Zahlen $a_1, \ldots, a_n$ folgende Verallgemeinerung von Lemma 4.16 gilt:

$$(a_1, \ldots, a_n) \cdot [a_1, \ldots, a_n] = a_1 \cdot \ldots \cdot a_n.$$

5. Division mit Rest

Es seien a, b natürliche Zahlen; wir nehmen für den Moment an, dass $b < a$ gilt. Wir betrachten nun die Vielfachen $1 \cdot b, 2 \cdot b, 3 \cdot b, \ldots$ von b. Anschaulich ist klar, dass wir nach endlich vielen Schritten zu einem Vielfachen von b gelangen, das echt größer als a ist, d. h. das vorhergehende Vielfache ist kleiner oder gleich a. In Formeln ausgedrückt bedeutet dies, dass sich natürliche Zahlen q, r finden, so dass

$$a = q \cdot b + r$$

mit $0 \le r < b$ gilt. Man spricht von der *Division von a durch b mit dem Rest r.* Gilt speziell $r = 0$, so ist b ein Teiler von a.

Abb. 1. Division mit Rest

Diesen anschaulich klaren Sachverhalt wollen wir nachfolgend beweisen.

Satz 5.1 (Division mit Rest). *Es seien a, b natürliche Zahlen mit $b \ne 0$. Dann finden sich eindeutig bestimmte natürliche Zahlen q, r mit $0 \le r < b$, so dass die Gleichung*

$$a = q \cdot b + r \tag{4}$$

besteht.

Beweis. Wir haben sowohl die Existenz als auch die Eindeutigkeit der natürlichen Zahlen q, r zu zeigen.

Existenz: Für alle natürlichen Zahlen q mit der Eigenschaft $q \cdot b \leq a$ bilden wir jeweils die natürliche Zahl $r(q) := a - q \cdot b$. Damit betrachten wir die Menge natürlicher Zahlen

$$\mathcal{M}(a, b) := \{r(q) \mid q \in \mathbb{N}, \, q \cdot b \leq a\}.$$

Indem wir $q = 0$ wählen, stellen wir $r(0) = a$ fest; damit ist die Menge $\mathcal{M}(a, b)$ nicht leer. Nach Lemma 1.21 (Prinzip des kleinsten Elements) gibt es dann eine natürliche Zahl q_0, so dass $r_0 := r(q_0)$ das kleinste Element von $\mathcal{M}(a, b)$ ist. Das Element r_0 erfüllt die Gleichung

$$r_0 = a - q_0 \cdot b \quad \Longleftrightarrow \quad a = q_0 \cdot b + r_0. \tag{5}$$

Wir zeigen, dass $0 \leq r_0 < b$ gilt, d.h. dass (5) die gesuchte Darstellung ist. Im Gegensatz dazu nehmen wir $r_0 \geq b$ an. Somit gibt es ein $r_1 \in \mathbb{N}$ mit $r_0 = b + r_1$; wir beachten dabei, dass $r_1 < r_0$ ist, da voraussetzungsgemäß $b \neq 0$ und somit $b > 0$ gilt. Aus den äquivalenten Gleichungen

$$b + r_1 = r_0 = a - q_0 \cdot b \quad \Longleftrightarrow \quad r_1 = a - (q_0 + 1) \cdot b$$

folgt, dass $r_1 \in \mathcal{M}(a, b)$ gilt. Wie bereits festgestellt, ist $r_1 < r_0$, was aber der minimalen Wahl von r_0 widerspricht. Somit ist die Existenz der Darstellung (4) bewiesen.

Eindeutigkeit: Es seien q_1, r_1 bzw. q_2, r_2 natürliche Zahlen mit $0 \leq r_1 < b$ bzw. $0 \leq r_2 < b$, welche den Gleichungen

$$a = q_1 \cdot b + r_1, \tag{6}$$
$$a = q_2 \cdot b + r_2 \tag{7}$$

genügen. Ohne Beschränkung der Allgemeinheit dürfen wir annehmen, dass $r_2 \geq r_1$ gilt. Aufgrund der Ungleichungen, denen r_1 und r_2 genügen, stellen wir

$$0 \leq r_2 - r_1 < b$$

fest. Durch Subtraktion der Gleichungen (6), (7) ergibt sich andererseits die Gleichung natürlicher Zahlen

$$r_2 - r_1 = (q_1 - q_2) \cdot b.$$

Wäre nun $q_1 \neq q_2$, so wäre $q_1 - q_2 \geq 1$, also

$$r_2 - r_1 = (q_1 - q_2) \cdot b \geq b.$$

Dies widerspricht aber der Ungleichung $r_2 - r_1 < b$. Somit muss $q_1 = q_2$ gelten, woraus dann sofort auch $r_1 = r_2$ folgt. Damit ist die Eindeutigkeit der Darstellung (4) bewiesen. $\qquad\qquad\qquad\qquad\qquad\qquad\qquad\qquad$ $\square$

Aufgabe 5.2. Führen Sie für folgende Paare natürlicher Zahlen die Division mit Rest durch: 773 und 337, $2^5 \cdot 3^4 \cdot 5^2$ und $2^3 \cdot 3^2 \cdot 5^3$, sowie $2^{32} - 1$ und $4^8 + 1$.

Bemerkung 5.3. Die Division mit Rest ist der Schlüssel zur *Dezimaldarstellung* natürlicher Zahlen.

Ist $n \in \mathbb{N}$, $n \neq 0$, so existiert ein maximales $\ell \in \mathbb{N}$ derart, dass

$$n = q_\ell \cdot 10^\ell + r_\ell$$

mit eindeutig bestimmten natürlichen Zahlen $1 \leq q_\ell \leq 9$ und $0 \leq r_\ell < 10^\ell$ gilt. Verfährt man mit dem „Rest" r_ℓ ebenso, so erhält man letztendlich die eindeutige Darstellung

$$n = q_\ell \cdot 10^\ell + q_{\ell-1} \cdot 10^{\ell-1} + \ldots + q_1 \cdot 10^1 + q_0 \cdot 10^0$$

mit natürlichen Zahlen $0 \leq q_j \leq 9$ $(j = 0, \ldots, \ell)$ und $q_\ell \neq 0$. Dies führt zur Dezimaldarstellung der natürlichen Zahl n in der Ziffernform

$$n = q_\ell q_{\ell-1} \cdots q_1 q_0.$$

Aufgabe 5.4. Kann dieses Verfahren auch für andere natürliche Zahlen $g > 0$ als 10 durchgeführt werden?

A. Primzahlen – Ergebnisse und Vermutungen

In diesem abschließenden Abschnitt stellen wir interessante und aktuelle Entwicklungen eines Gegenstands dieses Kapitels, nämlich der Primzahlen, zusammen. Dazu werden wir eine Auswahl von tiefliegenden Ergebnissen und bis heute ungelösten Vermutungen präsentieren.

A.1 Formeln für Primzahlen

Nach dem Satz 2.10 von Euklid wissen wir, dass es unendlich viele Primzahlen gibt. Ein naheliegender Wunsch besteht darin, eine „Formel" für Primzahlen zu finden. Die im Beispiel 2.14 eingeführten Mersenneschen und Fermatschen Primzahlen erfüllen diesen Wunsch nur ansatzweise. Einerseits lassen sich damit nicht alle Primzahlen erfassen, da beispielsweise die Primzahlen 11 und 13 weder Mersennesche noch Fermatsche Primzahlen sind, andererseits ist es bis heute noch offen, ob es unendlich viele Mersennesche oder Fermatsche Primzahlen gibt.

Erstaunlicherweise gelang es aber dem russischen Mathematiker Yuri Matiyasevich in den siebziger Jahren des letzten Jahrhunderts zu beweisen, dass ein Polynom in mehreren Variablen mit ganzzahligen Koeffizienten existiert, mit dessen Hilfe alle Primzahlen dargestellt werden können [5]; allerdings wurde das Polynom nicht explizit angegeben. In der Folge konstruierten James Jones, Daihachiro Sato, Hideo Wada und Douglas Wiens das folgende Polynom in den 26 Variablen $A, B, \ldots, Y, Z$ unseres Alphabets

$$\mathcal{P}(A, B, \ldots, Y, Z) := (K + 2)$$
$$\times (1 - [WZ + H + J - Q]^2 - [(GK + 2G + K + 1)(H + J) + H - Z]^2$$
$$- [16(K + 1)^3 (K + 2)(N + 1)^2 + 1 - F^2]^2 - [2N + P + Q + Z - E]^2$$
$$- [E^3 (E + 2)(A + 1)^2 + 1 - O^2]^2 - [(A^2 - 1)Y^2 + 1 - X^2]^2$$
$$- [16R^2 Y^4 (A^2 - 1) + 1 - U^2]^2 - [N + L + V - Y]^2$$
$$- [(A^2 - 1)L^2 + 1 - M^2]^2 - [AI + K + 1 - L - I]^2$$
$$- [((A + U^2 (U^2 - A))^2 - 1)(N + 4DY)^2 + 1 - (X + CU)^2]^2$$
$$- [P + L(A - N - 1) + B(2AN + 2A - N^2 - 2N - 2) - M]^2$$
$$- [Q + Y(A - P - 1) + S(2AP + 2A - P^2 - 2P - 2) - X]^2$$
$$- [Z + PL(A - P) + T(2AP - P^2 - 1) - PM]^2),$$

und bewiesen den

Satz A.1 (Jones, Sato, Wada, Wiens [3]). *Für jede Primzahl p gibt es natürliche Zahlen $a, b, \ldots, y, z$ derart, dass*

$$p = \mathcal{P}(a, b, \ldots, y, z)$$

gilt.   □

Diese Formel ist vom erkenntnistheoretischen Standpunkt aus gesehen höchst interessant, allerdings ist sie für praktische Zwecke nicht unmittelbar nutzbar. Wenn es beispielsweise um die Suche nach sehr großen Primzahlen geht, so erweisen sich die Mersenneschen Primzahlen wiederum als sehr nützlich. Die derzeit größte bekannte Primzahl ist (Stand: 2018, siehe `http://primes.utm.edu/largest.html`)

$$p = 2^{82\,589\,933} - 1.$$

Dies ist eine Mersennesche Primzahl mit 24 862 048 Stellen und beginnt mit den Ziffern

14889444574204132554780645847239791660302627399279532418527128942521323936106447531030997113218033717475283440142358756005197751832658564918429319597082295063433434510973136992053423106411405952647678767468193322117818493754771079862112265347927886299421244723581697946442467372269911156615468898349878577880899273633363565129754335286...

Bei einem Ausdruck in normaler Schriftgröße nimmt diese Primzahl ca. 6 900 eng bedruckte DIN-A4 Seiten ein.

Abschließend kann gesagt werden, dass der gegenwärtige Stand der Forschung noch nicht befriedigend ist, da man bisher noch keine effiziente und geschlossene Formel zum Erzeugen von Primzahlen gefunden hat.

A.2 Primzahlverteilung

Da es es also kein leichtes Unterfangen zu sein scheint, Primzahlen mit Formeln zu erfassen, betrachtet man als Ersatz dafür die Wahrscheinlichkeit, dass eine zufällig gewählte natürliche Zahl eine Primzahl ist. Dazu definieren wir die Primzahlfunktion.

Definition A.2. Für eine positive reelle Zahl x (die reellen Zahlen werden in Kapitel IV systematisch studiert) ist die *Primzahlfunktion* $\pi(x)$ definiert durch

$$\pi(x) := \#\{p \in \mathbb{P} \mid p \leq x\},$$

d. h. $\pi(x)$ liefert die Anzahl der Primzahlen, die kleiner oder gleich x sind.

Die Wahrscheinlichkeit dafür, dass eine zufällig gewählte natürliche Zahl im Intervall $[0, x]$ eine Primzahl ist, ist somit gegeben durch den Quotienten $\pi(x)/x$.

Die Funktion $\pi(x)$ lässt sich als Treppenfunktion darstellen; sobald eine weitere Primzahl auftritt, erhöht sich der Funktionswert um 1. Für $0 < x \leq 100$ erkennt man, dass es in diesem Bereich 25 Primzahlen gibt.

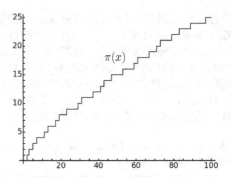

Obgleich diese Funktion auf den ersten Blick ein irreguläres Auftreten der Primzahlen widerzuspiegeln scheint, zeigt die Funktion auf einer größeren Skala ein deutlich reguläreres Verhalten. Im Bereich $0 < x \leq 1000$ ergibt sich beispielsweise das folgende Bild

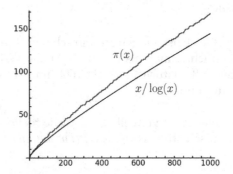

Dieser Eindruck wird durch den Primzahlsatz bestätigt, der in Ansätzen bereits von Carl Friedrich Gauß vermutet, allerdings erst zum Ende des 19. Jh. rigoros unabhängig durch den französischen Mathematiker Jacques Hadamard und den belgischen Mathematiker Charles-Jean de la Vallée Poussin bestätigt wurde.

Satz A.3 (Primzahlsatz [1], [8]). *Für $x \to \infty$ besteht die Asymptotik*

$$\pi(x) \sim \frac{x}{\log(x)},$$

d. h. wir haben die Gleichheit

$$\lim_{x \to \infty} \left(\frac{\pi(x)}{x/\log(x)} \right) = 1.$$

$\square$

Eine noch bessere Approximation der Primzahlfunktion $\pi(x)$ ist gegeben durch

$$\pi(x) \sim \frac{x}{\text{Li}(x)},$$

wobei die Funktion $\text{Li}(x)$ den sog. Integrallogarithmus bedeutet, der für $x \geq 2$ durch die Formel

$$\text{Li}(x) = \int_{2}^{x} \frac{dt}{t}$$

gegeben ist. Dieses Ergebnis lässt sich auch wie folgt formulieren: Es besteht die Gleichheit

$$\pi(x) = \frac{x}{\text{Li}(x)} + R(x)$$

mit einem „Restglied" $R(x)$, welches für $x \to \infty$ von geringerem Wachstum als die Funktion $x/\text{Li}(x)$ ist. Es erhebt sich dann natürlich die Frage, wie stark das Wachstum von $R(x)$ maximal sein kann.

Vermutung (Restglied-Vermutung). *Das Restglied $R(x)$ genügt für $x \to \infty$ der Abschätzung*

$$R(x) = O\big(\sqrt{x}\log(x)\big),$$

d. h. es gibt eine positive Konstante C, so dass für $x \to \infty$ die Abschätzung

$$R(x) \leq C\sqrt{x}\log(x)$$

besteht.

Im Bereich $0 \leq x \leq 1000$ ergibt sich beispielsweise das folgende Bild

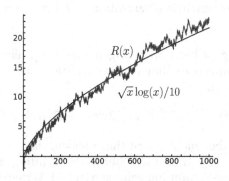

Gegenwärtig ist man noch weit davon entfernt, diese Abschätzung beweisen zu können, denn bis zum heutigen Tag kann man lediglich Abschätzungen der Form

$$R(x) = O\left(x \cdot \exp\left(-D\log(x)^{3/5}\right)\right)$$

für $x \to \infty$ mit einer positiven Konstanten D nachweisen, die auf Ivan Vinogradovs Ideen aus dem Jahr 1958 basieren [9].

A.3 Primzahllücken und Primzahlzwillinge

Eine Primzahllücke beschreibt den Abstand zweier unmittelbar aufeinander folgender Primzahlen. Nach dem Primzahlsatz wissen wir, dass es ungefähr $x/\mathrm{li}(x)$ Primzahlen gibt, die kleiner als x sind. Deshalb beträgt die durchschnittliche Primzahllücke zwischen Primzahlen kleiner als x etwa $\mathrm{li}(x)$. Dieser Erkenntnis stehen die beiden folgenden Extremfälle gegenüber.

Zum einen lässt sich leicht zeigen, dass es beliebig große Primzahllücken gibt. Dazu sei $k \in \mathbb{N}$; wir wollen eine Primzahllücke konstruieren, deren Länge höchstens gleich k ist. Weiter sei q das Produkt aller Primzahlen, die kleiner oder gleich $k + 1$ sind. Dann sind die k Zahlen

$$q + 2, \ldots, q + k + 1$$

keine Primzahlen, d. h. wir haben eine Primzahllücke konstruiert, deren Länge höchstens gleich k ist.

Der andere Extremfall wird durch unmittelbar benachbarte Primzahlen gegeben, d. h. – im Falle ungerader Primzahlen – sind dies Paare von Primzahlen, zwischen denen einzig eine gerade Zahl liegt. Solche Paare werden *Primzahlzwillinge* genannt. Die einfachsten Beispiele von Primzahlzwillingen sind

$$(5,7), (11,13), (17,19), (29,31), \ldots$$

Vermutung (Primzahlzwilling-Vermutung). *Es gibt unendlich viele Primzahlzwillinge.*

Diese Vermutung ist bis zum heutigen Tage noch nicht bewiesen. Der größte bekannte Primzahlzwilling ist (Stand: 2016, siehe `http://primes.utm.edu/largest.html#twin`):

$$\left(2\,996\,863\,034\,895 \cdot 2^{1\,290\,000} - 1, \quad 2\,996\,863\,034\,895 \cdot 2^{1\,290\,000} + 1\right).$$

Abschließend soll aber nicht unerwähnt bleiben, dass im Jahr 2013 dem Mathematiker Yitang Zhang ein Durchbruch in Richtung einer Bestätigung der Primzahlzwilling-Vermutung gelungen ist [11]. Verfeinert man seine ursprünglichen Ergebnisse mit Resultaten anderer Mathematiker, so konnte bewiesen werden, dass es unendlich viele Primzahlpaare mit einem Abstand gibt, der höchstens 246 beträgt. Das ist zum Zeitpunkt des Erscheinens dieses Buches das beste Ergebnis.

A.4 Riemannsche Zetafunktion

Das Studium der Riemannschen Zetafunktion wird uns zur Formulierung der Riemannschen Vermutung führen, welche äquivalent zur Restglied-Vermutung ist. Für diesen Unterabschnitt verweisen wir auf Bernhard Riemanns Originalarbeit [7].

Definition A.4. Für eine reelle Zahl $s > 1$ ist die *Riemannsche Zetafunktion* definiert durch die Reihe

$$\zeta(s) := 1 + \frac{1}{2^s} + \frac{1}{3^s} + \frac{1}{4^s} + \frac{1}{5^s} + \ldots = \sum_{n=1}^{\infty} \frac{1}{n^s}.$$

Für $s > 1$ ist $\zeta(s)$ eine unendlich oft differenzierbare Funktion. Erweitert man den Definitionsbereich von $\zeta(s)$ sogar auf den Bereich der komplexen Zahlen $\mathbb{C}$ (wir werden die komplexen Zahlen in Kapitel V systematisch studieren), so ist $\zeta(s)$ für $s \in \mathbb{C}$ mit $\mathrm{Re}(s) > 1$ eine holomorphe, d. h. komplex differenzierbare, Funktion.

An der Stelle $s = 1$ erhält man die harmonische Reihe, welche bekanntlich divergiert, denn man hat für natürliche Zahlen N mit $N \to \infty$ die Beziehung

$$\sum_{n=1}^{N} \frac{1}{n} = \log(N) + \gamma + O\left(\frac{1}{N}\right),$$

wobei γ die Euler-Mascheroni-Konstante ist, deren Wert $0{,}5772156649\ldots$ beträgt.

Für $\mathrm{Re}(s) > 1$ kann man die Riemannsche Zetafunktion alternativ als unendliches Produkt darstellen. Dies ist die sogenannte *Eulersche Produktentwicklung* von $\zeta(s)$, welche durch

$$\zeta(s) = \prod_{p \in \mathbb{P}} \frac{1}{1 - p^{-s}}$$

gegeben ist. Die Gültigkeit dieser Produktdarstellung kann man sich relativ einfach wie folgt überlegen. Wegen $\mathrm{Re}(s) > 1$ ergibt sich für eine Primzahl $p \in \mathbb{P}$ mit Hilfe der geometrischen Reihe die Formel

$$\frac{1}{1 - p^{-s}} = \sum_{m=0}^{\infty} \frac{1}{p^{ms}} = 1 + \frac{1}{p^s} + \frac{1}{p^{2s}} + \ldots,$$

welche

$$\prod_{p \in \mathbb{P}} \frac{1}{1 - p^{-s}} = \left(1 + \frac{1}{2^s} + \frac{1}{2^{2s}} + \ldots\right)\left(1 + \frac{1}{3^s} + \frac{1}{3^{2s}} + \ldots\right) \cdots$$

liefert. Formales Ausmultiplizieren ergibt deshalb

$$\prod_{p\in\mathbb{P}}\frac{1}{1-p^{-s}} = 1 + \frac{1}{2^s} + \frac{1}{3^s} + \frac{1}{(2\cdot 2)^s} + \frac{1}{5^s} + \frac{1}{(2\cdot 3)^s} + \cdots$$

In den Nennern der Brüche rechter Hand treten nun alle möglichen Produkte von Primzahlpotenzen genau einmal auf. Aufgrund des Fundamentalsatzes der elementaren Zahlentheorie 3.1 wissen wir, dass jedes dieser Produkte gleich einer positiven natürlichen Zahl ist, was die behauptete Gleichheit beweist. Man kann sogar beweisen, dass der Fundamentalsatz der elementaren Zahlentheorie äquivalent zur Gültigkeit der Eulerschen Produktentwicklung ist.

Darüber hinaus erkennen wir aufgrund der Divergenz der harmonischen Reihe und dem Bestehen der Eulerschen Produktentwicklung, wenn s von rechts gegen 1 strebt, dass es unendlich viele Primzahlen gegeben muss, d. h. wir haben einen alternativen Beweis des Satzes 2.10 von Euklid gefunden. Zusammenfassend erkennen wir, dass die Riemannsche Zetafunktion grundlegende arithmetische Eigenschaften der natürlichen Zahlen kodiert.

Zur Formulierung der Riemannschen Vermutung beweisen wir zunächst den Satz, dass man die Riemannsche Zetafunktion $\zeta(s)$ für *beliebige* komplexe Argumente s definieren kann. Zu Illustration dieser tiefliegenden Erkenntnis werden wir an dieser Stelle auf den Beweis etwas ausführlicher eingehen.

Satz A.5. *Die Riemannsche Zetafunktion $\zeta(s)$ besitzt eine meromorphe Fortsetzung in die gesamte komplexe Ebene $\mathbb{C}$. Sie ist für alle $s \in \mathbb{C}$ mit $s \neq 1$ holomorph und besitzt an der Stelle $s = 1$ einen Pol erster Ordnung. Darüber hinaus besteht für alle $s \in \mathbb{C}$ die Funktionalgleichung*

$$\pi^{-s/2}\Gamma\left(\frac{s}{2}\right)\zeta(s) = \pi^{-(1-s)/2}\Gamma\left(\frac{1-s}{2}\right)\zeta(1-s).$$

Hierbei ist $\Gamma(s)$ die Eulersche Gammafunktion, welche für $\mathrm{Re}(s) > 0$ durch die Formel

$$\Gamma(s) := \int_0^\infty e^{-x}x^{s-1}\,dx$$

definiert ist.

Beweis. Im Folgenden geben wir eine Beweisskizze dieses fundamentalen Satzes. Unter Verwendung der Poissonschen Summationsformel erhalten wir für $t > 0$ die Gleichheit

$$\sum_{k=-\infty}^{\infty} e^{-\pi k^2 t} = \frac{1}{\sqrt{t}} \sum_{k=-\infty}^{\infty} e^{-\pi k^2/t}.$$

Indem wir die Funktion $\Theta(t)$ durch

$$\Theta(t) := \sum_{k=1}^{\infty} e^{-\pi k^2 t}$$

definieren, erhalten wir damit die Identität

$$2\Theta(t) + 1 = \frac{1}{\sqrt{t}}\left(2\Theta\left(\frac{1}{t}\right) + 1\right),$$

also durch Umstellen

$$\Theta(t) = \frac{1}{\sqrt{t}}\left(\Theta\left(\frac{1}{t}\right) + \frac{1}{2}\right) - \frac{1}{2}. \tag{8}$$

Indem wir in der Definition der Gammafunktion s durch $s/2$ ersetzen und die Substitution $x \mapsto \pi n^2 x$ vornehmen, ergibt sich

$$\Gamma\left(\frac{s}{2}\right) = \pi^{s/2} n^s \int_0^{\infty} e^{-\pi n^2 x} x^{s/2-1}\, dx.$$

Durch Umstellen dieser Gleichung nach $1/n^s$ und Summation über alle positiven natürlichen Zahlen erhält man

$$\sum_{n=1}^{\infty} \frac{1}{n^s} = \frac{\pi^{s/2}}{\Gamma(s/2)} \sum_{n=1}^{\infty} \int_0^{\infty} e^{-\pi n^2 x} x^{s/2-1}\, dx.$$

Aufgrund des exponentiellen Abfalls der Exponentialfunktion konvergiert das Integral rechter Hand gleichmäßig für $n \in \mathbb{N}$, $n \geq 1$. Deshalb darf man die Reihenfolge von Summation und Integration vertauschen. Nach Definition der Funktion $\Theta(x)$ ergibt sich damit

$$\zeta(s) = \frac{\pi^{s/2}}{\Gamma(s/2)} \int_0^{\infty} \Theta(x)\, x^{s/2-1}\, dx,$$

also

$$\pi^{-s/2}\Gamma\left(\frac{s}{2}\right)\zeta(s) = \int_0^1 x^{s/2-1}\Theta(x)\, dx + \int_1^{\infty} x^{s/2-1}\Theta(x)\, dx.$$

Einsetzen von (8) ergibt jetzt

$$\pi^{-s/2}\Gamma\left(\frac{s}{2}\right)\zeta(s) = \int_0^1 x^{s/2-1}\left(\frac{1}{\sqrt{x}}\Theta\left(\frac{1}{x}\right) + \frac{1}{2\sqrt{x}} - \frac{1}{2}\right)dx$$

$$+ \int_1^\infty x^{s/2-1}\Theta(x)\,dx.$$

Mit der Substitution $x \mapsto 1/x$ erhält man nach kurzer Rechnung

$$\pi^{-s/2}\Gamma\left(\frac{s}{2}\right)\zeta(s) = \frac{1}{s(s-1)} + \int_1^\infty (x^{-s/2-1/2} + x^{s/2-1})\Theta(x)\,dx. \qquad (9)$$

Das Integral auf der rechten Seite konvergiert nun für alle $s \in \mathbb{C}$, da $\Theta(x)$ für $x \to \infty$ exponentiell abfällt, wogegen $x^{-s/2-1/2} + x^{s/2-1}$ für $x \to \infty$ höchstens polynomial wächst. Der erste Summand auf der rechten Seite besitzt für $s = 0$ bzw. $s = 1$ einen Pol erster Ordnung. Aufgrund des Pols erster Ordnung von $\Gamma(s)$ bei $s = 0$ ist damit aber $\zeta(0)$ wohldefiniert. Insgesamt erhalten wir damit die behauptete meromorphe Fortsetzung von $\zeta(s)$ in die komplexe Ebene $\mathbb{C}$ derart, dass $\zeta(s)$ außer an der Stelle $s = 1$ überall holomorph ist; an der Stelle $s = 1$ besitzt $\zeta(s)$ einen Pol erster Ordnung.

Anhand von Gleichung (9) sieht man weiter, dass für die Riemannsche Zetafunktion eine Symmetrie bezüglich der Transformation $s \mapsto 1 - s$ vorliegt, denn wir haben

$$\pi^{-(1-s)/2}\Gamma\left(\frac{1-s}{2}\right)\zeta(1-s)$$

$$= \frac{1}{(1-s)((1-s)-1)} + \int_1^\infty (x^{-(1-s)/2-1/2} + x^{(1-s)/2-1})\Theta(x)\,dx$$

$$= \frac{1}{s(s-1)} + \int_1^\infty (x^{-s/2-1/2} + x^{s/2-1})\Theta(x)\,dx.$$

Mit (9) ergibt sich jetzt die behauptete Funktionalgleichung

$$\pi^{-s/2}\Gamma\left(\frac{s}{2}\right)\zeta(s) = \pi^{-(1-s)/2}\Gamma\left(\frac{1-s}{2}\right)\zeta(1-s).$$

Damit endet die Beweisskizze.   □

Mit Hilfe von Formel (9) und der Kenntnis der Pole der Gammafunktion bei $s = 0, -1, -2, \ldots$ erkennt man sofort, dass $\zeta(s)$ die offensichtlichen Nullstellen bei $s = -2, -4, -6, \ldots$ besitzt, welche die „trivialen" Nullstellen der

Riemannschen Zetafunktion genannt werden; über die weiteren Nullstellen von $\zeta(s)$ handelt die Riemannsche Vermutung, auf die wir sogleich eingehen. Aus der Funktionalgleichung der Riemannschen Zetafunktion entnehmen wir überdies mit Hilfe der Kenntnis der Gammafunktion, dass sich das Verhalten von $\zeta(s)$ für $\text{Re}(s) < 0$ aus dem bekannten Verhalten von $\zeta(s)$ für $\text{Re}(s) > 1$ ergibt. Offen bleibt dabei das Verhalten von $\zeta(s)$ im Streifen $0 \leq \text{Re}(s) \leq 1$; daher wird dieser auch der „kritische Streifen" genannt. Bei der Transformation $s \mapsto 1 - s$ spielt die Gerade, gegeben durch die Gleichung $\text{Re}(s) = 1/2$ eine ausgezeichnete Rolle, da sie dabei invariant bleibt.

Vermutung (Riemannsche Vermutung). *Bis auf die „trivialen" Nullstellen der Riemannschen Zetafunktion $\zeta(s)$, welche bei $s = -2, -4, -6, \ldots$ liegen, befinden sich alle weiteren „nichttrivialen" Nullstellen auf der ausgezeichneten Geraden $\text{Re}(s) = 1/2$.*

Bis zu 10 Trillionen nicht-triviale Nullstellen der Riemannschen Zetafunktion wurden bisher numerisch berechnet; sie liegen alle auf der ausgezeichneten Geraden $\text{Re}(s) = 1/2$. Es ist sogar bekannt, dass unendlich viele Nullstellen der Riemannschen Zetafunktion auf dieser ausgezeichneten Geraden liegen. Im Bereich $0 \leq t \leq 100$ ergibt sich für die Funktion $|\zeta(1/2 + it)|$ beispielsweise das folgende Bild

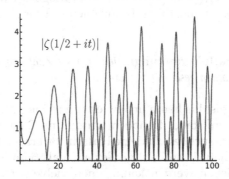

Die Riemannsche Vermutung ist jedoch bis zum heutigen Tage unbewiesen und stellt eine der größten, wenn nicht *die* größte Vermutung der Zahlentheorie dar. Sie ist eines der sechs noch ungelösten Millenniumsprobleme. Ihr Beweis hätte mannigfache Implikationen zur Folge; so würden alle Ergebnisse, die unter der Annahme der Gültigkeit der Riemannschen Vermutung bewiesen wurden, unkonditional richtig sein.

Eine abgeschwächte Version der Riemannschen Vermutung ist durch die Lindelöf-Vermutung gegeben, allerdings ist auch diese bis zum jetzigen Zeitpunkt noch nicht bewiesen.

Vermutung (Lindelöf-Vermutung [4]). *Für jedes $\varepsilon > 0$ besteht für $t \gg 1$ die Abschätzung*

$$\zeta\left(\frac{1}{2} + it\right) = o(t^{\varepsilon}).$$

Nach Ralf Backlund, einem Studenten von Ernst Lindelöf, ist seine Vermutung für $T \gg 1$ äquivalent zur Aussage

$$\#\{s \in \mathbb{C} \mid \zeta(s) = 0, \operatorname{Re}(s) \geq 1/2 + \varepsilon, T \leq \operatorname{Im}(s) \leq T + 1\} = o(\log(T)).$$

Gegenwärtig weiss man allerdings nur, dass die letztere Größe für $T \gg 1$ durch $O(\log(T))$ beschränkt ist.

A.5 Goldbach-Vermutung

Nach dem Fundamentalsatz der Arithmetik 3.1 sind die Primzahlen die multiplikativen Bausteine der natürlichen Zahlen. Versucht man nun die Primzahlen mit der anderen fundamentalen Operation der natürlichen Zahlen, der Addition, in Beziehung zu stellen, so ergeben sich in natürlicher Weise Fragestellungen, die nicht immer einfach zu beantworten sind. Eine der berühmtesten Fragestellungen dieser Art geht zurück auf einen Briefwechsel zwischen Christian Goldbach und Leonhard Euler aus dem Jahr 1742. Dort wird die Frage aufgeworfen, ob es möglich ist, jede natürliche Zahl größer als 5 als Summe dreier Primzahlen zu schreiben. Dazu äquivalent ist die

Vermutung (Goldbach-Vermutung). *Jede gerade Zahl größer als 2 kann als Summe zweier Primzahlen geschrieben werden.*

Diese Vermutung ist bis heute unbewiesen und hielt bisher allen Versuchen, sie zu beweisen, stand. Dennoch wurden im Rahmen der nicht erfolgreichen Beweisversuche auch kleine Fortschritte erzielt. Bekannt ist zum Beispiel, dass jede natürliche Zahl größer als 6 als Summe verschiedener Primzahlen geschrieben werden kann. Einen vielversprechenden Durchbruch erzielte der Peruanische Mathematiker Harald Helfgott, der im Jahr 2013 einen Beweis der folgenden schwächeren Vermutung, der sogenannten ternären Goldbach-Vermutung, ankündigte [2].

Vermutung (Ternäre Goldbach-Vermutung). *Jede ungerade Zahl größer als 5 kann als Summe dreier Primzahlen geschrieben werden.*

Zum Beweis konnte sich Harald Helfgott einerseits darauf stützen, dass die ternäre Goldbach-Vermutung für ungerade Zahlen größer als $2 \cdot 10^{1346}$ korrekt ist. Andererseits war es mit Hilfe von Computern möglich, die Vermutung für ungerade Zahlen kleiner als 10^{27} zu verifizieren. Somit bestand die wesentliche Aufgabe darin, die ternäre Goldbach-Vermutung für ungerade Zahlen im Zwischenbereich zu bestätigen. Dies gelang ihm mit Hilfe von Methoden der analytischen Zahlentheorie, nämlich einer raffinierten Verfeinerung der Kreismethode, die auf Godfrey Hardy, John Littlewood und Ivan Vinogradov zurückgeht.

Damit beschließen wir unseren Überblick über Entwicklungen zu Fragestellungen rund um die Primzahlen. Für den interessierten Leser verweisen wir auf die mannigfache Literatur zu diesem Thema. Einen guten Einstieg bietet das Buch [6] von Paulo Ribenboim sowie der Übersichtsartikel [10] von Don Zagier.

Literaturverzeichnis

[1] J. Hadamard: *Sur la distribution des zéros de la fonction $\zeta(s)$ et ses conséquences arithmétiques*. Bull. Soc. Math. de France **24** (1896), 199–220.

[2] H. A. Helfgott: *The ternary Goldbach problem.* `arXiv:1501.05438`

[3] J. Jones, D. Sato, H. Wada, D. Wiens: *Diophantine representation of the set of prime numbers*. Amer. Math. Monthly **83** (1976), 449–464.

[4] E. Lindelöf: *Le calcul des résidus et ses applications dans la théorie des fonctions*. Gauthier-Villars, Paris, 1905.

[5] Y. Matiyasevich: *A diophantine representation of the set of prime numbers*. Dokl. Akad. Nauk. SSSR **196** (1971), 770–773. English translation by R. N. Goss in Soviet Math. Dokl. **12** (1971), 249–254.

[6] P. Ribenboim: *Die Welt der Primzahlen: Geheimnisse und Rekorde*. Springer-Verlag, Berlin Heidelberg, 2. Auflage, 2011.

[7] B. Riemann: *Ueber die Anzahl der Primzahlen unter einer gegebenen Grösse*. Monatsberichte der Königlichen Preußischen Akademie der Wissenschaften zu Berlin aus dem Jahre 1859 (1860), 671–680. In: Gesammelte Werke, Teubner, Leipzig, 1892.

[8] C.-J. de la Vallée Poussin: *Recherches analytiques de la théorie des nombres premiers*. Ann. Soc. Scient. Bruxelles **20** (1896), 183–256.

[9] I. M. Vinogradov: *A new estimate of the function $\zeta(1 + it)$*. Izv. Akad. Nauk. SSSR Ser. Mat. **22** (1958), 161–164.

[10] D. Zagier: *Die ersten 50 Millionen Primzahlen*. In: Lebendige Zahlen. Mathematische Miniaturen 1. Birkhäuser, Basel, 1981.

[11] Y. Zhang: *Bounded gaps between primes*. Ann. of Math. (2) **179** (2014), 1121–1174.

II Die ganzen Zahlen

1. Halbgruppen und Monoide

Im ersten Kapitel haben wir die natürlichen Zahlen zusammen mit ihrer Addition und Multiplikation kennengelernt. Das Konzept der Addition (bzw. Multiplikation) kann man nun so interpretieren, dass wir aus zwei natürlichen Zahlen m_1, m_2 eine natürliche Zahl, nämlich die Summe $m_1 + m_2$ (bzw. das Produkt $m_1 \cdot m_2$), bilden können. Diesen Sachverhalt können wir weiter formalisieren, indem wir sagen, dass es auf der Menge der natürlichen Zahlen eine *Verknüpfung* $+$ (bzw. $\cdot$) gibt, welche zwei natürliche Zahlen m_1, m_2 zu einer natürlichen Zahl $m_1 + m_2$ (bzw. $m_1 \cdot m_2$) verbindet. Indem wir die Menge $\mathbb{N} \times \mathbb{N}$ aller Paare natürlicher Zahlen, kurz das *kartesische Produkt* von $\mathbb{N}$ mit sich selbst, betrachten, können wir damit die additive (bzw. multiplikative) Verknüpfung als Abbildung

$$\mathbb{N} \times \mathbb{N} \longrightarrow \mathbb{N}$$

deuten, welche durch die Zuordnung $(m_1, m_2) \mapsto m_1 + m_2$ (bzw. $(m_1, m_2) \mapsto m_1 \cdot m_2$) gegeben ist.

Im Folgenden wollen wir nun allgemein nicht-leere Mengen M untersuchen, auf denen eine Verknüpfung $\circ_M$ definiert ist. In diesem Fall liegt dann eine Abbildung

$$M \times M \longrightarrow M$$

vor, welche durch die Zuordnung $(m_1, m_2) \mapsto m_1 \circ_M m_2$ gegeben ist.

In Verallgemeinerung der Assoziativität der Addition (bzw. Multiplikation) natürlicher Zahlen, nennen wir eine Verknüpfung $\circ_M$ auf einer Menge M *assoziativ*, wenn für alle Elemente m_1, m_2, m_3 von M die Relation

$$(m_1 \circ_M m_2) \circ_M m_3 = m_1 \circ_M (m_2 \circ_M m_3)$$

gilt. Liegt eine assoziative Verknüpfung $\circ_M$ auf M vor, so können wir die Verknüpfung von drei Elementen m_1, m_2, m_3 in der vorgegebenen Reihenfolge also beliebig vornehmen. Aus diesem Grund schreiben wir dafür dann einfach $m_1 \circ_M m_2 \circ_M m_3$.

Definition 1.1. Eine nicht-leere Menge H mit einer assoziativen Verknüpfung $\circ_H$ heißt eine *Halbgruppe*.

Für eine Halbgruppe schreiben wir $(H, \circ_H)$. Falls aus dem Kontext der Bezug auf H klar ist, schreiben wir kurz $(H, \circ)$; falls klar ist, dass wir es mit

© Springer Fachmedien Wiesbaden GmbH, ein Teil von Springer Nature 2022
J. Kramer und A.-M. von Pippich, *Von den natürlichen Zahlen zu den Quaternionen*,
https://doi.org/10.1007/978-3-658-36621-6_2

einer Halbgruppe zu tun haben, unterdrücken wir die Angabe der Verknüpfung und schreiben noch kürzer einfach H.

Beispiel 1.2.   (i) Die natürlichen Zahlen $\mathbb{N}$ mit ihrer Addition bzw. Multiplikation bilden die Halbgruppen $(\mathbb{N}, +)$ bzw. $(\mathbb{N}, \cdot)$.

(ii) Es sei A eine beliebige, nicht-leere Menge. Auf der Menge aller Selbst-
abbildungen

$$\mathrm{Abb}(A) := \{f \mid f \colon A \longrightarrow A\}$$

wird durch das Hintereinanderausführen von Abbildungen eine Verknüp-
fung $\circ$ festgelegt, welche assoziativ ist. Damit wird $(\mathrm{Abb}(A), \circ)$ zu einer
Halbgruppe.

(iii) Es sei n eine von Null verschiedene natürliche Zahl. Wir betrachten
die Teilmenge

$$\mathcal{R}_n := \{0, \ldots, n-1\}$$

der ersten n natürlichen Zahlen. Auf der Menge $\mathcal{R}_n$ können wir wie folgt
zwei Verknüpfungen einführen; dazu bezeichnen wir den nach Satz 5.1 eindeutig bestimmten Rest einer natürlichen Zahl c nach Division durch n mit
$R_n(c)$; es gilt $R_n(c) \in \mathcal{R}_n$. Für zwei Zahlen $a, b \in \mathcal{R}_n$ setzen wir jetzt:

$$\oplus \colon \mathcal{R}_n \times \mathcal{R}_n \longrightarrow \mathcal{R}_n, \text{ gegeben durch } a \oplus b := R_n(a+b); \qquad (1)$$

$$\odot \colon \mathcal{R}_n \times \mathcal{R}_n \longrightarrow \mathcal{R}_n, \text{ gegeben durch } a \odot b := R_n(a \cdot b). \qquad (2)$$

Wir überlassen es dem Leser als Übungsaufgabe zu verifizieren, dass die
Verknüpfungen $\oplus$ bzw. $\odot$ (aufgrund der Assoziativität der Addition bzw.
Multiplikation natürlicher Zahlen) assoziativ sind. Damit erhalten wir die
Halbgruppen $(\mathcal{R}_n, \oplus)$ bzw. $(\mathcal{R}_n, \odot)$.

Aufgabe 1.3.   Verifizieren Sie, dass die Verknüpfungen $\oplus$ bzw. $\odot$ aus Beispiel 1.2 (iii) assoziativ sind.

Aufgabe 1.4.
(a) Beweisen Sie, dass die geraden natürlichen Zahlen sowohl mit der Addition als auch
    mit der Multiplikation natürlicher Zahlen eine Halbgruppe bilden, die ungeraden
    natürlichen Zahlen hingegen nur mit der Multiplikation.
(b) Finden Sie weitere echte Teilmengen der natürlichen Zahlen $\mathbb{N}$, die mit der Addition
    bzw. Multiplikation natürlicher Zahlen eine Halbgruppe bilden.

Aufgabe 1.5.   Bilden die natürlichen Zahlen $\mathbb{N}$ mit der Operation der Potenzierung

$$n \circ m := n^m \quad (m, n \in \mathbb{N})$$

eine Halbgruppe?

Definition 1.6. Eine Halbgruppe $(H, \circ)$ heißt *kommutativ* oder *abelsch*, falls
für alle ihre Elemente h_1, h_2 die Gleichheit

$$h_1 \circ h_2 = h_2 \circ h_1$$

besteht. Der Begriff *abelsch* wird zu Ehren des norwegischen Mathematikers Niels Henrik Abel verwendet.

Beispiel 1.7. Die beiden zuvor diskutierten Beispiele (i) und (iii) von Halbgruppen sind Beispiele kommutativer Halbgruppen; das Beispiel (ii) beschreibt eine im allgemeinen nicht-kommutative Halbgruppe.

Aufgabe 1.8. Finden Sie zwei Mengen A_1 und A_2, so dass $(\text{Abb}(A_1), \circ)$ eine kommutative Halbgruppe, aber $(\text{Abb}(A_2), \circ)$ eine nicht-kommutative Halbgruppe ist.

In leichter Verallgemeinerung des Begriffs der Halbgruppe führen wir jetzt den Begriff des Monoids ein.

Definition 1.9. Ein *Monoid* ist eine Halbgruppe $(H, \circ)$, in der es ein *neutrales Element e* bezüglich $\circ$ gibt, d. h. ein Element, welches

$$e \circ h = h = h \circ e$$

für alle $h \in H$ erfüllt.

Lemma 1.10. *Das neutrale Element e eines Monoids $(H, \circ)$ ist eindeutig bestimmt.*

Beweis. Es seien e, e' neutrale Elemente des Monoids $(H, \circ)$. Indem wir zunächst die Neutralität von e verwenden, erhalten wir die Gleichheit

$$e \circ e' = e' = e' \circ e. \tag{3}$$

Indem wir in einem zweiten Schritt die Neutralität von e' heranziehen, ergibt sich analog

$$e' \circ e = e = e \circ e'. \tag{4}$$

Aus den Gleichungen (3) und (4) lesen wir nun sofort die Gleichheit

$$e' = e' \circ e = e$$

ab. Daraus folgt die behauptete Eindeutigkeit des neutralen Elements. $\quad\square$

Bemerkung 1.11. Man kann die Definition 1.9 eines Monoids dahingehend verfeinern, dass man nur die Existenz eines *linksneutralen Elements* e_ℓ (bzw. eines *rechtsneutralen Elements* e_r) fordert, welches

$$e_\ell \circ h = h \quad (\text{bzw. } h \circ e_r = h)$$

für alle $h \in H$ erfüllt. Es lässt sich aber zeigen, dass das linksneutrale Element gleich dem rechtsneutralen ist; ein solches Element nennt man schlicht neutrales Element. Mit Hilfe des vorhergehenden Lemma können wir dann festhalten, dass es genau ein linksneutrales und genau ein rechtsneutrales Element in H gibt und dass diese beiden Elemente überdies übereinstimmen.

Aufgabe 1.12. Es seien $(H, \circ)$ eine Halbgruppe und e_ℓ ein linksneutrales bzw. e_r ein rechtsneutrales Element in H. Zeigen Sie, dass dann $e_\ell = e_r$ gilt.

Beispiel 1.13. Die Beispiele von Halbgruppen aus 1.2 sind alle auch Beispiele für Monoide:

(i) Das neutrale Element von $\mathbb{N}$ bezüglich der Addition ist die 0; das neutrale Element von $\mathbb{N}$ bezüglich der Multiplikation ist die 1.

(ii) Das neutrale Element von $(\mathrm{Abb}(A), \circ)$ ist die identische Abbildung $\mathrm{id}_A \colon A \longrightarrow A$, die jedem $a \in A$ wieder a zuordnet.

(iii) Das neutrale Element von $\mathcal{R}_n$ bezüglich $\oplus$ ist die 0; das neutrale Element von $\mathcal{R}_n$ bezüglich $\odot$ ist die 1.

Aufgabe 1.14.
(a) Zeigen Sie: Die geraden natürlichen Zahlen bilden mit der Addition ein Monoid, mit der Multiplikation aber nur eine Halbgruppe.
(b) Überlegen Sie sich weitere Beispiele von Halbgruppen, die keine Monoide sind.

2. Gruppen und Untergruppen

Wir beginnen mit der wichtigen Definition einer Gruppe.

Definition 2.1. Ein Monoid $(G, \circ)$ mit neutralem Element e heißt *Gruppe*, falls zu jedem $g \in G$ ein Element $g' \in G$ mit

$$g' \circ g = e = g \circ g'$$

existiert. Das Element g' heißt *inverses Element zu g* oder *Inverses zu g*.

Bemerkung 2.2. In Analogie zur Eindeutigkeit des neutralen Elements eines Monoids lässt sich zeigen, dass auch das Inverse g' eines Elements g einer Gruppe G eindeutig bestimmt ist. Man kann somit von *dem* Inversen g' zu $g \in G$ sprechen. Üblicherweise bezeichnet man das Inverse g' zu $g \in G$ mit g^{-1}.

Desweiteren kann man die Definition 2.1 einer Gruppe dahingehend verfeinern, dass man nur die Existenz eines *linksinversen Elements g'_ℓ* (bzw. eines *rechtsinversen Elements g'_r*) zu $g \in G$ fordert, welches

$$g'_\ell \circ g = e \quad (\text{bzw. } g \circ g'_r = e)$$

erfüllt. Es lässt sich aber wiederum zeigen, dass das linksinverse Element gleich dem rechtsinversen ist; ein solches Element nennt man schlicht inverses Element. Wir können dann festhalten, dass es zu jedem $g \in G$ genau ein linksinverses und genau ein rechtsinverses Element in G gibt und dass diese beiden Elemente überdies übereinstimmen.

Aufgabe 2.3.
(a) Beweisen Sie, dass das Inverse g^{-1} eines Elements g einer Gruppe $(G, \circ)$ eindeutig bestimmt ist.
(b) Es seien $(G, \circ)$ eine Gruppe, $g \in G$, g'_ℓ ein linksinverses bzw. g'_r ein rechtsinverses Element zu g. Zeigen Sie, dass dann $g'_\ell = g'_r$ gilt.

In Kenntnis der Eindeutigkeit von neutralem und inversem Element kann man die Definition einer Gruppe $(G, \circ)$ auch wie folgt fassen.

Definition 2.4. Eine Gruppe $(G, \circ)$ besteht aus einer nicht-leeren Menge G zusammen mit einer assoziativen Verknüpfung $\circ$, so dass die beiden folgenden Eigenschaften erfüllt sind:
(i)   Es existiert ein eindeutig bestimmtes Element $e \in G$ mit

$$e \circ g = g = g \circ e$$

für alle $g \in G$. Das Element e ist das *neutrale Element* von G.
(ii)   Für alle $g \in G$ existiert ein eindeutig bestimmtes Element $g^{-1} \in G$ mit

$$g^{-1} \circ g = e = g \circ g^{-1}.$$

Das Element g^{-1} ist das *inverse Element zu* g.

Bemerkung 2.5.   Für eine Gruppe $(G, \circ)$ mit neutralem Element e und $n \in \mathbb{N}$ führen wir die folgende, vorteilhafte Potenzschreibweise für die n-malige Verknüpfung eines Elementes $g \in G$ mit sich selbst ein:

$$g^n := \underbrace{g \circ \ldots \circ g}_{n\text{-mal}} \quad \text{und } g^0 := e. \tag{5}$$

Aufgabe 2.6.   Zeigen Sie, dass mit der Bezeichnungsweise aus der vorhergehenden Bemerkung 2.5 die folgenden Rechenregeln gelten:
(a) $(g^{-1})^{-1} = g$ für alle $g \in G$.
(b) $(g \circ h)^{-1} = h^{-1} \circ g^{-1}$ für alle $g, h \in G$.
(c) $g^n \circ g^m = g^{n+m}$ für alle $g \in G$ und $n, m \in \mathbb{N}$.
(d) $(g^n)^m = g^{n \cdot m}$ für alle $g \in G$ und $n, m \in \mathbb{N}$.

Definition 2.7. Eine Gruppe $(G, \circ)$ heißt *kommutativ* oder *abelsch*, falls für alle ihre Elemente g_1, g_2 die Gleichheit

$$g_1 \circ g_2 = g_2 \circ g_1$$

besteht.

Beispiel 2.8.   (i) $(G, \circ) = (\mathbb{N}, +)$ ist keine Gruppe, da wir zu keiner von Null verschiedenen natürlichen Zahl n eine natürliche Zahl n' finden, die der Gleichung $n' + n = 0 = n + n'$ genügt, d.h. die von Null verschiedenen natürlichen Zahlen besitzen keine (additiven) Inversen.

(ii) $(G, \circ) = (\mathcal{R}_n, \oplus)$ ist eine kommutative Gruppe. Ist $a \in \mathcal{R}_n$, $a \neq 0$, so ist das Inverse zu a nämlich durch die Differenz $n - a$ gegeben; man beachte dabei, dass $n - a \in \mathcal{R}_n$ gilt.
Die Halbgruppe $(G, \circ) = (\mathcal{R}_n, \odot)$ ist hingegen niemals eine Gruppe, da das Element 0 kein Inverses besitzt. Auch wenn wir das Nullelement weglassen, so ist $(\mathcal{R}_n \setminus \{0\}, \odot)$ im allgemeinen keine Gruppe. Wählen wir beispielsweise $n = 4$, so besitzt das Element $2 \in \mathcal{R}_4$ kein Inverses, denn wir haben

$$2 \odot 0 = 0, \, 2 \odot 1 = 2, \, 2 \odot 2 = 0, \, 2 \odot 3 = 2,$$

also findet sich kein $a \in \mathcal{R}_4$ mit $2 \odot a = 1$. Wählt man jedoch speziell eine Primzahl $p \in \mathbb{P}$, so erkennt man $(\mathcal{R}_p \setminus \{0\}, \odot)$ als eine Gruppe.

(iii) Wir diskutieren als nächstes ein geometrisch begründetes Beispiel einer Gruppe, die sogenannte *Diedergruppe*. Dazu sei $n \in \mathbb{N}$ eine von Null verschiedene natürliche Zahl. Für $n \geq 3$ bezeichne D_{2n} die Menge aller Kongruenzabbildungen der euklidischen Ebene, die ein regelmäßiges n-Eck auf sich selbst abbilden. Die Elemente von D_{2n} sind gegeben durch die Drehungen d_j um die Winkel $\frac{360° \cdot j}{n}$ (um den Mittelpunkt M des n-Ecks) sowie den Spiegelungen s_j an den Seitenhalbierenden S_j, wenn n ungerade ist, bzw. den Spiegelungen s_j an den Mittelsenkrechten und den Diagonalen S_j des n-Ecks, wenn n gerade ist; hierbei läuft der Index j von 0 bis $n - 1$. Da die Elemente von D_{2n} Abbildungen sind, bietet sich als Verknüpfung $\circ$ die Hintereinanderausführung von Abbildungen an. Damit erweist sich D_{2n} als Monoid mit dem neutralen Element d_0. Da sich jede Spiegelung $s_j \in D_{2n}$ bei geeigneter Nummerierung in der Form $s_j = d_j \circ s_0$ darstellen lässt, setzt sich D_{2n} somit aus den folgenden $2n$ Elementen zusammen:

$$D_{2n} = \{d_0, d_1, \ldots, d_{n-1}, d_0 \circ s_0, d_1 \circ s_0, \ldots, d_{n-1} \circ s_0\}.$$

Da jedes dieser Elemente offensichtlich ein Inverses besitzt (wir haben es hier ja durchweg mit bijektiven Abbildungen zu tun), erweisen sich schließlich alle Eigenschaften einer Gruppe als erfüllt. Wir stellen jedoch fest, dass die Diedergruppe $(D_{2n}, \circ)$ für $n \geq 3$ nicht kommutativ ist, da dann beispielsweise $s_0 \circ d_1 = d_1^{-1} \circ s_0$ gilt.

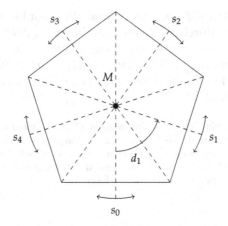

Abb. 1. Kongruenzabbildungen des regelmäßigen Fünfecks

Ist $n = 1, 2$, so definieren wir die Diedergruppe in analoger Weise gemäß $D_2 := \{d_0, s_0\}$ und $D_4 := \{d_0, d_1, s_0, d_1 \circ s_0\}$. In diesem Fall kann man die Diedergruppen D_2 bzw. D_4 als Symmetriegruppen des folgenden 1-Ecks bzw. 2-Ecks interpretieren:

Abb. 2. Das 1-Eck und das 2-Eck

Für $n = 1, 2$ ist die Diedergruppe $(D_{2n}, \circ)$ also eine kommutative Gruppe.

(iv) Als letztes Beispiel diskutieren wir ein kombinatorisch begründetes Beipiel einer Gruppe, die sogenannte *n-te symmetrische Gruppe*

$$S_n = \left\{ \pi \mid \pi \colon \{1, \ldots, n\} \longrightarrow \{1, \ldots, n\} \text{ und } \pi \text{ ist bijektiv} \right\}.$$

Die Elemente von S_n schreibt man zweckmäßigerweise in der Form:

$$\pi = \begin{pmatrix} 1 & 2 & \ldots & n \\ \pi_1 & \pi_2 & \ldots & \pi_n \end{pmatrix},$$

wobei $\pi_j := \pi(j)$ für $1 \leq j \leq n$ gesetzt wurde. Als assoziative Verknüpfung auf S_n wählen wir wiederum die Hintereinanderausführung von Abbildungen, d. h.

$$\pi \circ \sigma := \begin{pmatrix} 1 & 2 & \ldots & n \\ \tau_1 & \tau_2 & \ldots & \tau_n \end{pmatrix}$$

mit $\tau_j := \pi\big(\sigma(j)\big)$ für $1 \leq j \leq n$. Das neutrale Element bildet die identische Permutation gegeben durch die identische Abbildung der Menge $\{1,\ldots,n\}$. Weiterhin ist die Existenz des Inversen einer Permutation gesichert, da zu einer bijektiven Abbildung $\pi\colon \{1,\ldots,n\} \longrightarrow \{1,\ldots,n\}$ immer eine Umkehrabbildung π^{-1} existiert. Damit bildet $(S_n, \circ)$ eine Gruppe, die wiederum für $n \geq 3$ nicht kommutativ ist.

Aufgabe 2.9. *(Gruppentafeln).* Die Verknüpfung der Elemente einer Gruppe mit endlich vielen Elementen kann man mit Hilfe sogenannter *Gruppentafeln* darstellen. Dabei werden die Elemente der Gruppe in die jeweils erste Zeile bzw. erste Spalte einer Tabelle eingetragen; die restlichen Felder ergänzt man dann durch die jeweiligen Verknüpfungen. Zum Beispiel hat die Gruppentafel für $(\mathcal{R}_2, \oplus)$ folgende Gestalt:

$$
\begin{array}{c|cc}
\oplus & 0 & 1 \\
\hline
0 & 0 & 1 \\
1 & 1 & 0
\end{array}
$$

Abb. 3. Gruppentafel der Gruppe $(\mathcal{R}_2, \oplus)$

Stellen Sie die Gruppentafeln für $(\mathcal{R}_4, \oplus)$, $(\mathcal{R}_5 \setminus \{0\}, \odot)$, $(\mathcal{R}_6, \oplus)$, $(D_4, \circ)$ und $(D_6, \circ)$, sowie für $(S_2, \circ)$ und $(S_3, \circ)$ auf. Welche Gemeinsamkeiten und Unterschiede erkennen Sie?

Aufgabe 2.10.
(a) Überprüfen Sie für die Primzahlen $p = 3$ und $p = 5$ die Behauptung aus Beispiel 2.8 (ii), dass $(\mathcal{R}_p \setminus \{0\}, \odot)$ eine Gruppe ist.
(b) Verifizieren Sie die Aussagen aus Beispiel 2.8 (iii) über die Diedergruppe $(D_{2n}, \circ)$ im Detail.
(c) Überlegen Sie sich, warum die symmetrische Gruppe $(S_n, \circ)$ aus Beispiel 2.8 (iv) für alle natürlichen Zahlen $n \geq 3$ nicht kommutativ ist.

Definition 2.11. Es sei $(G, \circ)$ eine Gruppe. Die Mächtigkeit bzw. Kardinalität der der Gruppe zugrunde liegenden Menge G wird die *Ordnung von G* genannt und mit $|G|$ bezeichnet. Ist die Ordnung von G nicht endlich, so setzen wir $|G| := \infty$.

Beispiel 2.12. Für die Gruppen aus Beispiel 2.8 (ii) bzw. (iii) gilt:

$$
|\mathcal{R}_n| = n \quad \text{bzw.} \quad |D_{2n}| = 2n.
$$

Aufgabe 2.13. Zeigen Sie, dass für die symmetrische Gruppe $(S_n, \circ)$ die Beziehung

$$
|S_n| = n!
$$

gilt. Hierbei ist $n!$ für natürliche Zahlen $n \in \mathbb{N}$ folgendermaßen induktiv definiert: $0! := 1$, $(n^*)! := n^* \cdot n!$.

Definition 2.14. Eine Gruppe $(G, \circ)$ heißt *zyklisch*, falls ein $g \in G$ mit der Eigenschaft

$$G = \{\ldots, (g^{-1})^2, g^{-1}, g^0 = e, g^1 = g, g^2, \ldots\}$$

existiert. Wir schreiben dafür $G = \langle g \rangle$ und sagen, dass g die Gruppe G erzeugt.

Beispiel 2.15. Die Gruppe $(\mathcal{R}_n, \oplus)$ wird durch das Element 1 erzeugt, d.h. $(\mathcal{R}_n, \oplus) = \langle 1 \rangle$, denn jedes $a \in \mathcal{R}_n$ lässt sich in der Form

$$a = \underbrace{1 \oplus \ldots \oplus 1}_{a\text{-mal}}$$

darstellen.

Bemerkung 2.16. Es sei $G = \langle g \rangle$ eine zyklische Gruppe der Ordnung $n < \infty$. Damit haben wir
$$G = \langle g \rangle = \{e, g, g^2, \ldots, g^{n-1}\}.$$
Dies zeigt insbesondere, dass $g^n = e$, $g^{n+1} = g$, etc. gilt.

Definition 2.17. Es seien $(G, \circ)$ eine Gruppe mit neutralem Element e und $g \in G$. Die kleinste, von Null verschiedene natürliche Zahl n mit $g^n = e$ heißt *die Ordnung von g* und wird mit $\operatorname{ord}_G(g)$ bezeichnet. Gibt es kein solches $n \in \mathbb{N}$, so definiert man die Ordnung von g als unendlich, d.h. $\operatorname{ord}_G(g) := \infty$.

Wir schreiben einfach $\operatorname{ord}(g)$, falls klar ist, auf welche Gruppe sich die Ordnung von g bezieht.

Beispiel 2.18. Wir geben exemplarisch die Ordnungen der 4-elementigen Gruppe $(\mathcal{R}_4, \oplus)$ an:

$$\operatorname{ord}(0) = 1, \operatorname{ord}(1) = 4, \operatorname{ord}(2) = 2, \operatorname{ord}(3) = 4.$$

Aufgabe 2.19. Bestimmen Sie die Ordnungen aller Elemente der Gruppe S_3.

Bemerkung 2.20. Es sei $G = \langle g \rangle$ eine zyklische Gruppe der Ordnung $n < \infty$. Dann gilt $\operatorname{ord}_G(g) = n$.

Definition 2.21. Es sei $(G, \circ)$ eine Gruppe. Eine Teilmenge $U \subseteq G$ heißt *Untergruppe von G*, wenn die Einschränkung $\circ|_U$ der Verknüpfung $\circ$ auf U eine Gruppenstruktur auf U definiert, d.h. wenn $(U, \circ|_U)$ selbst eine Gruppe ist. Wir schreiben dafür $U \leq G$.

Beispiel 2.22. Es seien m, n natürliche Zahlen mit $m \leq n$. Dann erkennen wir die m-te symmetrische Gruppe S_m als Untergruppe der n-ten symmetrischen Gruppe S_n, falls wir die Permuationen von S_m mit den Permutationen von S_n identifizieren, welche die Elemente $m+1, \ldots, n$ fest lassen. Wir haben also $S_m \leq S_n$.

Aufgabe 2.23. Zeigen Sie, dass die Drehungen $\{d_0, \ldots, d_{n-1}\}$ eine Untergruppe der Diedergruppe D_{2n} bilden, die außerdem eine zyklische Gruppe ist.

Bemerkung 2.24. Es seien $(G, \circ)$ eine Gruppe und U eine Untergruppe von G. Das neutrale Element e von G ist dann zugleich das neutrale Element von U. Ist $h \in U$, so ist dessen Inverses in U durch das Inverse von h in G, d. h. durch h^{-1}, gegeben, da

$$h \circ |_U h^{-1} = h \circ h^{-1} = e$$

gilt.

Lemma 2.25 (Untergruppenkriterium). *Es seien $(G, \circ)$ eine Gruppe und $U \subseteq G$ eine nicht-leere Teilmenge. Dann besteht die Äquivalenz:*

$$U \leq G \quad \Longleftrightarrow \quad h_1 \circ h_2^{-1} \in U \quad \forall h_1, h_2 \in U.$$

Beweis. (i) Es sei zunächst U eine Untergruppe von G. Wir haben dann für alle $h_1, h_2 \in U$ die Inklusion $h_1 \circ h_2^{-1} \in U$ zu zeigen. Dies ist aber einfach, da mit $h_2 \in U$ auch $h_2^{-1} \in U$ gilt und nach Verknüpfung mit $h_1 \in U$ sofort $h_1 \circ h_2^{-1} \in U$ folgt.

(ii) Es gelte nun umgekehrt $h_1 \circ h_2^{-1} \in U$ für alle $h_1, h_2 \in U$. Da U nicht-leer ist, findet sich mindestens ein Element $h \in U$. Für dieses gilt dann $e = h \circ h^{-1} \in U$, d. h. U enthält insbesondere das neutrale Element. Ist h' ein beliebiges Element von U, so erkennen wir weiter

$$h'^{-1} = e \circ h'^{-1} \in U,$$

d. h. mit $h' \in U$ ist auch sein Inverses $h'^{-1} \in U$. Es seien schließlich h_1 und h_2 zwei beliebige Elemente in U. Wir haben uns noch davon zu überzeugen, dass dann auch die Verknüpfung $h_1 \circ h_2$ in U ist. Dazu beachten wir zunächst, dass nach der vorhergehenden Feststellung mit $h_2 \in U$ auch $h_2^{-1} \in U$ ist. Mit den Rechenregeln für Potenzen aus Bemerkung 2.5 erkennen wir jetzt

$$h_1 \circ h_2 = h_1 \circ (h_2^{-1})^{-1} \in U.$$

Damit erkennen wir, dass $\circ$ eine assoziative Verknüpfung auf U definiert und dass $(U, \circ)$ die Axiome einer Gruppe erfüllt. Damit ist U als Untergruppe von G nachgewiesen. $\qquad\qquad\qquad\qquad\qquad\qquad\qquad\qquad\qquad\square$

Aufgabe 2.26. Finden Sie alle Untergruppen der Gruppe S_3. Welche davon sind zyklische Gruppen?

3. Gruppenhomomorphismen

In diesem Abschnitt sollen Gruppen mit Hilfe von Abbildungen, die die entsprechende Verknüpfungsstruktur respektieren, miteinander verglichen werden. Dazu müssen wir zunächst festlegen, was wir unter dem „Respektieren der Verknüpfungs- bzw. Gruppenstruktur" verstehen.

Definition 3.1. Es seien $(G, \circ_G)$ und $(H, \circ_H)$ Gruppen. Eine Abbildung $f : (G, \circ_G) \longrightarrow (H, \circ_H)$ heißt *Gruppenhomomorphismus*, falls für alle $g_1, g_2 \in G$ die Gleichheit

$$f(g_1 \circ_G g_2) = f(g_1) \circ_H f(g_2)$$

gilt. Die Gruppenhomomorphie bedeutet also, dass das Bild der Verknüpfung von g_1 mit g_2 in G unter f das gleiche ist wie die Verknüpfung der Bilder von g_1 und g_2 in H. Man sagt auch, dass die Abbildung f *strukturtreu* ist.

Ein bijektiver (d. h. injektiver und surjektiver) Gruppenhomomorphismus heißt *Gruppenisomorphismus*. Ist $f : (G, \circ_G) \longrightarrow (H, \circ_H)$ ein Gruppenisomorphismus, so sagen wir, dass die Gruppen G und H *zueinander isomorph* sind, und schreiben dafür $G \cong H$.

Beispiel 3.2. Wir betrachten die Diedergruppe $G = D_6$ und die symmetrische Gruppe $H = S_3$. Die Diedergruppe D_6 besteht aus allen Kongruenzabbildungen eines gleichseitigen Dreiecks $\triangle$. Wir bezeichnen die Ecken von $\triangle$ im Gegenuhrzeigersinn mit den natürlichen Zahlen $1, 2, 3$. Wählen wir eine Kongruenzabbildung $g \in D_6$ und lassen diese auf $\triangle$ wirken, so bewirkt diese eine Permutation π der Menge $\{1, 2, 3\}$. Die Zuordnung $g \mapsto \pi$ induziert damit eine Abbildung

$$f : D_6 \longrightarrow S_3.$$

Indem wir alle möglichen Verknüpfungen von Kongruenzabbildungen und deren Bilder unter f bestimmen und mit den entsprechenden Verknüpfungen von Permutationen vergleichen, stellen wir fest, dass f ein Gruppenhomomorphismus ist.

Aufgabe 3.3. Ist diese Abbildung auch ein Gruppenisomorphismus?

Definition 3.4. Es seien $(G, \circ_G)$ eine Gruppe mit neutralem Element e_G und $(H, \circ_H)$ eine Gruppe mit neutralem Element e_H. Weiter sei $f : (G, \circ_G) \longrightarrow (H, \circ_H)$ ein Gruppenhomomorphismus. Dann heißen

$$\ker(f) := \{ g \in G \,|\, f(g) = e_H \} \text{ der } \textit{Kern von } f$$

und

$$\mathrm{im}(f) := \{ h \in H \,|\, \exists g \in G : h = f(g) \} \text{ das } \textit{Bild von } f.$$

Aufgabe 3.5. Es sei D_{2n} die aus Beispiel 2.8 (iii) bekannte Diedergruppe. Dort wurde bemerkt, dass jedes Element eindeutig in der Form $d_j \circ s_0^k$ mit $j \in \{0, \ldots, n-1\}$ und $k \in \{0, 1\}$ darstellbar ist. Zeigen Sie, dass die Abbildung sgn: $(D_{2n}, \circ) \longrightarrow (\mathcal{R}_2, \oplus)$, gegeben durch die Zuordnung $d_j \circ s_0^k \mapsto k$, ein Gruppenhomomorphismus ist, und bestimmen Sie Kern und Bild von sgn.

Lemma 3.6. *Es sei* $f\colon (G, \circ_G) \longrightarrow (H, \circ_H)$ *ein Gruppenhomomorphismus. Dann gelten die beiden Kriterien:*
(i)   *f ist genau dann injektiv, wenn* $\ker(f) = \{e_G\}$ *gilt.*
(ii) *f ist genau dann surjektiv, wenn* $\operatorname{im}(f) = H$ *gilt.*

Beweis. (i) Die Abbildung f ist definitionsgemäß genau dann injektiv, wenn aus

$$f(g_1) = f(g_2) \tag{6}$$

die Gleichheit der Elemente g_1 und g_2 folgt. Wir gehen also aus von der Gleichung (6) und formen diese unter Verwendung der Gruppenhomomorphie von f äquivalent um zu

$$f(g_1) \circ_H \left(f(g_2) \right)^{-1} = e_H \quad \Longleftrightarrow \quad f(g_1) \circ_H f(g_2^{-1}) = e_H.$$

Unter nochmaliger Beachtung der Gruppenhomomorphie von f ergibt sich somit $f(g_1 \circ_G g_2^{-1}) = e_H$, d. h. es ist $g_1 \circ_G g_2^{-1} \in \ker(f)$. Die Äquivalenz

$$g_1 \circ_G g_2^{-1} = e_G \quad \Longleftrightarrow \quad g_1 = g_2$$

zeigt schließlich, dass genau dann $\ker(f) = \{e_G\}$ gilt, wenn $g_1 = g_2$ ist, d. h. wenn f injektiv ist.

(ii) Der Beweis dieser Behauptung ist offensichtlich, da die Surjektivität von f gerade bedeutet, dass jedes Element von H Bild eines Elementes von G unter f ist. $\square$

Aufgabe 3.7. Es seien $f\colon (G, \circ) \longrightarrow (G, \circ)$ ein Gruppenhomomorphismus und $|G| < \infty$. Bestätigen Sie die Äquivalenz

$$\ker(f) = \{e_G\} \quad \Longleftrightarrow \quad f \text{ ist ein Gruppenisomorphismus.}$$

Aufgabe 3.8. Es sei $f\colon (G, \circ_G) \longrightarrow (H, \circ_H)$ ein Gruppenhomomorphismus. Zeigen Sie, dass für ein Element $g \in G$ stets $\operatorname{ord}_G(g) \geq \operatorname{ord}_H(f(g))$ gilt.

Aufgabe 3.9. Gibt es einen Gruppenisomorphismus zwischen D_{24} und S_4?

Lemma 3.10. *Es sei* $f\colon (G, \circ_G) \longrightarrow (H, \circ_H)$ *ein Gruppenhomomorphismus. Dann ist* $\ker(f)$ *eine Untergruppe von G und* $\operatorname{im}(f)$ *eine Untergruppe von H.*

Beweis. Wir beginnen mit dem Nachweis, dass $\ker(f)$ eine Untergruppe von G ist. Zunächst stellen wir fest, dass wegen $f(e_G) = e_H$, d. h. $e_G \in \ker(f)$, der Kern von f nicht leer ist. Nun wenden wir das Untergruppenkriterium (Lemma 2.25) an. Wir wählen dazu $g_1, g_2 \in \ker(f)$ und haben $g_1 \circ_G g_2^{-1} \in \ker(f)$ zu zeigen. Dies ergibt sich aber leicht unter mehrmaliger Anwendung der Gruppenhomomorphie von f aus

$$f(g_1 \circ_G g_2^{-1}) = f(g_1) \circ_H f(g_2^{-1})$$
$$= e_H \circ_H \left(f(g_2)\right)^{-1} = e_H \circ_H e_H^{-1} = e_H.$$

Zum Nachweis der Untergruppeneigenschaft von $\operatorname{im}(f)$ verfahren wir analog. Wiederum ist wegen $e_H = f(e_G)$, d. h. $e_H \in \operatorname{im}(f)$, das Bild von f nicht leer. Wir verwenden erneut das Untergruppenkriterium und haben dazu für $h_1, h_2 \in \operatorname{im}(f)$ die Beziehung $h_1 \circ_H h_2^{-1} \in \operatorname{im}(f)$ zu zeigen. Da $h_1, h_2 \in \operatorname{im}(f)$ gilt, finden sich $g_1, g_2 \in G$ mit der Eigenschaft $h_1 = f(g_1)$ bzw. $h_2 = f(g_2)$. Nun ergibt sich wiederum unter Anwendung der Gruppenhomomorphie von f

$$h_1 \circ_H h_2^{-1} = f(g_1) \circ_H \left(f(g_2)\right)^{-1}$$
$$= f(g_1) \circ_H f(g_2^{-1}) = f(g_1 \circ_G g_2^{-1}),$$

d. h. das Element $h_1 \circ_H h_2^{-1}$ ist Bild des Elements $g_1 \circ_G g_2^{-1}$. Damit ist das Lemma bewiesen. □

Aufgabe 3.11.
(a) Finden Sie alle Gruppenhomomorphismen $f \colon (\mathcal{R}_4, \oplus) \longrightarrow (\mathcal{R}_4, \oplus)$.
(b) Seien p eine Primzahl und $n \in \mathbb{N}$ eine natürliche Zahl, die nicht durch p teilbar ist.
   Finden Sie alle Gruppenhomomorphismen $g \colon (\mathcal{R}_p, \oplus) \longrightarrow (\mathcal{R}_n, \oplus)$.
Bestimmen Sie jeweils Kern und Bild dieser Gruppenhomomorphismen.

4. Nebenklassen und Normalteiler

Bevor wir den Begriff der Nebenklasse einer Gruppe (bezüglich einer Untergruppe) einführen, erinnern wir an die Definition einer Äquivalenzrelation.

Definition 4.1. Es sei M eine Menge. Eine (binäre) Relation $\sim$ auf M heißt eine *Äquivalenzrelation*, wenn die drei folgenden Eigenschaften erfüllt sind:
(i)   Die Relation $\sim$ ist *reflexiv*, d. h. für alle $m \in M$ gilt $m \sim m$.
(ii) Die Relation $\sim$ ist *symmetrisch*, d. h. für alle $m_1, m_2 \in M$ mit $m_1 \sim m_2$ gilt auch $m_2 \sim m_1$.
(iii) Die Relation $\sim$ ist *transitiv*, d. h. für alle $m_1, m_2, m_3 \in M$ mit $m_1 \sim m_2$ und $m_2 \sim m_3$ gilt auch $m_1 \sim m_3$.

Beispiel 4.2. Die Gleichheit „$=$" von Elementen einer Menge definiert eine Äquivalenzrelation.

Aufgabe 4.3.
(a) Verifizieren Sie die Aussage des Beispiels 4.2.
(b) Ist die Ordnungsrelation „$\leq$" auf $\mathbb{N}$ eine Äquivalenzrelation?
(c) Auf der Menge der natürlichen Zahlen $\mathbb{N}$ betrachten wir die Relation „$m \sim n$ genau dann, wenn m eine Potenz von n oder n eine Potenz von m ist". Prüfen Sie nach, ob $\sim$ eine Äquivalenzrelation ist.

Bemerkung 4.4. Es sei M eine Menge, welche mit einer Äquivalenzrelation $\sim$ versehen ist. Zu $m \in M$ können wir dann die Menge

$$M_m := \{m' \in M \mid m' \sim m\}$$

bilden. Die Menge M_m heißt die *Äquivalenzklasse von m*. Es gilt das folgende

Lemma 4.5. *Es sei M eine Menge mit einer Äquivalenzrelation $\sim$. Dann gelten die beiden folgenden Aussagen:*
(i) *Zwei Äquivalenzklassen in M sind entweder disjunkt oder stimmen identisch überein.*
(ii) *Die Menge M ist die disjunkte Vereinigung ihrer Äquivalenzklassen. Wir schreiben dafür*

$$M = \overset{\textstyle\cdot}{\bigcup_{m \in I}} M_m \, ;$$

hierbei bedeutet $I \subseteq M$ eine geeignete Teilmenge, welche von jeder Äquivalenzklasse genau einen Vertreter, einen sogenannten Repräsentanten, enthält.

Beweis. (i) Es seien $m_1, m_2 \in M$ mit der Eigenschaft $M_{m_1} \cap M_{m_2} \neq \emptyset$, wobei das Symbol $\emptyset$ die leere Menge bezeichnet. Wir haben $M_{m_1} = M_{m_2}$ zu zeigen. Da $M_{m_1} \cap M_{m_2} \neq \emptyset$ gilt, findet sich ein $m \in M_{m_1} \cap M_{m_2}$, d. h. wir haben $m \sim m_1$ und $m \sim m_2$, also aufgrund der Symmetrie und der Transitivität der Äquivalenzrelation $\sim$ die Beziehung $m_1 \sim m_2$, d. h. $m_1 \in M_{m_2}$. Unter erneuter Anwendung der Transitivität folgt damit für alle $m' \in M_{m_1}$ ebenso $m' \in M_{m_2}$. Damit erkennen wir $M_{m_1} \subseteq M_{m_2}$. Indem wir die Äquivalenzklassen M_{m_1} und M_{m_2} vertauschen, erhalten wir umgekehrt $M_{m_2} \subseteq M_{m_1}$, woraus die Gleichheit $M_{m_1} = M_{m_2}$ folgt.

(ii) Um den zweiten Teil der Behauptung zu beweisen, geben wir zunächst eine Begründung für den Fall, dass M eine endliche Menge ist. In diesem Fall können wir konstruktiv wie folgt vorgehen. Ist M leer, so haben wir nichts zu beweisen, andernfalls findet sich ein $m_1 \in M$ mit Äquivalenzklasse M_{m_1}. Die mengentheoretische Differenz $M \setminus M_{m_1}$ ist nun entweder leer, d. h. $M = M_{m_1}$, oder es findet sich ein $m_2 \in M \setminus M_{m_1}$ mit Äquivalenzklasse M_{m_2}. Nun bestehen die Alternativen

$$M = M_{m_1} \dot\cup M_{m_2} \quad \text{oder} \quad \exists\, m_3 \in M \setminus (M_{m_1} \dot\cup M_{m_2}).$$

Da die Menge M endlich ist, endet dieses Verfahren nach endlich vielen, sagen wir k Schritten, und wir erhalten M als die disjunkte Vereinigung

$$M = \bigcup_{j=1}^{k} M_{m_j}.$$

Nach dieser Illustration des Beweises im Falle endlicher Mengen wenden wir uns nun der allgemeinen Situation zu. Da die Äquivalenzklasse M_m zu $m \in M$ das Element m enthält, ist M offensichtlich Vereinigung aller Äquivalenklassen, d. h.

$$M = \bigcup_{m \in M} M_m.$$

Diese Vereinigung ist im allgemeinen aber nicht disjunkt. Indem wir von jeder der auftretenden Äquivalenzklassen genau einen Repräsentanten auswählen, erhalten wir eine Teilmenge $I \subseteq M$ derart, dass für ein $m \in I$ die dazugehörige Äquivalenzklasse M_m in obiger Vereinigung genau einmal auftritt; die Teilmenge I wird ein Vertretersystem oder Repräsentantensystem genannt. Damit erhalten wir die gesuchte Darstellung von M als disjunkte Vereinigung, d. h.

$$M = \dot{\bigcup_{m \in I}} M_m.$$

Damit ist das Lemma bewiesen. □

Aufgabe 4.6. Beschreiben Sie die Äquivalenzklassen von „$=$" aus Beispiel 4.2. Überlegen Sie sich weitere Äquivalenzrelationen und bestimmen Sie die zugehörigen Äquivalenzklassen.

Wir führen jetzt eine spezielle Äquivalenzrelation auf einer Gruppe ein, die durch eine Untergruppe induziert wird.

Bemerkung 4.7. Es seien $(G, \circ)$ eine Gruppe und $U \leq G$ eine Untergruppe. Wir definieren damit auf G die Relation

$$g_1 \sim g_2 \quad \Longleftrightarrow \quad g_1^{-1} \circ g_2 \in U \quad (g_1, g_2 \in G).$$

Wir behaupten, dass damit eine Äquivalenzrelation auf G definiert wird. Die Reflexivität $g \sim g$ ergibt sich sofort aus der Tatsache, dass $g^{-1} \circ g = e \in U$ gilt. Gilt $g_1 \sim g_2$, also $g_1^{-1} \circ g_2 \in U$, so folgt durch Inversenbildung

$$U \ni (g_1^{-1} \circ g_2)^{-1} = g_2^{-1} \circ g_1,$$

d. h. $g_2 \sim g_1$, was die Symmetrie bestätigt. Haben wir schließlich $g_1 \sim g_2$ und $g_2 \sim g_3$, also $g_1^{-1} \circ g_2 \in U$ und $g_2^{-1} \circ g_3 \in U$, so folgt durch Verknüpfung

$$U \ni (g_1^{-1} \circ g_2) \circ (g_2^{-1} \circ g_3) = g_1^{-1} \circ g_3,$$

d. h. $g_1 \sim g_3$, was die Transitivität bestätigt.

Definition 4.8. Es seien $(G, \circ)$ eine Gruppe, $U \leq G$ eine Untergruppe und $\sim$ die Äquivalenzrelation aus Bemerkung 4.7. Wir nennen die Äquivalenzklasse von $g \in G$, d. h. die Menge der Gruppenelemente

$$\{g' \in G \,|\, g' \sim g\},$$

die *Linksnebenklasse von g bezüglich der Untergruppe U*. Aufgrund der Äquivalenz

$$g' \sim g \quad \Longleftrightarrow \quad g^{-1} \circ g' \in U \quad \Longleftrightarrow \quad \exists h \in U : g' = g \circ h$$

ergibt sich

$$\{g' \in G \,|\, g' \sim g\} = \{g \circ h \,|\, h \in U\}.$$

Aus diesem Grund schreiben wir für die Linksnebenklasse von g bezüglich U einfach $g \circ U$.

Bemerkung 4.9. Sind $(G, \circ)$ eine Gruppe, $U \leq G$ eine Untergruppe und $\sim$ die Äquivalenzrelation aus Bemerkung 4.7, so erhalten wir mit Hilfe des Lemmas 4.5 eine Zerlegung von G disjunkte Linksnebenklassen, d. h.

$$G = \bigcup_{g \in I} g \circ U,$$

wobei $I \subseteq G$ ein vollständiges Repräsentantensystem aller Linksnebenklassen bezüglich U ist.

Definition 4.10. Es seien $(G, \circ)$ eine Gruppe und $U \leq G$ eine Untergruppe. Wir bezeichnen mit G/U die Menge aller Linksnebenklassen von Elementen von G bezüglich U, d. h.

$$G/U = \{g \circ U \,|\, g \in I\},$$

wobei $I \subseteq G$ ein vollständiges Repräsentantensystem aller Linksnebenklassen bezüglich U ist.

Aufgabe 4.11. Es seien m, n natürliche Zahlen mit $1 \leq m \leq n$. Finden Sie ein Repräsentantensystem der Menge der Linksnebenklassen S_n/S_m.

Aufgabe 4.12. Wählen Sie aus den in Aufgabe 2.26 bestimmten Untergruppen der S_3 eine Untergruppe der Ordnung zwei aus und berechnen Sie alle Linksnebenklassen von S_3 nach dieser Untergruppe.

Lemma 4.13. *Es seien* $(G, \circ)$ *eine Gruppe und* $U \leq G$ *ein Untergruppe. Alle Linksnebenklassen von G bezüglich U haben dann die gleiche Mächtigkeit wie die Untergruppe U.*

Beweis. Es sei $g \circ U$ die Linksnebenklasse von g bezüglich U. Wir betrachten die Abbildung

$$\varphi : g \circ U \longrightarrow U,$$

welche durch die Zuordnung $g \circ h \mapsto h$ ($h \in U$) gegeben ist. Die Zuordnung $h \mapsto g \circ h$ induziert offensichtlich die zu φ inverse Abbildung φ^{-1}. Damit erkennen wir φ als bijektive Abbildung und somit sind $g \circ U$ und U gleichmächtig, d. h. es besteht die Gleichheit

$$|g \circ U| = |U|.$$

Damit ist das Lemma bewiesen. □

Satz 4.14 (Satz von Lagrange). *Es seien* $(G, \circ)$ *eine endliche Gruppe (d. h.* $|G| < \infty$*) und* $U \leq G$ *eine Untergruppe. Dann teilt die Ordnung von U stets die Ordnung von G, d. h.* $|U| \big| |G|$*.*

Beweis. Da die Gruppe G endlich ist, ist sie in endlich viele Linksnebenklassen zerlegt, d. h. wir haben eine disjunkte Zerlegung der Form

$$G = (g_1 \circ U) \,\dot\cup \cdots \dot\cup\, (g_k \circ U).$$

Da die Linksnebenklassen $g_j \circ U$ ($j = 1, \ldots, k$) paarweise disjunkt sind und deren Mächtigkeiten nach Lemma 4.13 alle gleich $|U|$ sind, erhalten wir

$$|G| = \sum_{j=1}^{k} |g_j \circ U| = k \cdot |U|.$$

Dies beweist die Behauptung. □

Aufgabe 4.15.
(a) Folgern Sie aus dem Satz von Lagrange, dass in einer endlichen Gruppe die Ordnung eines Elements stets ein Teiler der Gruppenordnung ist.
(b) Schließen aus Teilaufgabe (a), dass eine Gruppe von Primzahlordnung zyklisch ist.
(c) Bestimmen Sie alle möglichen Gruppen der Ordnungen 4 und 6 bis auf Gruppenisomorphie.

Definition 4.16. Es seien $(G, \circ)$ eine Gruppe und $U \leq G$ eine Untergruppe. Die Mächtigkeit von G/U wird der *Index von U in G* genannt und mit $[G : U]$ bezeichnet.

Bemerkung 4.17. Sind $(G, \circ)$ eine endliche Gruppe und $U \leq G$ eine Untergruppe, so folgt aus dem Beweis des Satzes von Lagrange, dass sich die Ordnung von G als Produkt der Ordnung von U und dem Index von U in G schreiben lässt, d. h. wir haben

$$|G| = [G : U] \cdot |U|.$$

In Analogie zu den Linksnebenklassen können selbstverständlich auch Rechtsnebenklassen gebildet werden.

Bemerkung 4.18. Es seien $(G, \circ)$ eine Gruppe und $U \leq G$ eine Untergruppe. Wir definieren damit auf G die weitere Relation

$$g_1 \sim_r g_2 \quad \Longleftrightarrow \quad g_1 \circ g_2^{-1} \in U \quad (g_1, g_2 \in G).$$

Wir überlassen es dem Leser, zu zeigen, dass dadurch eine Äquivalenzrelation auf G definiert wird. Die Äquivalenzklasse von $g \in G$ wird die *Rechtsnebenklasse von g bezüglich U* genannt; sie ergibt sich zu

$$\{g' \in G \,|\, g' \sim_r g\} = \{h \circ g \,|\, h \in U\} =: U \circ g.$$

Wir erhalten jetzt eine Zerlegung von G in disjunkte Rechtsnebenklassen, d. h.

$$G = \overset{\cdot}{\underset{g \in I_r}{\bigcup}} U \circ g,$$

wobei $I_r \subseteq G$ ein Repräsentantensystem für alle Rechtsnebenklassen bezüglich U ist.

   Die Menge der Rechtsnebenklassen bezüglich U definieren wir als $U \backslash G$. Ebenso wie im Falle von Linksnebenklassen gilt, dass alle Rechtsnebenklassen von G bezüglich U die gleiche Mächtigkeit wie die Untergruppe U haben.

   Schließlich verifiziert man einfach, dass durch die Zuordnung der Linksnebenklasse $g \circ U$ zur Rechtsnebenklasse $U \circ g^{-1}$ eine Bijektion zwischen den Mengen G/U und $U \backslash G$ induziert wird, d. h. wir haben

$$|G/U| = [G : U] = |U \backslash G|.$$

Ist die Gruppe G kommutativ, so stimmen Links- und Rechtsnebenklassen überein.

Aufgabe 4.19. Lösen Sie die Aufgaben 4.11 und 4.12 auch für Rechtsnebenklassen.

Definition 4.20. Es sei $(G, \circ)$ eine Gruppe. Eine Untergruppe N von G heißt *Normalteiler*, wenn alle Links- und Rechtsnebenklassen bezüglich N übereinstimmen, d. h. wenn für alle $g \in G$ die Gleichheit $g \circ N = N \circ g$ besteht.

Da Links- und Rechtsnebenklassen bezüglich eines Normalteilers N übereinstimmen, sprechen wir in diesem Fall nur noch von *Nebenklassen*. Ist $N \leq G$ ein Normalteiler, so schreiben wir dafür $N \trianglelefteq G$.

Aufgabe 4.21. Ist die in Aufgabe 4.12 gewählte Untergruppe ein Normalteiler?

Bemerkung 4.22. Äquivalent zu der vorhergehenden Definition ist: Eine Untergruppe N von G ist genau dann Normalteiler, wenn für alle $g \in G$ die Gleichheit

$$g \circ N \circ g^{-1} = N$$

gilt, wobei

$$g \circ N \circ g^{-1} = \{g' \in G \,|\, g' = g \circ h \circ g^{-1} \text{ mit } h \in N\}.$$

Eine weitere, äquivalente Fassung der Normalteilerdefinition lautet: Eine Untergruppe N von G ist genau dann Normalteiler, wenn für alle $g \in G$ und alle $h \in N$ die Enthaltensbeziehung $g \circ h \circ g^{-1} \in N$ gilt. Dass diese Definition zur vorhergehenden äquivalent ist, sieht man wie folgt ein: Zunächst gilt für alle $g \in G$ offensichtlich $g \circ N \circ g^{-1} \subseteq N$. Um nun die umgekehrte Inklusion nachzuweisen, stellen wir fest, dass wegen $g \circ h \circ g^{-1} \in N$ für alle $g \in G$, $h \in N$ insbesondere auch $g^{-1} \circ h \circ g \in N$ für alle $g \in G$, $h \in N$ gilt; daraus entnehmen wir die Inklusion $g^{-1} \circ N \circ g \subseteq N$ für alle $g \in G$. Indem wir diese Inklusionsbeziehung von links mit g und von rechts mit g^{-1} verknüpfen, erkennen wir

$$N = g \circ (g^{-1} \circ N \circ g) \circ g^{-1} \subseteq g \circ N \circ g^{-1},$$

was gerade die gesuchte umgekehrte Inklusionsbeziehung ist. Damit gilt in der Tat für alle $g \in G$ die Gleichheit $g \circ N \circ g^{-1} = N$.

Beispiel 4.23. Wir betrachten das folgende Beispiel eines Normalteilers in der symmetrischen Gruppe S_3, welche gegeben ist durch die sechs Permutationen

$$S_3 = \{\pi_1, \pi_2, \pi_3, \pi_4, \pi_5, \pi_6\},$$

wobei

$$\pi_1 = \begin{pmatrix} 1\,2\,3 \\ 1\,2\,3 \end{pmatrix},\ \pi_2 = \begin{pmatrix} 1\,2\,3 \\ 2\,3\,1 \end{pmatrix},$$

$$\pi_3 = \begin{pmatrix} 1\,2\,3 \\ 3\,1\,2 \end{pmatrix},\ \pi_4 = \begin{pmatrix} 1\,2\,3 \\ 1\,3\,2 \end{pmatrix},$$

$$\pi_5 = \begin{pmatrix} 1\,2\,3 \\ 3\,2\,1 \end{pmatrix},\ \pi_6 = \begin{pmatrix} 1\,2\,3 \\ 2\,1\,3 \end{pmatrix}.$$

Dabei bilden die drei Permutationen π_1, π_2, π_3 die zyklische Untergruppe $A_3 = \langle \pi_2 \rangle$ der Ordnung 3, welche die *3-te alternierende Gruppe* genannt wird. Wir weisen jetzt nach, dass A_3 ein Normalteiler von S_3 ist. Für $j = 1, 2, 3$ besteht offensichtlich die Gleichheit

$$\pi_j \circ A_3 = A_3 = A_3 \circ \pi_j.$$

Eine explizite Rechnung mit dem Element π_4 zeigt weiter

$$\pi_4 \circ A_3 = \{\pi_4 \circ \pi_1, \pi_4 \circ \pi_2, \pi_4 \circ \pi_3\} = \{\pi_4, \pi_5, \pi_6\},$$
$$A_3 \circ \pi_4 = \{\pi_1 \circ \pi_4, \pi_2 \circ \pi_4, \pi_3 \circ \pi_4\} = \{\pi_4, \pi_6, \pi_5\},$$

was die Gleichheit $\pi_4 \circ A_3 = A_3 \circ \pi_4$ bestätigt. Ebenso rechnet man für $j = 5, 6$

$$\pi_j \circ A_3 = A_3 \circ \pi_j$$

nach, was die Normalteilereigenschaft von A_3 bestätigt. Überdies zeigt unsere Rechnung, dass die Menge der (Links)Nebenklassen bezüglich A_3 gegeben ist durch

$$S_3/A_3 = \{A_3, \pi_4 \circ A_3\}.$$

Insbesondere stellen wir fest

$$[S_3 : A_3] = |S_3|/|A_3| = 6/3 = 2.$$

Aufgabe 4.24. Es seien G eine Gruppe und $H \leq G$ eine Untergruppe vom Index 2.
(a) Zeigen Sie, dass H ein Normalteiler in G ist.
(b) Geben Sie einen surjektiven Gruppenhomomorphismus von G nach der Gruppe $(\mathcal{R}_2, \oplus)$ an.

Lemma 4.25. *Es sei* $f: (G, \circ_G) \longrightarrow (H, \circ_H)$ *ein Gruppenhomomorphismus. Dann ist der Kern* $\ker(f)$ *von* f *ein Normalteiler in* G.

Beweis. Der Einfachheit halber schreiben wir im Folgenden sowohl für $\circ_G$ als auch für $\circ_H$ einfach $\circ$.

Nach Lemma 3.10 ist $\ker(f)$ eine Untergruppe von G. Wir haben somit noch die Eigenschaft eines Normalteilers für $\ker(f)$ nachzuweisen, d. h. zu

zeigen, dass
$$g \circ h \circ g^{-1} \in \ker(f)$$

für alle $g \in G$ und alle $h \in \ker(f)$ gilt. Dazu seien nun $g \in G$ und $h \in \ker(f)$ beliebige Elemente; wir beachten dabei, dass $f(h) = e_H$ gilt. Unter mehrmaliger Verwendung der Gruppenhomomorphie von f erhalten wir damit

$$f(g \circ h \circ g^{-1}) = f(g) \circ f(h) \circ f(g^{-1})$$
$$= f(g) \circ e_H \circ \left(f(g)\right)^{-1} = f(g) \circ f(g)^{-1} = e_H.$$

Somit gilt in der Tat $g \circ h \circ g^{-1} \in \ker(f)$ und das Lemma ist bewiesen. $\square$

Aufgabe 4.26. Es sei $f\colon (S_3, \circ) \longrightarrow (\mathcal{R}_3, \oplus)$ ein Gruppenhomomorphismus. Zeigen Sie, dass dann $f(\pi) = 0$ für alle $\pi \in S_3$ gilt.

5. Faktorgruppen und Homomorphiesatz

Im Folgenden werden wir die Menge der (Links)Nebenklassen G/N einer Gruppe G nach einem Normalteiler N in natürlicher Weise mit einer Gruppenstruktur versehen können. In der Regel ist die Struktur der Gruppe G/N einfacher durchschaubar als die Struktur der Gruppe G selbst. Das Studium der Gruppe G/N liefert wiederum Informationen zur Struktur der Gruppe G.

Definition 5.1. Es seien $(G, \circ)$ eine Gruppe und $N \trianglelefteq G$ ein Normalteiler. Dann definieren wir auf der Menge der (Links)Nebenklassen bezüglich N die Verknüpfung $\bullet$ wie folgt:

$$(g_1 \circ N) \bullet (g_2 \circ N) := (g_1 \circ g_2) \circ N \qquad (g_1, g_2 \in G). \tag{7}$$

Diese Definition scheint von der Wahl der Repräsentanten g_1 (bzw. g_2) der Nebenklassen $g_1 \circ N$ (bzw. $g_2 \circ N$) abzuhängen. Im nachfolgenden Lemma werden wir allerdings zeigen, dass die Verknüpfung $\bullet$ unabhängig von der Wahl der Repräsentanten ist.

Lemma 5.2. *Es seien $(G, \circ)$ eine Gruppe und $N \trianglelefteq G$ ein Normalteiler. Dann ist die in Definition 5.1 gegebene Verknüpfung $\bullet$ auf G/N wohldefiniert.*

Beweis. Es seien g_1, g_1' bzw. g_2, g_2' zwei Repräsentanten der Nebenklasse $g_1 \circ N$ bzw. $g_2 \circ N$. Zum Nachweis der Repräsentantenunabhängigkeit der Verknüpfung (7) haben wir dann die Gleichheit

$$(g_1 \circ g_2) \circ N = (g_1' \circ g_2') \circ N$$

zu bestätigen. Da $g_1' \in g_1 \circ N$ gilt, existiert ein $h_1 \in N$ mit $g_1' = g_1 \circ h_1$; analog erhält man $g_2' = g_2 \circ h_2$ für ein $h_2 \in N$. Damit berechnen wir unter Verwendung der Assoziativität von $\circ$

$$
\begin{aligned}
(g_1' \circ g_2') \circ N &= \big((g_1 \circ h_1) \circ (g_2 \circ h_2)\big) \circ N \\
&= (g_1 \circ h_1 \circ g_2) \circ (h_2 \circ N) \\
&= (g_1 \circ (h_1 \circ g_2)) \circ N,
\end{aligned}
$$

wobei im letzten Schritt die Gleichheit $h_2 \circ N = N$ verwendet wurde, welche wegen $h_2 \in N$ gilt. Da N ein Normalteiler in G ist, existiert nun ein $h_1' \in N$ mit der Eigenschaft $h_1 \circ g_2 = g_2 \circ h_1'$. Setzt man dies in die vorige Gleichung ein, so erhält man wie behauptet

$$
(g_1' \circ g_2') \circ N = (g_1 \circ (g_2 \circ h_1')) \circ N = (g_1 \circ g_2) \circ N;
$$

hierbei wurde wieder von der Assoziativität von $\circ$ und der Gleichheit $h_2' \circ N = N$ Gebrauch gemacht. Damit ist das Lemma bewiesen. $\square$

Mit Hilfe von Lemma 5.2 haben wir somit auf der Menge G/N mit $\bullet$ eine wohldefinierte Verknüpfung definiert. Wir zeigen in der nachfolgenden Proposition, dass $(G/N, \bullet)$ eine Gruppe ist.

Proposition 5.3. *Es seien $(G, \circ)$ eine Gruppe und $N \trianglelefteq G$ ein Normalteiler. Dann bildet die Menge G/N der (Links)Nebenklassen von G nach N zusammen mit der Verknüpfung $\bullet$ eine Gruppe.*

Beweis. Zuerst stellen wir fest, dass die Menge G/N nicht leer ist, da sie jeweils die Nebenklasse $e_G \circ N = N$, d. h. das Element N, enthält. Die Assoziativität der Verknüpfung $\bullet$ ergibt sich unmittelbar aus der Assoziativität der Verknüpfung $\circ$ von G; unter Verwendung der Definition von $\bullet$ und Lemma 5.2 folgt nämlich

$$
\begin{aligned}
&\big((g_1 \circ N) \bullet (g_2 \circ N)\big) \bullet (g_3 \circ N) \\
&= \big((g_1 \circ g_2) \circ N\big) \bullet (g_3 \circ N) = \big((g_1 \circ g_2) \circ g_3\big) \circ N \\
&= \big(g_1 \circ (g_2 \circ g_3)\big) \circ N = (g_1 \circ N) \bullet \big((g_2 \circ g_3) \circ N\big) \\
&= (g_1 \circ N) \bullet \big((g_2 \circ N) \bullet (g_3 \circ N)\big).
\end{aligned}
$$

Das neutrale Element von G/N ist gegeben durch das Element N, denn es gilt für jede Nebenklasse $g \circ N \in G/N$

$$
\begin{aligned}
N \bullet (g \circ N) &= (e_G \circ N) \bullet (g \circ N) = (e_G \circ g) \circ N = g \circ N, \\
(g \circ N) \bullet N &= (g \circ N) \bullet (e_G \circ N) = (g \circ e_G) \circ N = g \circ N.
\end{aligned}
$$

Schließlich ist das inverse Element zu $g \circ N$ gegeben durch die Nebenklasse $g^{-1} \circ N$, denn wir haben

$$(g^{-1} \circ N) \bullet (g \circ N) = (g^{-1} \circ g) \circ N = e_G \circ N = N,$$
$$(g \circ N) \bullet (g^{-1} \circ N) = (g \circ g^{-1}) \circ N = e_G \circ N = N.$$

Insgesamt haben wir $(G/N, \bullet)$ somit als Gruppe nachgewiesen. □

Definition 5.4. Es seien $(G, \circ)$ eine Gruppe und $N \trianglelefteq G$ ein Normalteiler. Dann heißt die Gruppe $(G/N, \bullet)$ *die Faktorgruppe von G nach dem Normalteiler N*.

Beispiel 5.5. (i) In einer kommutativen Gruppe G ist jede Untergruppe H ein Normalteiler. Daher können wir für jede Untergruppe H die Faktorgruppe $(G/H, \bullet)$ bilden, die dann ebenfalls eine kommutative Gruppe ist.

(ii) Im Beispiel 4.23 haben wir die alternierende Gruppe A_3 als Normalteiler der symmetrischen Gruppe S_3 nachgewiesen. Damit erhalten wir die Faktorgruppe S_3/A_3, welche (in der Bezeichnungsweise von Beispiel 4.23) aus den beiden Elementen $e := A_3$ und $g := \pi_4 \circ A_3$ besteht. Das Element e ist das neutrale Element von S_3/A_3; das Element g erfüllt die Relation $g \bullet g = e$. Wir können damit die Faktorgruppe S_3/A_3 leicht mit der uns wohlvertrauten Gruppe $(\mathcal{R}_2, \oplus)$ bestehend aus den Elementen 0 und 1 identifizieren, indem wir das Element e auf 0 und g auf 1 abbilden. Wir rechnen leicht nach, dass damit ein Gruppenhomomorphismus von S_3/A_3 nach $\mathcal{R}_2$ gegeben wird, welcher bijektiv ist. Damit besteht die Gruppenisomorphie

$$(S_3/A_3, \bullet) \cong (\mathcal{R}_2, \oplus).$$

Bemerkung 5.6. Es sei $f \colon (G, \circ_G) \longrightarrow (H, \circ_H)$ ein Gruppenhomomorphismus. Lemma 4.25 besagt, dass $\ker(f)$ ein Normalteiler in G ist; damit können wir die Faktorgruppe $(G/\ker(f), \bullet)$ betrachten. Wir definieren nun die Abbildung

$$\pi \colon (G, \circ_G) \longrightarrow (G/\ker(f), \bullet)$$

durch die Zuordnung $g \mapsto g \circ_G \ker(f)$. Die Definition der Verknüpfung $\bullet$ zeigt jetzt

$$\pi(g_1 \circ_G g_2) = (g_1 \circ_G g_2) \circ_G \ker(f)$$
$$= (g_1 \circ_G \ker(f)) \bullet (g_2 \circ_G \ker(f)) = \pi(g_1) \bullet \pi(g_2),$$

d. h. die Abbildung π ist ein Gruppenhomomorphismus, welcher überdies surjektiv ist. Der Gruppenhomomorphismus π wird *kanonischer Gruppenhomomorphismus* genannt.

Satz 5.7 (Homomorphiesatz für Gruppen). *Es sei* $f \colon (G, \circ_G) \longrightarrow (H, \circ_H)$ *ein Gruppenhomomorphismus. Dann induziert f einen eindeutig bestimmten, in-*

jektiven Gruppenhomomorphismus

$$\bar{f} \colon \big(G/\ker(f), \bullet\big) \longrightarrow (H, \circ_H)$$

mit der Eigenschaft $\bar{f}\big(g \circ_G \ker(f)\big) = f(g)$ für alle $g \in G$. Man kann diese Aussage schematisch auch dadurch zum Ausdruck bringen, dass das nachfolgende Diagramm

$$
\begin{array}{ccc}
& (G, \circ_G) & \\
\pi \downarrow & \searrow^{\,f} & \\
\big(G/\ker(f), \bullet\big) & \xrightarrow{\ \exists! \bar{f}\ } & (H, \circ_H)
\end{array}
$$

„kommutativ" ist, d. h. wir kommen zum gleichen Ergebnis, wenn wir direkt die Abbildung f ausführen, oder, wenn wir zuerst π und danach die Abbildung $\bar{f}$ bilden.

Beweis. Zur Vereinfachung der Schreibweise setzen wir $N := \ker(f)$; überdies schreiben wir sowohl für $\circ_G$ als auch für $\circ_H$ einfach $\circ$. Nach Lemma 4.25 ist N ein Normalteiler von G; wir erhalten damit die Faktorgruppe $(G/N, \bullet)$. Wir definieren nun eine Abbildung $\bar{f}$ von $(G/N, \bullet)$ nach $(H, \circ_H)$ in der folgenden Weise

$$\bar{f}(g \circ N) := f(g) \qquad (g \in G).$$

Da die Definition von $\bar{f}$ mit Hilfe des Repräsentanten g der Nebenklasse $g \circ N$ vorgenommen wurde, müssen wir uns zunächst überlegen, ob die Abbildung $\bar{f}$ überhaupt sinnvoll ist. Dazu sei $g' \in G$ ein weiterer Repräsentant der Nebenklasse $g \circ N$, d. h. es existiert ein $h \in N$ mit der Eigenschaft $g' = g \circ h$. Somit erkennen wir

$$f(g') = f(g \circ h) = f(g) \circ f(h) = f(g) \circ e_H = f(g),$$

d. h. die Definition von $\bar{f}$ ist unabhängig von der Wahl eines Repräsentanten der Nebenklasse $g \circ N$.

In einem zweiten Schritt zeigen wir, dass $\bar{f}$ ein Gruppenhomomorphismus ist. Dazu wählen wir zwei beliebige Nebenklassen $g_1 \circ N$, $g_2 \circ N \in G/N$ und berechnen unter Verwendung der Definition von $\bar{f}$ und der Gruppenhomomorphie von f

$$\bar{f}\big((g_1 \circ N) \bullet (g_2 \circ N)\big) = \bar{f}\big((g_1 \circ g_2) \circ N\big)$$
$$= f(g_1 \circ g_2) = f(g_1) \circ f(g_2) = \bar{f}(g_1 \circ N) \circ \bar{f}(g_2 \circ N).$$

Dies bestätigt die Gruppenhomomorphie von $\bar{f}$.

In einem dritten Schritt überlegen wir uns die Injektivität von $\bar{f}$. Dazu seien $g_1 \circ N$, $g_2 \circ N \in G/N$ mit der Eigenschaft $\bar{f}(g_1 \circ N) = \bar{f}(g_2 \circ N)$ vorgelegt. Wir haben $g_1 \circ N = g_2 \circ N$ zu zeigen. Definitionsgemäß ist die angenommene Gleichheit äquivalent zur Gleichheit $f(g_1) = f(g_2)$. Indem wir diese Gleichung von links mit $f(g_1)^{-1}$ verknüpfen, erhalten wir

$$e_H = f(g_1)^{-1} \circ f(g_1) = f(g_1)^{-1} \circ f(g_2) = f(g_1^{-1} \circ g_2),$$

d. h. $g_1^{-1} \circ g_2 \in \ker(f) = N$. Daraus ergibt sich aber sofort, dass g_2 ein Element der Nebenklasse $g_1 \circ N$ ist, d. h. $g_2 \sim g_1$. Somit besteht die behauptete Gleichheit von Nebenklassen

$$g_1 \circ N = g_2 \circ N.$$

Zusammengenommen haben wir jetzt also gezeigt, dass $\bar{f} \colon (G/\ker(f), \bullet)$ $\longrightarrow (H, \circ_H)$ ein wohldefinierter, injektiver Gruppenhomomorphismus ist. Es bleibt noch die Eindeutigkeit von $\bar{f}$ mit der Eigenschaft $\bar{f}(g \circ \ker(f)) = f(g)$ $(g \in G)$ zu zeigen. Dazu sei

$$\tilde{f} \colon (G/\ker(f), \bullet) \longrightarrow (H, \circ_H)$$

ein weiterer injektiver Gruppenhomomorphismus mit $\tilde{f}(g \circ \ker(f)) = f(g)$ $(g \in G)$. Dann haben wir

$$\tilde{f}(g \circ \ker(f)) = f(g) = \bar{f}(g \circ \ker(f)) \quad (g \in G),$$

was aber nichts anderes bedeutet, als dass die Wirkung von $\tilde{f}$ mit der Wirkung von $\bar{f}$ auf $(G/\ker(f), \bullet)$ übereinstimmt, d. h. es ist $\tilde{f} = \bar{f}$, was die Eindeutigkeit von $\bar{f}$ beweist. Damit ist der Beweis des Homomorphiesatzes für Gruppen abgeschlossen. □

Korollar 5.8. *Es sei $f \colon (G, \circ_G) \longrightarrow (H, \circ_H)$ ein surjektiver Gruppenhomomorphismus. Dann induziert f einen eindeutig bestimmten Gruppenisomorphismus*

$$\bar{f} \colon (G/\ker(f), \bullet) \cong (H, \circ_H)$$

mit der Eigenschaft $\bar{f}(g \circ_G \ker(f)) = f(g)$ für alle $g \in G$. □

Beispiel 5.9. Wir betrachten die symmetrische Gruppe S_n und erinnern aus der Linearen Algebra daran, dass jede Permutation π als Verknüpfung von Transpositionen (d. h. Permutationen, die genau zwei Elemente vertauschen und die übrigen fest lassen) dargestellt werden kann. Obwohl diese Darstellung nicht eindeutig ist, ist die Anzahl der dabei auftretenden Transpositionen entweder immer gerade oder immer ungerade; dementsprechend nennen wir eine Permuation gerade oder ungerade. Damit definieren wir die Abbildung

$$f \colon (S_n, \circ) \longrightarrow (\mathcal{R}_2, \oplus)$$

dadurch, dass wir π die 0 (bzw. 1) zuordnen, wenn π gerade (bzw. ungerade) ist. Man verifiziert, dass f ein surjektiver Gruppenhomomorphismus ist. Der Kern $\ker(f)$ von f besteht aus den geraden Permutationen; dies ist definitionsgemäß die Untergruppe A_n, die *n-te alternierende Gruppe*. Nach Korollar 5.8 besteht somit die Gruppenisomorphie

$$(S_n / A_n, \bullet) \cong (\mathcal{R}_2, \oplus).$$

Aufgabe 5.10. Verallgemeinern Sie die vorhergehende Überlegung auf den Fall von Aufgabe 4.24, d. h. konstruieren Sie einen Gruppenisomorphismus

$$(G/H, \bullet) \cong (\mathcal{R}_2, \oplus)$$

für eine Untergruppe $H \leq G$ vom Index 2.

Aus dem Homomorphiesatz für Gruppen können eine Reihe von weiteren Gruppenisomorphien gefolgert werden. Ein typisches Beispiel ist das folgende.

Aufgabe 5.11. Es seien G eine Gruppe und $H, K \trianglelefteq G$ Normalteiler in G mit $K \subseteq H$. Zeigen Sie: K ist Normalteiler in H, und es besteht die Gruppenisomorphie

$$(G/K)/(H/K) \cong G/H.$$

6. Konstruktion von Gruppen aus regulären Halbgruppen

In Bemerkung 1.27 in Kapitel I wurde bereits auf den störenden Umstand hingewiesen, dass in der Halbgruppe $(\mathbb{N}, +)$ bei gegebenen $m, n \in \mathbb{N}$ die Gleichung

$$n + x = m$$

nicht uneingeschränkt lösbar ist. Falls $m \geq n$ ist, ist die eindeutige Lösung durch die Differenz $x = m - n$ gegeben. Ist allerdings $m < n$, so existiert keine Lösung im Bereich der natürlichen Zahlen. Diese Problematik soll im Folgenden beseitigt werden, indem wir die Halbgruppe $(\mathbb{N}, +)$ zu einer Gruppe $(G, \circ_G)$ erweitern, d. h. es gilt $\mathbb{N} \subseteq G$ und die Einschränkung der Verknüpfung $\circ_G$ auf die Teilmenge $\mathbb{N}$ koinzidiert mit der Addition $+$. Unter diesen Umständen übersetzt sich die Gleichung $n + x = m$ in G zu $n \circ_G x = m$, welche die eindeutige Lösung

$$x = n^{-1} \circ_G m$$

besitzt. Da die Lösung x im Fall $m < n$ keine natürliche Zahl sein kann, liegt sie in $G \setminus \mathbb{N}$, d. h. im Komplement von $\mathbb{N}$ in G.

Es stellt sich somit allgemein die Frage, unter welchen Bedingungen eine Halbgruppe $(H, \circ_H)$ zu einer Gruppe $(G, \circ_G)$ erweitert werden kann,

d. h. dass eine H umfassende Gruppe G derart gefunden werden kann, dass die Einschränkung von $\circ_G$ auf H mit der Verknüpfung $\circ_H$ zusammenfällt. Die nachfolgende Definition *regulärer* Halbgruppen ist der Schlüssel für das weitere Vorgehen.

Definition 6.1. Eine Halbgruppe $(H, \circ_H)$ heißt *regulär*, wenn für alle Elemente $h, x, y \in H$ die *Kürzungsregeln*

$$h \circ_H x = h \circ_H y \implies x = y,$$
$$x \circ_H h = y \circ_H h \implies x = y$$

gelten.

Bemerkung 6.2. (i) Ist die reguläre Halbgruppe $(H, \circ_H)$ kommutativ, so genügt es, nur eine der beiden Kürzungsregeln aus Definition 6.1 zu fordern.

(ii) Eine Gruppe $(G, \circ_G)$ ist insbesondere eine reguläre Halbgruppe, da aus $h \circ_G x = h \circ_G y$ $(h, x, y \in G)$ nach Verknüpfung mit dem Inversen h^{-1} von links

$$h^{-1} \circ_G h \circ_G x = h^{-1} \circ_G h \circ_G y \iff x = y$$

folgt. Die andere Implikation ergibt sich analog nach Verknüpfung mit h^{-1} von rechts.

Beispiel 6.3. Mit Hilfe von vollständiger Induktion erkennen wir, dass die Halbgruppe $(\mathbb{N}, +)$ regulär ist. Wegen der Kommutativität von $(\mathbb{N}, +)$ genügt es die Implikation

$$h + x = h + y \implies x = y \quad (h, x, y \in \mathbb{N}) \tag{8}$$

nachzuweisen. Wir fixieren dazu $x, y \in \mathbb{N}$ und führen eine vollständige Induktion nach h durch. Für $h = 0$ ist die Behauptung offensichtlich richtig, so dass damit der Induktionsanfang gesichert ist. Als Induktionsvoraussetzung nehmen wir nun an, dass für ein $h \in \mathbb{N}$ die Implikation (8) richtig ist. Wir haben dann für den Nachfolger h^* von h die Implikation

$$h^* + x = h^* + y \implies x = y$$

zu zeigen. Aus der Gleichung

$$(h + x)^* = h^* + x = h^* + y = (h + y)^*$$

ergibt sich nun aufgrund der Injektivität der Nachfolgerbildung $h + x = h + y$, woraus nach Induktionsvoraussetzung sofort $x = y$ folgt. Da $x, y \in \mathbb{N}$ beliebig gewählt waren, haben wir somit die Gültigkeit der Kürzungsregeln aus Definition 6.1 induktiv für alle $h, x, y \in \mathbb{N}$ nachgewiesen.

Aufgabe 6.4.
(a) Es sei A eine Menge mit mindestens zwei Elementen. Zeigen Sie, dass in der Halb-
    gruppe $(\text{Abb}(A), \circ)$ keine der beiden Kürzungsregeln gilt.
(b) Überlegen Sie sich weitere Beispiele von Halbgruppen, die nicht regulär sind.

Satz 6.5. *Zu jeder kommutativen und regulären Halbgruppe $(H, \circ_H)$ existiert eine eindeutig bestimmte kommutative Gruppe $(G, \circ_G)$, welche den beiden folgenden
Eigenschaften genügt:*

(i)   *H ist eine Teilmenge von G und die Einschränkung von $\circ_G$ auf H stimmt mit
      der Verknüpfung $\circ_H$ überein.*

(ii) *Ist $(G', \circ_{G'})$ eine weitere Gruppe mit der Eigenschaft (i), so ist G eine Unter-
      gruppe von G'.*

Beweis. Wir haben einen Existenz- und einen Eindeutigkeitsbeweis zu führen. Wir beginnen mit dem Eindeutigkeitsbeweis.

   Eindeutigkeit: Es seien $(G_1, \circ_{G_1})$ und $(G_2, \circ_{G_2})$ Gruppen, welche die Eigenschaften (i) und (ii) erfüllen. Nach Eigenschaft (ii) muss dann insbesondere
$G_1 \leq G_2$, aber umgekehrt auch $G_2 \leq G_1$, gelten, d. h. die beiden Gruppen
sind identisch. Damit ist die zu konstruierende Gruppe (bis auf Gruppenisomorphie) eindeutig bestimmt.

   Existenz: Wir starten, indem wir auf dem kartesischen Produkt

$$H \times H = \{(a, b) \,|\, a, b \in H\}$$

die folgende Relation $\sim$ definieren (wir schreiben der Einfachheit halber ab
jetzt $\circ$ anstelle von $\circ_H$):

$$(a, b) \sim (c, d) \quad \Longleftrightarrow \quad a \circ d = b \circ c \quad (a, b, c, d \in H).$$

Wir überlegen uns sogleich, dass dies eine Äquivalenzrelation ist.

   (a) Reflexivität: Da die Halbgruppe $(H, \circ)$ kommutativ ist, gilt für alle
$a, b \in H$ die Gleichheit $a \circ b = b \circ a$, d. h. $(a, b) \sim (a, b)$. Damit ist die Relation
$\sim$ reflexiv.

   (b) Symmetrie: Es seien $(a, b), (c, d) \in H \times H$ mit der Eigenschaft $(a, b) \sim
(c, d)$, d. h. $a \circ d = b \circ c$. Da $(H, \circ)$ kommutativ ist, schließen wir daraus
$c \circ b = d \circ a$, was nichts anderes als $(c, d) \sim (a, b)$ bedeutet, d. h. $\sim$ ist symmetrisch.

   (c) Transitivität: Es seien $(a, b), (c, d), (e, f) \in H \times H$ mit der Eigenschaft
$(a, b) \sim (c, d)$ und $(c, d) \sim (e, f)$. Damit haben wir die Gleichungen

$$a \circ d = b \circ c, \quad c \circ f = d \circ e.$$

Indem wir die linken bzw. rechten Seiten dieser beiden Gleichungen miteinander verknüpfen, erhalten wir unter Beachtung der Assoziativität und
Kommutativität der Halbgruppe $(H, \circ)$ die folgenden äquivalenten Glei-

chungen

$$(a \circ d) \circ (c \circ f) = (b \circ c) \circ (d \circ e),$$
$$a \circ d \circ c \circ f = b \circ c \circ d \circ e,$$
$$(a \circ f) \circ (d \circ c) = (b \circ e) \circ (d \circ c).$$

Da die Halbgruppe $(H, \circ)$ überdies regulär ist, können wir nun $(d \circ c)$ in der letzten Gleichung (von rechts) kürzen und erhalten

$$a \circ f = b \circ e,$$

was $(a, b) \sim (e, f)$ bedeutet. Damit ist die Relation $\sim$ auch transitiv.

Wir bezeichnen mit $[a, b] \subseteq H \times H$ die Äquivalenzklasse des Paars $(a, b) \in H \times H$ und mit G die Menge aller dieser Äquivalenzklassen; man schreibt dafür kurz

$$G := (H \times H) / \sim .$$

Da die Halbgruppe $(H, \circ)$ nicht leer ist und somit mindestens ein Element h enthält, ist auch die Menge G nicht leer, da sie mindestens die Äquivalenzklasse $[h, h]$ umfasst. Wir definieren jetzt eine Verknüpfung auf der Menge der Äquivalenzklassen G, die wir der Einfachheit halber mit $\bullet$ statt mit $\circ_G$ bezeichnen. Sind $[a, b], [a', b'] \in G$, so definieren wir dazu

$$[a, b] \bullet [a', b'] := [a \circ a', b \circ b'].$$

Da diese Definition von der Wahl der Vertreter a, b bzw. a', b' der Äquivalenzklassen $[a, b]$ bzw. $[a', b']$ abhängt, muss zur Wohldefiniertheit der Verknüpfung $\bullet$ zuerst die Unabhängigkeit von dieser Wahl geklärt werden. Dazu seien (c, d) bzw. (c', d') weitere Vertreter von $[a, b]$ bzw. $[a', b']$. Wir haben dann zu zeigen, dass

$$[a \circ a', b \circ b'] = [c \circ c', d \circ d'] \quad \Longleftrightarrow \quad (a \circ a', b \circ b') \sim (c \circ c', d \circ d')$$

gilt. Da $(c, d) \in [a, b]$ bzw. $(c', d') \in [a', b']$ ist, haben wir

$$a \circ d = b \circ c \quad \text{bzw.} \quad a' \circ d' = b' \circ c'.$$

Verknüpfen wir diese beiden Gleichungen miteinander, so folgt unter der Voraussetzung der Kommutativität von H

$$(a \circ d) \circ (a' \circ d') = (b \circ c) \circ (b' \circ c') \quad \Longleftrightarrow$$
$$(a \circ a') \circ (d \circ d') = (b \circ b') \circ (c \circ c'),$$

d. h. es gilt wie behauptet

$$(a \circ a', b \circ b') \sim (c \circ c', d \circ d').$$

Zusammengenommen haben wir mit $(G, \bullet)$ eine nicht-leere Menge mit einer Verknüpfung vorliegen. In den vier nachfolgenden Schritten werden wir zeigen, dass $(G, \bullet)$ eine kommutative Gruppe ist.

(1) Zuerst rechnen wir nach, dass die Verknüpfung $\bullet$ assoziativ ist. Dies ergibt sich aber leicht aus der Definition und der Assoziativität von $\circ$ (dazu seien $[a, b], [a', b'], [a'', b''] \in G$):

$$([a, b] \bullet [a', b']) \bullet [a'', b''] = [a \circ a', b \circ b'] \bullet [a'', b'']$$
$$= [(a \circ a') \circ a'', (b \circ b') \circ b''] = [a \circ (a' \circ a''), b \circ (b' \circ b'')]$$
$$= [a, b] \bullet [a' \circ a'', b' \circ b''] = [a, b] \bullet ([a', b'] \bullet [a'', b'']).$$

(2) Die Kommutativität von $\bullet$ folgt ebenso einfach aus der Kommutativität der Verknüpfung $\circ$ (dazu seien $[a, b], [a', b'] \in G$):

$$[a, b] \bullet [a', b'] = [a \circ a', b \circ b']$$
$$= [a' \circ a, b' \circ b] = [a', b'] \bullet [a, b].$$

(3) Nun zeigen wir, dass G ein neutrales Element besitzt. Wir wählen dazu ein beliebiges Element $h \in H$; ein solches existiert, da H nicht leer ist. Dann ist die Äquivalenzklasse $[h, h]$ unser Kandidat für das neutrale Element in G. Es sei jetzt $[a, b]$ ein beliebiges Element von G. Unter Berücksichtigung der Kommutativität von $\circ$ haben wir dann

$$(h \circ a) \circ b = (h \circ b) \circ a \quad \Longleftrightarrow \quad ((h \circ a), (h \circ b)) \sim (a, b).$$

Damit ergibt sich aufgrund der Kommutativität von $\bullet$

$$[a, b] \bullet [h, h] = [h, h] \bullet [a, b] = [h \circ a, h \circ b] = [a, b],$$

d. h. $[h, h]$ ist in der Tat das neutrale Element von G.

(4) Als letztes haben wir noch zu überlegen, dass jedes Element $[a, b] \in G$ ein Inverses $[a, b]^{-1}$ in G besitzt. Wir behaupten, dass dieses Inverse durch das Element $[b, a] \in G$ gegeben ist. Dazu berechnen wir unter Verwendung der Kommutativität von $\circ$ und $\bullet$ zunächst

$$[a, b] \bullet [b, a] = [b, a] \bullet [a, b] = [b \circ a, a \circ b] = [a \circ b, a \circ b].$$

Da nun die Gleichheit $(a \circ b) \circ h = (a \circ b) \circ h$ mit $(a \circ b, a \circ b) \sim (h, h)$ gleichbedeutend ist, folgt wie gewünscht

$$[a, b] \bullet [b, a] = [b, a] \bullet [a, b] = [a \circ b, a \circ b] = [h, h].$$

Zum Abschluss des Beweises müssen wir noch zeigen, dass $(G, \bullet)$ die beiden im Satz genannten Eigenschaften (i), (ii) erfüllt, d. h. (i), dass H eine Teilmenge von G ist und die Einschränkung von $\bullet$ auf H mit der Verknüpfung ∘ übereinstimmt, und (ii), dass $(G, •)$ mit der Eigenschaft (i) minimal ist.

Um die Eigenschaft (i) nachzuprüfen, genügt es, eine injektive Abbildung $f: H \longrightarrow G$ zu finden, die die Eigenschaft

$$f(a \circ b) = f(a) • f(b) \quad (a, b \in H) \tag{9}$$

erfüllt. Indem wir dann H mit seinem Bild $f(H) \subseteq G$ identifizieren, erhalten wir unter Berücksichtigung von (9) das Gewünschte. Wir definieren die Abbildung $f: H \longrightarrow G$ dadurch, dass wir dem Element $a \in H$ das Element $[a \circ h, h] \in G$ zuordnen (das Element h hatten wir zur Konstruktion des neutralen Elements $[h, h]$ von G herangezogen). Wir zeigen jetzt als erstes, dass f injektiv ist. Dazu seien $a, b \in H$ mit der Eigenschaft, dass

$$\begin{aligned} f(a) = f(b) \quad &\Longleftrightarrow \quad [a \circ h, h] = [b \circ h, h] \\ &\Longleftrightarrow \quad (a \circ h, h) \sim (b \circ h, h) \end{aligned}$$

gilt. Dies ist aber unter Berücksichtigung der Kommutativität und Regularität von $(H, \circ)$ gleichbedeutend mit

$$(a \circ h) \circ h = h \circ (b \circ h) \quad \Longleftrightarrow \quad a \circ h^2 = b \circ h^2 \quad \Longleftrightarrow \quad a = b,$$

woraus die Injektivität von f folgt.

Zum Nachweis von (9) wählen wir zwei beliebige Elemente $a, b \in H$ und berechnen unter Berücksichtigung der Assoziativität und Kommutativität von ∘

$$\begin{aligned} f(a \circ b) &= [(a \circ b) \circ h, h] = [a \circ b \circ h, h] \\ &= [a \circ b \circ h \circ h, h \circ h] = [(a \circ h) \circ (b \circ h), h \circ h] \\ &= [a \circ h, h] • [b \circ h, h] = f(a) • f(b). \end{aligned}$$

Damit ist auch die Strukturtreue (9) von f gezeigt und $(G, •)$ als kommutative Gruppe erkannt, welche die Eigenschaft (i) erfüllt.

Zum Ende des Beweises zeigen wir schließlich, dass die eben konstruierte Gruppe $(G, •)$ minimal ist. Dazu überlegen wir uns, dass die Gruppe $(G, •)$ nicht verkleinert werden kann: Indem wir – wie oben erwähnt – die Halbgruppe $(H, \circ)$ mit ihrem Bild unter f in $(G, •)$ identifizieren, muss G konstruktionsgemäß alle Elemente der Form $[a \circ h, h]$ mit $a \in H$ enthalten. Da $(G, •)$ eine Gruppe ist, muss mit $[a \circ h, h]$ auch dessen Inverses $[h, a \circ h]$ in G enthalten sein, d. h. G enthält auch alle Elemente der Form $[h, b \circ h]$ mit $b \in H$. Wegen der Abgeschlossenheit der Verknüpfung • muss G also auch alle Elemente der Form

$$[a \circ h, h] • [h, b \circ h] = [a, b] \quad (a, b \in H)$$

beinhalten. Dies zeigt aber, dass man keine Äquivalenzklasse aus G weglassen darf. Damit ist $(G, \bullet)$ minimal. □

Aufgabe 6.6.
(a) Zeigen Sie, dass die ungeraden natürlichen Zahlen mit der Multiplikation ein kommutatives und reguläres Monoid bilden.
(b) Führen Sie die Konstruktion aus Satz 6.5 für dieses Monoid durch.

7. Die ganzen Zahlen

Wir wollen nun die in Satz 6.5 konstruierte kommutative Gruppe $(G, \circ_G)$ am Beispiel der kommutativen regulären Halbgruppe $(H, \circ_H) = (\mathbb{N}, +)$ genauer untersuchen. Dabei werden wir auf die Menge der *ganzen Zahlen* geführt werden.

Zunächst stellen wir fest, dass die auf dem kartesischen Produkt $\mathbb{N} \times \mathbb{N}$ definierte Äquivalenzrelation $\sim$ jetzt die Form

$$(a, b) \sim (c, d) \quad \Longleftrightarrow \quad a + d = b + c \quad (a, b, c, d \in \mathbb{N})$$

annimmt. Die kommutative Gruppe $(G, \circ_G)$ ist gemäß dem Beweis von Satz 6.5 gegeben durch die Menge aller Äquivalenzklassen $[a, b]$ zu den Paaren $(a, b) \in \mathbb{N} \times \mathbb{N}$ und versehen mit der Verknüpfung

$$[a, b] \circ_G [a', b'] = [a + a', b + b'] \quad ([a, b], [a', b'] \in G);$$

das neutrale Element von $(G, \circ_G)$ ist dabei durch das Element $[0, 0]$ gegeben, wobei 0 die natürliche Zahl Null bedeutet. Da wir es hier mit einer additiven Struktur zu tun haben, schreiben wir das Inverse $[a, b]^{-1}$ in der Form $-[a, b]$.

Die Definition der Äquivalenzrelation $\sim$ zeigt in dem vorliegenden Spezialfall, dass jede Äquivalenzklasse $[a, b]$ in der Form

$$[a, b] = \begin{cases} [a - b, 0], & \text{falls } a \geq b, \\ [0, b - a], & \text{falls } b > a \end{cases}$$

dargestellt werden kann. Damit erkennen wir, dass die der Gruppe $(G, \circ_G)$ zugrunde liegende Menge G gegeben ist durch die Vereinigung

$$G = \{[n, 0] \mid n \in \mathbb{N}\} \cup \{[0, n] \mid n \in \mathbb{N}\},$$

wobei der Durchschnitt $\{[n, 0] \mid n \in \mathbb{N}\} \cap \{[0, n] \mid n \in \mathbb{N}\}$ nur aus dem neutralen Element $[0, 0]$ besteht. Dem Beweis von Satz 6.5 entnehmen wir, dass die Menge der natürlichen Zahlen $\mathbb{N}$ mit der Menge $\{[n, 0] \mid n \in \mathbb{N}\}$ in Bijektion steht; diese Bijektion wird durch die Zuordnung $n \mapsto [n, 0]$ induziert. Indem wir nun die Menge der natürlichen Zahlen $\mathbb{N}$ mit der Menge

$\{[n,0] \mid n \in \mathbb{N}\}$ identifizieren, d. h. $n = [n,0]$ setzen, können wir fortan $\mathbb{N}$ als Teilmenge von G betrachten.

Definition 7.1. Für eine natürliche Zahl $n \neq 0$ setzen wir jetzt

$$-n := [0,n].$$

Unter Beachtung der zuvor vorgenommenen Identifikation und Verwendung der vorhergehenden Definition erkennen wir G in der Form

$$G = \{0,1,2,3,\ldots\} \cup \{-1,-2,-3,\ldots\}.$$

Definition 7.2. Wir bezeichnen die Gruppe $(G, \circ_G)$ künftig durch $(\mathbb{Z}, +)$ und nennen sie die *(additive) Gruppe der ganzen Zahlen*. Als Menge können wir $\mathbb{Z}$ in der Form

$$\mathbb{Z} = \{\ldots, -3, -2, -1, 0, 1, 2, 3, \ldots\}$$

darstellen. Wir nennen die Zahlen $1, 2, 3, \ldots$ *positive* ganze Zahlen, die Zahlen $-1, -2, -3, \ldots$ *negative* ganze Zahlen. Für die durch die Äquivalenzklasse $[a,b]$ gegebene ganze Zahl führen wir schließlich die gebräuchliche Bezeichnung

$$a - b := [a,b]$$

ein und nennen dies die *Differenz der natürlichen Zahlen a und b*.

Bemerkung 7.3. (i) Die in 7.2 vorgenommene Definition der Differenz zweier natürlicher Zahlen ist uneingeschränkt und verallgemeinert somit den in Definition 1.25 in Kapitel I gegebenen Differenzbegriff. Überdies ist der allgemeine Differenzbegriff aus Definition 7.2 verträglich mit dem Differenzbegriff aus Definition 1.25 in Kapitel I: Sind nämlich $a, b \in \mathbb{N}$ mit $a \geq b$, so haben wir mit Definition 7.2 $a - b = [a,b]$; unter Verwendung von Definition 1.25 in Kapitel I kann dies aber wie oben umgeformt werden zu $a - b = [a-b, 0]$; die verwendete Identifikation von $\mathbb{N}$ mit $\{[n,0] \mid n \in \mathbb{N}\}$ zeigt jetzt die behauptete Verträglichkeit.

(ii) Da wir das Inverse zu $[a,b] = a - b$ mit $-[a,b] = -(a-b)$ bezeichnen und letzteres durch $[b,a] = b - a$ gegeben ist, erhalten wir

$$-(a-b) = b - a.$$

Indem wir $a = 0$ setzen, erhalten wir hieraus insbesondere die Formel $-(-b) = b$ $(b \in \mathbb{N})$.

(iii) Unter Verwendung von (ii) erhalten wir nun allgemein die *Differenz zweier ganzer Zahlen* $a - b = [a,b]$ und $a' - b' = [a',b']$ in der Form

$$(a-b) - (a'-b') := (a-b) + \big(-(a'-b')\big)$$
$$= (a-b) + (b'-a').$$

(iv) Man sollte bei Betrachtung der Differenz $a - b$ immer vor Augen haben, dass sich dahinter eine Äquivalenzklasse verbirgt, z. B.

$$-2 = 1 - 3 = 2 - 4 = 3 - 5 = \ldots,$$

d. h. die Paare natürlicher Zahlen $(1, 3), (2, 4), (3, 5), \ldots$ sind alle Repräsentanten der ganzen Zahl -2 bzw. der Äquivalenzklasse $[0, 2]$.

Definition 7.4. Wir erweitern die in Definition 1.15 in Kapitel I auf der Menge $\mathbb{N}$ der natürlichen Zahlen gegebene Relation „$<$" bzw. „$\leq$" auf die Menge $\mathbb{Z}$ der ganzen Zahlen, indem wir die negativen ganzen Zahlen immer echt kleiner als die natürlichen Zahlen deklarieren und für zwei negative ganze Zahlen $-m, -n$ $(m, n \in \mathbb{N}; m, n \neq 0)$ definieren

$$-m \leq -n, \quad \text{falls } m \geq n,$$
$$-m < -n, \quad \text{falls } m > n.$$

Entsprechend lassen sich auch die Relationen „$\geq$" bzw. „$>$" auf die Menge $\mathbb{Z}$ der ganzen Zahlen erweitern.

In Analogie zu Bemerkung 1.16 in Kapitel I haben wir damit

Bemerkung 7.5. Mit der Relation „$<$" wird die Menge der ganzen Zahlen $\mathbb{Z}$ eine *geordnete Menge*, d. h. es bestehen die drei folgenden Aussagen:
(i)   Für je zwei Elemente $m, n \in \mathbb{Z}$ gilt $m < n$ oder $n < m$ oder $m = n$.
(ii)   Die drei Relationen $m < n, n < m, m = n$ schließen sich gegenseitig aus.
(iii)   Aus $m < n$ und $n < p$ folgt $m < p$.
Entsprechendes gilt für die Relation „$>$".

Aufgabe 7.6. Verallgemeinern Sie die Additions- und Multiplikationsregeln für die natürlichen Zahlen aus Bemerkung 1.19 in Kapitel I auf den Bereich der ganzen Zahlen.

Definition 7.7. Es sei $n \in \mathbb{Z}$ eine ganze Zahl. Dann setzen wir

$$|n| := \begin{cases} n, & \text{falls } n \geq 0, \\ -n, & \text{falls } n < 0. \end{cases}$$

Wir nennen die natürliche Zahl $|n|$ den *Betrag der ganzen Zahl n*.

Beispiel 7.8. Mit der nunmehr konstruierten Menge der ganzen Zahlen $(\mathbb{Z}, +)$ steht uns ein weiteres Beispiel einer kommutativen Gruppe zur Verfügung. Ist $n \in \mathbb{N}$ eine von Null verschiedene natürliche Zahl, so bildet die Menge aller n-Fachen

$$n\mathbb{Z} = \{\ldots, -3n, -2n, -n, 0, n, 2n, 3n, \ldots\}$$

eine Untergruppe $(n\mathbb{Z}, +)$ von $(\mathbb{Z}, +)$. Da $(\mathbb{Z}, +)$ eine kommutative Gruppe ist, ist die Untergruppe $(n\mathbb{Z}, +)$ sogar ein Normalteiler in $(\mathbb{Z}, +)$ und wir können die Faktorgruppe $(\mathbb{Z}/n\mathbb{Z}, \bullet)$ betrachten.

Desweiteren prüfen wir leicht nach, dass durch die Zuordnung $a \mapsto R_n(a)$ $(a \in \mathbb{Z})$ ein Gruppenhomomorphismus

$$f\colon (\mathbb{Z}, +) \longrightarrow (\mathcal{R}_n, \oplus),$$

gegeben wird. Der Gruppenhomomorphismus f ist offensichtlich surjektiv und besitzt den Kern

$$\ker(f) = n\mathbb{Z}.$$

Das Korollar zum Homomorphiesatz für Gruppen führt uns nun zur Gruppenisomorphie

$$(\mathbb{Z}/n\mathbb{Z}, \bullet) \cong (\mathcal{R}_n, \oplus);$$

dabei wird die Nebenklasse $a + n\mathbb{Z} \in \mathbb{Z}/n\mathbb{Z}$ auf das Element $R_n(a) \in \mathcal{R}_n$ abgebildet. Dieses Beispiel zeigt sehr schön, wie das komplizierte Konstrukt der Faktorgruppe $(\mathbb{Z}/n\mathbb{Z}, \bullet)$, das wir sukzessive aufgebaut haben, sich mit der einfachen n-elementigen Menge $\mathcal{R}_n$ identifizieren lässt, auf der wir mit Hilfe elementarer Restbildung „addieren".

Aufgabe 7.9. Verifizieren Sie die Behauptungen dieses Beispiels im Detail.

Bemerkung 7.10. Die Anwendung von Satz 6.5 auf das kommutative und reguläre Monoid $(\mathbb{N} \setminus \{0\}, \cdot)$ führt auf die multiplikative Gruppe der sogenannten *Bruchzahlen* $(\mathbb{B}, \cdot)$. Wir gehen nicht weiter auf die Gruppe $(\mathbb{B}, \cdot)$ ein, da wir diese in Abschnitt 6 in Kapitel III als multiplikative Gruppe der positiven rationalen Zahlen wiederentdecken werden.

B.   Die RSA-Verschlüsselung – Eine Anwendung der Zahlentheorie

Als interessante und aktuelle Anwendung der Eigenschaften ganzer Zahlen in der Kryptographie werden wir in diesem abschließenden Abschnitt das Prinzip der RSA-Verschlüsselung erörtern.

B.1   Etwas Kryptographie

Die erste und ursprünglichste Aufgabe der Kryptographie ($\kappa\rho\upsilon\pi\tau\acute{o}\varsigma$ „geheim", $\gamma\rho\acute{\alpha}\varphi\epsilon\iota\nu$ „schreiben") ist die Geheimhaltung von lesbarer Information, so dass diese beim Übermitteln von Sender zu Empfänger weder von Unbefugten gelesen, noch manipuliert werden kann. Das Grundprinzip ist dabei einfach: die Nachricht, der Klartext, wird mit Hilfe eines Schlüssels in einen Geheimtext verwandelt, so dass die Nachricht nicht mehr lesbar ist, und nur, wer den Schlüssel zum Entschlüsseln kennt, kann den Geheimtext zurück in den Klartext verwandeln und so die Nachricht lesen.

Die Geschichte der Kryptographie reicht weit zurück in das 2. Jahrhundert vor Christus und als ihr ältestes bekanntes Auftreten gelten gewisse Grabinschriften. Wir geben in diesem Unterabschnitt jedoch keinen geschichtlichen Überblick, für den wir auf die einschlägige, z. T. auch populärwissenschaftliche, Literatur verweisen (siehe beispielsweise [1], [6], [7]), sondern wir möchten lediglich einige Kernideen von Verschlüsselungsverfahren ansprechen.

Bei symmetrischen Verschlüsselungsverfahren sind die Schlüssel zum Ver- und Entschlüsseln im Wesentlichen identisch. Beispielsweise besteht bei einem solchen Verfahren der Schlüssel darin, Klartextbuchstaben nach einer eindeutig umkehrbaren Vorschrift durch Geheimtextbuchstaben zu ersetzen.

$$\text{A B C D E F G H I J K L M N O P Q R S T U V W X Y Z}$$

$$\updownarrow \updownarrow \updownarrow \updownarrow \updownarrow \updownarrow \updownarrow \updownarrow \; \updownarrow \updownarrow \updownarrow \updownarrow \updownarrow \; \updownarrow \updownarrow \updownarrow \updownarrow \updownarrow \; \updownarrow \; \updownarrow \updownarrow \updownarrow \; \updownarrow \; \updownarrow \updownarrow \updownarrow$$

$$\text{E F G H I J K L M N O P Q R S T U V W X Y Z A B C D}$$

Ein prominentes Beispiel ist die sogenannte *Caesar-Verschlüsselung* oder auch *Caesar-Verschiebung*, bei der die Buchstaben des Alphabets wie in obiger Abbildung um eine bestimmte Anzahl zyklisch verschoben werden. Ist diese Anzahl beispielsweise gleich vier, so wird der Klartext „GEHEIMNIS" zu „KILIMQRMW" verschlüsselt, wie man auch an folgender Veranschaulichung, bei der die Klartextbuchstaben außen und die Geheimtextbuchstaben innen stehen, leicht ablesen kann.

Diese Variante der Caesar-Verschlüsselung ist ein einfaches, aber auch sehr unsicheres Verfahren, da es bei 26 Buchstaben nur 25 verschiedene Schlüssel gibt, so dass der Geheimtext auch ohne eine Häufigkeitsanalyse von Buchstaben spätestens nach dem 25. Versuch entschlüsselt ist. Die Sicherheit dieses Verfahrens beruhte zur Zeit seiner Verwendung vielmehr darauf, dass geheim gehalten wurde, dass genau dieses Verfahren zur Verschlüsselung benutzt wurde.

Ein Grundprinzip moderner Kryptographie ist jedoch das *Prinzip von Kerckhoffs* (nach dem niederländischen Linguisten und Kryptographen Auguste Kerckhoffs), welches besagt, dass die Sicherheit eines Verschlüsselungsverfahrens nur von der Geheimhaltung des Schlüssels, nicht aber von der Geheimhaltung des Verfahrens abhängen darf.

Eine polyalphabetische Modifikation der Caesar-Verschiebung ist die sogenannte *Vigenère-Verschlüsselung* (nach dem französischen Kryptographen Blaise de Vigenère), bei der ein zusätzliches Schlüsselwort die Verschiebe-Anzahl nach Caesar bestimmt. Hierbei ist es eine gängige Konvention, dass der Buchstabe A keiner Verschiebung, der Buchstabe B einer Verschiebung um 1, der Buchstabe C einer Verschiebung um 2, usw. entspricht. Lautet das zusätzliche Schlüsselwort zum Beispiel „BUCH", so wird das Alphabet für den ersten zu verschlüsselnden Buchstaben um $1 \cong B$, dann schrittweise um $20 \cong U$, $2 \cong C$, $7 \cong H$, dann wieder um 1, 20, 2, 7 Stellen, usw. verschoben. Zur Verschlüsselung des Klartexts „GEHEIMNIS" wird also das Alphabet zuerst um 1 verschoben, d. h. G wird zu H, dann wird das Alphabet um 20 verschoben, d. h. E wird zu Y, und so fort; insgesamt erhält man schließlich den Geheimtext „HYJLJGPPT". Allerdings zeigt sich, dass die Sicherheit dieses Verfahrens nur dann gegeben ist, wenn das zusätzliche Schlüsselwort genauso lang ist, wie der Klartext, dieses aus einer Folge zufälliger, gleichverteilter Buchstaben besteht und jeweils nur einmal verwendet wird, was sich in der Praxis im Allgemeinen als zu aufwendig erwiesen hat.

Eine Variante eines polyalphabetischen Verschlüsselungsverfahrens liegt auch der sogenannten *Enigma* zugrunde, einer Art elektromechanischen Schreibmaschine, die ein vergleichsweise schnelles Ver- und Entschlüsseln ermöglichte; hierbei wurde zuerst der Klartext über eine Tastatur eingegeben, die Buchstabeninformation dann über drei Walzen, eine Umlenkrolle und wieder zurück über drei Walzen gelenkt, und der verschlüsselte Geheimtext schließlich auf dem integrierten Lampenfeld angezeigt. Die Enigma kam im Zweiten Weltkrieg auf deutscher Seite zum Einsatz und galt fälschlicherweise als unentzifferbar. Unter maßgeblicher Beteiligung des Mathematikers Alan Turing gelang es nämlich den Briten bereits ab dem Jahr 1940 große Teile der mit der Enigma verschlüsselten deutschen Funksprüche zu knacken. Eine ausführliche Beschreibung der Funktionsweise der Enigma, ihrer Angriffspunkte und möglichen Verbesserungen findet sich z. B. in [1] und [7]; es gibt auch einige unterhaltsame Filme zu diesem Thema, z. B. die Filmbiographie „The imitation game – ein streng geheimes Leben" aus dem Jahr 2015.

Die Mathematik spielt in der Kryptographie zunächst einmal deshalb eine Rolle, weil es viele Möglichkeiten gibt, die geheimzuhaltende Information als Zahl oder als Folge von Zahlen darzustellen. Beispielsweise kann man das Alphabet mit Hilfe des ASCII-Codes wie folgt codieren

Das Wort „GEHEIMNIS" entspricht also im ASCII-Code der Zahlenfolge 71,69,72,69,73,77,78,73,83 oder der Zahl 716972697377787383. Ist der Klartext eine Zahl oder Zahlenfolge, dann ist der Schlüssel zum Ver- und Entschlüsseln eine mathematische Funktion, die eindeutig umkehrbar sein muss.

Ersetzt man in obiger Codierung, die jeweilige Zahl durch ihren Rest nach Division durch 26, so erhält man die weitere Codierung

und das Wort „GEHEIMNIS" ist nun als $19,17,20,17,21,25,0,21,5$ codiert. Im Falle einer Caesar-Verschlüsselung mit der Verschiebelänge 4 entspricht die oben genannte Verschlüsselungsfunktion der Addition der entsprechenden Zahl mit 4 und der anschließenden Subtraktion von 26, falls die resultierende Zahl größer als 25 ist. Der Klartext $19,17,20,17,21,25,0,21,5$ wird also zu $23,21,24,21,25,3,4,25,9$ verschlüsselt. Das Entschlüsseln erfolgt durch die Umkehrfunktion, also dem Subtrahieren der Zahl 4 und dem anschließenden Addieren von 26, falls die resultierende Zahl negativ ist. Mathematisch eleganter lässt sich diese Verschlüsselungsfunktion und ihre Umkehrfunktion mit Hilfe des Rechnens mit Kongruenzen (modulo 26), das wir in Unterabschnitt B.2 dieses Anhangs kennenlernen werden, beschreiben.

Bei symmetrischen Verschlüsselungsverfahren ist das Ermitteln der Umkehrfunktion bei Kenntnis der Verschüsselungsfunktion im Allgemeinen einfach, daher auch der Name „symmetrisch". Für die Sicherheit symmetrischer Verschlüsselungsverfahren besteht aber ein grundsätzliches und großes Problem darin, dem Empfänger des Geheimtextes diese Umkehrfunktion abhörsicher zu übermitteln. Gelingt dies nicht, ist die sichere Verschlüsselung und Übermittlung des Klartextes gescheitert.

Im Jahr 1976 veröffentlichten Whitfield Diffie und Martin Hellman in dem Artikel [3] die Idee, zur Lösung dieses Problems zwei unterschiedliche Schlüssel zu verwenden, einen *öffentlichen Schlüssel* zum Verschlüsseln, der öffentlich bekannt gegeben wird, und einen *geheimen Schlüssel* zum Entschlüsseln, der geheim bleibt und nur dem Empfänger der Nachricht bekannt ist. Diese Idee ist ausschlaggebend für den Übergang von klassischer Kryptographie zu moderner *Public-Key-Kryptographie*.

Um diese Idee mathematisch zu realisieren, muss die Verschlüsselungsfunktion die Eigenschaft besitzen, dass die Berechnung ihrer Umkehrfunk-

tion für einen Angreifer ohne Zusatzinformation unmöglich, d. h. in keiner
adäquaten Zeit praktisch durchführbar, ist, für den Empfänger jedoch mit
Hilfe des geheimen Schlüssels leicht möglich ist. Außerdem soll die Verschlüsselungsfunktion die weitere Eigenschaft besitzen, dass auch das Verschlüsseln des Geheimtextes einfach, d. h. in polynomialer Zeit, berechenbar
ist. Eine solche Funktion wird auch *Einwegfunktion mit Falltür* genannt.

Die Frage nach der Existenz einer solchen Einwegfunktion mit Falltür
war jedoch ungelöst und die drei Mathematiker Ronald Rivest, Adi Shamir und Leonard Adleman versuchten zunächst, die Ideen von Diffie und
Hellman zu widerlegen, entdeckten dabei aber schließlich doch eine solche
Funktion. Dadurch entstand im Jahr 1977 das nach den Anfangsbuchsta-
ben ihrer Familiennamen benannte *RSA-Verfahren*, das erste veröffentlichte asymmetrische Verschlüsselungsverfahren (siehe [5]). Unabhängig davon
wurden ähnliche Ideen vier Jahre zuvor von Mathematikern des britischen
Geheimdienstes, darunter Clifford Cocks und James Ellis, beschrieben, diese wurden aber nicht zur Veröffentlichung freigegeben.

Auch heute noch ist das RSA-Verfahren ein weit verbreitetes asymmetri-
schen Verfahren mit Anwendung in der Telefonie-Infrastruktur, beim Elec-
tronic Banking und der Kartenzahlung, oder im Internet, beispielsweise bei
der E-Mail-Verschlüsselung und den Übertragungs-Protokollen TLS oder
SSH.

In den folgenden Unterabschnitten dieses Anhangs geben wir einen Einblick in die Funktionsweise des RSA-Verfahrens und die dazu benötigte
elementare Zahlentheorie. Dazu stellen wir insbesondere das Rechnen mit
Kongruenzen bereit; dabei setzen wir die Teilbarkeitslehre und den Euklidischen Algorithmus für den Ring $(\mathbb{Z}, +, \cdot)$ aus Kapitel III voraus.

B.2 Kongruenzarithmetik

In diesem Unterabschnitt führen wir das sogenannte *Rechnen mit Kongruenzen* ein. Dazu definieren wir die folgende Relation auf der Menge $\mathbb{Z}$ der
ganzen Zahlen.

Definition B.1. Es sei $m \in \mathbb{N}$ und $m > 0$. Für $a, b \in \mathbb{Z}$ definieren wir

$$a \equiv b \mod m \quad \Longleftrightarrow \quad m \,|\, (b - a)$$

und nennen *a kongruent b modulo m*. Die Relation „$\equiv$" heißt *Kongruenz modulo m*.

Bemerkung B.2. Sind $a \equiv c \mod m$ und $b \equiv d \mod m$, so gelten die beiden
folgenden Rechenregeln:
(i) $a + b \equiv c + d \mod m$,
(ii) $a \cdot b \equiv c \cdot d \mod m$.

Die Regel (ii) zeigt insbesondere, dass für jedes $n \in \mathbb{N}$ die Kongruenz

$$a^n \equiv c^n \mod m$$

besteht.

Beispiel B.3. Es sei $m = 22$. Dann gilt beispielsweise $23 \equiv 1 \mod 22$, $47 \equiv 3 \mod 22$ und $87 \equiv 21 \mod 22$. Mit den obigen Rechenregeln ergibt sich dann $23 + 47 \equiv 1 + 3 \equiv 4 \mod 22$ und $47 \cdot 87 \equiv 3 \cdot 21 \equiv 19 \mod 22$ sowie $47^{17} \equiv 3^{17} \equiv 129\,140\,163 \equiv 9 \mod 22$.

Bemerkung B.4. Für größere Zahlen kann man zum Beispiel mit Hilfe der öffentlich zugänglichen Software SAGE (www.sagemath.org) die Berechnung von a modulo m mit dem Befehl mod(a,m) und das Potenzieren von a mit n modulo m mit dem Befehl power_mod(a,n,m) durchführen.

Der Befehl power_mod(a,n,m) ist dabei so implementiert, dass beim Berechnen Multiplikationen gespart (*Square-and-Multiply-Algorithmus*) und die Potenzen so mit möglichst geringem Zeitaufwand bestimmt werden. Dies ist von praktischem Interesse, da moderne Verschlüsselungsverfahren oft das schnelle Berechnen sehr hoher Potenzen modulo m verlangen. Ein Test mit großen Zahlen macht den Unterschied zwischen power_mod(a,n,m) und mod(a^n,m) schnell sichtbar.

Bemerkung B.5. Für $a,b \in \mathbb{Z}$ besteht offensichtlich die Äquivalenz

$$a \equiv b \mod m \quad \Longleftrightarrow \quad R_m(a) = R_m(b).$$

Somit ist a kongruent b modulo m genau dann, wenn a und b nach Division durch m den gleichen Rest lassen. Die obigen Rechenregeln zeigen, dass das Rechnen mit Kongruenzen handlicher als das Rechnen mit Resten ist.

Es lässt sich leicht nachprüfen, dass die Relation „$\equiv$" eine Äquivalenzrelation auf der Menge der ganzen Zahlen $\mathbb{Z}$ definiert. Die Äquivalenzklasse von $a \in \mathbb{Z}$ wird *Restklasse von a modulo m* genannt und mit $\bar{a}$ oder mit $a \mod m$ bezeichnet. Die Restklassen modulo m sind gegeben durch die Menge

$$\{\bar{0}, \bar{1}, \ldots, \overline{m-1}\},$$

welche in natürlicher Bijektion zur Menge $\mathcal{R}_m$ der Reste nach Division durch m aus Beispiel 7.8 steht.

Satz B.6. *Zu gegebener ganzer Zahl a ist die Kongruenz*

$$a \cdot x \equiv 1 \mod m \tag{10}$$

genau dann lösbar für ein $x \in \mathbb{Z}$, wenn $(a,m) = 1$ gilt. Ist dies der Fall und ist $x \in \mathbb{Z}$ eine Lösung der Kongruenz (10), so wird diese Kongruenz durch genau alle Zahlen $x' \in \mathbb{Z}$ mit $x' \equiv x \mod m$ gelöst.

Beweis. Die Lösbarkeit der Kongruenz (10) ist gleichbedeutend mit der Lösbarkeit der Gleichung

$$a \cdot x + m \cdot y = 1$$

für ein $x \in \mathbb{Z}$ (und einem $y \in \mathbb{Z}$). Ist d ein gemeinsamer Teiler von a und m, so muss notwendigerweise die Teilbarkeitsbeziehung $d \mid 1$ gelten, was die Gleichheit $(a,m) = 1$ beweist.

Als nächstes zeigen wir, dass diese Bedingung auch hinreichend für das Lösen der Kongruenz (10) ist. Da $(a,m) = 1$ gilt, existieren nach dem erweiterten Euklidischen Algorithmus (siehe dazu Kapitel III, Bemerkung 7.36) $x, y \in \mathbb{Z}$ mit der Eigenschaft

$$a \cdot x + m \cdot y = 1.$$

Dies bedeutet aber, dass für x die Kongruenz

$$a \cdot x \equiv 1 \mod m$$

besteht und x somit eine Lösung der Kongruenz (10) ist. Ist nun $x' \in \mathbb{Z}$ eine weitere Lösung der Kongruenz (10), so besteht die Äquivalenz

$$a \cdot x \equiv 1 \equiv a \cdot x' \mod m \quad \Longleftrightarrow \quad a(x - x') \equiv 0 \mod m.$$

Aufgrund der Teilerfremdheit von a und m muss dann aber m die Differenz $x - x'$ teilen, d. h. es gilt

$$x' \equiv x \mod m.$$

Dies beweist, dass die Kongruenz (10) durch genau alle Zahlen $x' \in \mathbb{Z}$ mit $x' \equiv x \mod m$ gelöst wird. $\qquad\square$

Beispiel B.7. Es seien $m = 88464$ und $a = 43$. Da 43 eine Primzahl ist und m kein Vielfaches von 43 ist, gilt $(43, 88464) = 1$. Mit Hilfe des Euklidischen Algorithmus (siehe Kapitel III, Satz 7.35) erhalten wir durch fortgesetzte Division mit Rest

$$88\,464 = 2\,057 \cdot 43 + 13$$
$$43 = 3 \cdot 13 + 4$$
$$13 = 3 \cdot 4 + 1$$
$$4 = 4 \cdot 1 + 0,$$

was $(43, 88\,464) = 1$ bestätigt. Rollen wir diese Rechnung rückwärts auf, erhalten wir

$$1 = 13 - 3 \cdot 4$$
$$1 = 13 - 3 \cdot (43 - 3 \cdot 13) = 10 \cdot 13 - 3 \cdot 43$$
$$1 = 10 \cdot (88\,464 - 2057 \cdot 43) - 3 \cdot 43 = 10 \cdot 88\,464 - 20\,573 \cdot 43.$$

Damit wird die Kongruenz $43 \cdot x \equiv 1 \mod 88\,464$ durch

$$x \equiv -20\,573 \mod 88\,464$$

gelöst.

Bemerkung B.8. Für größere Zahlen kann man diese Rechnung auch mit dem SAGE-Befehl $\texttt{xgcd}(a, m)$ durchführen. Zum Beispiel liefert

$$\texttt{xgcd}(43, 88\,464) = (1, -20573, 10),$$

was bedeutet, dass $(43, 88\,464) = 1$ gilt, und dass die Gleichheit

$$43 \cdot (-20\,573) + 88\,464 \cdot 10 = 1$$

besteht. Berechnet man schließlich

$$\texttt{mod}(-20\,573, 88\,464) = 67\,891,$$

so erhält man eine Lösung x mit der Eigenschaft $0 < x < 88\,464$.

Bemerkung B.9. Eine Lösung x der Kongruenz $a \cdot x \equiv 1 \mod m$ mit der Eigenschaft $0 < x < m$ kann auch mit dem SAGE-Befehl $a.\texttt{inverse\_mod}(m)$ bestimmt werden. Beispielsweise erhält man für $a = 43$ und $m = 88\,464$ das Ergebnis $43.\texttt{inverse\_mod}(88\,464) = 67\,891$.

B.3   Die Sätze von Fermat und Euler

Der nachfolgende Satz geht auf den französischen Mathematiker Pierre de Fermat zurück.

Satz B.10 (Der kleine Satz von Fermat). *Es sei p eine Primzahl. Dann besteht für alle ganzen Zahlen a die Kongruenz*

$$a^p \equiv a \mod p.$$

Beweis. Ist a ein Vielfaches von p, so gilt $a \equiv 0 \mod p$ und somit auch $a^p \equiv 0 \mod p$, was die behauptete Kongruenz in diesem Fall beweist.

Ist andererseits a kein Vielfaches von p, so ist a zu p teilerfremd. Wir betrachten nun die Produkte $a \cdot j$ mit $j \in \{1, \ldots, p-1\}$. Da sowohl a als auch j zu p teilerfremd sind, zeigt Division mit Rest durch p, dass ein $j' \in \{1, \ldots, p-1\}$ mit der Eigenschaft

$$a \cdot j \equiv j' \mod p$$

existiert. Die Zuordnung $j \mapsto j'$ bewirkt offensichtlich eine Selbstabbildung der Menge $\{1, \ldots, p-1\}$. Diese ist injektiv, da aufgrund der Äquivalenz

$$a \cdot j_1 \equiv j' \equiv a \cdot j_2 \mod p \quad \Longleftrightarrow \quad p \mid a(j_1 - j_2)$$

und der Teilerfremdheit von a zu p sofort $j_1 = j_2$ folgt. Wegen der Endlichkeit der Menge $\{1, \ldots, p-1\}$ folgt aus der Injektivität nun unmittelbar auch die Surjektivität und somit die Bijektivität der zur Diskussion stehenden Selbstabbildung. Durch Produktbildung erhalten wir damit die Kongruenz

$$(a \cdot 1) \cdot \ldots \cdot (a \cdot (p-1)) \equiv 1 \cdot \ldots \cdot (p-1) \mod p,$$

also

$$a^{p-1}(p-1)! \equiv (p-1)! \mod p \quad \Longleftrightarrow \quad (a^{p-1} - 1)(p-1)! \equiv 0 \mod p.$$

Da nun $(p-1)!$ zu p teilerfremd ist, folgt aus dem Euklidischen Lemma die Teilbarkeit $p \mid (a^{p-1} - 1)$, was zu

$$a^{p-1} \equiv 1 \mod p$$

äquivalent ist. Nach Multiplikation der letzteren Kongruenz mit a folgt die Behauptung auch in dem zweiten Fall.   □

Bemerkung B.11.   Der kleine Satz von Fermat liefert insbesondere einen einfachen Primzahltest. Ist beispielsweise $a = 2$ und $m = 15$, so berechnet sich $a^m \mod m$ zu

$$2^{15} \equiv 2^5 \cdot 2^5 \cdot 2^5 \equiv 2^3 \equiv 8 \mod 15.$$

Da 8 nicht kongruent 2 modulo 15 ist, kann 15 somit keine Primzahl sein.

Der Schweizer Mathematiker Leonhard Euler hat den kleinen Satz von Fermat auf Moduln m verallgemeinert, die das Produkt zweier verschiedener Primzahlen sind.

Satz B.12 (Satz von Euler).   *Es seien p und q zwei verschiedene Primzahlen und $m = p \cdot q$. Dann besteht für alle ganzen Zahlen a die Kongruenz*

$$a^{(p-1)(q-1)+1} \equiv a \mod m.$$

Beweis. Zum Beweis unterscheiden wir vier Fälle.

(i) Die Zahl a ist sowohl ein Vielfaches von p als auch von q: In diesem Fall gilt mit einem geeigneten $b \in \mathbb{Z}$ die Gleichheit $a = b \cdot p \cdot q$. Daraus ergibt sich $a \equiv 0 \mod p \cdot q$ und mit den Rechenregeln des Kongruenzrechnens

$$a^{(p-1)(q-1)+1} \equiv 0 \mod p \cdot q,$$

was die behauptete Kongruenz beweist.

(ii) Die Zahl a ist ein Vielfaches von p, aber nicht von q: In diesem Fall gilt $a \equiv 0 \mod p$, also ebenso $a^{(p-1)(q-1)+1} \equiv 0 \mod p$, was zur Kongruenz

$$a^{(p-1)(q-1)+1} \equiv a \mod p \tag{11}$$

führt. Da a aber kein Vielfaches von q ist, ist die Zahl $b := a^{p-1}$ teilerfremd zu q, und es ergibt sich aus dem zweiten Teil des Beweises des kleinen Satzes von Fermat die Kongruenz $b^{q-1} \equiv 1 \mod q$, also

$$a^{(p-1)(q-1)} \equiv 1 \mod q.$$

Nach Multiplikation mit a ergibt sich damit die Kongruenz

$$a^{(p-1)(q-1)+1} \equiv a \mod q. \tag{12}$$

Da die beiden Primzahlen p und q verschieden sind, folgt aus den beiden Kongruenzen (11) und (12) die behauptete Kongruenz

$$a^{(p-1)(q-1)+1} \equiv a \mod p \cdot q.$$

(iii) Die Zahl a ist ein Vielfaches von q, aber nicht von p: Dieser Fall lässt sich durch Vertauschen von p und q auf den Fall (ii) zurückführen.

(iv) Die Zahl a ist weder ein Vielfaches von p noch von q: Wie im Fall (ii) beweist man dann die Kongruenz

$$a^{(p-1)(q-1)+1} \equiv a \mod q. \tag{13}$$

Analog dazu beweist man weiter die Kongruenz

$$a^{(p-1)(q-1)+1} \equiv a \mod p. \tag{14}$$

Da die beiden Primzahlen p und q verschieden sind, folgt aus den beiden Kongruenzen (13) und (14) die Kongruenz

$$a^{(p-1)(q-1)+1} \equiv a \mod p \cdot q.$$

Dies beweist die Behauptung. $\square$

Bemerkung B.13.   Die Sätze von Fermat und Euler sind Spezialfälle eines allgemeineren Ergebnisses, das letztlich aus dem Satz von Lagrange 4.14 hervorgeht. Ist nämlich $(G, \circ)$ eine endliche Gruppe mit neutralem Element e, so gilt für alle Gruppenelemente $g \in G$ die Relation $g^{|G|} = e$.
Dieses Ergebnis wenden wir wie folgt an. Wir gehen aus von der Menge

$$P(m) := \{\bar{a} \mid a \in \{0, \ldots, m-1\}, (a, m) = 1\}.$$

Man überlegt sich jetzt leicht, dass die Menge $P(m)$ bezüglich der Kongruenzmultiplikation eine Gruppe mit dem neutralen Element $\bar{1}$ bildet, deren Ordnung üblicherweise mit $\varphi(m)$ bezeichnet und *Eulersche φ-Funktion* genannt wird. Nach dem soeben zitierten Ergebnis haben wir somit für alle $\bar{a} \in P(m)$ die Beziehung

$$\bar{a}^{\varphi(m)} = \bar{1}.$$

Damit besteht für alle $a \in \mathbb{Z}$ mit $(a, m) = 1$ die Kongruenz

$$a^{\varphi(m)} \equiv 1 \mod m,$$

aus welcher wir nach Multiplikation mit a die Kongruenz $a^{\varphi(m)+1} \equiv a \mod m$ gewinnen.
Den Zusammenhang zu den Sätzen von Fermat und Euler gewinnen wir, indem wir für voneinander verschiedene Primzahlen p und q die Formeln

$$\varphi(p) = p - 1 \quad \text{und} \quad \varphi(p \cdot q) = (p-1)(q-1)$$

bestätigen.

B.4   Das RSA-Verschlüsselungsverfahren

In diesem Unterabschnitt lernen wir das Prinzip des RSA-Verfahrens kennen. Für wichtige und interessante Fragestellungen, insbesondere der Sicherheit, wie etwa die Auswahl von geeigneten Primzahlen oder des geheimen Schlüssels, sowie mögliche Attacken auf RSA, verweisen wir auf die mannigfache Literatur. Auch dienen die in diesem Unterabschnitt gegebenen Beispiele didaktischen Zwecken und sind nicht realistisch.
Zum Senden einer Nachricht mit dem RSA-Verfahren gehen der Absender A und der Empfänger B wie folgt vor:

1. Bevor die Nachricht gesendet werden kann, trifft der Empfänger B folgende Vorbereitungen: B wählt zwei verschiedene „große", d. h. zur Zeit etwa 600-stellige Primzahlen, p und q, welche geheim gehalten werden müssen. Daraufhin berechnet B die Produkte

$$m = p \cdot q,$$
$$n = (p-1) \cdot (q-1);$$

es gilt also $n = \varphi(m)$ mit der Eulerschen φ-Funktion. Nun bestimmt B eine natürliche Zahl k, die zu n teilerfremd ist. Die Zahlen

$$m \quad \text{und} \quad k$$

bilden den *öffentlichen Schlüssel* und der Empfänger B übermittelt diese öffentlich an A. Die Zahlen p, q und n behält B hingegen für sich.

2. Der Absender A codiert zunächst die zu übermittelnde Nachricht, beispielsweise mit Hilfe des ASCII-Codes, in eine ganze Zahl a mit

$$(a,m) = 1 \quad \text{und} \quad 0 < a < m.$$

Ist $a \geq m$, so wird die Nachricht in mehrere geeignete Blöcke kleiner als m zerlegt. Danach verschlüsselt der Absender A die Nachricht a, indem er die eindeutig bestimmte ganze Zahl b mit

$$b \equiv a^k \bmod m \quad \text{und} \quad 0 < b < m$$

berechnet. Die verschlüsselte Nachricht b sendet A öffentlich an B.

3. Damit der Empfänger B den Geheimtext b entschlüsseln kann, bestimmt er zunächst die nach Satz B.6 eindeutig bestimmte ganze Zahl x mit

$$k \cdot x \equiv 1 \bmod n \quad \text{und} \quad 0 < x < n.$$

Mit dem so gewonnenen *geheimen Schlüssel* x berechnet B die eindeutig bestimmte ganze Zahl c mit

$$c \equiv b^x \bmod m \quad \text{und} \quad 0 < c < m.$$

Damit ist die Nachricht entschlüsselt, denn es gilt $c = a$, wie der nachfolgende Satz beweist.

Satz B.14. *Mit den obigen Bezeichnungen und Annahmen gilt die Gleichheit*

$$a = c.$$

Beweis. Da $0 < a, c < m$ gilt, folgt die behauptete Gleichheit $a = c$, sobald das Bestehen der Kongruenz $c \equiv a \bmod m$ nachgewiesen ist. Dies erkennen wir wie folgt: Es gelten die Kongruenzen $c \equiv b^x \bmod m$ und $b \equiv a^k \bmod m$, und damit

$$c \equiv (a^k)^x \equiv a^{k \cdot x} \bmod m. \tag{15}$$

Dabei ist die ganze Zahl x eindeutig durch die Bedingungen $k \cdot x \equiv 1 \mod n$ und $0 < x < n$ festgelegt, d. h. es existiert insbesondere eine eindeutig bestimmte ganze Zahl y mit

$$k \cdot x = 1 + n \cdot y.$$

Aus (15) ergeben sich damit die Kongruenzen

$$c \equiv a^{k \cdot x} \equiv a^{1+n \cdot y} \equiv a \cdot (a^n)^y \mod m.$$

Da nun $(a, m) = 1$ gilt, zeigt der Beweis des Satzes von Euler, dass die Kongruenz $a^n \equiv 1 \mod m$ besteht. Damit ergibt sich schließlich die Kongruenz

$$c \equiv a \cdot 1^y \equiv a \mod m,$$

die es zu zeigen galt. $\qquad\qquad\qquad\qquad\qquad\qquad\qquad\qquad$ □

Bemerkung B.15. Es ist möglich, im zweiten Schritt des RSA-Verfahrens bei der Codierung der Nachricht auf die Forderung $(a, m) = 1$ zu verzichten. Die Korrektheit des RSA-Verfahrens weist man im Wesentlichen wie im vorhergehenden Beweis nach.

Bemerkung B.16. Die beim RSA-Verfahren benutzte Verschlüsselungsfunktion ist in der Tat eine Einwegfunktion mit Falltür (siehe Unterabschnitt B.1 dieses Anhangs). Zunächst einmal ist das Verschlüsseln, das im Wesentlichen aus der Berechnung von $a^k \mod m$ besteht, einfach. Gleiches gilt für die Berechnung von $b^x \mod m$, solange man die Falltür, also den geheimen Schlüssel x, kennt. Den Schlüssel x wiederum kann man leicht berechnen, wenn man, wie der Empfänger B, die Zahl $\varphi(m) = n = (p-1)(q-1)$ kennt.

Ist jedoch nur die öffentliche Information m, k und b bekannt, so könnte man x berechnen, wenn man die Primfaktorzerlegung der Zahl m, also die Primzahlen p und q, kennt. Ist m keine große Zahl, so kann man diese Primfaktoren beispielsweise mit dem SAGE-Befehl `factor(m)` bestimmen; ist m aber sehr gross, so ist die Primfaktorzerlegung mit den heute bekannten Algorithmen im Allgemeinen praktisch nicht berechenbar. Benutzt der Empfänger B darüber hinaus, wie allgemein üblich, Primzahlen mit gleicher Bitlänge (*balanciertes RSA-Verfahren*), so ist bekannt, dass das Bestimmen des geheimen Schlüssels x nur mit Kenntnis der öffentlichen Information m, k und b, ebenso schwierig ist, wie das Faktorisieren von m. Die Sicherheit des RSA-Verfahrens beruht also auf dem sogenannten *Faktorisierungsproblem*.

Das folgende Diagramm zeigt eine Übersicht zum RSA-Algorithmus; die roten Pfeile stellen hierbei die Kommunikation dar, die geheim bleiben soll.

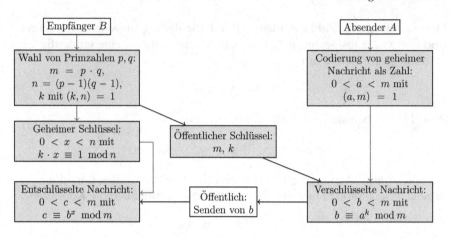

Beispiel B.17. Zum besseren Verständnis betrachten wir ein Beispiel mit zwei kleinen Primzahlen.

1. Der Empfänger B wählt die Primzahlen $p = 229$ und $q = 389$. Damit berechnet er

$$m = p \cdot q = 229 \cdot 389 = 89\,081,$$
$$n = (p - 1) \cdot (q - 1) = 228 \cdot 388 = 88\,464.$$

   Nun wählt B beispielsweise $k = 43$. Da 43 eine Primzahl ist und n kein Vielfaches von 43 ist, ist k teilerfremd zu n, wie gewünscht. Der Empfänger B gibt nun die Zahlen

$$m = 89\,081 \quad \text{und} \quad k = 43$$

   öffentlich bekannt.

2. Der Absender A transkribiert die Nachricht „PI" mit Hilfe des ASCII-Codes als

$$a = 8073.$$

   Dann berechnet A die ganze Zahl b mit $b \equiv 8073^{43} \mod 89\,081$ und $0 < b < 89\,081$, und übermittelt somit die verschlüsselte Nachricht

$$b = 30\,783.$$

3. Zum Entschlüsseln der Nachricht b bestimmt der Empfänger B den geheimen Schlüssel x mit $k \cdot x \equiv 1 \mod n$ und $0 < x < n$ wie in Beispiel B.7. So erhält B die Lösung

$$x = 67\,891.$$

Nun entschlüsselt der Empfänger B die Nachricht $b = 30\,783$, indem er die eindeutig bestimmte ganze Zahl c mit $c \equiv 30783^{67891} \mod 89081$ und $0 < c < 89\,081$ berechnet; er erhält

$$c = 8073,$$

also die Nachricht „PI".

Beispiel B.18. Zum Abschluss geben wir ein etwas realistischeres Beispiel mit zwei 100-stelligen Primzahlen.

1. Der Empfänger B wählt die Primzahlen

$$p = 2074722246773485207821695222107608587480996474 7211$$
$$172927529925899121966847505496583100844167325500 77,$$

$$q = 7212610147295474909544523785043492409969382148 1867$$
$$654600825000853935195565259214555887054230207514 21.$$

Mit dem SAGE-Befehl is_prime(p) bzw. is_prime(q) kann B prüfen, ob p bzw. q eine Primzahl ist; im positiven Fall erfolgt die Antwort True. Dann berechnet B die Zahlen m und n zu

$$m = p \cdot q$$
$$= 14964162729898105788684569421835754781481603923778$$
$$96104167832218033314436822709860751513251318961222$$
$$52290737219239160591728298144292465045647829035182$$
$$95622360979392187621542015444916226124162051409417$$

und

$$n = (p - 1) \cdot (q - 1)$$
$$= 14964162729898105788684569421835754781481603923778$$
$$96104167832218033314436822709860751513251318961221$$
$$59417413278549559418066108072781455071144042806104$$
$$12869525486716881905300738973802327334322298107920.$$

Der Leser möge hier einmal den SAGE-Befehl factor(m) testen. Nun wählt B beispielsweise wieder die Zahl $k = 43$, denn k ist teilerfremd zu n, wie gewünscht. Dies kann man auch mit dem SAGE-Befehl gcd(n,k), der den größten gemeinsamen Teiler von n und k berechnet, testen; man erhält gcd(n,k) $= 1$. Der Empfänger B gibt nun die Zahlen

$$m \quad \text{und} \quad k$$

öffentlich bekannt.

2. Der Absender A transkribiert die Nachricht „OHNE MATHEMATIK GEHT NICHTS!" mit Hilfe des ASCII-Codes als

$$a = 7972786932776584726977658473753271697284327873677284833\underline{3}.$$

Der SAGE-Befehl $\mathtt{map(ord, "OHNE")}$ codiert beispielsweise „OHNE" mit Hilfe des ASCII-Codes zu $[79,72,78,69]$, liefert also die Zahl 79727869. Dann berechnet A die ganze Zahl b mit $b \equiv a^k$ mod m und $0 < b < m$ und übermittelt die verschlüsselte Nachricht

$$\begin{aligned}b = \ & 13105549585300037518023449817682605521025880842623 \\ & 14184723893014012569631686036835117585829172433846 \\ & 05957550127239076269509213105859895394000367172473 \\ & 8756715282434643680023015942928654434524800375167\underline{1}.\end{aligned}$$

Der entsprechende SAGE-Befehl lautet $\mathtt{power\_mod}(a,k,m)$ und liefert die ganze Zahl b.

3. Zum Entschlüsseln der Nachricht b bestimmt der Empfänger B den geheimen Schlüssel x mit $k \cdot x \equiv 1$ mod n und $0 < x < n$. Dies erfolgt mit dem SAGE-Befehl $k.\mathtt{inverse\_mod}(n)$ (siehe auch Bemerkungen B.8 und B.9). So erhält B die Lösung

$$\begin{aligned}x = \ & 10440113532487050550245048433838898684754607388682 \\ & 99607558952710255800769876309205175474361385321782 \\ & 50756334845499692617255424236824270979867936841467 \\ & 99676413130267592026954003935210926047201603331107.\end{aligned}$$

Nun entschlüsselt der Empfänger B die Nachricht b, indem er mit dem SAGE-Befehl $\mathtt{power\_mod}(b,x,m)$ die eindeutig bestimmte ganze Zahl c mit $c \equiv b^x$ mod m und $0 < c < m$ berechnet. Der Empfänger B erhält so die Zahl

$$c = 7972786932776584726977658473753271697284327873677284833\underline{3},$$

also die Nachricht „OHNE MATHEMATIK GEHT NICHTS!".

Bemerkung B.19. Bei geringem Speicherplatz (Chipkarten, etc.) spielen in der Anwendung heutzutage vermehrt asymmetrische Verschlüsselungsverfahren, die elliptische Kurven verwenden, eine Rolle. Hierbei wird statt der Operationen „+" bzw. „·" auf $\mathbb{Z}$ eine spezielle Addition von Punkten auf der gegebenen elliptischen Kurve durchgeführt; der Operation a^k entspricht dabei das k-fache Addieren eines Punktes zu sich selbst. Wir werden diese Addition auf elliptischen Kurven in Anhang C kennenlernen. Kryptographie, die elliptische Kurven verwendet, heißt auch *Elliptic Curve Cryptogra-*

phy (ECC). Für eine elementare Einführung zu diesem Thema verweisen wir
auf [8].

Literaturverzeichnis

[1] F. L. Bauer: *Entzifferte Geheimnisse: Methoden und Maximen der Kryptologie.* Springer-Verlag, Berlin Heidelberg, 3. Auflage, 2000.

[2] J. Buchmann: *Einführung in die Kryptographie.* Springer Spektrum, 6. Auflage, 2016.

[3] W. Diffie, M.E. Hellman: *New directions in cryptography.* IEEE Trans. Information Theory **IT-22** (1976), 644–654.

[4] D. Kahn: *The codebreakers. The comprehensive history of secret communication from ancient times to the internet.* Simon & Schuster, 2nd edition, 1997.

[5] R. L. Rivest, A. Shamir, L. Adleman: *A method for obtaining digital signatures and public-key cryptosystems.* Comm. ACM **21** (1978), 120–126.

[6] K. Schmeh: *Codeknacker gegen Codemacher: Die faszinierende Geschichte der Verschlüsselung.* Springer-Verlag, Berlin Heidelberg, 4. Auflage, 2021.

[7] S. Singh: *Geheime Botschaften. Die Kunst der Verschlüsselung von der Antike bis in die Zeiten des Internets.* Aus dem Englischen von K. Fritz. Deutscher Taschenbuch Verlag, München, 16. Auflage, 2020.

[8] A. Werner: *Elliptische Kurven in der Kryptographie.* Springer-Verlag, Berlin Heidelberg, 2002.

III   Die rationalen Zahlen

1.   Die ganzen Zahlen und ihre Teilbarkeitslehre

In Abschnitt 7 in Kapitel II haben wir die (additive) Gruppe der ganzen Zahlen $(\mathbb{Z}, +)$ kennengelernt, welche wir mit Hilfe von Satz 6.5 in Kapitel II aus der (additiven) Halbgruppe der natürlichen Zahlen $(\mathbb{N}, +)$ konstruiert haben. Nun erinnern wir uns daran, dass die natürlichen Zahlen auch eine Monoidstruktur bezüglich der in Kapitel I definierten Multiplikation · besitzen. Als erstes soll diese multiplikative Struktur auf die Menge der ganzen Zahlen erweitert werden. Dazu gehen wir zurück auf die Definition von $\mathbb{Z}$ als Menge von Äquivalenzklassen (siehe Beweis von Satz 6.5 in Kapitel II), d. h.

$$\mathbb{Z} = \{[a, b] \mid (a, b) \in \mathbb{N} \times \mathbb{N}\}.$$

Wir definieren nun das *Produkt* zweier ganzer Zahlen $[a, b]$ und $[a', b']$ durch die Formel

$$[a, b] \cdot [a', b'] := [aa' + bb', ab' + a'b]; \tag{1}$$

hierbei ist, wie in Kapitel I vereinbart, $aa' + bb'$ (bzw. $ab' + a'b$) eine Kurzschreibweise für die natürliche Zahl $(a \cdot a') + (b \cdot b')$ (bzw. $(a \cdot b') + (a' \cdot b)$). Um die Wohldefiniertheit dieser Multiplikation zu gewährleisten, müssen wir nachweisen, dass das Produkt (1) unabhängig von der Wahl der Repräsentanten (a, b) und (a', b') ist. Dazu seien (c, d) bzw. (c', d') weitere Vertreter der Äquivalenzklassen $[a, b]$ bzw. $[a', b']$, d. h. wir haben

$$a + d = b + c \quad \text{bzw.} \quad a' + d' = b' + c'. \tag{2}$$

Wir haben zu zeigen, dass die Gleichheit von Äquivalenzklassen

$$[aa' + bb', ab' + a'b] = [cc' + dd', cd' + c'd]$$

gilt. Dazu definieren wir die natürliche Zahl

$$n := (a' + b')(c + d) = a'c + a'd + b'c + b'd.$$

Damit berechnen wir unter Berücksichtigung der Gleichungen (2)

© Springer Fachmedien Wiesbaden GmbH, ein Teil von Springer Nature 2022
J. Kramer und A.-M. von Pippich, *Von den natürlichen Zahlen zu den Quaternionen*,
https://doi.org/10.1007/978-3-658-36621-6_3

$$aa' + bb' + cd' + c'd + n$$
$$= a'(a+d) + b'(b+c) + c(a'+d') + d(b'+c')$$
$$= a'(b+c) + b'(a+d) + c(b'+c') + d(a'+d')$$
$$= ab' + a'b + cc' + dd' + n.$$

Aufgrund der Regularität von $\mathbb{N}$ erhalten wir nach Kürzen der Zahl n die Äquivalenz der Paare

$$(aa' + bb', ab' + a'b) \sim (cc' + dd', cd' + c'd),$$

woraus die behauptete Gleichheit der Äquivalenzklassen folgt.

Machen wir Gebrauch von der Schreibweise $a - b = [a, b]$, so nimmt die Definition (1) die uns vertraute Form

$$(a - b) \cdot (a' - b') = (aa' + bb') - (ab' + a'b)$$

an. Daraus entnehmen wir sofort die Vorzeichenregeln (es seien $m, n \in \mathbb{N}$)

$$m \cdot (-n) = -(m \cdot n) = (-m) \cdot n \quad \text{und} \quad (-m) \cdot (-n) = m \cdot n.$$

Zur Abkürzung werden wir künftig $-m \cdot n$ anstelle von $-(m \cdot n)$ schreiben. Wie bei der Multiplikation natürlicher Zahlen werden wir künftig auch bei der Multiplikation ganzer Zahlen den Malpunkt $\cdot$ der Einfachheit halber oft unterdrücken. Wir überlassen dem Leser den Beweis des nachfolgenden Lemmas.

Lemma 1.1. *Die durch* (1) *auf der Menge der ganzen Zahlen definierte Multiplikation ist assoziativ und kommutativ, d. h. für alle ganzen Zahlen a, b, c gilt*

$$a \cdot (b \cdot c) = (a \cdot b) \cdot c \quad \text{und} \quad a \cdot b = b \cdot a.$$

Überdies gelten für alle ganzen Zahlen a, b, c die beiden Distributivgesetze

$$(a + b) \cdot c = a \cdot c + b \cdot c \quad \text{und} \quad a \cdot (b + c) = a \cdot b + a \cdot c.$$

Beweis. Für den Beweis verweisen wir auf die nachfolgende Übungsaufgabe.   □

Aufgabe 1.2. Beweisen Sie die in Lemma 1.1 behaupteten Rechengesetze für die Multiplikation ganzer Zahlen.

Zusammenfassend können wir Folgendes festhalten:

Bemerkung 1.3. Die Menge der ganzen Zahlen $\mathbb{Z}$ trägt zwei Verknüpfungen, eine additive $+$ und eine multiplikative $\cdot$; wir schreiben dafür kurz

$(\mathbb{Z}, +, \cdot)$. Beide Verknüpfungen genügen sowohl dem Assoziativ- als auch dem Kommutativgesetz; Addition und Multiplikation sind durch die beiden Distributivgesetze miteinander verbunden. $(\mathbb{Z}, +)$ ist eine kommutative Gruppe mit dem neutralen Element 0; das inverse Element zu $a \in \mathbb{Z}$ wird mit $-a$ bezeichnet. $(\mathbb{Z}, \cdot)$ ist ein kommutatives Monoid mit dem neutralen Element 1. Eine ganze Zahl ungleich ± 1 besitzt kein multiplikatives Inverses; die beiden ganzen Zahlen ± 1 sind somit die einzigen Elemente von $\mathbb{Z}$, die ein multiplikatives Inverses in $\mathbb{Z}$ besitzen.

Im Folgenden wollen wir kurz die in Abschnitt 2 in Kapitel I für die natürlichen Zahlen entwickelte Teilbarkeitslehre auf die ganzen Zahlen übertragen. In Analogie zu Definition 2.1 in Kapitel I legt man fest, dass die ganze Zahl $b \neq 0$ die ganze Zahl a *teilt*, wenn eine ganze Zahl c mit $a = b \cdot c$ existiert. Der Begriff des *gemeinsamen Teilers* zweier ganzer Zahlen überträgt sich ebenso leicht unmittelbar aus Definition 2.1 in Kapitel I. Die Gültigkeit der Teilbarkeitsregeln 2.4 in Kapitel I überträgt sich ebenfalls sofort auf den Bereich der ganzen Zahlen. In leichter Verallgemeinerung von Bemerkung 2.6 in Kapitel I nennen wir die Teiler $1, -1, a, -a$, kurz $\pm 1, \pm a$, die *trivialen Teiler* der ganzen Zahl a. Überdies nennen wir zwei ganze Zahlen a, b, welche sich höchstens um ein Vorzeichen voneinander unterscheiden, d. h. für welche $a = \pm b$ gilt, *zueinander assoziiert*. Eine *Primzahl* p ist nun als ganze Zahl größer eins, die nur die trivialen Teiler ± 1 und $\pm p$ besitzt, charakterisiert. Lemma 2.9 in Kapitel I überträgt sich unmittelbar auf den Bereich der ganzen Zahlen.

Im Allgemeinen kann man im Bereich der ganzen Zahlen wie im Bereich der natürlichen Zahlen eine Division mit Rest vornehmen.

Satz 1.4 (Division mit Rest, revisited). *Es seien a, b ganze Zahlen mit $b \neq 0$. Dann finden sich eindeutig bestimmte ganze Zahlen q, r mit $0 \leq r < |b|$, so dass die Gleichung*

$$a = q \cdot b + r \tag{3}$$

besteht.

Beweis. Der Beweis leitet sich einfach aus dem Beweis des Satzes 5.1 in Kapitel I ab und darf dem Leser als Übungsaufgabe überlassen werden. $\square$

Aufgabe 1.5. Führen Sie den Beweis von Satz 1.4 aus.

Als wesentlicher Unterschied zwischen der Teilbarkeitslehre der natürlichen und der ganzen Zahlen kann der Umstand angesehen werden, dass es im Bereich der ganzen Zahlen möglich ist, das Euklidische Lemma als Vorbereitung und Hilfsmittel für den Beweis des Fundamentalsatzes der elementaren Zahlentheorie bereitzustellen, im Gegensatz zum Vorgehen im Bereich der natürlichen Zahlen, wo das Euklidische Lemma erst als Folgerung aus dem Fundamentalsatz geschlossen werden konnte. Wir beweisen dazu das folgende Lemma.

Lemma 1.6. *Es seien a, b teilerfremde ganze Zahlen, d. h. die Zahlen a, b haben nur die trivialen Teiler ± 1 gemeinsam. Dann existieren ganze Zahlen x, y mit der Eigenschaft*

$$x \cdot a + y \cdot b = 1.$$

Beweis. Zum Beweis betrachten wir die Menge aller ganzzahligen Linearkombinationen von a und b, d. h. die Menge

$$\mathfrak{a} := \{x_1 \cdot a + y_1 \cdot b \,|\, x_1, y_1 \in \mathbb{Z}\} \subseteq \mathbb{Z}.$$

Da entweder $a \in \mathfrak{a} \cap \mathbb{N}$ oder $-a \in \mathfrak{a} \cap \mathbb{N}$ gilt, ist der Durchschnitt $\mathfrak{a} \cap \mathbb{N}$ nicht leer. Nach dem Prinzip des kleinsten Elements (Lemma 1.21 in Kapitel I) existiert somit ein kleinstes positives Element $d \in \mathfrak{a} \cap \mathbb{N}$. Wir haben $d = 1$ zu zeigen.

Zunächst stellen wir fest, dass sich wegen $d \in \mathfrak{a}$ ganze Zahlen x_0 und y_0 finden, so dass $d = x_0 \cdot a + y_0 \cdot b$ gilt. Es sei nun $c \in \mathfrak{a}$ ein beliebiges Element der Form $c = x_1 \cdot a + y_1 \cdot b$ mit $x_1, y_1 \in \mathbb{Z}$. Indem wir c mit Rest durch d dividieren, finden wir $q, r \in \mathbb{Z}, 0 \leq r < d$, so dass

$$c = q \cdot d + r \tag{4}$$

gilt. Setzen wir $c = x_1 \cdot a + y_1 \cdot b$ und $d = x_0 \cdot a + y_0 \cdot b$ in (4) ein, so ergibt sich die Gleichung

$$x_1 \cdot a + y_1 \cdot b = q(x_0 \cdot a + y_0 \cdot b) + r,$$

welche äquivalent ist zu

$$r = (x_1 - q \cdot x_0)a + (y_1 - q \cdot y_0)b \in \mathfrak{a} \cap \mathbb{N}.$$

Wäre nun $r \neq 0$, so würde $0 < r < d$ gelten. Dies würde aber der minimalen Wahl von $d \in \mathfrak{a} \cap \mathbb{N}$ widersprechen. Damit ist $r = 0$, und wir haben $d \,|\, c$. Aus der Darstellung $c = x_1 \cdot a + y_1 \cdot b$ mit den speziellen Werten $x_1 = 1$, $y_1 = 0$ bzw. $x_1 = 0, y_1 = 1$ ergibt sich damit, dass $d \,|\, a$ bzw. $d \,|\, b$ gilt, d. h. d ist ein gemeinsamer Teiler von a, b. Da die Zahlen a, b jedoch nur die trivialen gemeinsamen Teiler ± 1 besitzen, muss $d = 1$ gelten. Setzen wir schließlich $x := x_0$ und $y := y_0$, so ergibt sich

$$x \cdot a + y \cdot b = d = 1,$$

was die Behauptung beweist. $\square$

Lemma 1.7 (Euklidisches Lemma, revisited). *Es seien a, b ganze Zahlen und p eine Primzahl. Gilt dann $p \,|\, a \cdot b$, so folgt $p \,|\, a$ oder $p \,|\, b$.*

Beweis. Wir gehen aus von der Teilbarkeitsbeziehung $p \mid a \cdot b$. Gilt dann $p \mid a$, so sind wir fertig. Gilt andererseits $p \nmid a$, so haben wir $p \mid b$ zu beweisen. Da p eine Primzahl ist und $p \nmid a$ gilt, folgern wir, dass die beiden Zahlen a und p teilerfremd sind. Nach dem vorhergehenden Lemma existieren somit ganze Zahlen x, y mit der Eigenschaft

$$x \cdot a + y \cdot p = 1.$$

Indem wir diese Gleichung mit b multiplizieren, erhalten wir

$$b = x \cdot ab + yb \cdot p. \tag{5}$$

Die Teilbarkeitsregeln 2.4 in Kapitel I (übertragen auf die ganzen Zahlen) zeigen nun, dass p die rechte Seite der Gleichung (5) teilt, also auch die linke, d. h. $p \mid b$, wie behauptet. $\qquad \square$

Für den Bereich der ganzen Zahlen nimmt der Fundamentalsatz der elementaren Zahlentheorie jetzt die folgende Form an:

Satz 1.8 (Fundamentalsatz der elementaren Zahlentheorie, revisited). *Jede von Null verschiedene ganze Zahl a besitzt eine Darstellung der Form*

$$a = e \cdot p_1^{a_1} \cdot \ldots \cdot p_r^{a_r}$$

als Produkt von $e \in \{\pm 1\}$ mit einem Produkt von r ($r \in \mathbb{N}$) Primzahlpotenzen zu den paarweise verschiedenen Primzahlen $p_1, \ldots, p_r$ mit den positiven natürlichen Exponenten $a_1, \ldots, a_r$. Diese Darstellung ist bis auf die Reihenfolge der Faktoren eindeutig.

Beweis. Für den Betrag $|a|$ von a gilt

$$a = e \cdot |a|$$

mit eindeutig bestimmtem Vorzeichen $e \in \{\pm 1\}$. Die Existenz und Eindeutigkeit der Primfaktorzerlegung der natürlichen Zahl $|a|$ kann man jetzt dem Beweis des Satzes 3.1 in Kapitel I entnehmen. Alternativ zum dortigen Eindeutigkeitsbeweis kann man diesen in der jetzigen Situation mit Hilfe vollständiger Induktion und unter Verwendung des Euklidischen Lemmas 1.7 recht kurz und elegant beweisen. Wir überlassen dies dem Leser als Übungsaufgabe. $\qquad \square$

Aufgabe 1.9. Führen Sie den Eindeutigkeitsbeweis des Fundamentalsatzes der elementaren Zahlentheorie mit Hilfe des Euklidischen Lemmas 1.7 durch.

Sind a, b ganze Zahlen, so wird die Definition *des größten gemeinsamen Teilers* (a, b) *von a und b* durch die Festsetzung

$$(a, b) := (|a|, |b|)$$

auf die Definition 4.1 in Kapitel I des größten gemeinsamen Teilers natürlicher Zahlen zurückgeführt. Ebenso wird die Definition *des kleinsten gemeinsamen Vielfachen* $[a, b]$ *von a und b* durch die Festsetzung

$$[a, b] := [|a|, |b|]$$

auf die Definition 4.7 in Kapitel I des kleinsten gemeinsamen Vielfachen natürlicher Zahlen zurückgeführt. Indem man das in Lemma 3.5 in Kapitel I gegebene Teilbarkeitskriterium auf den Bereich der ganzen Zahlen überträgt, erhält man sofort die Analoga der Sätze 4.3 bzw. 4.9 in Kapitel I zur Berechnung des größten gemeinsamen Teilers bzw. des kleinsten gemeinsamen Vielfachen der ganzen Zahlen a und b unter Verwendung der entsprechenden Primfaktorzerlegungen.

2. Ringe und Unterringe

Das im vorhergehenden Abschnitt diskutierte Beispiel der ganzen Zahlen mit den Verknüpfungen der Addition und der Multiplikation, welche durch die beiden Distributivgesetze miteinander in Verbindung stehen, ist der Prototyp für die nachfolgende Definition eines Ringes.

Definition 2.1. Eine nicht-leere Menge R mit einer additiven Verknüpfung $+$ und einer multiplikativen Verknüpfung $\cdot$ heißt *Ring*, falls folgende Eigenschaften erfüllt sind:
(i) $(R, +)$ ist eine kommutative Gruppe.
(ii) $(R, \cdot)$ ist eine Halbgruppe.
(iii) Für alle $a, b, c \in R$ gelten die beiden Distributivgesetze

$$(a + b) \cdot c = a \cdot c + b \cdot c,$$
$$a \cdot (b + c) = a \cdot b + a \cdot c.$$

Definition 2.2. Ein Ring $(R, +, \cdot)$ heißt *kommutativ*, falls für alle $a, b \in R$ die Gleichheit $a \cdot b = b \cdot a$ gilt.

Bemerkung 2.3.   (i) Das neutrale Element der additiven Gruppe $(R, +)$ eines Rings $(R, +, \cdot)$ nennen wir *Nullelement* und bezeichnen dieses mit 0. Das additive Inverse von $a \in R$ bezeichnen wir mit $-a$. Die *Differenz von* $a, b \in R$ definieren wir durch $a - b := a + (-b)$.

(ii) Der Ring $(R, +, \cdot)$, der nur aus dem Nullelement 0 besteht, wird *Nullring* genannt und mit $(\{0\}, +, \cdot)$ bezeichnet.

(iii) Falls die Halbgruppe $(R, \cdot)$ eines vom Nullring verschiedenen Rings $(R, +, \cdot)$ ein Monoid ist, so nennen wir das neutrale Element bezüglich der

Multiplikation *Einselement* und bezeichnen dieses mit 1. Das Einselement ist eindeutig bestimmt und erfüllt wegen $R \neq \{0\}$ die Ungleichung $1 \neq 0$.

(iv) Wir verabreden zur Vereinfachung der Schreibweise wiederum, dass die Multiplikation stärker als die Addition binden soll, d. h. es wird vereinfachend $a \cdot b + c$ für $(a \cdot b) + c$ geschrieben.

Bemerkung 2.4. An dieser Stelle weisen wir darauf hin, dass in der Literatur in der Definition eines Ringes $(R, +, \cdot)$ oft auch die Existenz eines Einselements gefordert wird. In diesem Buch verzichten wir auf diese zusätzliche Forderung, möchten den Leser dennoch auf diesen Unterschied aufmerksam machen.

Beispiel 2.5.   (i) $(\mathbb{Z}, +, \cdot)$ ist ein kommutativer Ring mit Einselement.

(ii) $(\mathcal{R}_n, \oplus, \odot)$ ist ein kommutativer Ring mit Einselement.

(iii) $(2 \cdot \mathbb{Z}, +, \cdot)$ ist ebenfalls ein kommutativer Ring, der allerdings kein Einselement besitzt, da $1 \notin 2 \cdot \mathbb{Z}$ gilt.

(iv) Das folgende Beispiel ist aus der Linearen Algebra bekannt. Wir betrachten die Menge der sogenannten (2×2)-Matrizen mit ganzzahligen Einträgen, d. h. die Menge

$$M_2(\mathbb{Z}) := \left\{ A = \begin{pmatrix} a & b \\ c & d \end{pmatrix} \,\middle|\, a, b, c, d \in \mathbb{Z} \right\}.$$

Zwei Matrizen $A = \begin{pmatrix} a & b \\ c & d \end{pmatrix}$ und $A' = \begin{pmatrix} a' & b' \\ c' & d' \end{pmatrix}$ werden in der folgenden Weise addiert bzw. multipliziert

$$A + A' = \begin{pmatrix} a & b \\ c & d \end{pmatrix} + \begin{pmatrix} a' & b' \\ c' & d' \end{pmatrix} := \begin{pmatrix} a + a' & b + b' \\ c + c' & d + d' \end{pmatrix}$$

bzw.

$$A \cdot A' = \begin{pmatrix} a & b \\ c & d \end{pmatrix} \cdot \begin{pmatrix} a' & b' \\ c' & d' \end{pmatrix} := \begin{pmatrix} aa' + bc' & ab' + bd' \\ ca' + dc' & cb' + dd' \end{pmatrix},$$

wobei zur Addition bzw. Multiplikation der Einträge die Addition bzw. Multiplikation ganzer Zahlen herangezogen wird. Wir überlassen es dem Leser als Übungsaufgabe zu zeigen, dass $(M_2(\mathbb{Z}), +, \cdot)$ einen Ring mit Einselement definiert. Das Null- bzw. Einselement von $M_2(\mathbb{Z})$ wird dabei gegeben durch die Matrix

$$\begin{pmatrix} 0 & 0 \\ 0 & 0 \end{pmatrix} \quad \text{bzw.} \quad \begin{pmatrix} 1 & 0 \\ 0 & 1 \end{pmatrix};$$

das additive Inverse der Matrix A ist

$$-A := \begin{pmatrix} -a & -b \\ -c & -d \end{pmatrix}.$$

Wir bemerken, dass dieser Ring *nicht* kommutativ ist.

(v) Es sei $(R, +, \cdot)$ ein Ring. Wir definieren den *Polynomring* $(R[X], +, \cdot)$ *in der Variablen X mit Koeffizienten aus R* als die Menge

$$R[X] := \left\{ \sum_{j \in \mathbb{N}} a_j \cdot X^j \,\middle|\, a_j \in R, a_j = 0 \text{ für alle bis auf endliche viele } j \in \mathbb{N} \right\}$$

mit den Verknüpfungen

$$\left(\sum_{j \in \mathbb{N}} a_j \cdot X^j \right) + \left(\sum_{j \in \mathbb{N}} b_j \cdot X^j \right) := \sum_{j \in \mathbb{N}} (a_j + b_j) \cdot X^j,$$

$$\left(\sum_{j \in \mathbb{N}} a_j \cdot X^j \right) \cdot \left(\sum_{j \in \mathbb{N}} b_j \cdot X^j \right) := \sum_{j \in \mathbb{N}} \left(\sum_{\substack{k, \ell \in \mathbb{N} \\ k + \ell = j}} (a_k \cdot b_\ell) \right) \cdot X^j.$$

Wir überlassen es dem Leser als Übungsaufgabe zu zeigen, dass $(R[X], +, \cdot)$ ein Ring ist.

Wir weisen darauf hin, dass wir die zugrunde liegende formale Variable mit dem Großbuchstaben X bezeichnet haben. Somit kann klar zwischen dem Polynom $p(X) \in R[X]$ und seinem Wert $p(x) \in R$ an der Stelle $x \in R$ unterschieden werden.

Aufgabe 2.6. Beweisen Sie, dass der Polynomring $(R[X], +, \cdot)$ aus Beispiel 2.5 (v) ein Ring ist und dass dieser genau dann kommutativ ist, wenn $(R, +, \cdot)$ kommutativ ist.

Aufgabe 2.7. Es seien A eine nicht-leere Menge und $(R, +_R, \cdot_R)$ ein Ring. Weisen Sie nach, dass die Menge aller Abbildungen $\mathrm{Abb}(A, R)$ von A nach R, versehen mit den beiden Verknüpfungen

$$(f, g) \mapsto f + g, \quad \text{wobei } (f + g)(a) := f(a) +_R g(a)$$
$$(f, g \in \mathrm{Abb}(A, R), a \in A),$$
$$(f, g) \mapsto f \cdot g, \quad \text{wobei } (f \cdot g)(a) := f(a) \cdot_R g(a)$$
$$(f, g \in \mathrm{Abb}(A, R), a \in A),$$

ein Ring ist.

Aufgabe 2.8. Überprüfen Sie, welche der Ringeigenschaften aus Definition 2.1 die Menge $\mathbb{N}$ der natürlichen Zahlen mit den Operationen „max" als Addition und „+" als Multiplikation erfüllt und welche nicht.

Lemma 2.9. *Es sei* $(R, +, \cdot)$ *ein Ring. Dann gelten für* $a, b, c \in R$ *die folgenden Rechenregeln:*

(i) $a \cdot 0 = 0 \cdot a = 0.$

(ii) $a \cdot (-b) = (-a) \cdot b = -a \cdot b.$

(iii) $(-a) \cdot (-b) = a \cdot b.$

(iv) $(a - b) \cdot c = a \cdot c - b \cdot c.$

(v) $a \cdot (b - c) = a \cdot b - a \cdot c$.

Beweis. (i) Nach dem Distributivgesetz gilt $a \cdot a = a \cdot (a + 0) = a \cdot a + a \cdot 0$, also folgt nach Addition von $-a \cdot a$ auf beiden Seiten $a \cdot 0 = 0$. Die Gleichung $0 \cdot a = 0$ folgt analog.

(ii) Mit Hilfe des Distributivgesetzes und von (i) erhalten wir die Gleichung

$$a \cdot b + a \cdot (-b) = a(b + (-b)) = a \cdot 0 = 0,$$

aus der nach Addition von $-a \cdot b$ auf beiden Seiten die behauptete Gleichung $a \cdot (-b) = -a \cdot b$ unmittelbar folgt. Die zweite Gleichung $(-a) \cdot b = -a \cdot b$ ergibt sich analog.

(iii) Mit Hilfe von (ii) berechnen wir

$$(-a) \cdot (-b) = a \cdot (-(-b)) = a \cdot b.$$

(iv) Unter Verwendung des Distributivgesetzes und von (ii) berechnen wir

$$(a - b) \cdot c = (a + (-b)) \cdot c = a \cdot c + (-b) \cdot c = a \cdot c - b \cdot c.$$

(v) Der Beweis von (v) verläuft analog zum Beweis von (iv). $\square$

Definition 2.10. Ein Element $a \neq 0$ eines Rings $(R, +, \cdot)$ heißt *linker Nullteiler*, wenn ein $b \in R$, $b \neq 0$, existiert, so dass $a \cdot b = 0$ ist. Analog werden *rechte Nullteiler* definiert. Falls der Ring kommutativ ist, so sprechen wir einfach von einem *Nullteiler*.

Der Ring $(R, +, \cdot)$ heißt *nullteilerfrei*, wenn er keine (linken und rechten) Nullteiler besitzt.

Ein vom Nullring verschiedener, kommutativer und nullteilerfreier Ring $(R, +, \cdot)$ wird *Integritätsbereich* genannt.

Beispiel 2.11. (i) Der Ring $(\mathbb{Z}, +, \cdot)$ ist ein Integritätsbereich.

(ii) Die Ringe $(\mathcal{R}_n, \oplus, \odot)$ sind im allgemeinen keine Integritätsbereiche, da sie in der Regel nicht nullteilerfrei sind. Beispielsweise ist das Element $2 \in \mathcal{R}_6$ Nullteiler, da $2 \odot 3 = 0$ gilt.

(iii) Der nicht-kommutative Matrizenring $M_2(\mathbb{Z})$ besitzt ebenfalls Nullteiler. Die Matrix $A = \begin{pmatrix} 0 & 1 \\ 0 & 0 \end{pmatrix}$ ist beispielsweise linker (und rechter) Nullteiler, da

$$\begin{pmatrix} 0 & 1 \\ 0 & 0 \end{pmatrix} \cdot \begin{pmatrix} 0 & 1 \\ 0 & 0 \end{pmatrix} = \begin{pmatrix} 0 & 0 \\ 0 & 0 \end{pmatrix}$$

gilt.

Aufgabe 2.12. Verallgemeinern Sie Beispiel 2.11 (ii) wie folgt: Wenn $n > 1$ keine Primzahl ist, dann ist $(\mathcal{R}_n, \oplus, \odot)$ nicht nullteilerfrei.

Aufgabe 2.13. Zeigen Sie: Wenn $(R, +, \cdot)$ ein Integritätsbereich ist, dann ist auch der Polynomring $(R[X], +, \cdot)$ ein Integritätsbereich.

Aufgabe 2.14. Ist der Ring $(\mathrm{Abb}(A, R), +, \cdot)$ aus Aufgabe 2.7 nullteilerfrei?

Lemma 2.15. *Es sei $(R, +, \cdot)$ ein nullteilerfreier Ring mit Einselement 1. Falls eine positive natürliche Zahl n mit der Eigenschaft*

$$n \cdot 1 := \underbrace{1 + \ldots + 1}_{n\text{-mal}} = 0$$

existiert und n die minimale positive natürliche Zahl mit dieser Eigenschaft ist, so ist n eine Primzahl.

Beweis. Wir führen einen indirekten Beweis. Dazu nehmen wir an, dass die zur Diskussion stehende Zahl n keine Primzahl ist. Dann finden sich natürliche Zahlen $k, \ell \in \mathbb{N}$ mit $1 < k, \ell < n$, so dass $n = k \cdot \ell$ gilt. Damit erhalten wir

$$n \cdot 1 = (k \cdot \ell) \cdot 1 = (k \cdot 1) \cdot (\ell \cdot 1) = 0.$$

Da $(R, +, \cdot)$ nullteilerfrei ist, folgt

$$k \cdot 1 = 0 \text{ oder } \ell \cdot 1 = 0.$$

Dies steht aber im Widerspruch zur minimalen Wahl von n. $\square$

Definition 2.16. Es sei $(R, +, \cdot)$ ein nullteilerfreier Ring mit Einselement 1 und es existiere eine positive natürliche Zahl p mit der Eigenschaft $p \cdot 1 = 0$, die wir minimal wählen. Dann ist p nach dem vorhergehenden Lemma eine Primzahl, und wir nennen p die *Charakteristik des Ringes R*; wir schreiben dafür $\mathrm{char}(R) = p$.

Wir sagen, dass R die *Charakteristik null* hat, falls es keine positive natürliche Zahl n mit $n \cdot 1 = 0$ gibt.

Beispiel 2.17.   (i) Der Ring der ganzen Zahlen $(\mathbb{Z}, +, \cdot)$ hat die Charakteristik null, da keine positive natürliche Zahl n mit $n \cdot 1 = 0$ existiert.

(ii) Ist p eine Primzahl, so ist der Ring $(\mathcal{R}_p, \oplus, \odot)$ nullteilerfrei. Seine Charakteristik berechnet sich leicht zu

$$\mathrm{char}(\mathcal{R}_p) = p,$$

denn für alle $k \in \{1, \ldots, p - 1\}$ gilt $k \cdot 1 \neq 0$, aber es ist $p \cdot 1 = 0$ in $\mathcal{R}_p$.

Definition 2.18. Es seien $(R, +, \cdot)$ ein Ring mit Einselement 1 und $a \in R$. Ein Element $b \in R$ heißt *Linksinverses von a*, falls $b \cdot a = 1$ ist. Entsprechend heißt ein Element $c \in R$ *Rechtsinverses von a*, falls $a \cdot c = 1$ ist.

Ein Element $d \in R$ heißt *(multiplikatives) Inverses von a*, falls es sowohl Links- als auch Rechtsinverses von a ist, d. h. falls $a \cdot d = d \cdot a = 1$ gilt. Falls

$a \in R$ ein multplikatives Inverses besitzt, so bezeichnen wir dieses mit a^{-1} oder $\frac{1}{a}$ oder $1/a$.

Ein Element $a \in R$ heißt *Einheit*, falls a ein Inverses in R besitzt.

Beispiel 2.19. Im Ring $(\mathbb{Z}, +, \cdot)$ besitzen die Elemente $a \neq \pm 1$ keine multiplikativen Inversen. Die Einheiten von $(\mathbb{Z}, +, \cdot)$ sind daher gegeben durch $+1$ und -1.

Aufgabe 2.20. Welche Einheiten hat der Polynomring $(\mathbb{Z}[X], +, \cdot)$?

Aufgabe 2.21. Zeigen Sie, dass die Einheiten eines Rings $(R, +, \cdot)$ mit Einselement 1 bezüglich der Multiplikation eine Gruppe bilden.

Aufgabe 2.22. Bestimmen Sie die Gruppe der Einheiten für die Ringe $(\mathcal{R}_n, \oplus, \odot)$, wobei $n = 5, 8, 10, 12$ ist. Welche dieser Gruppen sind zueinander isomorph?

Definition 2.23. Es sei $(R, +, \cdot)$ ein Ring. Eine Teilmenge $S \subseteq R$ heißt *Unterring von R*, wenn die Einschränkungen der Verknüpfungen $+, \cdot$ auf S (welche wir der Einfachheit halber wieder mit $+, \cdot$ bezeichnen) eine Ringstruktur auf S definieren, d. h. wenn $(S, +, \cdot)$ selbst ein Ring ist. Wir schreiben dafür $S \leq R$.

Lemma 2.24 (Unterringkriterium). *Es seien $(R, +, \cdot)$ ein Ring und $S \subseteq R$ eine nicht-leere Teilmenge. Dann besteht die Äquivalenz:*

$$S \leq R \quad \Longleftrightarrow \quad a - b \in S, a \cdot b \in S \quad \forall a, b \in S.$$

Beweis. (i) Wenn S ein Unterring von R ist, sind offensichtlich die Differenz $a - b$ und das Produkt $a \cdot b$ für alle $a, b \in S$ wieder in S.

(ii) Es gelte nun umgekehrt $a - b \in S, a \cdot b \in S$ für alle $a, b \in S$. Da S nicht leer ist, ergibt sich aus dem Untergruppenkriterium 2.25 in Kapitel II sofort, dass $(S, +)$ eine kommutative Untergruppe der additiven Gruppe $(R, +)$ ist. Da weiter $a \cdot b \in S$ für alle $a, b \in S$ gilt, ist S unter Multiplikation abgeschlossen. Die Gültigkeit des Assoziativgesetzes bezüglich der Multiplikation sowie der Distributivgesetze erbt S von R. Somit ist $(S, +, \cdot)$ ein Ring. $\square$

Beispiel 2.25. Der Ring der geraden ganzen Zahlen $(2\mathbb{Z}, +, \cdot)$ ist ein Unterring des Rings der ganzen Zahlen $(\mathbb{Z}, +, \cdot)$.

Aufgabe 2.26. Geben Sie weitere Beispiele für Unterringe des Rings $(\mathbb{Z}, +, \cdot)$ der ganzen Zahlen.

Aufgabe 2.27. Es sei $(R, +, \cdot)$ ein Ring. Ist $(R, +, \cdot)$ ein Unterring des Polynomrings $(R[X], +, \cdot)$?

3. Ringhomomorphismen, Ideale und Faktorringe

Im vorhergehenden Abschnitt haben wir für einen Ring das „Unterobjekt"
Unterring definiert, in Analogie zu Kapitel II, in dem wir zu einer Gruppe
den Untergruppenbegriff eingeführt haben. Zur weiteren strukturellen Analyse von Gruppen wurden in Kapitel II dann die Begriffe „Gruppenhomomorphismus", „Normalteiler" und „Faktorgruppe" definiert. In Anlehnung
an dieses Vorgehen sollen im Folgenden an die komplexere Struktur eines
Rings entsprechend angepasste Begriffe eingeführt werden. Wir beginnen
mit dem Begriff des Ringhomomorphismus.

Definition 3.1. Es seien $(R, +_R, \cdot_R)$ und $(S, +_S, \cdot_S)$ Ringe. Eine Abbildung
$f \colon (R, +_R, \cdot_R) \longrightarrow (S, +_S, \cdot_S)$ heißt *Ringhomomorphismus*, falls für alle $r_1, r_2 \in$
R die Gleichheiten

$$f(r_1 +_R r_2) = f(r_1) +_S f(r_2),$$
$$f(r_1 \cdot_R r_2) = f(r_1) \cdot_S f(r_2)$$

gelten. Die Ringhomomorphie bedeutet also, dass die Bilder der additiven
und multiplikativen Verknüpfungen von r_1 und r_2 in R unter f gleich den
entsprechenden Verknüpfungen der Bilder von r_1 und r_2 in S sind. Man sagt
auch, dass die Abbildung f *strukturtreu* ist.

Ein bijektiver (d. h. injektiver und surjektiver) Ringhomomorphismus
heißt *Ringisomorphismus*. Ist $f \colon (R, +_R, \cdot_R) \longrightarrow (S, +_S, \cdot_S)$ ein Ringisomorphismus, so sagen wir, dass die Ringe R und S *zueinander isomorph* sind,
und schreiben dafür $R \cong S$.

Bemerkung 3.2. Bezugnehmend auf die Bemerkung 2.4 weisen wir darauf
hin, dass in den Büchern, in denen Ringe per Definition ein Einselement
besitzen, in der Definition des Ringhomomorphismus $f \colon (R, +_R, \cdot_R) \longrightarrow$
$(S, +_S, \cdot_S)$ zwischen Ringen mit Einselementen $1_R \in R$ und $1_S \in S$ zusätzlich die Gleichheit $f(1_R) = 1_S$ gefordert wird.

Aufgabe 3.3. Prüfen Sie nach, ob die folgenden Abbildungen Ringhomomorphismen
sind; dabei seien $(R, +, \cdot)$ ein vom Nullring verschiedener Ring und A eine nicht-leere
Menge:

(a) $f_1 \colon R[X] \longrightarrow R$, wobei $f_1 \left(\sum_{j \in \mathbb{N}} a_j \cdot X^j \right) := a_0$.

(b) $f_2 \colon R[X] \longrightarrow R$, wobei $f_2 \left(\sum_{j \in \mathbb{N}} a_j \cdot X^j \right) := a_1$.

(c) $f_3 \colon \mathrm{Abb}(A, R) \longrightarrow R$, wobei
    $f_3(g) := r$ $(g \in \mathrm{Abb}(A, R))$ mit einem festen $r \in R$.

(d) $f_4 \colon \mathrm{Abb}(A, R) \longrightarrow R$, wobei
    $f_4(g) := g(a)$ $(g \in \mathrm{Abb}(A, R))$ mit einem festen $a \in A$.

(e) $f_5\colon R[X] \longrightarrow R$, wobei

$$f_5\left(\sum_{j\in\mathbb{N}} a_j \cdot X^j\right) := \sum_{j\in\mathbb{N}} a_j \cdot r^j \text{ mit einem festen } r \in R.$$

In Analogie zu Kapitel II definieren wir Kern und Bild eines Ringhomomorphismus.

Definition 3.4. Es seien $(R, +_R, \cdot_R)$ ein Ring mit Nullelement 0_R und $(S, +_S, \cdot_S)$ ein Ring mit Nullelement 0_S. Weiter sei $f\colon (R, +_R, \cdot_R) \longrightarrow (S, +_S, \cdot_S)$ ein Ringhomomorphismus. Dann heißen

$$\ker(f) := \{r \in R \mid f(r) = 0_S\} \text{ der } \textit{Kern von } f$$

und

$$\operatorname{im}(f) := \{s \in S \mid \exists r \in R : s = f(r)\} \text{ das } \textit{Bild von } f.$$

Lemma 3.5. *Es sei* $f\colon (R, +_R, \cdot_R) \longrightarrow (S, +_S, \cdot_S)$ *ein Ringhomomorphismus. Dann ist* $\ker(f)$ *ein Unterring von R und* $\operatorname{im}(f)$ *ein Unterring von S.*

Beweis. Der Beweis verläuft nach dem gleichen Muster wie der Beweis von Lemma 3.10 in Kapitel II und darf deshalb dem Leser als Übungsaufgabe überlassen werden. □

Aufgabe 3.6. Beweisen Sie Lemma 3.5.

Aufgabe 3.7. Bestimmen Sie für diejenigen Abbildungen aus Aufgabe 3.3, die Ringhomomorphismen sind, Kern und Bild.

Bemerkung 3.8. Zur Vereinfachung der Schreibweise lassen wir künftig die Indizes bei den Verknüpfungen $+_R$ und $\cdot_R$ sowie beim Nullelement 0_R wieder weg.

Beispiel 3.9. Wir knüpfen an Beispiel 7.8 in Kapitel II an, in welchem wir den Gruppenhomomorphismus $f\colon (\mathbb{Z}, +) \longrightarrow (\mathcal{R}_n, \oplus)$ durch die Zuordnung $a \mapsto R_n(a)$ eingeführt haben. Man verifiziert leicht, dass diese Zuordnung einen surjektiven Ringhomomorphismus

$$f\colon (\mathbb{Z}, +, \cdot) \longrightarrow (\mathcal{R}_n, \oplus, \odot)$$

induziert. Für den Kern haben wir wie in Beispiel 7.8 in Kapitel II

$$\ker(f) = n\mathbb{Z}.$$

Bemerkung 3.10. Der Kern ker(f) eines Ringhomomorphismus $f\colon (R,+,\cdot)$ $\longrightarrow (S,+,\cdot)$ ist nach Lemma 3.5 ein Unterring von R. Wir stellen überdies fest, dass die Produkte $r \cdot a$ bzw. $a \cdot r$ nicht nur für alle $a, r \in \ker(f)$, sondern sogar für alle $a \in \ker(f)$ und alle $r \in R$ im Kern von f enthalten sind, denn wir haben

$$f(r \cdot a) = f(r) \cdot f(a) = f(r) \cdot 0 = 0,$$
$$f(a \cdot r) = f(a) \cdot f(r) = 0 \cdot f(r) = 0.$$

Diese Beobachtung führt zu der folgenden Definition.

Definition 3.11. Es sei $(R,+,\cdot)$ ein Ring. Eine Untergruppe $(\mathfrak{a},+)$ der additiven Gruppe $(R,+)$ heißt *Ideal von R*, falls die Produkte

$$r \cdot a \quad \text{und} \quad a \cdot r$$

für alle $a \in \mathfrak{a}$ und alle $r \in R$ ebenfalls in $\mathfrak{a}$ liegen, d. h. falls die Inklusionen

$$R \cdot \mathfrak{a} := \{ r \cdot a \,|\, r \in R,\, a \in \mathfrak{a} \} \subseteq \mathfrak{a},$$
$$\mathfrak{a} \cdot R := \{ a \cdot r \,|\, r \in R,\, a \in \mathfrak{a} \} \subseteq \mathfrak{a}$$

bestehen.

Bemerkung 3.12. Ein Ideal $\mathfrak{a}$ eines Rings $(R,+,\cdot)$ ist automatisch auch ein Unterring von R. Die Umkehrung dieser Aussage gilt im allgemeinen aber nicht.

Beispiel 3.13.   (i) Es sei $(R,+,\cdot)$ ein Ring. Die triviale Untergruppe $(\mathfrak{a},+) = (\{0\},+)$ bildet offensichtlich ein Ideal von R. Wir nennen es das *Nullideal von R* und bezeichnen es mit (0).

(ii) Es sei $(R,+,\cdot)$ wiederum ein Ring. Die additive Gruppe $(\mathfrak{a},+) = (R,+)$ bildet ebenfalls ein Ideal von R. Besitzt R ein Einselement 1, so wird dieses Ideal auch das *Einsideal von R* genannt und mit (1) bezeichnet.

(iii) Es sei $(R,+,\cdot)$ ein kommutativer Ring. Zu einem fest gewählten $a \in R$ betrachten wir die Menge

$$\mathfrak{a} := \{ a \cdot r \,|\, r \in R \}.$$

Wir überlegen uns, dass $\mathfrak{a}$ ein Ideal von R ist. Wegen $0 \in \mathfrak{a}$ ist $\mathfrak{a}$ nicht leer. Sind weiter $a \cdot r_1, a \cdot r_2 \in \mathfrak{a}$, so ist auch die Differenz

$$a \cdot r_1 - a \cdot r_2 = a \cdot (r_1 - r_2) \in \mathfrak{a}.$$

Nach dem Untergruppenkriterium 2.25 in Kapitel II ist $(\mathfrak{a},+)$ somit eine Untergruppe der additiven Gruppe $(R,+)$. Ist schließlich $a \cdot r \in \mathfrak{a}$ und $s \in R$, so ergibt sich unter Berücksichtigung der Assoziativität und Kommutativität der Multiplikation

$$s \cdot (a \cdot r) = a \cdot (r \cdot s) \in \mathfrak{a},$$

d. h. wir haben $R \cdot \mathfrak{a} \subseteq \mathfrak{a}$ und aufgrund der Kommutativität $\mathfrak{a} \cdot R \subseteq \mathfrak{a}$. Somit ist $\mathfrak{a}$ ein Ideal von R. Wir nennen es das *Hauptideal zu a* und bezeichnen es mit (a).

Aufgabe 3.14. Es seien $(R, +, \cdot)$ ein Ring mit Einselement 1 und $\mathfrak{a} \subseteq R$ ein Ideal von R mit $1 \in \mathfrak{a}$. Zeigen Sie, dass dann $\mathfrak{a} = R$ gilt.

Aufgabe 3.15. Gibt es einen Unterring von $(\mathbb{Z}, +, \cdot)$, der kein Ideal von $\mathbb{Z}$ ist?

Aufgabe 3.16. Finden Sie einen Unterring des Polynomrings $(\mathbb{Z}[X], +, \cdot)$, der kein Ideal von $\mathbb{Z}[X]$ ist.

Aufgabe 3.17. Geben Sie Beispiele für Ideale im Polynomring $(\mathbb{Z}[X], +, \cdot)$ an. Gibt es ein Ideal, das kein Hauptideal ist?

Lemma 3.18. *Es sei* $f \colon (R, +, \cdot) \longrightarrow (S, +, \cdot)$ *ein Ringhomomorphismus. Dann ist* $\ker(f)$ *ein Ideal von R.*

Beweis. Lemma 3.10 in Kapitel II entnehmen wir, dass $(\ker(f), +)$ eine additive Untergruppe von $(R, +)$ ist. Die Inklusionen

$$R \cdot \ker(f) \subseteq \ker(f) \quad \text{und} \quad \ker(f) \cdot R \subseteq \ker(f)$$

entnehmen wir Bemerkung 3.10. □

Aufgabe 3.19. Welche der Kerne der Ringhomomorphismen aus Aufgabe 3.3 sind Hauptideale?

Lemma 3.20. *Im Ring* $(\mathbb{Z}, +, \cdot)$ *sind alle Ideale Hauptideale, d. h. zu jedem Ideal* $\mathfrak{a}$ *existiert eine ganze Zahl a mit der Eigenschaft* $\mathfrak{a} = (a)$.

Beweis. Ist $\mathfrak{a}$ das Nullideal, so gilt $\mathfrak{a} = (0)$ und wir sind fertig. Andernfalls ist $\mathfrak{a}$ nicht das Nullideal und es existiert eine von Null verschiedene ganze Zahl $b \in \mathfrak{a}$. Indem wir b gegebenenfalls mit -1 multiplizieren, erhalten wir ein von Null verschiedenes Element in der Menge $\mathfrak{a} \cap \mathbb{N}$. Nach dem Prinzip des kleinsten Elements findet sich somit eine kleinste positive natürliche Zahl $a \in \mathfrak{a}$.

Die Idealeigenschaft von $\mathfrak{a}$ bestätigt sofort die Gültigkeit der Inklusion

$$(a) \subseteq \mathfrak{a}.$$

Wir zeigen nun die umgekehrte Inklusion. Dazu sei $c \in \mathfrak{a}$ ein beliebiges Element. Indem wir c mit Rest durch a teilen (siehe Satz 1.4), erhalten wir eindeutig bestimmte ganze Zahlen q, r mit $0 \leq r < a$, so dass die Gleichung

$$c = q \cdot a + r$$

besteht. Wegen $a, c \in \mathfrak{a}$ folgt aufgrund der Idealeigenschaften von $\mathfrak{a}$, dass auch der Rest $r = c - q \cdot a$ ein Element von $\mathfrak{a}$ ist. Wäre nun $r \neq 0$, so hätten wir mit r ein von Null verschiedenes Element in $\mathfrak{a} \cap \mathbb{N}$ gefunden, das kleiner als a ist. Dies widerspricht aber der minimalen Wahl von a. Somit muss $r = 0$ sein, und wir haben $c = q \cdot a$, d. h. $c \in (a)$. Dies bestätigt die Inklusion $\mathfrak{a} \subseteq (a)$. Zusammengenommen haben wir die Gleichheit $\mathfrak{a} = (a)$, welche die Behauptung beweist. $\square$

Definition 3.21. Es seien $(R, +, \cdot)$ ein Ring und $\mathfrak{a}$ ein Ideal von R. Da die additive Gruppe $(R, +)$ definitionsgemäß kommutativ ist, ist die additive Untergruppe $(\mathfrak{a}, +)$ des Ideals automatisch ein Normalteiler von $(R, +)$. Damit können wir die Faktorgruppe $(R/\mathfrak{a}, \oplus)$ betrachten. Die Elemente von $R/\mathfrak{a}$ sind gegeben durch Nebenklassen der Form $r + \mathfrak{a}$ $(r \in R)$; zwei Nebenklassen $r_1 + \mathfrak{a}$ und $r_2 + \mathfrak{a}$ werden dabei gemäß

$$(r_1 + \mathfrak{a}) \oplus (r_2 + \mathfrak{a}) = (r_1 + r_2) + \mathfrak{a}$$

miteinander verknüpft (siehe Definition 5.1 in Kapitel II). Wir weisen darauf hin, dass wir im Gegensatz zu Definition 5.1 in Kapitel II, wo die Verknüpfung in der Faktorgruppe mit $\bullet$ bezeichnet wurde, hier die Bezeichnung $\oplus$ gewählt haben, um dem additiven Charakter der Konstruktion Rechnung zu tragen; im übrigen wird der Leser keine Schwierigkeiten haben, die hier verwendete Verknüpfung $\oplus$ von der ebenso bezeichneten Verknüpfung im Beispiel $(\mathcal{R}_n, \oplus, \odot)$ zu unterscheiden.

Wir definieren nun eine multiplikative Verknüpfung $\odot$ auf der Faktorgruppe $(R/\mathfrak{a}, \oplus)$, indem wir für zwei Nebenklassen $r_1 + \mathfrak{a}$ und $r_2 + \mathfrak{a}$ (auch in diesem Fall ist keine Konfusion mit dem Beispiel $(\mathcal{R}_n, \oplus, \odot)$ zu befürchten) setzen:

$$(r_1 + \mathfrak{a}) \odot (r_2 + \mathfrak{a}) := (r_1 \cdot r_2) + \mathfrak{a}. \tag{6}$$

Diese Definition hängt von der Wahl der Repräsentanten r_1 bzw. r_2 der Nebenklassen $r_1 + \mathfrak{a}$ bzw. $r_2 + \mathfrak{a}$ ab. Im nachfolgenden Satz werden wir insbesondere die Wohldefiniertheit der Multiplikation $\odot$ beweisen.

Satz 3.22. *Es seien $(R, +, \cdot)$ ein Ring und $\mathfrak{a}$ ein Ideal von R. Dann ist die Menge der Nebenklassen $R/\mathfrak{a}$ mit den beiden Verknüpfungen*

$$(r_1 + \mathfrak{a}) \oplus (r_2 + \mathfrak{a}) = (r_1 + r_2) + \mathfrak{a},$$
$$(r_1 + \mathfrak{a}) \odot (r_2 + \mathfrak{a}) = (r_1 \cdot r_2) + \mathfrak{a}$$

ein Ring.

Beweis. (i) Zunächst zeigt Definition 3.21, dass mit $(R/\mathfrak{a}, \oplus)$ eine kommutative Gruppe mit dem neutralen Element (Nullelement) $\mathfrak{a}$ vorliegt.

(ii) In einem zweiten Schritt überlegen wir uns die Wohldefiniertheit der Multiplikation $\odot$. Dazu seien r_1, r_1' bzw. r_2, r_2' jeweils zwei Repräsentanten der Nebenklassen $r_1 + \mathfrak{a}$ bzw. $r_2 + \mathfrak{a}$. Zum Nachweis der Wohldefiniertheit der Multiplikation $\odot$ haben wir die Gleichheit

$$(r_1 \cdot r_2) + \mathfrak{a} = (r_1' \cdot r_2') + \mathfrak{a} \tag{7}$$

zu zeigen. Zwischen den Repräsentanten r_1, r_1' bzw. r_2, r_2' bestehen die Gleichungen

$$r_1' = r_1 + a_1 \quad (a_1 \in \mathfrak{a}),$$
$$r_2' = r_2 + a_2 \quad (a_2 \in \mathfrak{a}).$$

Damit berechnen wir

$$r_1' \cdot r_2' = (r_1 + a_1) \cdot (r_2 + a_2)$$
$$= r_1 \cdot r_2 + r_1 \cdot a_2 + a_1 \cdot r_2 + a_1 \cdot a_2.$$

Aufgrund der Idealeigenschaften von $\mathfrak{a}$ erkennen wir damit

$$r_1 \cdot a_2 + a_1 \cdot r_2 + a_1 \cdot a_2 \in \mathfrak{a}.$$

Damit ist das Produkt $r_1' \cdot r_2'$ ebenfalls ein Vertreter der Nebenklasse $(r_1 \cdot r_2) + \mathfrak{a}$, d. h. es besteht die behauptete Gleichheit (7). Damit ist die Wohldefiniertheit der Multiplikation $\odot$ gezeigt.

(iii) Die Assoziativität der Multiplikation $\odot$ ergibt sich wie folgt aus Definition (6) und der Assoziativität der Multiplikation $\cdot$

$$(r_1 + \mathfrak{a}) \odot ((r_2 + \mathfrak{a}) \odot (r_3 + \mathfrak{a})) = (r_1 + \mathfrak{a}) \odot ((r_2 \cdot r_3) + \mathfrak{a})$$
$$= (r_1 \cdot (r_2 \cdot r_3)) + \mathfrak{a} = ((r_1 \cdot r_2) \cdot r_3) + \mathfrak{a}$$
$$= ((r_1 \cdot r_2) + \mathfrak{a}) \odot (r_3 + \mathfrak{a}) = ((r_1 + \mathfrak{a}) \odot (r_2 + \mathfrak{a})) \odot (r_3 + \mathfrak{a}).$$

(iv) Der Nachweis der Distributivgesetze ergibt sich ebenfalls aus Definition (6) und den Distributivgesetzen des Rings $(R, +, \cdot)$; beispielsweise haben wir

$$(r_1 + \mathfrak{a}) \odot ((r_2 + \mathfrak{a}) \oplus (r_3 + \mathfrak{a})) = (r_1 + \mathfrak{a}) \odot ((r_2 + r_3) + \mathfrak{a})$$
$$= (r_1 \cdot (r_2 + r_3)) + \mathfrak{a} = ((r_1 \cdot r_2) + (r_1 \cdot r_3)) + \mathfrak{a}$$
$$= ((r_1 \cdot r_2) + \mathfrak{a}) \oplus ((r_1 \cdot r_3) + \mathfrak{a})$$
$$= (r_1 + \mathfrak{a}) \odot (r_2 + \mathfrak{a}) \oplus (r_1 + \mathfrak{a}) \odot (r_3 + \mathfrak{a}).$$

Damit ist $(R/\mathfrak{a}, \oplus, \odot)$ als Ring nachgewiesen. $\square$

Definition 3.23. Es seien $(R, +, \cdot)$ ein Ring und $\mathfrak{a}$ ein Ideal von R. Dann heißt der Ring $(R/\mathfrak{a}, \oplus, \odot)$ *der Faktorring von R nach dem Ideal $\mathfrak{a}$.*

Bemerkung 3.24. Es sei $f\colon (R, +, \cdot) \longrightarrow (S, +, \cdot)$ ein Ringhomomorphismus. Lemma 3.18 besagt, dass $\ker(f)$ ein Ideal von R ist; nach Satz 3.22 können wir den Faktorring $(R/\ker(f), \oplus, \odot)$ betrachten. Den gemäß Bemerkung 5.6 in Kapitel II gegebenen kanonischen Gruppenhomomorphismus

$$\pi\colon (R, +) \longrightarrow (R/\ker(f), \oplus),$$

definiert durch die Zuordnung $r \mapsto r + \ker(f)$, erkennen wir nun sogar als Ringhomomorphismus, denn es gilt

$$\begin{aligned}
\pi(r_1 \cdot r_2) &= (r_1 \cdot r_2) + \ker(f) \\
&= \big(r_1 + \ker(f)\big) \odot \big(r_2 + \ker(f)\big) \\
&= \pi(r_1) \odot \pi(r_2).
\end{aligned}$$

Wir sprechen in diesem Fall vom *kanonischen Ringhomomorphismus.*

Satz 3.25 (Homomorphiesatz für Ringe). *Es sei* $f\colon (R, +, \cdot) \longrightarrow (S, +, \cdot)$ *ein Ringhomomorphismus. Dann induziert* f *einen eindeutig bestimmten, injektiven Ringhomomorphismus*

$$\bar{f}\colon (R/\ker(f), \oplus, \odot) \longrightarrow (S, +, \cdot)$$

mit der Eigenschaft $\bar{f}(r + \ker(f)) = f(r)$ *für alle* $r \in R$. *Man kann diese Aussage schematisch auch dadurch zum Ausdruck bringen, dass das nachfolgende Diagramm*

„kommutativ" ist, d. h. wir kommen zum gleichen Ergebnis, wenn wir direkt die Abbildung f *ausführen, oder, wenn wir zuerst* π *und danach die Abbildung* $\bar{f}$ *bilden.*

Beweis. Nach dem Homomorphiesatz für Gruppen 5.7 in Kapitel II existiert ein eindeutig bestimmter, injektiver Gruppenhomomorphismus

$$\bar{f}\colon (R/\ker(f), \oplus) \longrightarrow (S, +)$$

mit der Eigenschaft $\bar{f}(r + \ker(f)) = f(r)$ für alle $r \in R$. Es bleibt demnach noch zu zeigen, dass $\bar{f}$ auch die multiplikativen Strukturen respektiert. Unter Verwendung der Definition der Verknüpfung $\odot$, der Definition von $\bar{f}$ und der Ringhomomorphie von f berechnen wir das $\bar{f}$-Bild des Produkts der beiden Nebenklassen $r_1 + \ker(f)$ und $r_2 + \ker(f)$ zu

$$\bar{f}((r_1 + \ker(f)) \odot (r_2 + \ker(f)))) = \bar{f}((r_1 \cdot r_2) + \ker(f))$$
$$= f(r_1 \cdot r_2) = f(r_1) \cdot f(r_2) = \bar{f}(r_1 + \ker(f)) \cdot \bar{f}(r_2 + \ker(f)).$$

Damit ist $\bar{f}$ als Ringhomomorphismus nachgewiesen und der Homomorphiesatz für Ringe vollständig gezeigt. □

Korollar 3.26. *Es sei* $f\colon (R,+,\cdot) \longrightarrow (S,+,\cdot)$ *ein surjektiver Ringhomomorphismus. Dann induziert* f *einen eindeutig bestimmten Ringisomorphismus*

$$\bar{f}\colon (R/\ker(f),\oplus,\odot) \cong (S,+,\cdot)$$

mit der Eigenschaft $\bar{f}(r + \ker(f)) = f(r)$ *für alle* $r \in R$. □

Beispiel 3.27. (i) Wir greifen Beispiel 3.9 auf, in welchem wir eingesehen hatten, dass ein surjektiver Ringhomomorphismus

$$f\colon (\mathbb{Z},+,\cdot) \longrightarrow (\mathcal{R}_n,\oplus,\odot)$$

mit $\ker(f) = n\mathbb{Z}$ besteht. Nach dem vorhergehenden Korollar 3.26 zum Homomorphiesatz für Ringe besteht damit die Ringisomorphie

$$(\mathbb{Z}/n\mathbb{Z},\oplus,\odot) \cong (\mathcal{R}_n,\oplus,\odot),$$

welche durch die Zuordnung $a + n\mathbb{Z} \mapsto R_n(a)$ gegeben ist.

(ii) Es sei $(R,+,\cdot) = (\mathbb{Z},+,\cdot)$ und $(S,+,\cdot)$ ein nullteilerfreier Ring mit Einselement 1. Durch die Zuordnung

$$n \mapsto \begin{cases} n \cdot 1 = \underbrace{1 + \ldots + 1}_{n\text{-mal}} & (n \in \mathbb{Z}, n \geq 0), \\ -((-n) \cdot 1) & (n \in \mathbb{Z}, n < 0) \end{cases}$$

wird ein Ringhomomorphismus $f\colon (\mathbb{Z},+,\cdot) \longrightarrow (S,+,\cdot)$ definiert. Der Kern von f ist dabei gegeben durch das Ideal

$$\ker(f) = \{n \in \mathbb{Z} \mid n \cdot 1 = 0\}.$$

Wir unterscheiden nun die beiden folgenden Fälle:

(a) $\mathrm{char}(S) = 0$: In diesem Fall gilt definitionsgemäß $n \cdot 1 \neq 0$ für alle $n \in \mathbb{Z} \setminus \{0\}$, d.h. $\ker(f) = \{0\}$, was die Injektivität von f nach sich zieht. Damit enthält ein Ring der Charakteristik 0 einen Unterring, der zum Ring der ganzen Zahlen $(\mathbb{Z},+,\cdot)$ isomorph ist; im Folgenden werden wir diesen Unterring jeweils mit dem Ring $(\mathbb{Z},+,\cdot)$ identifizieren.

(b) $\mathrm{char}(S) = p$: In diesem Fall gilt für die Primzahl p definitionsgemäß $p \cdot 1 = 0$, d.h. $\ker(f) = p\mathbb{Z}$. Nach dem Homomorphiesatz für Ringe erhalten wir somit einen injektiven Ringhomomorphismus $\bar{f}\colon \mathbb{Z}/p\mathbb{Z} \longrightarrow S$. Damit enthält ein Ring der Charakteristik p eine zum Faktorring $(\mathbb{Z}/p\mathbb{Z}, \oplus, \odot) \cong$ $(\mathcal{R}_p, \oplus, \odot)$ isomorphe Kopie als Unterring.

Aufgabe 3.28. Finden Sie einen geeigneten Ringhomomorphismus $f \colon (\mathbb{Z}[X], +, \cdot)$ $\longrightarrow (\mathbb{Z}, +, \cdot)$, so dass sich unter Anwendung des Korollars 3.26 für ein $a \in \mathbb{Z}$ ein Ringisomorphismus

$$(\mathbb{Z}[X]/(X-a), \oplus, \odot) \cong (\mathbb{Z}, +, \cdot)$$

ergibt.

Aufgabe 3.29. Formulieren und beweisen Sie ein Analogon zu der Gruppenisomorphie aus Aufgabe 5.11 in Kapitel II für Ringe.

4. Körper und Schiefkörper

Die Motivation, die Definition eines Rings zum Körperbegriff zu erweitern, kann erneut über das Bemühen gegeben werden, lineare Gleichungen möglichst uneingeschränkt lösbar zu machen. Ist $(R, +, \cdot)$ ein kommutativer Ring mit Einselement 1, so ist die Gleichung

$$a \cdot x = b \quad (a, b \in R) \tag{8}$$

in R lösbar, wenn a ein Inverses in R besitzt; die Lösung lautet dann $x = a^{-1} \cdot b$. Körper sind kommutative Ringe mit Einselement 1, für die jedes von Null verschiedene Element ein multiplikatives Inverses in R besitzt, und somit die Gleichung (8) immer in R lösbar ist mit Ausnahme $a = 0$ und $b \neq 0$.

Definition 4.1. Es sei $(R, +, \cdot)$ ein Ring mit Einselement 1. Dann bezeichnen wir die Menge der Einheiten von R mit $R^{\times}$, d. h.

$$R^{\times} = \{a \in R \mid a \text{ besitzt ein (multiplikatives) Inverses in } R\}.$$

Ein Ring $(R, +, \cdot)$ mit Einselement 1 heißt *Schiefkörper*, falls

$$R^{\times} = R \setminus \{0\}$$

gilt. Ein kommutativer Schiefkörper heißt *Körper*.

Bemerkung 4.2. (i) Es sei $(R, +, \cdot)$ ein Ring mit Einselement 1. Dann ist $(R^{\times}, \cdot)$ eine Gruppe mit dem Einselement 1 als neutralem Element. Wir nennen sie die *multiplikative Gruppe des Rings* $(R, +, \cdot)$.

(ii) Ist $(R, +, \cdot)$ ein Schiefkörper, so besitzt jedes $a \in R$, $a \neq 0$, ein (multiplikatives) Inverses $a^{-1} = \frac{1}{a} = 1/a \in R$. Die multiplikative Gruppe des Schiefkörpers $(R, +, \cdot)$ ist gegeben durch $(R \setminus \{0\}, \cdot)$.

(iii) Sind $(R, +, \cdot)$ ein Körper und $a, b \in R$ mit $b \neq 0$, so verwenden wir die Schreibweise

$$a \cdot b^{-1} = \frac{a}{b} = a/b.$$

Beispiel 4.3. Es sei p eine Primzahl. Dann ist der Ring $(\mathcal{R}_p, \oplus, \odot)$ ein Schief-körper, ja sogar ein Körper. Die Situation ist speziell einfach für die Primzahl $p = 2$, für die wir einen Körper mit den beiden Elementen 0, 1 erhalten.

Aufgabe 4.4. Versuchen Sie einen Schiefkörper mit endlich vielen Elementen zu finden, der kein Körper ist.

Bemerkung 4.5. Wir werden später in Kapitel VI die *Hamiltonschen Quaternionen* als Beispiel eines Schiefkörpers kennenlernen, der kein Körper ist.

Lemma 4.6. *Es sei* $(K, +, \cdot)$ *ein Körper. Dann bestehen für* $a, b, c, d \in K$ *die folgenden Rechenregeln.*

(i)   *Falls* $b, c \neq 0$ *sind, gilt:*

$$\frac{a}{b} = \frac{a \cdot c}{b \cdot c}.$$

(ii)   *Falls* $b, d \neq 0$ *sind, gilt:*

$$\frac{a}{b} \pm \frac{c}{d} = \frac{a \cdot d \pm b \cdot c}{b \cdot d}.$$

(iii) *Falls* $b, d \neq 0$ *sind, gilt:*

$$\frac{a}{b} \cdot \frac{c}{d} = \frac{a \cdot c}{b \cdot d}.$$

Beweis. (i) Für $b, c \neq 0$ berechnen wir

$$\frac{a}{b} = a \cdot b^{-1} = a \cdot c \cdot c^{-1} \cdot b^{-1} = (a \cdot c) \cdot (b \cdot c)^{-1} = \frac{a \cdot c}{b \cdot c}.$$

(ii) Unter Verwendung der Kommutativität der Multiplikation und der Distributivgesetze berechnen wir für $b, d \neq 0$

$$\begin{aligned}
\frac{a}{b} \pm \frac{c}{d} &= a \cdot b^{-1} \pm c \cdot d^{-1} \\
&= (a \cdot d) \cdot (b \cdot d)^{-1} \pm (b \cdot c) \cdot (b \cdot d)^{-1} \\
&= (a \cdot d \pm b \cdot c) \cdot (b \cdot d)^{-1} \\
&= \frac{a \cdot d \pm b \cdot c}{b \cdot d}.
\end{aligned}$$

(iii) Unter Verwendung der Kommutativität der Multiplikation berechnen wir für $b, d \neq 0$

$$\frac{a}{b} \cdot \frac{c}{d} = (a \cdot b^{-1}) \cdot (c \cdot d^{-1}) = (a \cdot c) \cdot (b \cdot d)^{-1} = \frac{a \cdot c}{b \cdot d}.$$

Damit ist das Lemma bewiesen. □

5. Konstruktion von Körpern aus Integritätsbereichen

In Analogie zum Vorgehen in Satz 6.5 in Kapitel II, in dem wir kommutative, reguläre Halbgruppen zu kommutativen Gruppen erweitert haben, wollen wir in diesem Abschnitt Integritätsbereiche in Körper einbetten.

Bemerkung 5.1. Dazu erinnern wir daran, dass gemäß Definition 2.10 ein Integritätsbereich $(R, +, \cdot)$ ein vom Nullring verschiedener, kommutativer und nullteilerfreier Ring ist. Dies bedeutet insbesondere, dass für vom Nullelement verschiedene Elemente $a, b \in R$ das Produkt ebenfalls $a \cdot b \neq 0$ erfüllt.

Überdies stellen wir für einen Integritätsbereich $(R, +, \cdot)$ fest, dass $(R \setminus \{0\}, \cdot)$ eine kommutative und reguläre Halbgruppe ist: Da $R \neq \{0\}$ gilt, ist $R \setminus \{0\}$ nicht leer. Aufgrund der vorhergehenden Beobachtung ist $R \setminus \{0\}$ bezüglich Multiplikation abgeschlossen; die Kommutativität der Multiplikation ist definitionsgemäß klar. Besteht für $a, b, c \in R \setminus \{0\}$ die Gleichheit $a \cdot c = b \cdot c$, so können wir dies in $(R, +, \cdot)$ umformen zu

$$(a - b) \cdot c = 0.$$

Da nun $c \neq 0$ ist, muss $a - b = 0$ gelten, was $a = b$ zur Folge hat, d. h. wir können mit c „kürzen". Dies beweist die Regularität der Halbgruppe $(R \setminus \{0\}, \cdot)$.

Satz 5.2. *Zu jedem Integritätsbereich $(R, +, \cdot)$ existiert ein eindeutig bestimmter Körper $(K, \oplus, \odot)$, welcher den beiden folgenden Eigenschaften genügt:*
(i)   *R ist eine Teilmenge von K und die Einschränkungen von $\oplus$ bzw. $\odot$ auf R stimmen mit den Verknüpfungen $+$ bzw. $\cdot$ überein.*
(ii)   *Ist $(K', \oplus', \odot')$ ein weiterer Körper mit der Eigenschaft (i), so ist K ein Unterkörper von K'.*

Beweis. Wir haben einen Existenz- und einen Eindeutigkeitsbeweis zu führen. Wir beginnen mit dem Eindeutigkeitsbeweis.
   Eindeutigkeit: Der Eindeutigkeitsbeweis für den zu konstruierenden Körper $(K, \oplus, \odot)$ ergibt sich analog zum Eindeutigkeitsbeweis in Satz 6.5 in Kapitel II unter Verwendung der Eigenschaft (ii).
   Existenz: Zum Existenzbeweis betrachten wir die Menge

$$M := R \times (R \setminus \{0\}) = \{(a, b) \mid a \in R, b \in R \setminus \{0\}\}$$

mit der Relation $\sim$

$$(a, b) \sim (c, d) \iff a \cdot d = b \cdot c \quad (a, c \in R; b, d \in R \setminus \{0\}).$$

Obgleich die gegenwärtige Ausgangslage derjenigen des Beweises von Satz 6.5 sehr ähnlich ist, ist dennoch der subtile Unterschied zu beachten, dass das jetzt betrachtete Mengenprodukt M eine Asymmetrie besitzt, da die beiden Faktoren nicht gleich sind.

Als erstes überlegen wir wie in Satz 6.5 in Kapitel II, dass die Relation $\sim$ eine Äquivalenzrelation ist.

(a) Reflexivität: Da die Multiplikation kommutativ ist, gilt für alle $a \in R$, $b \in R \setminus \{0\}$ die Gleichheit $a \cdot b = b \cdot a$, d.h. $(a, b) \sim (a, b)$. Damit ist die Relation $\sim$ reflexiv.

(b) Symmetrie: Es seien (a, b), $(c, d) \in M$ mit der Eigenschaft $(a, b) \sim (c, d)$, d.h. $a \cdot d = b \cdot c$. Da die Multiplikation kommutativ ist, schließen wir daraus $c \cdot b = d \cdot a$, was nichts anderes als $(c, d) \sim (a, b)$ bedeutet, d.h. $\sim$ ist symmetrisch.

(c) Transitivität: Es seien (a, b), (c, d), $(e, f) \in M$ mit den Eigenschaften $(a, b) \sim (c, d)$ und $(c, d) \sim (e, f)$. Damit haben wir die Gleichungen

$$a \cdot d = b \cdot c, \quad c \cdot f = d \cdot e. \tag{9}$$

Indem wir die linken bzw. rechten Seiten dieser beiden Gleichungen miteinander multiplizieren, erhalten wir unter Beachtung der Assoziativität und Kommutativität der Multiplikation die folgenden äquivalenten Gleichungen

$$(a \cdot d) \cdot (c \cdot f) = (b \cdot c) \cdot (d \cdot e),$$
$$a \cdot d \cdot c \cdot f = b \cdot c \cdot d \cdot e,$$
$$(a \cdot f) \cdot (d \cdot c) = (b \cdot e) \cdot (d \cdot c).$$

Falls $c \neq 0$ ist, so folgt mit $d \neq 0$ aufgrund der Nullteilerfreiheit von $(R, +, \cdot)$ auch $d \cdot c \neq 0$, und wir können $(d \cdot c)$ in der letzten Gleichung (von rechts) kürzen und erhalten

$$a \cdot f = b \cdot e,$$

was $(a, b) \sim (e, f)$ bedeutet. Ist hingegen $c = 0$, so ergibt sich aus (9), dass $a = e = 0$ gilt, was $(a, b) = (0, b) \sim (0, f) = (e, f)$ zur Folge hat. Damit ist die Relation $\sim$ auch transitiv.

Wir bezeichnen mit $[a, b] \subseteq M$ die Äquivalenzklasse des Paars $(a, b) \in M$ und mit K die Menge aller dieser Äquivalenzklassen; man schreibt dafür kurz

$$K := M / \sim.$$

Da der Ring $(R, +, \cdot)$ mindestens das Nullelement 0 und ein weiteres Element $h \neq 0$ enthält, besitzt die Menge M mindestens die beiden verschiedenen Äquivalenzklassen $[0, h]$ und $[h, h]$. Wir definieren jetzt zwei Verknüpfungen auf der Menge der Äquivalenzklassen K, die wir mit $\oplus$ und $\odot$ bezeichnen. Sind $[a, b]$, $[a', b'] \in K$, so definieren wir dazu

$$[a, b] \oplus [a', b'] := [a \cdot b' + a' \cdot b, b \cdot b'],$$
$$[a, b] \odot [a', b'] := [a \cdot a', b \cdot b'].$$

Da diese Definitionen von der Wahl der Vertreter a, b bzw. a', b' der Äquivalenzklassen $[a, b]$ bzw. $[a', b']$ abhängen, muss zur Wohldefiniertheit der Verknüpfungen $\oplus$ und $\odot$ zuerst die Unabhängigkeit von dieser Wahl geklärt werden. Dazu seien (c, d) bzw. (c', d') weitere Vertreter von $[a, b]$ bzw. $[a', b']$. Wir haben dann zu zeigen, dass

$$[a \cdot b' + a' \cdot b, b \cdot b'] = [c \cdot d' + c' \cdot d, d \cdot d'],$$
$$[a \cdot a', b \cdot b'] = [c \cdot c', d \cdot d']$$

gilt.

(d) Wohldefiniertheit von $\oplus$: Da $(c, d) \in [a, b]$ bzw. $(c', d') \in [a', b']$ ist, haben wir

$$a \cdot d = b \cdot c \quad \text{bzw.} \quad a' \cdot d' = b' \cdot c'.$$

Damit berechnen wir unter Verwendung der Assoziativität, Kommutativität und Distributivität von R

$$(a \cdot b' + a' \cdot b) \cdot (d \cdot d') = (a \cdot d) \cdot (b' \cdot d') + (a' \cdot d') \cdot (b \cdot d)$$
$$= (b \cdot c) \cdot (b' \cdot d') + (b' \cdot c') \cdot (b \cdot d) = (b \cdot b') \cdot (c \cdot d' + c' \cdot d),$$

woraus die behauptete Äquivalenz

$$(a \cdot b' + a' \cdot b, b \cdot b') \sim (c \cdot d' + c' \cdot d, d \cdot d')$$

folgt.

(e) Wohldefiniertheit von $\odot$: Wiederum, da $(c, d) \in [a, b]$ bzw. $(c', d') \in [a', b']$ ist, haben wir

$$a \cdot d = b \cdot c \quad \text{bzw.} \quad a' \cdot d' = b' \cdot c'.$$

Multiplizieren wir diese beiden Gleichungen miteinander, so folgt unter Verwendung der Assoziativität und Kommutativität von R

$$(a \cdot d) \cdot (a' \cdot d') = (b \cdot c) \cdot (b' \cdot c') \quad \Longleftrightarrow$$
$$(a \cdot a') \cdot (d \cdot d') = (b \cdot b') \cdot (c \cdot c'),$$

woraus die behauptete Äquivalenz

$$(a \cdot a', b \cdot b') \sim (c \cdot c', d \cdot d')$$

folgt.

Zusammengenommen haben wir mit $(K, \oplus, \odot)$ eine Menge mit den beiden Elementen $[0, h]$, $[h, h]$ und zwei Verknüpfungen vorliegen. In den drei nachfolgenden Schritten werden wir zeigen, dass $(K, \oplus, \odot)$ ein Körper ist. Wir beginnen mit dem Nachweis, dass $(K, \oplus)$ eine kommutative Gruppe mit dem neutralen Element $[0, h]$ ist.

(1) Die Menge K ist, wie bereits erkannt, nicht leer. Wir überlassen es dem Leser, nachzuweisen, dass die Verknüpfung $\oplus$ assoziativ ist. Die Kommutativität von $\oplus$ entnehmen wir dann der Rechnung (dazu seien $[a, b]$, $[a', b'] \in K$):

$$[a, b] \oplus [a', b'] = [a \cdot b' + a' \cdot b, b \cdot b']$$
$$= [a' \cdot b + a \cdot b', b' \cdot b] = [a', b'] \oplus [a, b];$$

dabei haben wir die Kommutativität von $+$ und $\cdot$ verwendet.
Da $h \neq 0$ ist, bestehen die äquivalenten Gleichungen

$$a \cdot b = b \cdot a \quad \Longleftrightarrow \quad (a \cdot b) \cdot h = (b \cdot a) \cdot h \quad \Longleftrightarrow \quad (a \cdot h) \cdot b = (b \cdot h) \cdot a,$$

d. h. $(a \cdot h, b \cdot h) \sim (a, b)$. Damit erkennen wir, dass $[0, h]$ neutrales Element von $(K, \oplus)$ ist, denn wir haben für alle $[a, b] \in K$

$$[a, b] \oplus [0, h] = [a \cdot h + 0 \cdot b, b \cdot h] = [a \cdot h, b \cdot h] = [a, b].$$

Das additive Inverse des Elements $[a, b] \in K$ ist durch $[-a, b] \in K$ gegeben, denn wir haben

$$[a, b] \oplus [-a, b] = [a \cdot b - a \cdot b, b \cdot b] = [0, b \cdot b] = [0, h];$$

hierbei haben wir die Äquivalenz $(0, b \cdot b) \sim (0, h)$ benutzt. Damit haben wir $(K, \oplus)$ als kommutative Gruppe mit dem neutralen Element $[0, h]$ nachgewiesen.

(2) Als zweites zeigen wir, dass $(K \setminus \{[0, h]\}, \odot)$ eine kommutative Gruppe mit dem neutralen Element $[h, h]$ ist.
Wie bereits erwähnt, gilt $[h, h] \neq [0, h]$, d. h. es ist $[h, h] \in K \setminus \{[0, h]\}$, womit wir $K \setminus \{[0, h]\}$ als nicht-leer erkennen. Die Assoziativität der Verknüpfung $\odot$ ergibt sich sofort aus der Assoziativität von $\cdot$

$$[a, b] \odot ([a', b'] \odot [a'', b'']) = [a, b] \odot [a' \cdot a'', b' \cdot b'']$$
$$= [a \cdot (a' \cdot a''), b \cdot (b' \cdot b'')]$$
$$= [(a \cdot a') \cdot a'', (b \cdot b') \cdot b'']$$
$$= [a \cdot a', b \cdot b'] \odot [a'', b'']$$
$$= ([a, b] \odot [a', b']) \odot [a'', b''].$$

Der Nachweis der Kommutativität von $\odot$ folgt ebenso einfach unter Verwendung der Kommutativität von $\cdot$. Unter Verwendung der bereits benutzten Gleichheit von Äquivalenzklassen $[a \cdot h, b \cdot h] = [a, b]$ berechnen wir weiter

$$[a, b] \odot [h, h] = [a \cdot h, b \cdot h] = [a, b].$$

Damit erkennen wir, dass $[h, h]$ neutrales Element von $K \setminus \{[0, h]\}$ ist. Um schließlich das multiplikative Inverse eines Elements $[a, b] \in K \setminus \{[0, h]\}$ zu bestimmen, beachten wir, dass wegen $(a, b) \nsim (0, h)$ auch $a \neq 0$ gilt; damit ist auch $(b, a) \in M$. Wir behaupten nun, dass das multiplikative Inverse von $[a, b] \in K \setminus \{[0, h]\}$ durch das Element $[b, a]$ gegeben ist, welches nach dem eben Bemerkten auch wieder in $K \setminus \{[0, h]\}$ liegt. In der Tat haben wir

$$[a, b] \odot [b, a] = [a \cdot b, b \cdot a] = [h, h],$$

da $(a \cdot b) \cdot h = (b \cdot a) \cdot h$ ist. Damit haben wir $(K \setminus \{[0, h]\}, \odot)$ als kommutative Gruppe mit dem neutralen Element $[h, h]$ nachgewiesen.

(3) Zum vollständigen Nachweis der Körpereigenschaften von $(K, \oplus, \odot)$ sind noch die beiden Distributivgesetze zu bestätigen. Exemplarisch führen wir den Nachweis für die Gültigkeit eines dieser beiden Gesetze vor. Mit $[a, b], [a', b'], [a'', b''] \in K$ berechnen wir

$$\begin{aligned}
[a, b] \odot ([a', b'] \oplus [a'', b'']) &= [a, b] \odot [a' \cdot b'' + a'' \cdot b', b' \cdot b''] \\
&= [a \cdot (a' \cdot b'' + a'' \cdot b'), b \cdot (b' \cdot b'')] \\
&= [a \cdot a' \cdot b'' + a \cdot a'' \cdot b', b \cdot b' \cdot b''] \\
&= [(a \cdot a') \cdot (b \cdot b'') + (a \cdot a'') \cdot (b \cdot b'), (b \cdot b') \cdot (b \cdot b'')] \\
&= [a \cdot a', b \cdot b'] \oplus [a \cdot a'', b \cdot b''] \\
&= [a, b] \odot [a', b'] \oplus [a, b] \odot [a'', b''].
\end{aligned}$$

Insgesamt haben wir somit $(K, \oplus, \odot)$ als Körper mit dem Nullelement $[0, h]$ und dem Einselement $[h, h]$ nachgewiesen. Zum Abschluss des Beweises müssen wir noch zeigen, dass $(K, \oplus, \odot)$ die beiden im Satz genannten Eigenschaften (i), (ii) erfüllt, d. h. (i), dass R eine Teilmenge von K ist und die Einschränkungen von $\oplus$ bzw. $\odot$ auf R mit den Verknüpfungen $+$ bzw. $\cdot$ übereinstimmen, und (ii), dass $(K, \oplus, \odot)$ mit der Eigenschaft (i) minimal ist.

Um die Eigenschaft (i) nachzuprüfen, genügt es, eine injektive Abbildung $f \colon R \longrightarrow K$ zu finden, die die beiden Eigenschaften

$$\begin{aligned}
f(a + b) &= f(a) \oplus f(b) & (a, b \in R), & \qquad (10) \\
f(a \cdot b) &= f(a) \odot f(b) & (a, b \in R) & \qquad (11)
\end{aligned}$$

erfüllt. Indem wir dann R mit seinem Bild $f(R) \subseteq K$ identifizieren, erhalten wir unter Berücksichtigung von (10) und (11) das Gewünschte. Wir definieren die Abbildung $f \colon R \longrightarrow K$ dadurch, dass wir dem Element $a \in R$ das Element $[a \cdot h, h] \in K$ zuordnen (das Element h hatten wir zur Konstruktion des Einselements $[h, h]$ von K herangezogen). Wir zeigen jetzt als erstes, dass f injektiv ist. Dazu seien $a, b \in R$ mit der Eigenschaft, dass

$$f(a) = f(b) \quad \Longleftrightarrow \quad [a \cdot h, h] = [b \cdot h, h] \quad \Longleftrightarrow \quad (a \cdot h, h) \sim (b \cdot h, h)$$

gilt. Dies ist aber unter Berücksichtigung der Eigenschaften des Integritätsbereichs $(R, +, \cdot)$ gleichbedeutend mit

$$(a \cdot h) \cdot h = h \cdot (b \cdot h) \quad \Longleftrightarrow \quad a \cdot h^2 = b \cdot h^2 \quad \Longleftrightarrow \quad a = b,$$

woraus die Injektivität von f folgt.

Zum Nachweis von (10) wählen wir zwei beliebige Elemente $a, b \in R$ und berechnen unter Berücksichtigung der Distributivität in $(R, +, \cdot)$

$$\begin{aligned} f(a + b) &= [(a + b) \cdot h, h] = [a \cdot h + b \cdot h, h] \\ &= [(a \cdot h) \cdot h + (b \cdot h) \cdot h, h \cdot h] \\ &= [a \cdot h, h] \oplus [b \cdot h, h] = f(a) \oplus f(b). \end{aligned}$$

Zum Nachweis von (11) wählen wir zwei beliebige Elemente $a, b \in R$ und berechnen unter Berücksichtigung der Assoziativität und Kommutativität von $\cdot$

$$\begin{aligned} f(a \cdot b) &= [(a \cdot b) \cdot h, h] = [a \cdot b \cdot h, h] = [a \cdot b \cdot h \cdot h, h \cdot h] \\ &= [(a \cdot h) \cdot (b \cdot h), h \cdot h] = [a \cdot h, h] \odot [b \cdot h, h] = f(a) \odot f(b). \end{aligned}$$

Damit ist auch die Strukturtreue (10) bzw. (11) von f gezeigt, und $(K, \oplus, \odot)$ als Körper erkannt, welcher die Eigenschaft (i) erfüllt.

Zum Ende des Beweises zeigen wir schließlich, dass der eben konstruierte Körper $(K, \oplus, \odot)$ minimal ist. Dazu gehen wir wie am Schluss des Beweises von Satz 6.5 vor und zeigen, dass mit $[a \cdot h, h] \in K$ für $a \in R$, $a \neq 0$, auch $[h, a \cdot h] \in K$ folgt, und K als Körper notwendigerweise alle Elemente der Form $[a, b]$ mit $a \in R$ und $b \in R \setminus \{0\}$ enthalten muss, was die Minimalität von K bestätigt. $\qquad \square$

Aufgabe 5.3. Vervollständigen Sie den Beweis von Satz 5.2, indem Sie die Assoziativität von $\oplus$, die Kommutativität von $\odot$ und das zweite Distributivgesetz nachweisen.

Definition 5.4. Es sei $(R, +, \cdot)$ ein Integritätsbereich. Der in Satz 5.2 konstruierte Körper $(K, \oplus, \odot)$ wird der *Quotientenkörper von R* genannt und mit $\mathrm{Quot}(R)$ bezeichnet. Die Elemente $[a, b] \in K$ werden üblicherweise in der Form $a \cdot b^{-1}$ oder $\frac{a}{b}$ oder a / b dargestellt.

Aufgabe 5.5. Zeigen Sie: Wenn $(K, +, \cdot)$ ein Körper ist, so liefert die Konstruktion des Quotientenkörpers nichts Neues, d.h. es besteht somit ein Ringisomorphismus $(\mathrm{Quot}(K), \oplus, \odot) \cong (K, +, \cdot)$.

6. Die rationalen Zahlen

Wir wollen nun den in Satz 5.2 konstruierten Körper $(K, \oplus, \odot)$ am Beispiel des Integritätsbereichs $(R, +, \cdot) = (\mathbb{Z}, +, \cdot)$ genauer untersuchen. Dabei werden wir auf die Menge der *rationalen Zahlen* geführt werden.

Zunächst stellen wir fest, dass die auf dem kartesischen Produkt $\mathbb{Z} \times (\mathbb{Z} \setminus \{0\})$ definierte Äquivalenzrelation $\sim$ jetzt die Form

$$(a, b) \sim (c, d) \iff a \cdot d = b \cdot c \quad (a, b \in \mathbb{Z}; b, d \in \mathbb{Z} \setminus \{0\})$$

annimmt. Der Körper $(K, \oplus, \odot)$ ist gemäß dem Beweis von Satz 5.2 gegeben durch die Menge aller Äquivalenzklassen $\frac{a}{b} = [a, b]$ zu den Paaren $(a, b) \in \mathbb{Z} \times (\mathbb{Z} \setminus \{0\})$ und versehen mit den Verknüpfungen

$$\frac{a}{b} \oplus \frac{a'}{b'} = \frac{a \cdot b' + a' \cdot b}{b \cdot b'} \quad \text{und} \quad \frac{a}{b} \odot \frac{a'}{b'} = \frac{a \cdot a'}{b \cdot b'};$$

hierbei sind $\frac{a}{b}, \frac{a'}{b'} \in K$. Das Nullelement von $(K, \oplus, \odot)$ ist dabei durch das Element $\frac{0}{1}$, das Einselement von $(K, \oplus, \odot)$ durch das Element $\frac{1}{1}$ gegeben, wobei 0 bzw. 1 die ganzen Zahlen Null bzw. Eins bedeuten.

Dem Beweis von Satz 5.2 entnehmen wir, dass die Menge der ganzen Zahlen $\mathbb{Z}$ mit der Menge $\{\frac{a}{1} \mid a \in \mathbb{Z}\}$ in Bijektion steht; diese Bijektion wird durch die Zuordnung $a \mapsto [a \cdot 1, 1] = \frac{a}{1}$ induziert. Indem wir nun die Menge der ganzen Zahlen $\mathbb{Z}$ mit der Menge $\{\frac{a}{1} \mid a \in \mathbb{Z}\}$ identifizieren, d. h. $a = \frac{a}{1}$ setzen, können wir fortan $\mathbb{Z}$ als Teilmenge von K betrachten.

Definition 6.1. Wir bezeichnen den Körper $(K, \oplus, \odot)$ künftig durch $(\mathbb{Q}, +, \cdot)$ und nennen ihn den *Körper der rationalen Zahlen*. Als Menge können wir $\mathbb{Q}$ in der Form

$$\mathbb{Q} = \left\{ \frac{a}{b} \, \middle| \, a \in \mathbb{Z}, b \in \mathbb{Z} \setminus \{0\} \right\}$$

darstellen. Wir nennen die rationale Zahl $\frac{a}{b}$ auch *Bruchzahl* oder den *Quotienten der ganzen Zahlen a und b*. Die Bezeichnung $\frac{a}{b}$ steht also für die Äquivalenzklasse $[a, b]$, wird aber mitunter auch für deren Repräsentanten (a, b) verwendet, welche dann als *Brüche* bezeichnet werden.

Bemerkung 6.2. (i) Mit den rationalen Zahlen $\frac{a}{b}$ und $\frac{a'}{b'}$ entdecken wir die uns bekannten Rechenregeln der Addition, Subtraktion und Multiplikation rationaler Zahlen wieder, nämlich

$$\frac{a}{b} \pm \frac{a'}{b'} = \frac{a \cdot b' \pm a' \cdot b}{b \cdot b'} \quad \text{und} \quad \frac{a}{b} \cdot \frac{a'}{b'} = \frac{a \cdot a'}{b \cdot b'}.$$

Ist $\frac{a}{b} \neq 0$, so finden wir die bekannte Regel

$$\left(\frac{a}{b}\right)^{-1} = \frac{b}{a}.$$

(ii) Das Nullelement 0 bzw. Einselement 1 der ganzen Zahlen $\mathbb{Z}$ ist gemäß obiger Identifikation gleichzeitig auch das Null- bzw. Einselement der rationalen Zahlen $\mathbb{Q}$.

(iii) Man sollte bei der Betrachtung der Bruchzahl $\frac{a}{b}$ immer vor Augen haben, dass sich dahinter eine Äquivalenzklasse verbirgt, z. B.

$$\frac{3}{5} = \frac{6}{10} = \frac{9}{15} = \dots,$$

d. h. die verschiedenen Paare ganzer Zahlen $(3,5), (6,10), (9,15), \dots$ sind alle Repräsentanten ein und derselben Bruchzahl $\frac{3}{5}$.

Allgemein verbirgt sich dahinter natürlich die durch die Konstruktion begründete Tatsache

$$\frac{a}{b} = \frac{c}{d} \quad \Longleftrightarrow \quad a \cdot d = b \cdot c.$$

Aufgabe 6.3. Zeigen Sie: Jede rationale Zahl r hat genau einen Repräsentanten $(a,b) \in \mathbb{Z} \times (\mathbb{Z} \setminus \{0\})$, so dass a und b teilerfremd sind und $b \in \mathbb{N} \setminus \{0\}$ ist.

Aufgabe 6.4. Beweisen Sie, dass die Menge der rationalen Zahlen $\mathbb{Q}$ abzählbar ist, d. h. dass eine Bijektion zwischen $\mathbb{Q}$ und $\mathbb{N}$ als Mengen besteht.

Definition 6.5. Wir erweitern die in Definition 7.4 in Kapitel II auf der Menge $\mathbb{Z}$ der ganzen Zahlen gegebene Relation „$<$" bzw. „$\leq$" auf die Menge $\mathbb{Q}$ der rationalen Zahlen, indem wir für zwei rationale Zahlen $\frac{a}{b}, \frac{a'}{b'}$

$$\frac{a}{b} < \frac{a'}{b'} \quad \Longleftrightarrow \quad \begin{cases} a \cdot b' < a' \cdot b, \\ \quad \text{falls } b > 0, b' > 0 \text{ oder } b < 0, b' < 0, \\ a \cdot b' > a' \cdot b, \\ \quad \text{falls } b > 0, b' < 0 \text{ oder } b < 0, b' > 0 \end{cases}$$

bzw.

$$\frac{a}{b} \leq \frac{a'}{b'} \quad \Longleftrightarrow \quad \begin{cases} a \cdot b' \leq a' \cdot b, \\ \quad \text{falls } b > 0, b' > 0 \text{ oder } b < 0, b' < 0, \\ a \cdot b' \geq a' \cdot b, \\ \quad \text{falls } b > 0, b' < 0 \text{ oder } b < 0, b' > 0 \end{cases}$$

festlegen. Entsprechend lassen sich auch die Relationen „$>$" bzw. „$\geq$" auf die Menge $\mathbb{Q}$ der rationalen Zahlen erweitern.

Bemerkung 6.6. Mit der Relation „<" wird die Menge der rationalen Zahlen $\mathbb{Q}$ eine *geordnete Menge*, d. h. es bestehen die drei folgenden Aussagen:

(i)   Für je zwei Elemente $\frac{a}{b}, \frac{a'}{b'} \in \mathbb{Q}$ gilt $\frac{a}{b} < \frac{a'}{b'}$ oder $\frac{a'}{b'} < \frac{a}{b}$ oder $\frac{a}{b} = \frac{a'}{b'}$.

(ii) Die drei Relationen $\frac{a}{b} < \frac{a'}{b'}$, $\frac{a'}{b'} < \frac{a}{b}$, $\frac{a}{b} = \frac{a'}{b'}$ schließen sich gegenseitig aus.

(iii) Aus $\frac{a}{b} < \frac{a'}{b'}$ und $\frac{a'}{b'} < \frac{a''}{b''}$ folgt $\frac{a}{b} < \frac{a''}{b''}$.

Entsprechendes gilt für die Relation „>".

Aufgabe 6.7. Überlegen Sie sich, wie Sie die Additions- und Multiplikationsregeln aus Bemerkung 1.19 in Kapitel I auf die rationalen Zahlen verallgemeinern können und beweisen Sie diese.

Definition 6.8. Es sei $\frac{a}{b} \in \mathbb{Q}$ eine rationale Zahl. Dann setzen wir

$$\left| \frac{a}{b} \right| := \begin{cases} a \cdot b^{-1}, & \text{falls } a \cdot b^{-1} \geq 0, \\ -a \cdot b^{-1}, & \text{falls } a \cdot b^{-1} < 0. \end{cases}$$

Wir nennen die rationale Zahl $\left| \frac{a}{b} \right|$ den *Betrag der rationalen Zahl* $\frac{a}{b}$.

7. ZPE-Ringe, Hauptidealringe und Euklidische Ringe

Zum Abschluss dieses Kapitels wollen wir versuchen, im Rahmen eines Ausblicks die uns aus Kapitel II vertraute Teilbarkeitslehre des Rings $(\mathbb{Z}, +, \cdot)$ auf Integritätsbereiche $(R, +, \cdot)$ mit Einselement 1 zu übertragen. Dabei legen wir insbesondere auf die Bestimmung des größten gemeinsamen Teilers wert. In diesem Abschnitt sei $(R, +, \cdot)$ durchwegs ein Integritätsbereich mit Einselement 1.

Wir beginnen mit der entsprechenden Verallgemeinerung des Teilbarkeitsbegriffs aus Definition 2.1 in Kapitel I.

Definition 7.1. Ein Element $b \in R$, $b \neq 0$, *teilt* ein Element $a \in R$, in Zeichen $b \mid a$, wenn ein Element $c \in R$ mit $a = b \cdot c$ existiert. Wir sagen auch, dass b ein *Teiler von* a ist. Weiter heißt $b \in R$ *gemeinsamer Teiler von* $a_1, a_2 \in R$, falls $c_1, c_2 \in R$ mit $a_j = b \cdot c_j$ für $j = 1, 2$ existieren.

Als nächstes übertragen wir die Begriffe des größten gemeinsamen Teilers und des kleinsten gemeinsamen Vielfachen der Definitionen 4.1 und 4.7 in Kapitel I auf Integritätsbereiche mit Einselement 1.

Definition 7.2. Es seien a, b Elemente von R, die nicht beide zugleich gleich dem Nullelement 0 sind. Ein Element $d \in R$ mit den beiden Eigenschaften

(i) $d \mid a$ und $d \mid b$, d. h. d ist gemeinsamer Teiler von a, b;

(ii) für alle $x \in R$ mit $x \mid a$ und $x \mid b$ folgt $x \mid d$, d. h. jeder gemeinsame Teiler von a, b teilt d,

heißt *größter gemeinsamer Teiler von a und b*.

Definition 7.3. Es seien a, b Elemente von R, die beide vom Nullelement 0 verschieden sind. Ein Element $m \in R$ mit den beiden Eigenschaften

(i) $a \mid m$ und $b \mid m$, d. h. m ist gemeinsames Vielfaches von a, b;

(ii) für alle $y \in R$ mit $a \mid y$ und $b \mid y$ folgt $m \mid y$, d. h. jedes gemeinsame Vielfache von a, b ist Vielfaches von m,

heißt *kleinstes gemeinsames Vielfaches von a und b*.

Aufgabe 7.4. Bestimmen Sie einen größten gemeinsamen Teiler und ein kleinstes gemeinsames Vielfaches der Polynome $20X$ und $10X^2 + 4X - 6$ im Polynomring $\mathbb{Z}[X]$.

Bemerkung 7.5. Sobald wir den Ring der ganzen Zahlen verlassen, ist es nicht klar, ob ein größter gemeinsamer Teiler zweier Ringelemente überhaupt existiert. Falls sich ein größter gemeinsamer Teiler d findet, so wissen wir, dass alle zu d assoziierten Elemente, d. h. alle Produkte $e \cdot d$ mit $e \in R^\times$, ebenfalls die Eigenschaften eines größten gemeinsamen Teilers erfüllen, d. h. es ergibt im allgemeinen keinen Sinn, von *dem* größten gemeinsamen Teiler zu sprechen. Ebenso verhält es sich mit dem Begriff eines kleinsten gemeinsamen Vielfachen.

Schließlich übertragen wir noch den Primzahlbegriff auf Integritätsbereiche mit Einselement 1.

Definition 7.6. Ein Element $p \in R \setminus R^\times$, $p \neq 0$, heißt *irreduzibles Element*, falls es nur durch Einheiten von R und Assoziierte von sich selbst teilbar ist.

Ein Element $a \in R \setminus R^\times$, $a \neq 0$, das nicht irreduzibel ist, heißt *reduzibles Element*.

Ein Element $p \in R \setminus R^\times$, $p \neq 0$, heißt *Primelement*, falls aus $p \mid a \cdot b$ mit $a, b \in R$ stets $p \mid a$ oder $p \mid b$ folgt.

Bemerkung 7.7. Wir bemerken ohne Beweis, dass Primelemente stets auch irreduzible Elemente sind. Wir weisen aber darauf hin, dass die Umkehrung dieser Aussage im Allgemeinen nicht gilt.

Beispiel 7.8. Im Integritätsbereich $\mathbb{Z}$ sind die Einheiten gegeben durch ± 1; die irreduziblen Elemente sind die ganzen Zahlen $\pm p$, wobei p eine Primzahl ist. Die irreduziblen Elemente sind nach dem Euklidischen Lemma 1.7 auch Primelemente.

Aufgabe 7.9. Geben Sie Beispiele für irreduzible Elemente im Polynomring $\mathbb{Z}[X]$ bzw. $\mathbb{Q}[X]$. Sind diese irreduziblen Elemente auch Primelemente?

Bemerkung 7.10. Erinnern wir uns an den Aufbau von Kapitel I, so stellen wir fest, dass die Bestimmung des größten gemeinsamen Teilers eine unmittelbare Folge aus dem Fundamentalsatz der elementaren Zahlentheorie ist. Um der Frage nach der Existenz eines größten gemeinsamen Teilers in Integritätsbereichen nachzugehen, ist man damit auf die Frage nach der Existenz und Eindeutigkeit (bis auf die Reihenfolge und Assoziiertheit der Faktoren) einer Faktorisierung reduzibler Elemente in irreduzible in solchen Ringen geführt. Als Negativergebnis merken wir an dieser Stelle an, dass wir im weiteren Verlauf unserer Betrachtungen Beispiele von Integritätsbereichen kennenlernen werden, in denen ein Analogon des Fundamentalsatzes verletzt ist. Vor diesem Hintergrund erweist es sich als nützlich, die Teilbarkeitslehre auf Ideale auszudehnen.

Definition 7.11. Es seien $\mathfrak{a}$ und $\mathfrak{b}$ Ideale von R. Das Ideal $\mathfrak{b}$ *teilt* das Ideal $\mathfrak{a}$, in Zeichen $\mathfrak{b} \mid \mathfrak{a}$, falls die Inklusion $\mathfrak{b} \supseteq \mathfrak{a}$ besteht.

Der Zusammenhang zwischen dem Teilbarkeitsbegriff von Elementen und Idealen wird durch das folgende Lemma geklärt.

Lemma 7.12. *Es seien* $\mathfrak{a} = (a)$ *und* $\mathfrak{b} = (b)$ *Hauptideale von* R. *Dann besteht die Äquivalenz*

$$b \mid a \quad \Longleftrightarrow \quad \mathfrak{b} \mid \mathfrak{a}.$$

Beweis. (i) Gilt $b \mid a$, so existiert $c \in R$ mit $a = b \cdot c$. Damit folgt

$$\mathfrak{a} = (a) = a \cdot R = (b \cdot c) \cdot R \subseteq b \cdot R = (b) = \mathfrak{b}.$$

Dies zeigt $\mathfrak{b} \supseteq \mathfrak{a}$, d. h. $\mathfrak{b} \mid \mathfrak{a}$.

 (ii) Es gelte $\mathfrak{b} \mid \mathfrak{a}$, d. h. gemäß obiger Definition

$$(b) = \mathfrak{b} \supseteq \mathfrak{a} = (a).$$

Da nun $a \in (a)$ ist, gilt auch $a \in (b)$, und es muss somit ein $c \in R$ mit $a = b \cdot c$ geben. Dies zeigt $b \mid a$. $\square$

Definition 7.13. Es seien $\mathfrak{a}$ und $\mathfrak{b}$ Ideale von R. Dann nennen wir die Menge

$$\mathfrak{a} + \mathfrak{b} := \{a + b \mid a \in \mathfrak{a},\ b \in \mathfrak{b}\}$$

die *Summe der Ideale* $\mathfrak{a}$ *und* $\mathfrak{b}$.

Lemma 7.14. *Es seien* $\mathfrak{a}$ *und* $\mathfrak{b}$ *Ideale von* R. *Dann gilt:*
(i)   *Die Summe* $\mathfrak{a} + \mathfrak{b}$ *der Ideale* $\mathfrak{a}$ *und* $\mathfrak{b}$ *ist ein Ideal von* R. *Es ist das kleinste Ideal, das die Ideale* $\mathfrak{a}$ *und* $\mathfrak{b}$ *umfasst.*
(ii)   *Der Durchschnitt* $\mathfrak{a} \cap \mathfrak{b}$ *der Ideale* $\mathfrak{a}$ *und* $\mathfrak{b}$ *ist ein Ideal von* R. *Es ist das größte Ideal, das in den Idealen* $\mathfrak{a}$ *und* $\mathfrak{b}$ *enthalten ist.*

Beweis. (i) Mit Hilfe des Untergruppenkriteriums 2.25 in Kapitel II verifiziert man leicht, dass $(\mathfrak{a} + \mathfrak{b}, +)$ eine Untergruppe von $(R, +)$ ist. Für $r \in R$ und $a + b \in \mathfrak{a} + \mathfrak{b}$ ergibt sich weiter

$$r(a + b) = r \cdot a + r \cdot b \in \mathfrak{a} + \mathfrak{b}.$$

Dies beweist, dass $\mathfrak{a} + \mathfrak{b}$ ein Ideal von R ist. Da nun ein Ideal eine Gruppe bezüglich der Addition ist, so muss es die Summen aller seiner Elemente enthalten, insbesondere muss damit das Ideal $\mathfrak{a} + \mathfrak{b}$, das $\mathfrak{a}$ und $\mathfrak{b}$ enthält, alle Summen der Form $a + b$ mit $a \in \mathfrak{a}$ und $b \in \mathfrak{b}$ enthalten. Dies zeigt, dass $\mathfrak{a} + \mathfrak{b}$ das kleinste Ideal ist, das sowohl $\mathfrak{a}$ als auch $\mathfrak{b}$ umfasst.

(ii) Wir überlassen diesen Teil des Beweises dem Leser als Übungsaufgabe. $\qquad\square$

Aufgabe 7.15. Führen Sie Teil (ii) des Beweises von Lemma 7.14 durch.

Bemerkung 7.16. Wir machen darauf aufmerksam, dass die Vereinigung zweier Ideale in der Regel kein Ideal ist. Beispielsweise ist die Vereinigung der Ideale $\mathfrak{a} = 2\mathbb{Z}$ und $\mathfrak{b} = 3\mathbb{Z}$ wegen $2 + 3 = 5 \notin 2\mathbb{Z} \cup 3\mathbb{Z}$ nicht einmal unter der Addition abgeschlossen.

Lemma 7.14 in Verbindung mit Definition 7.11 motiviert die folgende Definition.

Definition 7.17. Es seien $\mathfrak{a}$ und $\mathfrak{b}$ Ideale von R. Dann heißt das Summenideal $\mathfrak{a} + \mathfrak{b}$ der *größte gemeinsame Teiler der Ideale $\mathfrak{a}$ und $\mathfrak{b}$*; wir schreiben dafür $(\mathfrak{a}, \mathfrak{b})$.

Das Durchschnittsideal $\mathfrak{a} \cap \mathfrak{b}$ heißt das *kleinste gemeinsame Vielfache der Ideale $\mathfrak{a}$ und $\mathfrak{b}$*; wir schreiben dafür $[\mathfrak{a}, \mathfrak{b}]$.

Wir diskutieren nun drei Klassen von Integritätsbereichen $(R, +, \cdot)$ mit Einselement 1, für die der größte gemeinsame Teiler zweier Elemente existiert. In jedem Fall gehen wir auch auf die Berechnung des größten gemeinsamen Teilers ein. Dazu bezeichnen wir einen größten gemeinsamen Teiler von $a, b \in R$ im Folgenden wie gewohnt mit (a, b). Wir müssen dabei allerdings beachten, dass (a, b) nur bis auf Multiplikation mit Einheiten von R eindeutig bestimmt ist. Dagegen ist das von (a, b) in R erzeugte Hauptideal $((a, b))$ eindeutig festgelegt.

7.1 ZPE-Ringe

Definition 7.18. Ein Integritätsbereich $(R, +, \cdot)$ mit Einselement 1 heißt *ZPE-Ring* (d. h. *Ring mit eindeutiger Primfaktorzerlegung*), falls jede vom Nullelement 0 verschiedene Nicht-Einheit (d. h. jedes $a \in R \setminus R^{\times}$, $a \neq 0$) eindeutig (bis auf die Reihenfolge und Assoziiertheit der Faktoren) als Potenzprodukt von irreduziblen Elementen dargestellt werden kann. ZPE-Ringe werden auch *faktorielle Ringe* genannt.

Beispiel 7.19. (i) Der Ring $(\mathbb{Z}, +, \cdot)$ ist nach Satz 1.8 ein ZPE-Ring.

(ii) Die Menge $\mathbb{Q}[X]$ der Polynome in der Variablen X mit rationalen Koeffizienten wird mit der bekannten Addition und Multiplikation von Polynomen zu einem Integritätsbereich $(\mathbb{Q}[X], +, \cdot)$ mit Einselement 1. Man erkennt auch $(\mathbb{Q}[X], +, \cdot)$ als ZPE-Ring.

Lemma 7.20. *Es sei* $(R, +, \cdot)$ *ein ZPE-Ring. Weiter seien* a, b *Elemente von* R, *die nicht beide zugleich gleich dem Nullelement* 0 *sind, mit den (bis auf die Reihenfolge und Assoziiertheit der Faktoren) eindeutigen Zerlegungen in Potenzprodukte irreduzibler Elemente*

$$a = \prod_{\substack{p \in R \\ p \text{ irred.}}} p^{a_p}, \quad b = \prod_{\substack{p \in R \\ p \text{ irred.}}} p^{b_p}.$$

Dann berechnet sich ein größter gemeinsamer Teiler (a, b) *von* a *und* b *zu*

$$(a, b) = \prod_{\substack{p \in R \\ p \text{ irred.}}} p^{d_p},$$

wobei $d_p := \min\{a_p, b_p\}$ *ist.*

Beweis. Der Beweis verläuft vollständig analog zum Beweis von Satz 4.3 in Kapitel I. $\square$

Bemerkung 7.21. Wir werden später Beispiele von Ringen kennenlernen, die keine ZPE-Ringe sind. Der folgende Satz, den wir ohne Beweis angeben, deutet an, warum es nicht so einfach ist, nicht-faktorielle Ringe zu finden.

Satz 7.22 (Satz von Gauß). *Wenn* $(R, +, \cdot)$ *ein ZPE-Ring ist, dann ist auch der Polynomring* $(R[X], +, \cdot)$ *ein ZPE-Ring.* $\square$

7.2 Hauptidealringe

Definition 7.23. Ein Integritätsbereich $(R, +, \cdot)$ mit Einselement 1 heißt *Hauptidealring*, falls jedes Ideal von R ein Hauptideal ist, d. h. zu jedem Ideal $\mathfrak{a}$ von R existiert ein $a \in R$ mit $\mathfrak{a} = (a)$.

Beispiel 7.24. (i) Der Ring $(\mathbb{Z}, +, \cdot)$ ist nach Lemma 3.20 ein Hauptidealring.

(ii) Es lässt sich zeigen, dass der Polynomring $(\mathbb{Q}[X], +, \cdot)$ auch ein Hauptidealring ist. Vergleiche hierzu auch das nachfolgende Beispiel 7.34.

Aufgabe 7.25. Wir haben bereits gesehen, dass $(\mathbb{Z}[X], +, \cdot)$ kein Hauptidealring ist. Versuchen Sie, weitere solche Beispiele zu konstruieren.

Der folgende Satz erklärt den Zusammenhang zwischen ZPE-Ringen und Hauptidealringen; wir zitieren ihn ohne Beweis.

Satz 7.26. *Jeder Hauptidealring ist ein ZPE-Ring.* $\qquad\qquad\square$

Bemerkung 7.27. Die Umkehrung gilt nicht: $(\mathbb{Z}[X], +, \cdot)$ ist zwar nach dem Satz von Gauß ein ZPE-Ring, aber kein Hauptidealring.

Es lässt sich andererseits zeigen, dass in Hauptidealringen irreduzible Elemente stets auch Primelemente sind. Somit sind diese beiden Begriffe in Hauptidealringen äquivalent.

Lemma 7.28. *Es sei $(R, +, \cdot)$ ein Hauptidealring. Weiter seien a, b Elemente von R, die nicht beide zugleich gleich dem Nullelement 0 sind. Das Summenideal $(a) + (b)$ ist ein Hauptideal, d. h. es gibt ein $d \in R$ mit*

$$(a) + (b) = (d).$$

Dann ist d ein größter gemeinsamer Teiler von a und b, d. h. $d = (a, b)$.

Beweis. Wir haben zu zeigen, dass d die beiden Eigenschaften
(i) $d \mid a$ und $d \mid b$,
(ii)   für alle $x \in R$ mit $x \mid a$ und $x \mid b$ folgt $x \mid d$
erfüllt.

Ad (i): Da konstruktionsgemäß $(a) \subseteq (a) + (b) = (d)$ und $(b) \subseteq (a) + (b) = (d)$ gilt, erhalten wir mit Lemma 7.12 unmittelbar $d \mid a$ und $d \mid b$.

Ad (ii): Es sei $x \in R$ ein gemeinsamer Teiler von a und b. Dann impliziert Lemma 7.12, dass

$$(a) \subseteq (x) \quad \text{und} \quad (b) \subseteq (x)$$

gilt. Damit ist aber auch das Summenideal $(d) = (a) + (b)$ im Hauptideal (x) enthalten, d. h. $(d) \subseteq (x)$. Nach nochmaliger Anwendung von Lemma 7.12 folgt jetzt $x \mid d$. $\qquad\qquad\square$

Lemma 7.29. *Es sei $(R, +, \cdot)$ ein Hauptidealring. Weiter seien a, b Elemente von R, die nicht beide zugleich gleich dem Nullelement 0 sind. Dann existieren $x, y \in R$ derart, dass ein größter gemeinsamer Teiler (a, b) von a, b gegeben ist durch*

$$(a, b) = x \cdot a + y \cdot b.$$

Beweis. Nach Lemma 7.28 ist ein größter gemeinsamer Teiler $d = (a, b)$ von a, b bestimmt durch die Idealgleichung

$$(d) = (a) + (b),$$

d. h. es gilt insbesondere $d \in (a) + (b)$. Da nun die Elemente des Summenideals $(a) + (b)$ gegeben sind durch

$$\begin{aligned}(a) + (b) &= \{a' + b' \mid a' \in (a),\, b' \in (b)\} \\ &= \{r \cdot a + s \cdot b \mid r, s \in R\},\end{aligned}$$

ist d von der Form

$$d = x \cdot a + y \cdot b$$

mit $x, y \in R$. $\square$

7.3   Euklidische Ringe

Definition 7.30. Ein Integritätsbereich $(R, +, \cdot)$ mit Einselement 1 heißt *Euklidischer Ring*, falls eine Abbildung $w \colon R \setminus \{0\} \longrightarrow \mathbb{Q}$ mit den beiden folgenden Eigenschaften existiert:

(i)   *(Division mit Rest)*. Sind $a, b \in R$, $b \neq 0$, so finden sich $q, r \in R$ derart, dass $a = q \cdot b + r$ mit $w(r) < w(b)$ oder $r = 0$ gilt.

(ii)   Zu vorgegebenem $s \in \mathbb{Q}$ ist die Wertemenge

$$W(s) := \big\{ w(a) \mid a \in R \setminus \{0\},\, w(a) < s \big\}$$

endlich.

Beispiel 7.31. Der Ring der ganzen Zahlen $(\mathbb{Z}, +, \cdot)$ wird mit der Betragsabbildung $w \colon \mathbb{Z} \setminus \{0\} \longrightarrow \mathbb{Q}$, gegeben durch $w(a) := |a|$ $(a \in \mathbb{Z} \setminus \{0\})$, zu einem Euklidischen Ring. Die Gültigkeit von Eigenschaft (i) aus Definition 7.30 ist eine unmittelbare Folge aus Satz 1.4, der Division mit Rest ganzer Zahlen; Eigenschaft (ii) ist deshalb erfüllt, weil es zu gegebener rationaler Zahl s höchstens endlich viele ganze Zahlen mit Betrag kleiner als s gibt.

Satz 7.32. *Jeder Euklidische Ring $(R, +, \cdot)$ ist ein Hauptidealring.*

Beweis. Es sei $(R, +, \cdot)$ ein Euklidischer Ring mit der Werteabbildung $w \colon R \setminus \{0\} \longrightarrow \mathbb{Q}$. Wir haben zu zeigen, dass jedes Ideal $\mathfrak{a} \subseteq R$ ein Hauptideal ist. Ist $\mathfrak{a}$ das Nullideal, so gilt $\mathfrak{a} = (0)$, und wir sind fertig. Wir nehmen für das folgende also an, dass $\mathfrak{a} \neq (0)$ gilt. Somit enthält $\mathfrak{a}$ mindestens ein Element $a_0 \neq 0$; es sei $w_0 := w(a_0) \in \mathbb{Q}$ der Wert von a_0. Aufgrund von Eigenschaft (ii) aus Definition 7.30 ist die Menge

$$\big\{ w(a) \mid a \in \mathfrak{a} \setminus \{0\},\, w(a) < w_0 \big\}$$

endlich. Es findet sich somit ein $a \in \mathfrak{a}$, $a \neq 0$, mit minimalem Wert $w(a)$. Es sei nun $b \in \mathfrak{a}$ ein beliebiges Element. Unter Verwendung von Eigenschaft (i) dividieren wir b mit Rest durch a, d. h. wir bestimmen $q, r \in R$ derart, dass

$$b = q \cdot a + r$$

mit $r = 0$ oder $w(r) < w(a)$ gilt. Wäre jetzt $r \neq 0$, so wäre $r = b - q \cdot a$ ein vom Nullelement verschiedenes Element von $\mathfrak{a}$ mit einem Wert $w(r)$, der echt kleiner als der Wert $w(a)$ von a ist. Dies widerspricht aber der Wahl von a, d. h. es muss $r = 0$ gelten. Somit haben wir $b = q \cdot a$, also $\mathfrak{a} = (a)$.   □

Bemerkung 7.33. Wir bemerken, dass wir in Definition 7.30 die Existenz eines Einselements 1 nicht hätten fordern müssen; dieses ergibt sich aus den übrigen Forderungen automatisch: Da $(R, +, \cdot)$ ein Integritätsbereich ist, ist das Ideal $\mathfrak{a} = R$ nicht-trivial, d. h. es existiert $a \in R$, $a \neq 0$, mit minimalem Wert $w(a) \in \mathbb{Q}$. Indem wir nun a mit Rest durch sich selbst dividieren, erhalten wir wie im vorhergehenden Beweis $a = e \cdot a$ mit einem $e \in R$. Nach Kürzen mit a finden wir das gesuchte Einselement $e = 1$.

Beispiel 7.34. Wir erkennen den Polynomring $(\mathbb{Q}[X], +, \cdot)$ wie folgt als Euklidischen Ring: Zunächst ist $(\mathbb{Q}[X], +, \cdot)$ ein Integritätsbereich. Ist nun $P \in \mathbb{Q}[X]$ ein vom Nullpolynom verschiedenes Polynom, so können wir diesem den Grad $\deg(P)$ zuordnen, welcher gegeben ist als diejenige natürliche Zahl, die als größter Exponent in P auftritt. Wir erhalten damit eine Abbildung

$$\deg \colon \mathbb{Q}[X] \setminus \{0\} \longrightarrow \mathbb{N} \subseteq \mathbb{Q}.$$

Die Division mit Rest für Polynome zeigt, dass Eigenschaft (i) aus Definition 7.30 erfüllt ist. Die Gültigkeit von Eigenschaft (ii) entnimmt man daraus, dass nur endlich viele Möglichkeiten für den Grad unterhalb einer vorgegebenen rationalen Zahl bestehen.

Im vorhergehenden Unterabschnitt haben wir in Lemma 7.29 erkannt, dass sich in Hauptidealringen $(R, +, \cdot)$ ein größter gemeinsamer Teiler d zweier Elemente $a, b \in R$ als *Linearkombination* $d = x \cdot a + y \cdot b$ darstellen lässt. Dabei konnte aber außer über die Existenz von $x, y \in R$ keine Aussagen über die explizite Bestimmung dieser beiden Elemente gemacht werden. Als Konsequenz aus dem nachfolgenden Satz wird sich aber auch dieses Problem klären.

Satz 7.35 (Euklidischer Algorithmus). *Es seien $(R, +, \cdot)$ ein Euklidischer Ring und $a, b \in R$ mit $b \neq 0$. Wir betrachten dann die fortgesetzte Division mit Rest, welche zu dem Schema*

$$a = q_1 \cdot b + r_1, \qquad 0 < w(r_1) < w(b) \qquad oder \ r_1 = 0;$$
$$b = q_2 \cdot r_1 + r_2, \qquad 0 < w(r_2) < w(r_1) \qquad oder \ r_2 = 0;$$
$$r_1 = q_3 \cdot r_2 + r_3, \qquad 0 < w(r_3) < w(r_2) \qquad oder \ r_3 = 0;$$
$$\vdots \qquad\qquad\qquad \vdots \qquad\qquad \vdots \quad \vdots$$
$$r_{n-2} = q_n \cdot r_{n-1} + r_n, \quad 0 < w(r_n) < w(r_{n-1}) \ oder \ r_n = 0;$$
$$r_{n-1} = q_{n+1} \cdot r_n + r_{n+1}, 0 < w(r_{n+1}) < w(r_n) \ oder \ r_{n+1} = 0;$$
$$\vdots \qquad\qquad\qquad \vdots \qquad\qquad \vdots \quad \vdots$$

führt. Dieses Verfahren bricht nach endlichen vielen Schritten ab, d. h. es findet sich ein $n \in \mathbb{N}$ derart, dass $r_{n+1} = 0$ ist. Überdies ist der letzte, nicht verschwindende Rest r_n ein größter gemeinsamer Teiler von a und b.

Beweis. Da $(R, +, \cdot)$ ein Euklidischer Ring ist, ist die Wertemenge

$$W(w(b)) := \{ w(a) \, | \, a \in R \setminus \{0\}, \ w(a) < w(b) \}$$

endlich. Dies hat zur Folge, dass die fortgesetzte Division mit Rest nach endlich vielen Schritten abbrechen muss, d. h. dass sich ein $n \in \mathbb{N}$ derart findet, dass $r_{n+1} = 0$ ist; r_n bezeichnet dann im Folgenden den letzten, nicht verschwindenden Rest.

Wir zeigen jetzt, dass $r_n = (a, b)$ gilt. Dazu haben wir für r_n die beiden Eigenschaften aus Definition 7.2 eines größten gemeinsamen Teilers zu verifizieren.

(i) Wir zeigen zuerst, dass r_n ein gemeinsamer Teiler von a und b ist. Indem wir im vorhergehenden Schema die letzte Zeile betrachten, erkennen wir, dass $r_n \, | \, r_{n-1}$ gilt. Der zweitletzten Zeile $r_{n-2} = q_n \cdot r_{n-1} + r_n$ entnehmen wir somit, dass die Teilbarkeit $r_n \, | \, r_{n-2}$ besteht. Indem wir uns in dem Schema in dieser Weise sukzessive hocharbeiten, erhalten wir schließlich $r_n \, | \, b$ und letztendlich $r_n \, | \, a$, d. h. r_n ist in der Tat ein gemeinsamer Teiler von a und b.

(ii) Wir zeigen nun, dass r_n auch jeden gemeinsamen Teiler x von a und b teilt. Indem wir im vorhergehenden Schema die erste Zeile betrachten, erhalten wir $x \, | \, r_1$. Mit Hilfe der zweiten Zeile schließen wir daraus $x \, | \, r_2$. Indem wir so fortfahren, erkennen wir, dass x sukzessive alle Reste teilen muss, d. h. wir erhalten insbesondere $x \, | \, r_n$, wie behauptet.
Damit ist der Satz beweisen.   □

Bemerkung 7.36. (Erweiterter Euklidischer Algorithmus). Es seien $(R, +, \cdot)$ ein Euklidischer Ring und $a, b \in R$ mit $b \neq 0$. Eine Analyse von Satz 7.35 zeigt, dass wir aus den Daten der fortgesetzten Division mit Rest *explizit* Elemente $x, y \in R$ bestimmen können, für die

$$(a, b) = x \cdot a + y \cdot b$$

gilt. Aus der zweitletzten Zeile des in Satz 7.35 gegebenen Schemas lesen wir $r_n = r_{n-2} - q_n \cdot r_{n-1}$ ab. Unter Verwendung der drittletzten Zeile dieses Schemas, d. h. $r_{n-3} = q_{n-1} \cdot r_{n-2} + r_{n-1}$, ergibt sich weiter

$$
\begin{aligned}
r_n &= r_{n-2} - q_n \cdot r_{n-1} \\
&= r_{n-2} - q_n \cdot (r_{n-3} - q_{n-1} \cdot r_{n-2}) \\
&= (-q_n) \cdot r_{n-3} + (1 + q_n \cdot q_{n-1}) \cdot r_{n-2}.
\end{aligned}
$$

Wir erkennen also, dass wir r_n durch entsprechendes Hocharbeiten im obigen Schema als Linearkombination zweier aufeinanderfolgender Reste r_j, r_{j+1} $(j = n - 2, \ldots, 1)$ darstellen können. Nach insgesamt $(n - 2)$ Schritten erhalten wir damit

$$
r_n = x_1 \cdot r_1 + x_2 \cdot r_2
$$

mit geeigneten $x_1, x_2 \in R$. Indem wir in dieser Gleichung zunächst r_2 durch $b - q_2 \cdot r_1$ und anschließend noch r_1 durch $a - q_1 \cdot b$ substituieren, stoßen wir auf die gesuchten $x, y \in R$.

Zum Abschluss des Kapitels wollen wir diesen Sachverhalt noch anhand eines konkreten Beispiels illustrieren.

Beispiel 7.37. Wir betrachten den Euklidischen Ring $(\mathbb{Z}, +, \cdot)$ der ganzen Zahlen. Wir wollen den größten gemeinsamen Teiler (a, b) von $a = 113$ und $b = 29$ berechnen und als Linearkombination ganzer Zahlen darstellen. Fortgesetzte Division mit Rest liefert zunächst das Schema

$$
\begin{aligned}
113 &= 3 \cdot 29 + 26 \\
29 &= 1 \cdot 26 + 3 \\
26 &= 8 \cdot 3 + 2 \\
3 &= 1 \cdot 2 + 1 \\
2 &= 2 \cdot 1 + 0,
\end{aligned}
$$

woraus $(113, 29) = 1$ folgt. Um die gewünschte ganzzahlige Linearkombination des größten gemeinsamen Teilers zu gewinnen, rollen wir das vorhergehende Schema von unten auf; wir erhalten

$$
\begin{aligned}
1 &= 3 - 1 \cdot 2 \\
&= 3 - 1 \cdot (26 - 8 \cdot 3) = 9 \cdot 3 - 1 \cdot 26 \\
&= 9 \cdot (29 - 1 \cdot 26) - 1 \cdot 26 = 9 \cdot 29 - 10 \cdot 26 \\
&= 9 \cdot 29 - 10 \cdot (113 - 3 \cdot 29) = -10 \cdot 113 + 39 \cdot 29,
\end{aligned}
$$

also ergibt sich

$$
(113, 29) = 1 = -10 \cdot 113 + 39 \cdot 29.
$$

Aufgabe 7.38. Führen Sie den Euklidischen Algorithmus zur Bestimmung des größten gemeinsamen Teilers (a, b) von a, b in den beiden folgenden Fällen durch:

(a) $a = 123456789$, $b = 555555555$ im Ring $(\mathbb{Z}, +, \cdot)$.
(b) $a = X^4 + 2X^3 + 2X^2 + 2X + 1$, $b = X^3 + X^2 - X - 1$ im Polynomring $(\mathbb{Q}[X], +, \cdot)$.

C. Rationale Lösungen von Gleichungen – Ein erster Einblick

Wir lassen dieses Kapitel ausklingen mit einem ersten Einblick in das Lösen polynomialer Gleichungen im Bereich der rationalen Zahlen, die wir in Abschnitt 6 in diesem Kapitel bereit gestellt haben. Dies wird uns auf klassische Fragestellungen führen, die zum Teil erst vor einigen wenigen Jahren gelöst werden konnten oder deren Untersuchung Gegenstand der aktuellen zahlentheoretischen Forschung ist.

C.1 Die allgemeine Problemstellung

In Verallgemeinerung der linearen Algebra, in der nach den gemeinsamen Lösungen mehrerer linearer Gleichungen in mehreren Variablen $X_1, \ldots, X_n$ in einem Körper K (z. B. im Körper der rationalen Zahlen $\mathbb{Q}$ oder in den Körpern der reellen Zahlen $\mathbb{R}$ bzw. der komplexen Zahlen $\mathbb{C}$, die in den folgenden Kapiteln konstruiert werden) gesucht wird, interessiert in der komplexen algebraischen Geometrie die Frage nach der Mannigfaltigkeit aller gemeinsamen komplexwertigen Lösungen von Gleichungen der Form

$$P_j(X_1, \ldots, X_n) = 0 \quad (j = 1, \ldots, r),$$

wobei $P_j = P_j(X_1, \ldots, X_n)$ Polynome beliebigen Grades mit Koeffizienten in $\mathbb{C}$ sind, d. h. $P_1, \ldots, P_r$ sind Elemente des Polynomrings $\mathbb{C}[X_1, \ldots, X_n]$.

In der arithmetischen algebraischen Geometrie interessiert die analoge Fragestellung über dem Körper der rationalen Zahlen $\mathbb{Q}$. Insbesondere interessieren hierbei die beiden fundamentalen Fragestellungen:

(A) Gibt es ein n-Tupel rationaler Zahlen $(x_1, \ldots, x_n)$ mit der Eigenschaft $P_j(x_1, \ldots, x_n) = 0$ für $j = 1, \ldots, r$?
(B) Falls Frage (A) bejaht werden kann, gibt es dann endlich viele oder unendlich viele solche n-Tupel rationaler Zahlen $(x_1, \ldots, x_n)$?

Im Folgenden wollen wir unter der Annahme, dass die Frage (A) bejaht werden kann, der Frage (B) im Fall zweier Variablen $X = X_1, Y = X_2$ und $r = 1$, d. h. eines Polynoms $P = P_1 \in \mathbb{Q}[X, Y]$, nachgehen.

Es sei also $P = P(X, Y)$ ein Polynom in den beiden Variablen X, Y mit rationalzahligen Koeffizienten. Zur Beantwortung der beiden obigen Fragen können wir ohne Einschränkung annehmen, dass die Koeffizienten von P ganzzahlig sind, d. h. P ist ein Element des Polynomrings $\mathbb{Z}[X, Y]$. Gemäß Frage (A) interessiert nun, ob es rationale Zahlen x, y mit der Eigenschaft

$P(x,y) = 0$ gibt. Diese Fragestellung kann wie folgt auch geometrisch formuliert werden. Durch die Gleichung

$$P(X,Y) = 0$$

wird eine sogenannte *algebraische Kurve* C in der X,Y-Ebene definiert. Die Frage nach rationalen Lösungen x,y der polynomialen Gleichung $P(X,Y) = 0$ ist somit gleichbedeutend mit der Frage nach Punkten auf der Kurve C, welche rationale Koordinaten besitzen. Um Frage (A) zu studieren, schreiben wir

$$C(\mathbb{Q}) := \{(x,y) \in \mathbb{Q}^2 \mid P(x,y) = 0\}$$

und nennen dies die Menge der rationalen Punkte von C. Für den Einheitskreis mit Zentrum im Ursprung, der durch die Gleichung $X^2 + Y^2 - 1 = 0$ beschrieben wird, ist beispielsweise $(3/5, 4/5)$ ein rationaler Punkt.

   Gehen wir also von der algebraischen Kurven C, definiert durch die Gleichung $P(X,Y) = 0$, aus, so können die Fragen (A) und (B) wie folgt umformuliert werden:

(A) Ist die Menge $C(\mathbb{Q})$ nicht-leer?
(B) Falls Frage (A) bejaht werden kann, ist $C(\mathbb{Q})$ endlich oder unendlich?

Wir geben im Folgenden einen groben Überblick über die Antworten zu Frage (B). Dazu schreiten wir im Wesentlichen nach aufsteigendem Grad d des Polynoms P voran.

C.2   Rationale Punkte auf Geraden und Quadriken

Grad $d = 1$: Ohne Beschränkung der Allgemeinheit können wir

$$P(X,Y) = aX + bY + c$$

mit $a,b,c \in \mathbb{Z}$ und $a \neq 0$ annehmen. Die durch $P(X,Y) = 0$ definierte Kurve C ist in diesem Fall eine Gerade mit rationaler Steigung, und wir überlegen uns leicht, dass

$$C(\mathbb{Q}) = \left\{(x,y) \in \mathbb{Q}^2 \,\middle|\, x = -\frac{bt+c}{a}, y = t : t \in \mathbb{Q}\right\}$$

gilt. Daraus entnimmt man sofort, dass die Menge $C(\mathbb{Q})$ immer unendlich ist, insbesondere also auch nie leer ist.

Grad $d = 2$: Ohne Beschränkung der Allgemeinheit können wir $P(X,Y) = aX^2 + bXY + cY^2 + d$ mit $a,b,c,d \in \mathbb{Z}$ und $a \neq 0$ annehmen. Die durch $P(X,Y) = 0$ definierte Kurve C ist ein Kegelschnitt oder, wie man auch sagt, eine *Quadrik*.

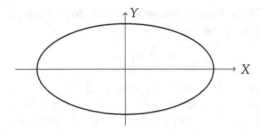

Wie das Beispiel $P(X,Y) = X^2 - 2$ zeigt, braucht eine über den rationalen Zahlen definierte Quadrik keine rationalen Punkte zu besitzen; dieses Beispiel beruht auf der Irrationalität von $\sqrt{2}$.

Wir nehmen nun an, dass die Kurve C mindestens einen rationalen Punkt $P \in C(\mathbb{Q})$ besitzt. Indem wir C von P aus mit einem rationalen Punkt Q auf einer Geraden L mit rationaler Steigung verbinden, erhalten wir wiederum eine Gerade mit rationaler Steigung, welche C in einem weiteren Punkt R schneidet. Die X-Koordinate dieses Schnittpunkts genügt einer quadratischen Gleichung, deren eine Lösung (die X-Koordinate des Punktes P) rational ist. Nach dem Satz von Vieta muss damit auch die X-Koordinate des weiteren Schnittpunkts R, und somit auch dessen Y-Koordinate, rational sein. Wie man auch der nachfolgenden Figur entnimmt,

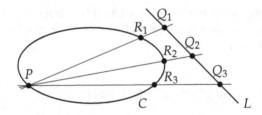

erhalten wir auf diese Weise unendlich viele rationale Punkte auf der Quadrik C, da $L(\mathbb{Q})$ unendlich ist. Zusammenfassend stellen wir also fest, dass die Existenz eines rationalen Punktes auf einer Quadrik C die Unendlichkeit von $C(\mathbb{Q})$ zur Folge hat.

Bemerkung C.1. Das soeben bewiesene qualitative Ergebnis über die Unendlichkeit der rationalen Punkte auf Quadriken lässt sich auch quantitativ nutzen, wie wir an einem Beispiel zeigen. Dazu sei die Quadrik C gegeben durch den Einheitskreis $X^2 + Y^2 - 1 = 0$ mit dem rationalen Punkt $P = (-1,0)$ und die Gerade L mit rationaler Steigung sei die Y-Achse.

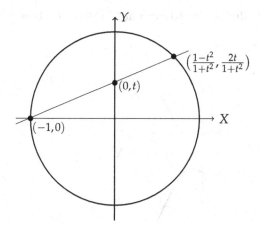

Verbinden wir den Punkt $P = (-1,0)$ mit dem rationalen Punkt $Q = (0,t)$ auf der Y-Achse, so erhalten wir auf dem Einheitskreis den Punkt R mit den rationalen Koordinaten

$$x = \frac{1-t^2}{1+t^2}, \quad y = \frac{2t}{1+t^2}.$$

Indem wir $t = n/m$ $(m,n \in \mathbb{N},\ m > n > 0)$ wählen, erhalten wir als schönes Nebenergebnis unserer Überlegungen, dass es unendlich viele Tripel natürlicher Zahlen (a,b,c) mit $a^2 + b^2 = c^2$ gibt; diese sind durch

$$a = m^2 - n^2, b = 2mn, c = m^2 + n^2$$

gegeben. Diese Tripel werden *pythagoreische Zahlentripel* genannt.

C.3 Rationale Punkte auf elliptischen Kurven

Es seien nun $P = P(X,Y)$ ein Polynom vom Grad $d = 3$ und C die durch $P(X,Y) = 0$ definierte Kurve. Wie im Fall von Quadriken kann die Menge $C(\mathbb{Q})$ leer sein. Wir nehmen im Folgenden an, dass die Kurve C mindestens einen rationalen Punkt enthält. Indem wir diesen als den unendlich fernen Punkt auf C wählen, kann C ohne Beschränkung der Allgemeinheit in der Form

$$Y^2 = X^3 + aX^2 + bX + c \tag{12}$$

mit $a,b,c \in \mathbb{Z}$ angenommen werden. Indem man zusätzlich annimmt, dass das kubische Polynom rechter Hand keine mehrfachen Nullstellen besitzt, d. h. dass seine Diskriminante Δ nicht verschwindet, so nennt man C eine *elliptische Kurve*. Zur Theorie der elliptischen Kurven verweisen wir auf die Lehrbücher [7] und [12]. Nachfolgend untersuchen wir die Menge der rationalen Punkte auf elliptischen Kurven auf Endlichkeit bzw. Unendlichkeit.

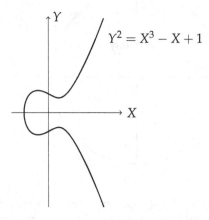

Zunächst bemerken wir, dass die Menge $C(\mathbb{Q})$ der rationalen Punkte auf C die Struktur einer abelschen Gruppe besitzt. Die Summe $P + Q$ zweier rationaler Punkte $P, Q \in C(\mathbb{Q})$ ist dabei durch den folgenden rationalen Punkt gegeben: Man verbinde P und Q durch eine Gerade L. Diese hat rationale Steigung und schneidet die Kubik C deshalb in einem weiteren rationalen Punkt R. Indem wir R an der X-Achse spiegeln, erhalten wir den rationalen Punkt $P + Q \in C(\mathbb{Q})$.

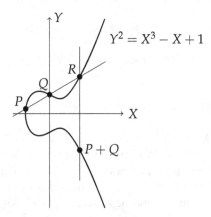

Die Konstruktion zeigt sofort, dass die auf diese Art definierte Addition kommutativ ist; es ist andererseits aber nicht so einfach, die Assoziativität dieser Addition nachzuweisen. Der unendlich ferne Punkt ist dabei das neutrale Element der abelschen Gruppe $C(\mathbb{Q})$.

Im Jahr 1922 gelang es dem englischen Mathematiker Louis Mordell die Struktur der abelschen Gruppe $C(\mathbb{Q})$ zu enthüllen.

Satz C.2 (Mordell [11]). *Ist C eine über den rationalen Zahlen definierte elliptische Kurve, so ist die abelsche Gruppe $C(\mathbb{Q})$ endlich erzeugt. Damit besteht die direkte Summenzerlegung*

$$C(\mathbb{Q}) = C(\mathbb{Q})_{\text{frei}} \oplus C(\mathbb{Q})_{\text{endl.}},$$

wobei $C(\mathbb{Q})_{\text{frei}}$ den freien Anteil und $C(\mathbb{Q})_{\text{endl.}}$ den endlichen Anteil (Torsionsanteil) der abelschen Gruppe $C(\mathbb{Q})$ bezeichnet. □

Die Menge $C(\mathbb{Q})_{\text{endl.}}$ ist eine endliche abelsche Gruppe, d. h. $C(\mathbb{Q})_{\text{endl.}}$ besteht aus den rationalen Punkten endlicher Ordnung auf C. Dazu besteht der

Satz C.3 (Mazur [10]). *Ist C eine über den rationalen Zahlen definierte elliptische Kurve, so ist der endliche Anteil $C(\mathbb{Q})_{\text{endl.}}$ zu einer der folgenden 15 Gruppen*

$$\mathbb{Z}/N\mathbb{Z} \quad (N = 1,\dots,10,12),$$
$$\mathbb{Z}/2\mathbb{Z} \oplus \mathbb{Z}/2N\mathbb{Z} \quad (N = 1,\dots,4)$$

isomorph. □

Für den freien Anteil besteht die Isomorphie

$$C(\mathbb{Q})_{\text{frei}} \cong \mathbb{Z}^{r_C} = \underbrace{\mathbb{Z} \oplus \dots \oplus \mathbb{Z}}_{r_C\text{-mal}}.$$

Die Größe r_C wird *der Rang von $C(\mathbb{Q})$* genannt. Ist $r_C = 0$, so besitzt $C(\mathbb{Q})$ also nur endlich viele rationale Punkte. Ist hingegen $r_C > 0$, so besitzt $C(\mathbb{Q})$ rationale Punkte unendlicher Ordnung und somit unendlich viele rationale Punkte. Zusammenfassend haben wir also:

$$r_C = 0 \iff \#C(\mathbb{Q}) < \infty,$$
$$r_C > 0 \iff \#C(\mathbb{Q}) = \infty.$$

Das Problem, die Menge $C(\mathbb{Q})$ für elliptische Kurven C zu beschreiben, besteht also im Wesentlichen in der Bestimmung ihres Rangs r_C.

C.4 Die Vermutung von Birch und Swinnerton-Dyer

Wie zuvor sei C eine elliptische Kurve, welche durch eine Gleichung der Form (12) definiert ist. Die Vermutung von Birch und Swinnerton-Dyer liefert ein analytisches Werkzeug, um zu entscheiden, ob $r_C = 0$ oder $r_C > 0$ gilt. Zur Formulierung dieser Vermutung betrachten wir die Gleichung (12) nun auch als Kongruenz modulo einer beliebigen Primzahl $p \in \mathbb{P}$ und definieren zunächst die Größe

$$N_p := \#\{x,y \in \{0,\ldots,p-1\} \mid y^2 \equiv x^3 + ax^2 + bx + c \mod p\} + 1.$$

Experimentell stellen Bryan Birch und Peter Swinnerton-Dyer in [2] die Äquivalenz

$$r_C > 0 \quad \Longleftrightarrow \quad \prod_{\substack{p \in \mathbb{P} \\ p \leq x}} \frac{N_p}{p} \xrightarrow[x \to \infty]{} \infty \tag{13}$$

fest. Mit Hilfe der L-Reihe $L_C(s)$ der elliptischen Kurve C, welche für $s \in \mathbb{C}$ mit $\mathrm{Re}(s) > 3/2$ durch das konvergente Eulerprodukt

$$L_C(s) := \prod_{\substack{p \in \mathbb{P} \\ p \nmid 2\Delta}} \frac{1}{1 - (p + 1 - N_p)p^{-s} + p^{1-2s}}$$

definiert ist, lässt sich (13) – zumindest formal – umschreiben in die Äquivalenz

$$r_C > 0 \quad \Longleftrightarrow \quad L_C(1) = 0.$$

Damit sind wir in der Lage, die Vermutung von Birch und Swinnerton-Dyer zu formulieren.

Vermutung (Vermutung von Birch und Swinnerton-Dyer [2]). *Es sei C eine durch die Gleichung (12) definierte elliptische Kurve. Dann gilt:*
(i) *Die L-Reihe $L_C(s)$ von C lässt sich zu einer holomorphen Funktion auf die gesamte komplexe Ebene $\mathbb{C}$ fortsetzen; insbesondere ist also $L_C(1)$ definiert.*
(ii) *Für die Verschwindungsordnung $\mathrm{ord}_{s=1} L_C(s)$ von $L_C(s)$ an der Stelle $s = 1$ besteht die Gleichheit $r_C = \mathrm{ord}_{s=1} L_C(s)$. Weiter gibt es eine explizite Formel, die den ersten, nicht verschwindenden Koeffizienten der Taylorentwicklung von $L_C(s)$ um $s = 1$ mit der Arithmetik von C in Zusammenhang bringt.*

Abgesehen von speziellen Beispielen ist die Vermutung im Wesentlichen nur für elliptische Kurven vom Rang 0 und 1 bewiesen. Genauer bestehen die folgenden Ergebnisse: Im Jahr 1977 haben John Coates und Andrew Wiles in [4] die Endlichkeit von $C(\mathbb{Q})$ für elliptische Kurven $C/\mathbb{Q}$ mit komplexer Multiplikation und $L_C(1) \neq 0$ bewiesen. Im Jahr 1986 haben Benedict Gross und Don Zagier in [6] gezeigt, dass (modulare) elliptische Kurven $C/\mathbb{Q}$ mit $L_C(1) = 0$, aber $L_C'(1) \neq 0$, unendlich viele rationale Punkte besitzen. Unter Verwendung dieses Resultats und neuer Ideen hat Victor Kolyvagin 1989 in [8] bewiesen, dass aus $L_C(1) \neq 0$ sich $r_C = 0$, und aus $L_C(1) = 0$, $L_C'(1) \neq 0$ sich $r_C = 1$ ergibt. Dabei verwendete er eine analytische Voraussetzung, die kurz danach durch Daniel Bump, Solomon Friedberg und Jeffrey Hoffstein in [3] bewiesen wurde. Wir verweisen den Leser an dieser Stelle auch auf den Übersichtsartikel [14] von Andrew Wiles.

Die aktuellsten Ergebnisse zur Vermutung von Birch und Swinnerton-Dyer gehen aus den fundamentalen Arbeiten von Manjul Bhargava hervor, für die er im Jahr 2014 mit der Fields-Medaille ausgezeichnet wurde. Zusammen mit Christopher Skinner und Wei Zhang hat er in der Arbeit [1] bewiesen, dass mehr als 66 Prozent der über $\mathbb{Q}$ definierten elliptischen Kurven die Vermutung von Birch und Swinnerton-Dyer erfüllen.

Die Suche nach rationalen Punkten auf elliptischen Kurven hängt mit dem klassichen *Kongruenzzahlproblem* zusammen. Dieses Problem lässt sich einfach formulieren: Es sei eine positive natürliche Zahl F vorgelegt. Gesucht wird nach einem rechtwinkligen Dreieck mit rationalen Seiten a, b, c und Flächeninhalt F. Das heisst, wir suchen positive rationale Zahlen a, b, c, welche den Gleichungen

$$a^2 + b^2 = c^2, \quad \frac{a \cdot b}{2} = F \tag{14}$$

genügen. Das pythagoreische Zahlentripel $(3, 4, 5)$ zeigt beispielsweise, dass für $F = 6$ ein rechtwinkliges Dreieck mit sogar ganzzahligen Seiten und Flächeninhalt 6 existiert. Falls für ein gegebenes F ein entsprechendes rechtwinkliges Dreieck existiert, so wird F *Kongruenzzahl* genannt. Die Frage, ob eine Zahl F Kongruenzzahl ist oder nicht, heißt Kongruenzzahlproblem.

Das Kongruenzzahlproblem hängt wie folgt mit der Suche nach rationalen Punkten auf elliptischen Kurven zusammen. Dazu ordnen wir der positiven natürlichen Zahl F die elliptische Kurve

$$C_F : Y^2 = X^3 - F^2 X = X(X - F)(X + F) \tag{15}$$

zu. Damit lässt sich leicht zeigen, dass F genau dann Kongruenzzahl ist, wenn der Rang r_{C_F} von C_F positiv ist, was nach der Vermutung von Birch und Swinnerton-Dyer wiederum mit dem Verschwinden von $L_{C_F}(1)$ äquivalent ist. Ist $r_{C_F} > 0$, so existiert ein rationaler Punkt $(x, y) \in C_F(\mathbb{Q})$ mit $y \neq 0$, da $(x, 0)$ ein rationaler 2-Torsionspunkt auf C_F wäre. Falls umgekehrt $(x, y) \in C_F(\mathbb{Q})$ ein rationaler Punkt mit $y \neq 0$ ist, dann hat (x, y) unendliche Ordnung, da gezeigt werden kann, dass alle rationalen Punkte auf C_F von endlicher Ordnung 2-Torsionspunkte sind und somit $y = 0$ erfüllen. Ist nun also F eine Kongruenzzahl, so gilt $r_{C_F} > 0$, was mit der Existenz eines rationalen Punktes $(x, y) \in C_F(\mathbb{Q})$ mit $y \neq 0$ äquivalent ist. Für diesen rationalen Punkt können wir somit ohne Beschränkung der Allgemeinheit $x < 0$ und $y > 0$ annehmen, und erhalten die Seiten des gewünschten rechtwinkligen Dreiecks mit Flächeninhalt F in der Form

$$a = \frac{F^2 - x^2}{y}, b = -\frac{2xF}{y}, c = \frac{F^2 + x^2}{y},$$

da das Bestehen der Gleichung (15) für den rationalen Punkt (x, y) unmittelbar die Gültigkeit der Gleichungen (14) nach sich zieht.

Beispiel C.4. Für $F = 5$ hat der rationale Punkt $(-5/9, 100/27) \in C_F(\mathbb{Q})$ unendliche Ordnung. Damit erhalten wir das rechtwinklige Dreieck mit den Seiten $a = 20/3, b = 3/2, c = 41/6$ und Flächeninhalt $F = 5$.

Für $F = 6$ erhalten wir mit $(-3, 9) \in C_F(\mathbb{Q})$ das uns bereits bekannte rechtwinklige Dreieck mit den Seiten $a = 3, b = 4, c = 5$.

Für $F = 7$ hat der rationale Punkt $(-49/25, 1176/125) \in C_F(\mathbb{Q})$ unendliche Ordnung. Damit erhalten wir das rechtwinklige Dreieck mit den Seiten $a = 24/5, b = 35/12, c = 337/60$ und Flächeninhalt $F = 7$.

Für $F = 1, 2, 3$ zeigt man $r_{C_F} = 0$; somit sind dies keine Kongruenzzahlen. Da $F = 1$ keine Kongruenzzahl ist, gibt es insbesondere kein rechtwinkliges Dreieck mit rationalen Seiten und Flächeninhalt gleich einer Quadratzahl.

Ergebnisse: Erfüllt F die Kongruenz $F \equiv 5, 6, 7 \bmod 8$, so zeigt die Arbeit [6], dass F Kongruenzzahl ist, falls $L'_{C_F}(1) \neq 0$ gilt; diese Bedingung ist insbesondere erfüllt, wenn F eine Primzahl mit $F \equiv 5, 7 \bmod 8$ ist (im letzteren Fall ist auch $2F$ eine Kongruenzzahl). Das aktuellste Ergebnis zum Zeitpunkt der Drucklegung dieses Buchs stammt von Ye Tian, der in [13] gezeigt hat, dass es zu vorgegebener natürlicher Zahl k jeweils unendlich viele quadratfreie Kongruenzzahlen F mit genau k verschiedenen Primfaktoren gibt, welche jeder der Kongruenzenklassen $F \equiv 5, 6, 7 \bmod 8$ anghören.

Ist hingegen $F \equiv 1, 2, 3 \bmod 8$, so wird vermutet, dass F mit großer Wahrscheinlichkeit keine Kongruenzzahl ist. Insbesondere wurde bewiesen, dass eine Primzahl F mit $F \equiv 3 \bmod 8$ keine Kongruenzzahl ist. Darüber hinaus wurden von Ye Tian, Xinyi Yuan und Shouwu Zhang unendliche Familien positiver ganzer Zahlen mit jeweils $F \equiv 1, 2, 3 \bmod 8$ konstruiert, die keine Kongruenzzahlen sind.

C.5 Rationale Punkte auf Kurven vom Grad $d > 3$ – Die Vermutung von Fermat

Den letzten Unterabschnitt unserer „tour d'horizon" widmen wir der Beantwortung der Frage (B) für algebraische Kurven C, welche durch ein Polynom $P \in \mathbb{Z}[X, Y]$ vom Grad $d > 3$ definiert sind. Zur Vereinfachung der Diskussion nehmen wir an, dass die Kurve C nicht singulär ist, d. h. dass es keinen Punkt $(x, y) \in C$ gibt, so dass gleichzeitig

$$\frac{\partial P}{\partial X}(x, y) = 0 \quad \text{und} \quad \frac{\partial P}{\partial Y}(x, y) = 0$$

gilt. Indem wir darüber hinaus zu C noch die möglicherweise auftretenden unendlich fernen Punkte dazu nehmen und die Kurve dort auch als nichtsingulär annehmen, erhalten wir eine sogenannte ebene, glatte und projektive Kurve vom Grad $d > 3$, die wir wiederum mit C bezeichnen. Louis Mordell vermutete in der bereits erwähnten Arbeit [11], dass in diesem Fall $C(\mathbb{Q})$ endlich ist. Im Jahr 1983, also gut sechzig Jahre später, gelang Gerd Faltings ein Beweis dieser Vermutung, für den er die Fields-Medaille, eine der höchsten Auszeichnungen in der Mathematik, erhielt.

Satz C.5 (Satz von Faltings [5]). *Für eine über den rationalen Zahlen definierte ebene, glatte und projektive Kurve C vom Grad d > 3 ist die Menge der rationalen Punkte endlich.* ☐

Bemerkung C.6. Der Satz von Faltings gilt allgemeiner, nicht nur für ebene algebraische Kurven. Um den Satz in seiner allgemeinen Form formulieren zu können, erinnern wir daran, dass sich glatten projektiven Kurven C das sogenannte Geschlecht g_C, eine natürliche Zahl, zuordnen lässt. Im Fall einer ebenen, glatten und projektiven Kurve C vom Grad d ist das Geschlecht g_C durch die Formel

$$g_C = \frac{(d-1)(d-2)}{2}$$

bestimmt. Die allgemeine Form des Satzes von Faltings besagt nun, dass für eine über den rationalen Zahlen $\mathbb{Q}$ bzw. über einem algebraischen Zahlkörper K definierte, glatte und projektive Kurve C vom Geschlecht $g_C > 1$ die Menge der $\mathbb{Q}$-rationalen Punkte bzw. K-rationalen Punkte endlich ist.

Beispiel C.7. Ein prominentes Beispiel ist die durch das Polynom

$$P(X,Y) = X^d + Y^d - 1$$

mit $d > 3$ definierte Kurve C_d. Der Satz von Faltings besagt nun, dass die Kurven C_d nur endlich viele rationale Punkte besitzen.

Die berühmte Vermutung von Fermat aus dem 17. Jahrhundert gibt eine Präzisierung des Endlichkeitsresultats, das durch den Satz von Faltings gewonnen wurde, sie besagt nämlich, dass

$$C_d(\mathbb{Q}) = \begin{cases} \{(1,0),(0,1)\}, & \text{falls } d \text{ ungerade,} \\ \{(\pm 1,0),(0,\pm 1)\}, & \text{falls } d \text{ gerade,} \end{cases}$$

gilt. Ein Beweis der Vermutung von Fermat ist allerdings erst im Jahre 1995 durch Andrew Wiles erfolgt.

Satz C.8 (Satz von Wiles [15]). *Für natürliche Zahlen d > 2 besitzt die Gleichung*

$$X^d + Y^d = Z^d$$

keine ganzzahligen Lösungen x, y, z mit xyz ≠ 0. ☐

Für eine Übersicht über den Beweis der Vermutung von Fermat durch Andrew Wiles und wesentliche Beiträge anderer Mathematiker sei auf den Artikel [9] verwiesen.

Zusammenfassend haben wir also einen ersten Überblick über Antworten auf die Frage (B) bei der Suche nach rationalen Lösungen *einer* polynomialen Gleichung in *zwei* Variablen gegeben und dabei auch einen ersten Eindruck von der damit einhergehenden reichhaltigen Arithmetik gewonnen. Wie unser Bericht zeigt, sind auch in diesem verhältnismäßig einfachen Fall noch viele Fragen ungelöst.

Die Suche nach Antworten auf die Fragen (A) und (B) im allgemeinen Fall beliebiger Systeme von Polynomen in mehreren Variablen ist Gegenstand der aktuellen und zukünftigen Forschung. Auch in diesem Fall erhofft man sich von den entsprechenden Antworten interessante arithmetische Konsequenzen.

Literaturverzeichnis

[1] M. Bhargava, C. Skinner, W. Zhang: *A majority of elliptic curves over* Q *satisfy the Birch and Swinnerton-Dyer conjecture.* Preprint, July 17, 2014. arXiv:1407.1826v

[2] B. Birch, H.P.F. Swinnerton-Dyer: *Notes on elliptic curves I, II.* J. Reine Angew. Math. **212** (1963), 7–25; **218** (1965), 79–108.

[3] D. Bump, S. Friedberg, J. Hoffstein: *Non-vanishing theorems for L-functions of modular forms and their derivatives.* Invent. Math. **102** (1990), 543–618.

[4] J. Coates, A. Wiles: *On the conjecture of Birch and Swinnerton-Dyer.* Invent. Math. **39** (1977), 223–251.

[5] G. Faltings: *Endlichkeitssätze für abelsche Varietäten.* Invent. Math. **73** (1983), 349–366.

[6] B. Gross, D. Zagier: *Heegner points and derivatives of L-series.* Invent. Math. **84** (1986), 225–320.

[7] A.W. Knapp: *Elliptic curves.* Math. Notes 40, Princeton University Press. Princeton, New Jersey, 1992.

[8] V.A. Kolyvagin: *On the Mordell–Weil and Shafarevich–Tate groups for elliptic Weil curves.* Math. USSR, Izv. **33** (1989), 473–499.

[9] J. Kramer: *Über den Beweis der Fermat-Vermutung I, II.* Elem. Math. **50** (1995), 12–25; **53** (1998), 45–60.

[10] B. Mazur: *Modular curves and the Eisenstein ideal.* Publ. Math. IHES **47** (1977), 33–186.

[11] L.J. Mordell: *On the rational solutions of the indeterminate equations of the third and fourth degrees.* Proc. Cambridge Philos. Soc. **21** (1922), 179–192.

[12] J.H. Silverman, J. Tate: *Rational points on elliptic curves.* Undergraduate Texts in Mathematics. Springer International Publishing, 2nd edition, 2015.

[13] Y. Tian: *Congruent numbers and Heegner points.* Cambridge J. Math. **2** (2014), 117–161.

[14] A. Wiles: *The Birch and Swinnerton-Dyer conjecture.* www.claymath.org/sites/default/files/birchswin.pdf

[15] A. Wiles: *Modular elliptic curves and Fermat's Last Theorem.* Ann. of Math. (2) **141** (1995), 443–551.

IV   Die reellen Zahlen

1.   Dezimalbruchentwicklung rationaler Zahlen

Es sei a eine von Null verschiedene natürliche Zahl. Am Ende von Kapitel I haben wir a mit Hilfe mehrfacher Division mit Rest eindeutig in der Form

$$a = \sum_{j=0}^{\ell} q_j \cdot 10^j \tag{1}$$

mit natürlichen Zahlen $0 \leq q_j \leq 9$ $(j = 0, \ldots, \ell)$ und $q_\ell \neq 0$ dargestellt. Für die Summe (1) haben wir die Dezimaldarstellung

$$a = q_\ell q_{\ell-1} \cdots q_1 q_0$$

eingeführt. Die Dezimalschreibweise überträgt sich unmittelbar auf den Bereich der ganzen Zahlen. Ist die ganze Zahl a nämlich negativ, so gilt $a = -|a|$. Mit der Dezimaldarstellung der natürlichen Zahl $|a|$ erhalten wir die Dezimaldarstellung von a in der Form

$$a = -q_\ell q_{\ell-1} \cdots q_1 q_0,$$

wiederum mit natürlichen Zahlen $0 \leq q_j \leq 9$ $(j = 0, \ldots, \ell)$ und $q_\ell \neq 0$.

Wir wollen nun die Dezimaldarstellung auf rationale Zahlen übertragen. Dazu sei $\frac{a}{b}$ eine rationale Zahl, d. h. $a, b \in \mathbb{Z}$ und $b \neq 0$; ohne Beschränkung der Allgemeinheit können wir $b > 0$ annehmen. Unter Verwendung der Division mit Rest für ganze Zahlen erhalten wir zu a, b ganze Zahlen q, r mit $0 \leq r < b$, so dass

$$a = q \cdot b + r \quad \Longleftrightarrow \quad \frac{a}{b} = q + \frac{r}{b}$$

gilt. Für die ganze Zahl q haben wir die Dezimaldarstellung

$$q = \pm \sum_{j=0}^{\ell} q_j \cdot 10^j = \pm q_\ell q_{\ell-1} \cdots q_1 q_0.$$

Wir wenden uns nun der Dezimaldarstellung der rationalen Zahl $0 \leq \frac{r}{b} < 1$ zu; dazu nehmen wir sogar $0 < \frac{r}{b} < 1$ an. Wir erweitern zu

$$\frac{r}{b} = \frac{1}{10} \cdot \frac{10 \cdot r}{b} \tag{2}$$

© Springer Fachmedien Wiesbaden GmbH, ein Teil von Springer Nature 2022
J. Kramer und A.-M. von Pippich, *Von den natürlichen Zahlen zu den Quaternionen*,
https://doi.org/10.1007/978-3-658-36621-6_4

und dividieren $10 \cdot r$ mit Rest durch b. Damit finden wir natürliche Zahlen q_{-1}, r_{-1} mit $0 \leq r_{-1} < b$, so dass

$$10 \cdot r = q_{-1} \cdot b + r_{-1} \quad \Longleftrightarrow \quad \frac{10 \cdot r}{b} = q_{-1} + \frac{r_{-1}}{b} \tag{3}$$

gilt. Aufgrund der Ungleichung $\frac{r}{b} < 1$ schätzen wir ab

$$0 \leq q_{-1} = \frac{10 \cdot r}{b} - \frac{r_{-1}}{b} < \frac{10 \cdot r}{b} < 10,$$

d. h. $0 \leq q_{-1} \leq 9$. Durch Einsetzen von (3) in (2) erhalten wir zusammenfassend

$$\begin{aligned} \frac{r}{b} &= \frac{1}{10} \cdot \frac{10 \cdot r}{b} = \frac{1}{10}\left(q_{-1} + \frac{r_{-1}}{b}\right) \\ &= \frac{q_{-1}}{10} + \frac{1}{10} \cdot \frac{r_{-1}}{b} = \frac{q_{-1}}{10} + \frac{1}{10^2} \cdot \frac{10 \cdot r_{-1}}{b}. \end{aligned}$$

Ist $r_{-1} \neq 0$, so dividieren wir $10 \cdot r_{-1}$ mit Rest durch b und erhalten natürliche Zahlen q_{-2}, r_{-2} mit $0 \leq r_{-2} < b$, so dass

$$10 \cdot r_{-1} = q_{-2} \cdot b + r_{-2} \quad \Longleftrightarrow \quad \frac{10 \cdot r_{-1}}{b} = q_{-2} + \frac{r_{-2}}{b}$$

gilt. Wie zuvor schätzen wir $0 \leq q_{-2} \leq 9$ ab und erhalten zusammengenommen

$$\begin{aligned} \frac{r}{b} &= \frac{q_{-1}}{10} + \frac{1}{10^2} \cdot \frac{10 \cdot r_{-1}}{b} \\ &= \frac{q_{-1}}{10} + \frac{1}{10^2}\left(q_{-2} + \frac{r_{-2}}{b}\right) \\ &= \frac{q_{-1}}{10} + \frac{q_{-2}}{10^2} + \frac{1}{10^3} \cdot \frac{10 \cdot r_{-2}}{b}. \end{aligned}$$

Indem wir so weiterfahren, finden wir natürliche Zahlen q_{-3}, r_{-3} mit $0 \leq q_{-3} \leq 9$ und $0 \leq r_{-3} < b$, so dass

$$\frac{r}{b} = \frac{q_{-1}}{10} + \frac{q_{-2}}{10^2} + \frac{q_{-3}}{10^3} + \frac{1}{10^4} \cdot \frac{10 \cdot r_{-3}}{b}$$

gilt. Nach k Schritten finden wir somit natürliche Zahlen q_{-k}, r_{-k} mit $0 \leq q_{-k} \leq 9$ und $0 \leq r_{-k} < b$, so dass

$$\frac{r}{b} = \sum_{j=1}^{k} \frac{q_{-j}}{10^j} + \frac{1}{10^{k+1}} \cdot \frac{10 \cdot r_{-k}}{b}$$

gilt. Bei diesem Vorgehen gibt es nun zwei Alternativen: Entweder es findet sich ein $k \in \mathbb{N}$, $k > 0$, so dass $r_{-k} = 0$ ist oder die Reste r_{-j} sind für alle $j = 1, 2, 3, \ldots$ von Null verschieden.

Definition 1.1. Unter Verwendung der vorhergehenden Bezeichnungen definieren wir für $a, b \in \mathbb{Z}$ und $b \neq 0$:

(i) Gilt $r = 0$ oder gibt es ein $k \in \mathbb{N}$, $k > 0$, mit $r_{-k} = 0$, so setzen wir

$$\pm q_\ell \ldots q_0, q_{-1} \ldots q_{-k} := \pm \sum_{j=-\ell}^{k} \frac{q_{-j}}{10^j}$$

und nennen $\pm q_\ell \ldots q_0, q_{-1} \ldots q_{-k}$ *die Dezimaldarstellung oder die Dezimalbruchentwicklung der rationalen Zahl* $\frac{a}{b}$.

(ii) Sind alle r_{-j} ungleich null, so setzen wir formal

$$\pm q_\ell \ldots q_0, q_{-1} \ldots q_{-k} \ldots := \pm \sum_{j=-\ell}^{\infty} \frac{q_{-j}}{10^j}$$

und nennen $\pm q_\ell \ldots q_0, q_{-1} \ldots q_{-k} \ldots$ *die Dezimaldarstellung oder die Dezimalbruchentwicklung der rationalen Zahl* $\frac{a}{b}$.

Bemerkung 1.2. Wir weisen darauf hin, dass die unendliche Summe (Reihe) in Definition 1.1 (ii)

$$\pm \sum_{j=-\ell}^{\infty} \frac{q_{-j}}{10^j} = \pm \left(q_\ell \cdot 10^\ell + \ldots + q_0 + \frac{q_{-1}}{10} + \frac{q_{-2}}{10^2} + \ldots \right)$$

zum jetzigen Zeitpunkt keinen Sinn hat; es ist lediglich eine symbolische Schreibweise. Hingegen hat die endliche Summe in Definition 1.1 (i)

$$\pm \sum_{j=-\ell}^{k} \frac{q_{-j}}{10^j} = \pm \left(q_\ell \cdot 10^\ell + \ldots + q_0 + \frac{q_{-1}}{10} + \ldots + \frac{q_{-k}}{10^k} \right)$$

eine konkrete Bedeutung und nimmt den Wert $\frac{a}{b}$ an, d. h. wir haben konstruktionsgemäß

$$\frac{a}{b} = \pm q_\ell \ldots q_0, q_{-1} \ldots q_{-k}.$$

Definition 1.3. Wir nennen die nicht abbrechende Dezimalbruchentwicklung

$$\pm q_\ell \ldots q_0, q_{-1} \ldots q_{-k} \ldots$$

periodisch, falls natürliche Zahlen $v \geq 0$, $p > 0$ existieren, so dass $q_{-(v+j)} = q_{-(v+j+p)} = q_{-(v+j+2p)} = \ldots$ für $j = 1, \ldots, p$ gilt; wir schreiben dafür kurz

$$\pm q_\ell \ldots q_0, q_{-1} \ldots q_{-v} \overline{q_{-(v+1)} \ldots q_{-(v+p)}}.$$

Ist $v = 0$, so heißt die Dezimalbruchentwicklung *reinperiodisch*. Die kleinste natürliche Zahl v mit obiger Eigenschaft heißt *Vorperiode*, die kleinste natürliche Zahl p mit obiger Eigenschaft heißt *Periode* der Dezimalbruchentwicklung der rationalen Zahl $\frac{a}{b}$.

Proposition 1.4. *Es seien $a, b \in \mathbb{Z}$, $b \neq 0$. Falls die Dezimalbruchentwicklung von $\frac{a}{b}$ nicht abbricht, so ist sie periodisch.*

Beweis. Die Zahl $\frac{a}{b}$ besitze eine nicht abbrechende Dezimalbruchentwicklung. Indem wir auf die Konstruktion der Dezimalbruchentwicklung von $\frac{a}{b}$ zurückgreifen, erkennen wir, dass die unendliche Menge der Reste $r_0 :=$ $r, r_{-1}, r_{-2}, r_{-3}, \ldots$ der endlichen Menge $\{0, \ldots, b-1\}$ angehört. Deshalb gibt es mindestens zwei Reste r_{-j_1}, r_{-j_2}, die übereinstimmen. Wir können ohne Einschränkung $j_2 > j_1 \geq 0$ annehmen und, bei fixiertem j_1, die Differenz $p := j_2 - j_1$ minimal wählen. Der Algorithmus zur Gewinnung der Dezimalbruchentwicklung von $\frac{a}{b}$ zeigt dann

$$
r_{-j_1} = r_{-(j_1+p)} = r_{-(j_1+2p)} = \cdots,
$$
$$
r_{-(j_1+1)} = r_{-(j_1+1+p)} = r_{-(j_1+1+2p)} = \cdots,
$$
$$
\vdots
$$
$$
r_{-(j_1+p-1)} = r_{-(j_1+2p-1)} = r_{-(j_1+3p-1)} = \cdots
$$

Indem wir schließlich noch j_1 minimal wählen und $v := j_1 \geq 0$ setzen, erhalten wir die Behauptung. $\qquad\square$

Bemerkung 1.5. Es erheben sich die beiden folgenden Fragen:

(i) Findet sich ein Zahlbereich, in dem wir der formalen unendlichen Summe

$$
\pm \sum_{j=-\ell}^{\infty} \frac{q-j}{10^j}
$$

eine konkrete Bedeutung zuschreiben können?

(ii) Gibt es einen Zahlbereich, in dem *beliebige* unendliche, d. h. nicht ausschließlich periodische, Dezimalbruchentwicklungen eine sinnvolle Bedeutung haben, d. h. in dem die unendlichen Summen

$$
\pm \sum_{j=-\ell}^{\infty} \frac{q-j}{10^j}
$$

wohldefinierte Zahlen festlegen?

Aufgabe 1.6.

(a) Bestimmen Sie die Dezimalbruchentwicklung von $\frac{1}{5}$, $\frac{1}{3}$, $\frac{1}{16}$, $\frac{1}{11}$ und $\frac{1}{7}$.

(b) Formulieren Sie ein Kriterium dafür, wann eine rationale Zahl $\frac{a}{b}$ ($a, b \in \mathbb{Z}; b \neq 0$) eine abbrechende Dezimalbruchentwicklung besitzt.

(c) Finden Sie eine Abschätzung der maximalen Periodenlänge des Dezimalbruchs einer rationalen Zahl in Abhängigkeit vom Nenner. Geben Sie Beispiele an, für welche die Periode (im Sinne dieser Abschätzung) maximal ist.

(d) Geben Sie ein Verfahren an, mit dem man aus einem gegebenen periodischen Dezimalbruch die rationale Zahl $\frac{a}{b}$ zurückgewinnen kann. Wenden Sie dieses Verfahren auf den periodischen Dezimalbruch $0,\overline{123}$ an.

2. Konstruktion der reellen Zahlen

In Kapitel I haben wir mit Hilfe der Peano-Axiome die Menge der natürlichen Zahlen $\mathbb{N}$ begründet und darauf eine Addition sowie eine Multiplikation definiert, welche den Assoziativ-, Kommutativ- und Distributivgesetzen genügen. Damit haben wir $(\mathbb{N}, +)$ insbesondere als kommutative und reguläre Halbgruppe erkannt, die wir dann in Kapitel II zu der kommutativen Gruppe $(\mathbb{Z}, +)$ der ganzen Zahlen erweitert haben. Durch Übertragung der multiplikativen Struktur der natürlichen Zahlen auf den Bereich der ganzen Zahlen erhielten wir zu Beginn von Kapitel III den Integritätsbereich $(\mathbb{Z}, +, \cdot)$ der ganzen Zahlen. Diesen haben wir am Ende von Kapitel III zum Körper der rationalen Zahlen $(\mathbb{Q}, +, \cdot)$ erweitert. Im vorhergehenden Abschnitt haben wir nun gesehen, dass die Dezimalbruchentwicklung rationaler Zahlen entweder abbrechend oder periodisch ist, und haben uns deshalb die Frage nach der Existenz eines Zahlbereichs gestellt, der Zahlen mit nicht-periodischen unendlichen Dezimalbruchentwicklungen enthält. Diese Frage werden wir im Folgenden bejahend klären. Dabei werden wir auf die Konstruktion der reellen Zahlen geführt werden. Wir beginnen mit der Definition sogenannter rationaler Fundamentalfolgen oder Cauchyfolgen.

Zur Bezeichnung sei an dieser Stelle folgendes angemerkt: Wir bezeichnen im Folgenden rationale Zahlen mit lateinischen Buchstaben, um sie von den später eingeführten reellen Zahlen, die wir mit griechischen Buchstaben bezeichnen, zu unterscheiden. Die einzige Ausnahme bildet die Größe „epsilon", für die wir im Bereich der rationalen Zahlen die Bezeichnung ϵ, im Bereich der reellen Zahlen dann aber die Bezeichnung ε verwenden werden.

Definition 2.1. Eine Zahlenfolge $(a_n) = (a_n)_{n \geq 0}$ mit $a_n \in \mathbb{Q}$ für alle $n \in \mathbb{N}$ heißt *rationale Cauchyfolge*, wenn zu jedem $\epsilon \in \mathbb{Q}, \epsilon > 0$, ein $N(\epsilon) \in \mathbb{N}$ derart existiert, dass für alle $m, n \in \mathbb{N}$ mit $m, n > N(\epsilon)$ die Ungleichung

$$|a_m - a_n| < \epsilon$$

besteht.

Eine Zahlenfolge $(a_n) = (a_n)_{n \geq 0}$ mit $a_n \in \mathbb{Q}$ für alle $n \in \mathbb{N}$ heißt *rationale Nullfolge*, wenn zu jedem $\epsilon \in \mathbb{Q}, \epsilon > 0$, ein $N(\epsilon) \in \mathbb{N}$ derart existiert, dass für alle $n \in \mathbb{N}$ mit $n > N(\epsilon)$ die Ungleichung

$$|a_n| < \epsilon$$

besteht.

Aufgabe 2.2.

(a) Weisen Sie nach, dass die Folgen $\left(\frac{1}{n+1}\right)_{n\geq 0}$ und $\left(\frac{n}{2^n}\right)_{n\geq 0}$ rationale Nullfolgen sind.

(b) Geben Sie weitere Beispiele von rationalen Nullfolgen an.

Bemerkung 2.3. (i) Eine rationale Nullfolge (a_n) ist insbesondere eine rationale Cauchyfolge, da zu vorgegebenem $\epsilon/2 \in \mathbb{Q}$, $\epsilon > 0$, ein $N(\epsilon/2) \in \mathbb{N}$ derart existiert, dass für alle $m, n \in \mathbb{N}$ mit $m, n > N(\epsilon/2)$ die Ungleichung

$$|a_n| < \frac{\epsilon}{2}$$

besteht. Mit der Dreiecksungleichung erhalten wir für $m, n > N(\epsilon/2)$ somit

$$|a_m - a_n| \leq |a_m| + |a_n| < \frac{\epsilon}{2} + \frac{\epsilon}{2} = \epsilon.$$

Damit ist (a_n) eine rationale Cauchyfolge.

(ii) Jede rationale Cauchyfolge (a_n) ist beschränkt, denn zu $\epsilon = 1$ und dem dazu existierenden $N(1) \in \mathbb{N}$ haben wir für alle $m, n \in \mathbb{N}$ mit $m, n > N(1)$ die Ungleichung

$$|a_m - a_n| < 1.$$

Daraus erhalten wir mit $m_1 = N(1) + 1$ und $n > N(1)$ die Abschätzung

$$|a_n| = |a_n - a_{m_1} + a_{m_1}| \leq |a_{m_1} - a_n| + |a_{m_1}| < 1 + |a_{m_1}|.$$

Damit gilt für alle $n \in \mathbb{N}$ die Ungleichung

$$|a_n| \leq \max\{|a_0|, \ldots, |a_{N(1)}|, 1 + |a_{m_1}|\}.$$

Dies beweist die Beschränktheit der rationalen Cauchyfolge (a_n).

Wir betrachten jetzt die Menge M aller rationalen Cauchyfolgen, d. h.

$$M = \big\{ (a_n) \,\big|\, (a_n) \text{ ist rationale Cauchyfolge} \big\}.$$

Auf der Menge M definieren wir eine additive bzw. eine multiplikative Verknüpfung, die wir mit $+$ bzw. $\cdot$ bezeichnen. Dazu setzen wir für zwei rationale Cauchyfolgen (a_n), (b_n)

$$(a_n) + (b_n) := (a_n + b_n) \quad \text{und} \quad (a_n) \cdot (b_n) := (a_n \cdot b_n).$$

Wir müssen uns natürlich zunächst davon überzeugen, dass die Summe bzw. das Produkt zweier rationaler Cauchyfolgen wieder rationale Cauchy-folgen sind. Dies wird im nachfolgenden Lemma bewiesen werden.

Lemma 2.4. *Es seien* $(a_n), (b_n) \in M$. *Dann gilt*

$$(a_n) + (b_n) \in M \quad und \quad (a_n) \cdot (b_n) \in M.$$

Beweis. (i) Wir beweisen zuerst, dass die Summe $(a_n) + (b_n)$ der beiden ra-tionalen Cauchyfolgen $(a_n), (b_n)$ auch eine rationale Cauchyfolge ist. Da-zu stellen wir zunächst fest, dass die Summen $a_n + b_n$ für alle $n \in \mathbb{N}$ ra-tional sind. Nun wählen wir ein beliebiges $\epsilon \in \mathbb{Q}$, $\epsilon > 0$, und beachten, dass natürliche Zahlen $N_1(\epsilon/2)$ bzw. $N_2(\epsilon/2)$ derart existieren, dass für alle $m, n > N := \max\{N_1(\epsilon/2), N_2(\epsilon/2)\}$ die Ungleichungen

$$|a_m - a_n| < \frac{\epsilon}{2} \quad bzw. \quad |b_m - b_n| < \frac{\epsilon}{2}$$

gelten. Mit Hilfe der Abschätzung

$$|(a_m + b_m) - (a_n + b_n)| \le |a_m - a_n| + |b_m - b_n| < \frac{\epsilon}{2} + \frac{\epsilon}{2} = \epsilon$$

für $m, n > N$ folgt jetzt, dass $(a_n + b_n)$ und somit die Summe $(a_n) + (b_n)$ eine rationale Cauchyfolge ist.

(ii) Wir beweisen jetzt, dass das Produkt $(a_n) \cdot (b_n)$ der beiden rationalen Cauchyfolgen $(a_n), (b_n)$ auch eine rationale Cauchyfolge ist. Dazu stellen wir zunächst fest, dass die Produkte $a_n \cdot b_n$ für alle $n \in \mathbb{N}$ rational sind. Die Bemerkung 2.3 zur Beschränktheit rationaler Cauchyfolgen erlaubt uns, ein $c \in \mathbb{Q}$ zu finden, so dass für alle $n \in \mathbb{N}$ die Ungleichungen

$$|a_n| \le c \quad bzw. \quad |b_n| \le c$$

gelten. Nun wählen wir ein beliebiges $\epsilon \in \mathbb{Q}$, $\epsilon > 0$, und beachten, dass na-türliche Zahlen $N_1(\epsilon/(2c))$ bzw. $N_2(\epsilon/(2c))$ derart existieren, dass für alle $m, n > N := \max\{N_1(\epsilon/(2c)), N_2(\epsilon/(2c))\}$ die Ungleichungen

$$|a_m - a_n| < \frac{\epsilon}{2c} \quad bzw. \quad |b_m - b_n| < \frac{\epsilon}{2c}$$

bestehen. Damit erhalten wir für alle $m, n > N$ die Abschätzung

$$|a_m \cdot b_m - a_n \cdot b_n| = |a_m \cdot b_m - a_m \cdot b_n + a_m \cdot b_n - a_n \cdot b_n|$$

$$= |a_m \cdot (b_m - b_n) + b_n \cdot (a_m - a_n)|$$

$$\leq |a_m \cdot (b_m - b_n)| + |b_n \cdot (a_m - a_n)|$$

$$= |a_m| \cdot |b_m - b_n| + |b_n| \cdot |a_m - a_n|$$

$$\leq c \cdot \frac{\epsilon}{2c} + c \cdot \frac{\epsilon}{2c} = \epsilon.$$

Somit ist die Produktfolge $(a_n \cdot b_n)$, also das Produkt $(a_n) \cdot (b_n)$ eine rationale Cauchyfolge. $\qquad\qquad\square$

Lemma 2.5. *Die Menge der rationalen Cauchyfolgen M zusammen mit der additiven Verknüpfung $+$ und der multiplikativen Verknüpfung $\cdot$, d. h. $(M, +, \cdot)$, bildet einen kommutativen Ring mit Einselement.*

Beweis. (i) Wir zeigen zuerst, dass $(M, +)$ eine kommutative Gruppe ist. Dazu stellen wir fest, dass M nicht leer ist, da es die rationale Cauchyfolge (0) enthält, die aus lauter Nullen besteht. Die Assoziativität der Addition $+$ ergibt sich leicht aus der Assoziativität der Addition rationaler Zahlen. Sind nämlich $(a_n), (b_n), (c_n) \in M$, so haben wir

$$\big((a_n) + (b_n)\big) + (c_n) = (a_n + b_n) + (c_n)$$

$$= \big((a_n + b_n) + c_n\big)$$

$$= \big(a_n + (b_n + c_n)\big)$$

$$= (a_n) + (b_n + c_n)$$

$$= (a_n) + \big((b_n) + (c_n)\big).$$

Die Kommutativität der Addition $+$ leitet man ebenso einfach aus der Kommutativität der Addition rationaler Zahlen ab. Die einleitend erwähnte rationale Cauchyfolge (0), die aus lauter Nullen besteht, ist offensichtlich das neutrale Element bezüglich der additiven Verknüpfung $+$, denn wir haben mit $(a_n) \in M$

$$(0) + (a_n) = (0 + a_n) = (a_n) = (a_n + 0) = (a_n) + (0).$$

Ist $(a_n) \in M$, so behaupten wir schließlich, dass die offensichtlich ebenfalls rationale Cauchyfolge $(-a_n)$ das additive Inverse zu (a_n) ist. In der Tat haben wir

$$(-a_n) + (a_n) = (-a_n + a_n) = (0) = (a_n - a_n) = (a_n) + (-a_n).$$

Somit ist $(M, +)$ als kommutative Gruppe nachgewiesen.

(ii) Wir zeigen jetzt, dass $(M, \cdot)$ ein kommutatives Monoid ist. Dazu stellen wir fest, dass M nicht leer ist, da es die rationale Cauchyfolge (1) enthält, die aus lauter Einsen besteht. Die Assoziativität der Multiplikation · ergibt sich leicht aus der Assoziativität der Multiplikation rationaler Zahlen. Sind nämlich $(a_n), (b_n), (c_n) \in M$, so haben wir

$$
\begin{aligned}
\big((a_n) \cdot (b_n)\big) \cdot (c_n) &= (a_n \cdot b_n) \cdot (c_n) \\
&= \big((a_n \cdot b_n) \cdot c_n\big) \\
&= \big(a_n \cdot (b_n \cdot c_n)\big) \\
&= (a_n) \cdot (b_n \cdot c_n) \\
&= (a_n) \cdot \big((b_n) \cdot (c_n)\big).
\end{aligned}
$$

Die Kommutativität der Multiplikation · leitet man ebenso einfach aus der Kommutativität der Multiplikation rationaler Zahlen ab. Die einleitend erwähnte rationale Cauchyfolge (1), die aus lauter Einsen besteht, ist offensichtlich das neutrale Element bezüglich der multiplikativen Verknüpfung ·, denn wir haben mit $(a_n) \in M$

$$
(1) \cdot (a_n) = (1 \cdot a_n) = (a_n) = (a_n \cdot 1) = (a_n) \cdot (1).
$$

Damit ist $(M, \cdot)$ als kommutatives Monoid nachgewiesen.

(iii) Die Gültigkeit der Distributivgesetze für M ergibt sich leicht aus den für die rationalen Zahlen gültigen Distributivgesetzen. Beispielsweise haben wir für $(a_n), (b_n), (c_n) \in M$

$$
\begin{aligned}
(a_n) \cdot \big((b_n) + (c_n)\big) &= (a_n) \cdot (b_n + c_n) \\
&= \big(a_n \cdot (b_n + c_n)\big) \\
&= (a_n \cdot b_n + a_n \cdot c_n) \\
&= (a_n) \cdot (b_n) + (a_n) \cdot (c_n).
\end{aligned}
$$

Damit ist das Lemma beweisen.   □

Bemerkung 2.6. Indem wir jeder rationalen Zahl r die rationale Cauchyfolge (r) zuordnen, für die jedes Folgenglied durch r gegeben ist, erhalten wir eine Abbildung $f \colon \mathbb{Q} \longrightarrow M$. Man prüft sofort nach, dass f ein Ringhomomorphismus

$$
f \colon (\mathbb{Q}, +, \cdot) \longrightarrow (M, +, \cdot)
$$

ist. Da offensichtlich $\ker(f) = \{0\}$ gilt, ist der Ringhomomorphismus f überdies injektiv.

Definition 2.7. Wir setzen

$$
\mathfrak{n} := \big\{ (a_n) \in M \mid (a_n) \text{ ist rationale Nullfolge} \big\}
$$

und nennen dies das *Ideal der rationalen Nullfolgen*. Diese Bezeichnung ist durch das folgende Lemma gerechtfertigt.

Lemma 2.8. *Das Ideal der rationalen Nullfolgen* $\mathfrak{n}$ *ist ein Ideal im kommutativen Ring* $(M, +, \cdot)$.

Beweis. (i) Wir haben zunächst zu überlegen, dass $(\mathfrak{n}, +)$ eine Untergruppe von $(M, +)$ ist. Da die rationale Cauchyfolge (0), die aus lauter Nullen besteht, eine rationale Nullfolge ist, ist $\mathfrak{n}$ nicht leer. Unter Verwendung des Untergruppenkriteriums 2.25 in Kapitel II genügt es nun zu zeigen, dass mit (a_n), $(b_n) \in \mathfrak{n}$ auch für die Differenz $(a_n) - (b_n) \in \mathfrak{n}$ gilt. Da (a_n) bzw. (b_n) rationale Nullfolgen sind, finden sich zu $\epsilon \in \mathbb{Q}$, $\epsilon > 0$, natürliche Zahlen $N_a(\epsilon/2)$ bzw. $N_b(\epsilon/2)$ derart, dass für alle $n > N_a(\epsilon/2)$ bzw. $n > N_b(\epsilon/2)$ die Ungleichungen

$$|a_n| < \frac{\epsilon}{2} \quad \text{bzw.} \quad |b_n| < \frac{\epsilon}{2}$$

bestehen. Mit der Dreiecksungleichung folgt dann für $n > \max\{N_a(\epsilon/2), N_b(\epsilon/2)\}$

$$|a_n - b_n| < \frac{\epsilon}{2} + \frac{\epsilon}{2} = \epsilon,$$

d. h. $(a_n) - (b_n)$ ist eine rationale Nullfolge. Damit ist $(\mathfrak{n}, +)$ eine Untergruppe von $(M, +)$.

(ii) Als zweites haben wir zu zeigen, dass für jede rationale Nullfolge $(b_n) \in \mathfrak{n}$ das Produkt $(a_n) \cdot (b_n)$ mit einer rationalen Cauchyfolge $(a_n) \in M$ wieder eine rationale Nullfolge ist. Da die rationale Cauchyfolge (a_n) nach Bemerkung 2.3 (ii) beschränkt ist, findet sich ein $c \in \mathbb{Q}$, $c > 0$, so dass für alle $n \in \mathbb{N}$ die Ungleichung $|a_n| \leq c$ erfüllt ist. Zu beliebig gewähltem $\epsilon \in \mathbb{Q}$, $\epsilon > 0$, existiert nun ein $N(\epsilon/c) \in \mathbb{N}$, so dass für alle $n > N(\epsilon/c)$ die Ungleichung

$$|a_n \cdot b_n| = |a_n| \cdot |b_n| \leq c \cdot \frac{\epsilon}{c} = \epsilon$$

besteht. Damit ist $(a_n) \cdot (b_n)$ in der Tat eine rationale Nullfolge, und $\mathfrak{n}$ als Ideal von $(M, +, \cdot)$ nachgewiesen. $\qquad\qquad\qquad\qquad\qquad\qquad\qquad\square$

Bemerkung 2.9. Wir können jetzt für den kommutativen Ring $(M, +, \cdot)$ der rationalen Cauchyfolgen und das Ideal $\mathfrak{n}$ der rationalen Nullfolgen Satz 3.22 in Kapitel III anwenden und erhalten so den kommutativen Faktorring $(M/\mathfrak{n}, +, \cdot)$. Die Elemente von $M/\mathfrak{n}$ sind Nebenklassen von der Form

$$\alpha = (a_n) + \mathfrak{n},$$

wobei (a_n) eine rationale Cauchyfolge ist. Eine solche Nebenklasse besteht also aus rationalen Cauchyfolgen, deren Differenzen jeweils rationale Nullfolgen bilden.

Definition 2.10. Es seien (a_n) eine rationale Zahlenfolge und $0 \leq n_0 < n_1 < n_2 < \ldots < n_k < \ldots$ eine aufsteigende Folge natürlicher Zahlen. Die Zahlenfolge (a_{n_k}) wird dann *Teilfolge der Zahlenfolge* (a_n) genannt.

Lemma 2.11. *Es seien* (a_n) *eine rationale Cauchyfolge und* (a_{n_k}) *eine Teilfolge der Zahlenfolge* (a_n). *Dann gilt*

$$(a_k) - (a_{n_k}) = (a_k - a_{n_k}) \in \mathfrak{n}.$$

Beweis. Es sei $\epsilon \in \mathbb{Q}, \epsilon > 0$. Da (a_n) eine rationale Cauchyfolge ist und $n_k \geq k$ gilt, existiert eine natürliche Zahl $N(\epsilon)$ derart, dass für alle $k > N(\epsilon)$ die Ungleichung

$$|a_k - a_{n_k}| < \epsilon$$

besteht. Dies zeigt, dass die Zahlenfolge $(a_k - a_{n_k})$ eine rationale Nullfolge ist, was die Behauptung beweist. $\qquad\qquad\qquad\qquad\qquad\qquad\qquad\qquad\square$

Satz 2.12. *Der Faktorring* $(M/\mathfrak{n}, +, \cdot)$ *ist ein Körper.*

Beweis. Konstruktionsgemäß sind das Nullelement bzw. Einselement von $M/\mathfrak{n}$ gegeben durch

$$(0) + \mathfrak{n} \quad \text{bzw.} \quad (1) + \mathfrak{n},$$

wobei (0) bzw. (1) die rationalen Cauchyfolgen bezeichnen, welche aus lauter Nullen bzw. Einsen bestehen.

Da wir $(M/\mathfrak{n}, +, \cdot)$ bereits als kommutativen Ring mit Einselement $(1) + \mathfrak{n}$ erkannt haben, bleibt einzig zu zeigen, dass jede Nebenklasse $(a_n) + \mathfrak{n}$, die ungleich dem Nullelement von $M/\mathfrak{n}$ ist, d. h. für welche

$$(a_n) + \mathfrak{n} \neq (0) + \mathfrak{n} \quad \Longleftrightarrow \quad (a_n) \notin \mathfrak{n}$$

gilt, ein multiplikatives Inverses besitzt. Da $(a_n) \notin \mathfrak{n}$ ist, existieren ein $\epsilon_0 \in \mathbb{Q}$, $\epsilon_0 > 0$, und ein $N(\epsilon_0) \in \mathbb{N}$ derart, dass für alle $n > N(\epsilon_0)$ die Ungleichung

$$|a_n| > \epsilon_0, \quad \text{d. h.} \quad a_n \neq 0, \tag{4}$$

gilt. Damit definieren wir die rationale Zahlenfolge (b_n) durch

$$b_n := \begin{cases} 0, & 0 \leq n \leq N(\epsilon_0), \\ \dfrac{1}{a_n}, & n > N(\epsilon_0). \end{cases}$$

Wir zeigen zuerst, dass (b_n) eine rationale Cauchyfolge ist und danach, dass damit ein multiplikatives Inverses zu $(a_n) + \mathfrak{n}$ gebildet werden kann.

Für $m, n > N(\epsilon_0)$ erhalten wir unter Verwendung von (4)

$$|b_m - b_n| = \left| \frac{1}{a_m} - \frac{1}{a_n} \right| = \frac{|a_m - a_n|}{|a_m \cdot a_n|} < \frac{|a_m - a_n|}{\epsilon_0^2}.$$

Da (a_n) eine rationale Cauchyfolge ist, existiert zu $\epsilon \in \mathbb{Q}$, $\epsilon > 0$, ein $N(\epsilon_0^2 \cdot \epsilon)$ derart, dass für alle $m, n > N(\epsilon_0^2 \cdot \epsilon)$

$$|a_m - a_n| < \epsilon_0^2 \cdot \epsilon$$

gilt. Damit erhalten wir aber für alle $m, n > \max\{N(\epsilon_0), N(\epsilon_0^2 \cdot \epsilon)\}$ sofort die Ungleichung

$$|b_m - b_n| < \epsilon,$$

d. h. es gilt in der Tat $(b_n) \in M$.

Wir behaupten schließlich, dass das Element $(b_n) + \mathfrak{n}$ das multiplikative Inverse von $(a_n) + \mathfrak{n}$ ist. Dazu müssen wir lediglich zeigen, dass

$$((a_n) + \mathfrak{n}) \cdot ((b_n) + \mathfrak{n}) = (1) + \mathfrak{n},$$

d. h. dass $(a_n) \cdot (b_n) - (1) \in \mathfrak{n}$ gilt. Für $n > N(\epsilon_0)$ gilt nun nach Konstruktion

$$a_n \cdot b_n = 1,$$

also besteht die rationale Cauchyfolge $(a_n) \cdot (b_n) - (1)$ abgesehen von den ersten $N(\epsilon_0)$ Folgengliedern aus lauter Nullen und ist somit eine rationale Nullfolge. $\square$

Definition 2.13. Wir nennen den Körper $(M/\mathfrak{n}, +, \cdot)$ den *Körper der reellen Zahlen* und bezeichnen diesen mit $\mathbb{R}$. Die Elemente von $\mathbb{R}$ werden im Folgenden mit griechischen Buchstaben bezeichnet; beispielsweise haben wir

$$\alpha \in \mathbb{R} \quad \Longleftrightarrow \quad \alpha = (a_n) + \mathfrak{n},$$

wobei $(a_n) \in M$ ist.

Lemma 2.14. *Die Abbildung, die jeder rationalen Zahl r die reelle Zahl $(r) + \mathfrak{n}$ zuordnet, wobei (r) die rationale Cauchyfolge bedeutet, für die jedes Folgenglied gleich r ist, induziert einen injektiven Ringhomomorphismus*

$$F \colon (\mathbb{Q}, +, \cdot) \longrightarrow (\mathbb{R}, +, \cdot).$$

Beweis. Für $r_1, r_2 \in \mathbb{Q}$ verifizieren wir sofort

$$F(r_1 + r_2) = (r_1 + r_2) + \mathfrak{n} = (r_1 + \mathfrak{n}) + (r_2 + \mathfrak{n}) = F(r_1) + F(r_2),$$

$$F(r_1 \cdot r_2) = (r_1 \cdot r_2) + \mathfrak{n} = (r_1 + \mathfrak{n}) \cdot (r_2 + \mathfrak{n}) = F(r_1) \cdot F(r_2),$$

d. h. F ist ein Ringhomomorphismus. Zum Nachweis der Injektivität von F beachten wir, dass $\ker(F)$ ein Ideal von $\mathbb{Q}$ ist. Da $(\mathbb{Q}, +, \cdot)$ aber ein Körper ist, besitzt $\mathbb{Q}$ nur das Nullideal und das Einsideal. Nun kann aber $\ker(F)$ nicht das Einsideal sein, da sonst jede rationale Zahl $r \neq 0$ auf das Nullelement von $\mathbb{R}$ abgebildet würde, d. h. die rationale Cauchyfolge (r) wäre eine rationale Nullfolge, was ja nicht der Fall ist. Somit muss $\ker(F)$ das Nullideal sein, also ist F injektiv. $\square$

Bemerkung 2.15. Aufgrund des vorhergehenden Lemmas können wir die rationalen Zahlen $\mathbb{Q}$ mit ihrem Bild $\mathrm{im}(F)$ im Bereich der reellen Zahlen $\mathbb{R}$ identifizieren, d. h. wir setzen $r := (r) + \mathfrak{n}$ $(r \in \mathbb{Q})$.

Definition 2.16. Wir erweitern die in Definition 6.5 in Kapitel III auf der Menge $\mathbb{Q}$ der rationalen Zahlen gegebene Relation „$<$" bzw. „$\leq$" auf die Menge $\mathbb{R}$ der reellen Zahlen, indem wir für zwei reelle Zahlen $\alpha = (a_n) + \mathfrak{n}, \beta = (b_n) + \mathfrak{n}$

$$\alpha < \beta \iff \exists q \in \mathbb{Q}, q > 0, N(q) \in \mathbb{N} : b_n - a_n > q \;\; \forall n \in \mathbb{N}, n > N(q)$$

bzw.

$$\alpha \leq \beta \iff \alpha = \beta \text{ oder } \alpha < \beta$$

festlegen. Entsprechend lassen sich auch die Relationen „$>$" bzw. „$\geq$" auf die Menge $\mathbb{R}$ der reellen Zahlen erweitern.

Lemma 2.17. *Die in Definition 2.16 festgelegte Relation „$<$" ist sinnvoll, d. h. unabhängig von der Wahl der die reellen Zahlen α bzw. β repräsentierenden rationalen Cauchyfolgen (a_n) bzw. (b_n).*

Beweis. Wir überlassen den Beweis dem Leser als Übungsaufgabe. $\square$

Aufgabe 2.18. Beweisen Sie Lemma 2.17.

Bemerkung 2.19. Mit der Relation „$<$" wird die Menge der reellen Zahlen $\mathbb{R}$ eine *geordnete Menge*, d. h. es bestehen die drei folgenden Aussagen:
(i)   Für je zwei Elemente $\alpha, \beta \in \mathbb{R}$ gilt $\alpha < \beta$ oder $\beta < \alpha$ oder $\alpha = \beta$.
(ii)   Die drei Relationen $\alpha < \beta, \beta < \alpha, \alpha = \beta$ schließen sich gegenseitig aus.
(iii) Aus $\alpha < \beta$ und $\beta < \gamma$ folgt $\alpha < \gamma$.
Entsprechendes gilt für die Relation „$>$".

Definition 2.20. Es sei $\alpha = (a_n) + \mathfrak{n} \in \mathbb{R}$ eine reelle Zahl. Dann setzen wir

$$|\alpha| := \begin{cases} \alpha, & \text{falls } \alpha \geq 0, \\ -\alpha, & \text{falls } \alpha < 0. \end{cases}$$

Wir nennen die reelle Zahl $|\alpha|$ den *Betrag der reellen Zahl α*.

Lemma 2.21. *Der Betrag reeller Zahlen hat die beiden folgenden Eigenschaften:*
(i)   *Für alle $\alpha, \beta \in \mathbb{R}$ gilt die Produktregel $|\alpha \cdot \beta| = |\alpha| \cdot |\beta|$.*
(ii)   *Für alle $\alpha, \beta \in \mathbb{R}$ gilt die Dreiecksungleichung $|\alpha + \beta| \leq |\alpha| + |\beta|$.*

Beweis. Wir überlassen den Beweis dem Leser als Übungsaufgabe. $\square$

Aufgabe 2.22. Beweisen Sie Lemma 2.21.

Wir übertragen nun den Begriff der rationalen Cauchyfolge auf den Körper $(\mathbb{R}, +, \cdot)$ der reellen Zahlen.

Definition 2.23. Eine Zahlenfolge $(\alpha_n) = (\alpha_n)_{n \geq 0}$ mit $\alpha_n \in \mathbb{R}$ für alle $n \in \mathbb{N}$ heißt *reelle Cauchyfolge*, wenn zu jedem $\varepsilon \in \mathbb{R}$, $\varepsilon > 0$, ein $N(\varepsilon) \in \mathbb{N}$ derart existiert, dass für alle $m, n \in \mathbb{N}$ mit $m, n > N(\varepsilon)$ die Ungleichung

$$|\alpha_m - \alpha_n| < \varepsilon$$

besteht.

Bemerkung 2.24. Es sei (α_n) eine reelle Cauchyfolge. Das n-te Folgenglied α_n ist dann gegeben durch $\alpha_n = (a_{n,k}) + \mathfrak{n}$, wobei $(a_{n,k})$ eine rationale Cauchyfolge ist. Desweiteren ist $\varepsilon \in \mathbb{R}$, $\varepsilon > 0$, von der Form $\varepsilon = (\epsilon_k) + \mathfrak{n}$ mit der rationalen Cauchyfolge (ϵ_k). Unter Verwendung von Definition 2.16 zur Relation „$<$" übersetzt sich Definition 2.23 in die Form, dass zu $m, n \in \mathbb{N}$ mit $m, n > N(\varepsilon)$ jeweils eine natürliche Zahl $M(m, n)$ derart existiert, dass für alle $k > M(m, n)$ die Ungleichung

$$|a_{m,k} - a_{n,k}| < \epsilon_k$$

besteht.

Aufgabe 2.25. Geben Sie Beispiele reeller Nullfolgen an, deren Folgenglieder alle irrationale, d. h. nicht rationale, Zahlen sind.

Definition 2.26. Eine reelle Zahlenfolge (α_n) besitzt einen *Grenzwert* $\alpha \in \mathbb{R}$ oder *konvergiert gegen* $\alpha \in \mathbb{R}$, wenn zu jedem $\varepsilon \in \mathbb{R}$, $\varepsilon > 0$, eine natürliche Zahl $N(\varepsilon)$ derart existiert, dass für alle $n \in \mathbb{N}$ mit $n > N(\varepsilon)$ die Ungleichung

$$|\alpha_n - \alpha| < \varepsilon$$

besteht. Wir schreiben dafür

$$\alpha = \lim_{n \to \infty} \alpha_n.$$

Satz 2.27. *Im Körper $(\mathbb{R}, +, \cdot)$ der reellen Zahlen besitzt jede reelle Cauchyfolge (α_n) einen Grenzwert $\alpha \in \mathbb{R}$.*

Beweis. Nach Bemerkung 2.24 gilt $\alpha_n = (a_{n,k}) + \mathfrak{n}$ mit der rationalen Cauchyfolge $(a_{n,k})$. Wir werden zeigen, dass
(i)   die rationale Zahlenfolge $(a_{n,n})$ eine Cauchyfolge ist,

(ii) $\lim\limits_{n \to \infty} \alpha_n = \alpha$ gilt, wobei $\alpha := (a_{n,n}) + \mathfrak{n}$ ist.

Ad (i): Es sei $\varepsilon \in \mathbb{R}$, $\varepsilon > 0$; dabei können wir ε ohne Einschränkung rational wählen, d.h. $\varepsilon = (\epsilon)$ mit $\epsilon \in \mathbb{Q}$. Nach Bemerkung 2.24 findet sich für alle $m, n > N(\epsilon)$ jeweils eine natürliche Zahl $M(m, n)$ derart, dass für alle $k > M(m, n)$ die Ungleichung

$$|a_{m,k} - a_{n,k}| < \epsilon$$

besteht. Wir zeigen nun, dass eine natürliche Zahl $N_0(\epsilon)$ derart existiert, dass die Ungleichung

$$|a_{m,k} - a_{n,k}| < \epsilon$$

für alle $m, n > N_0(\epsilon)$ und alle $k \in \mathbb{N}$ gilt. Dazu stellen wir zunächst fest, dass die α_n repräsentierende rationale Cauchyfolge $(a_{n,k})$ durch Übergang zu einer Teilfolge, die wir zur Vereinfachung der Scheibweise wieder mit $(a_{n,k})$ bezeichnen, so abgeändert werden kann, dass

$$|a_{n,k} - a_{n,n}| < \frac{1}{n} \tag{5}$$

für alle $k \in \mathbb{N}$ gilt. Somit folgt mit Hilfe der Dreiecksungleichung für beliebige $k, k' \in \mathbb{N}$

$$|a_{n,k} - a_{n,k'}| \leq |a_{n,k} - a_{n,n}| + |a_{n,n} - a_{n,k'}| < \frac{2}{n}.$$

Damit erhalten wir für alle $m, n > N(\epsilon/2)$, $k \in \mathbb{N}$ und $k' > M(m, n)$ die Abschätzung

$$|a_{m,k} - a_{n,k}| \leq |a_{m,k} - a_{m,k'}| + |a_{m,k'} - a_{n,k'}| + |a_{n,k'} - a_{n,k}|$$
$$< \frac{2}{m} + \frac{\epsilon}{2} + \frac{2}{n}.$$

Indem wir jetzt $N_0(\epsilon) := \max\left\{ N(\frac{\epsilon}{2}), [\frac{8}{\epsilon}] \right\}$ setzen, ergibt sich wie gewünscht für alle $m, n > N_0(\epsilon)$ und alle $k \in \mathbb{N}$ die Abschätzung

$$|a_{m,k} - a_{n,k}| < \epsilon. \tag{6}$$

Indem wir weiterhin $m, n > N_0(\epsilon)$ wählen und in der Ungleichung (6) bzw. (5) $k = m$ einsetzen, erhalten wir

$$|a_{m,m} - a_{n,n}| \leq |a_{m,m} - a_{n,m}| + |a_{n,m} - a_{n,n}|$$
$$< \epsilon + \frac{1}{n} < \epsilon + \frac{\epsilon}{8} < 2\epsilon.$$

Damit haben wir $(a_{n,n})$ als rationale Cauchyfolge erkannt, mit welcher wir die reelle Zahl α definieren, d.h. $\alpha := (a_{n,n}) + \mathfrak{n}$.

Ad (ii). Es bleibt noch $\lim_{n \to \infty} \alpha_n = \alpha$ zu zeigen. Dazu sei wiederum $\epsilon \in \mathbb{Q}$, $\epsilon > 0$. Wir haben zu zeigen, dass für genügend große n, k die Ungleichung

$$|a_{n,k} - a_{k,k}| < \epsilon \tag{7}$$

gilt. Indem wir in Ungleichung (6) $m = k$ setzen und anschließend $n, k > N_0(\epsilon)$ wählen, erhalten wir die gewünschte Ungleichung (7), d. h.

$$|\alpha_n - \alpha| < \epsilon$$

für alle $n > N_0(\epsilon)$. Dies beweist die Behauptung   □

Definition 2.28. Die im vorhergehenden Satz bewiesene Tatsache, dass im Körper $(\mathbb{R}, +, \cdot)$ jede reelle Cauchyfolge einen Grenzwert besitzt, der wiederum in $\mathbb{R}$ liegt, wird als *Vollständigkeit* der reellen Zahlen bezeichnet.

Bemerkung 2.29. Es sei $\alpha = (a_n) + \mathfrak{n} \in \mathbb{R}$ eine reelle Zahl. Die rationale Cauchyfolge (a_n) ist dann insbesondere auch eine reelle Cauchyfolge, die wir aufgrund unserer Identifikation von $\mathbb{Q}$ mit der entsprechenden Teilmenge von $\mathbb{R}$ gleich bezeichnen dürfen. Der Beweis von Satz 2.27 zeigt, dass

$$\alpha = \lim_{n \to \infty} a_n$$

gilt, d. h. alle reellen Zahlen sind Grenzwerte rationaler Cauchyfolgen.

Aufgabe 2.30. Finden Sie eine rationale Cauchyfolge mit dem Grenzwert $\sqrt{2}$.

3. Dezimalbruchentwicklung reeller Zahlen

Definition 3.1. Es seien q_{-j} natürliche Zahlen mit $0 \le q_{-j} \le 9$ für $j = -\ell, \ldots, 0, 1, 2, \ldots$ und $\ell \in \mathbb{N}$. Dann nennen wir die formale unendliche Summe

$$\pm q_\ell \ldots q_0, q_{-1} q_{-2} \ldots := \pm \sum_{j=-\ell}^{\infty} q_{-j} \cdot 10^{-j}$$

(unendliche) Dezimalzahl. Wir setzen

$$\mathbb{D}' := \{\pm q_\ell \ldots q_0, q_{-1} q_{-2} \ldots \mid \pm q_\ell \ldots q_0, q_{-1} q_{-2} \ldots \text{ ist Dezimalzahl}\}.$$

Die Dezimalzahl $\pm q_\ell \ldots q_0, q_{-1} q_{-2} \ldots$ heißt *abbrechend*, falls ein Index $k \ge 0$ existiert, so dass $q_{-j} = 0$ für $j > k$ gilt. Der Begriff der Periodizität einer Dezimalbruchentwicklung und die damit zusammenhängenden Begriffe aus Definition 1.3 übertragen sich unmittelbar auf Dezimalzahlen.

Bemerkung 3.2. Abbrechende bzw. periodische Dezimalzahlen können wir aufgrund der vorhergehenden Überlegungen mit rationalen Zahlen identifizieren. Die übrigen Dezimalzahlen machen bis jetzt aber keinen Sinn. Mit Hilfe des nachfolgenden Lemmas werden wir sie mit reellen Zahlen identifizieren können. Dazu stellen wir eine Verbindung zwischen der Menge $\mathbb{D}'$ der Dezimalzahlen und der Menge der reellen Zahlen $\mathbb{R}$ her.

Lemma 3.3. *Es sei* $\pm q_\ell \ldots q_0, q_{-1} q_{-2} \ldots$ *eine Dezimalzahl und* (a_n) *die rationale Zahlenfolge, die durch*

$$a_n := \pm q_\ell \ldots q_0, q_{-1} \ldots q_{-n}$$

gegeben ist. Durch die Zuordnung

$$\pm q_\ell \ldots q_0, q_{-1} q_{-2} \ldots \mapsto (a_n) + \mathfrak{n}$$

erhalten wir eine surjektive *Mengenabbildung*

$$\varphi \colon \mathbb{D}' \longrightarrow \mathbb{R}.$$

Beweis. (i) Wir haben zuerst die Wohldefiniertheit der Abbildung φ zu zeigen, d. h. zu verifizieren, dass die Zahlenfolge (a_n) eine rationale Cauchyfolge ist. Dazu sei $\epsilon \in \mathbb{Q}$, $\epsilon > 0$, und $N \in \mathbb{N}$ derart, dass $10^{-N} < \epsilon$ gilt. Dann gilt konstruktionsgemäß für alle $m, n > N$ mit $m \geq n$

$$|a_m - a_n| < 0,0\ldots0q_{-(n+1)}\ldots q_{-m} < 10^{-N} < \epsilon,$$

was die Cauchyfolgen-Eigenschaft beweist.

(ii) Wir beweisen nun die Surjektvität von φ. Dabei genügt es zu zeigen, dass φ eine surjektive Abbildung der Menge aller nicht-negativen unendlichen Dezimalzahlen

$$q_\ell \ldots q_0, q_{-1} q_{-2} \ldots \in \mathbb{D}'$$

auf die Menge der nicht-negativen reellen Zahlen liefert. Um zu einer gegebenen reellen Zahl eine Dezimalbruchentwicklung zu konstruieren, versuchen wir das in Abschnitt 1 in diesem Kapitel vorgestellte Verfahren zur Gewinnung der Dezimalbruchentwicklung rationaler Zahlen zu imitieren. Dazu steht uns im Allgemeinen allerdings die Division mit Rest nicht zur Verfügung; als Ersatz verwenden wir die Tatsache, dass wir eine reelle Zahl in ihren ganzzahligen Anteil und den „gebrochenen" Anteil zerlegen können, der nicht-negativ, aber echt kleiner als eins ist.

Es sei also $\alpha \in \mathbb{R}$ mit $\alpha \geq 0$. Es finden sich dann $q \in \mathbb{N}$ und $\rho \in \mathbb{R}$ mit $0 \leq \rho < 1$, so dass

$$\alpha = q + \rho$$

gilt. Für die natürliche Zahl q besteht die Dezimaldarstellung

$$q = \sum_{j=0}^{\ell} q_j \cdot 10^j = q_\ell q_{\ell-1} \ldots q_1 q_0.$$

Wir schreiben

$$\rho = \frac{1}{10} \cdot 10 \cdot \rho$$

und zerlegen $10 \cdot \rho$ wie zuvor in der Form

$$10 \cdot \rho = q_{-1} + \rho_{-1}$$

mit $q_{-1} \in \mathbb{N}$ und $\rho_{-1} \in \mathbb{R}$ mit $0 \le \rho_{-1} < 1$; wegen $\rho < 1$ gilt $0 \le q_{-1} \le 9$. Somit erhalten wir

$$\rho = \frac{1}{10}(q_{-1} + \rho_{-1}) = \frac{q_{-1}}{10} + \frac{\rho_{-1}}{10} .$$

Wiederum schreiben wir

$$10 \cdot \rho_{-1} = q_{-2} + \rho_{-2},$$

wobei $q_{-2} \in \mathbb{N}$ mit $0 \le q_{-2} \le 9$ und $\rho_{-2} \in \mathbb{R}$ mit $0 \le \rho_{-2} < 1$. Somit ergibt sich

$$\rho = \frac{q_{-1}}{10} + \frac{1}{10^2}(q_{-2} + \rho_{-2}) = \frac{q_{-1}}{10} + \frac{q_{-2}}{10^2} + \frac{\rho_{-2}}{10^2} .$$

Indem wir so fortfahren, erhalten wir die Dezimalbruchentwicklung

$$q_\ell \cdots q_0, q_{-1} q_{-2} \cdots \in \mathbb{D}'.$$

Die Partialsummen

$$a_n = q_\ell \cdots q_0, q_{-1} \cdots q_{-n}$$

dieser Dezimalbruchentwicklung bilden dabei eine rationale Cauchyfolge, welche kontruktionsgemäß in $\mathbb{R}$ gegen α konvergiert. Damit erkennen wir

$$\varphi(q_\ell \cdots q_0, q_{-1} q_{-2} \cdots) = \alpha.$$

Dies beweist die Surjektivität von φ. $\square$

Bemerkung 3.4. Der Beweis von Lemma 3.3 zeigt, dass der Dezimalzahl $\pm q_\ell \cdots q_0, q_{-1} q_{-2} \cdots$ vermöge der Abbildung φ die reelle Zahl

$$\alpha = \pm \lim_{n \to \infty} \sum_{j=-\ell}^{n} q_{-j} \cdot 10^{-j} = \pm \sum_{j=-\ell}^{\infty} q_{-j} \cdot 10^{-j}$$

entspricht. Damit haben wir die in Abschnitt 1 in diesem Kapitel aufgeworfene Frage nach der Sinnhaftigkeit der obigen Reihe positiv beantwortet.

Bemerkung 3.5. Als nächstes untersuchen wir die Abbildung $\varphi \colon \mathbb{D}' \longrightarrow \mathbb{R}$ aus Lemma 3.3 auf Injektivität. Wie wir sehen werden, ist φ nicht injektiv. Es wird also unser Ziel sein, den Defekt an Injektivität zu messen. Bei den nachfolgenden Untersuchungen dürfen wir uns wieder auf den Bereich der nicht-negativen Dezimalzahlen beschränken.

Lemma 3.6. *Es seien*

$$q_\ell \cdots q_0, q_{-1} q_{-2} \cdots \quad und \quad q'_{\ell'} \cdots q'_0, q'_{-1} q'_{-2} \cdots$$

nicht-negative Dezimalzahlen mit der Eigenschaft

$$\varphi(q_\ell \cdots q_0, q_{-1} q_{-2} \cdots) = \varphi(q'_{\ell'} \cdots q'_0, q'_{-1} q'_{-2} \cdots), \tag{8}$$

wobei φ die in Lemma 3.3 definierte Mengenabbildung von $\mathbb{D}'$ auf $\mathbb{R}$ ist. Dann sind die beiden Dezimalzahlen entweder identisch gleich oder eine der beiden Dezimalzahlen ist abbrechend und die andere hat ab einer bestimmten Nachkommastelle lauter Neunen, d. h. sie besitzt eine 9-Periode.

Beweis. Für das Folgende können wir ohne Einschränkung $\ell' \geq \ell$ annehmen. Mit Bemerkung 3.4 erhalten wir aus (8) die Gleichung

$$q'_{\ell'} \cdot 10^{\ell'} + \ldots + q'_{\ell+1} \cdot 10^{\ell+1} = \sum_{j=-\ell}^{\infty} (q_{-j} - q'_{-j}) \cdot 10^{-j}.$$

Indem wir die vorhergehende Gleichung durch $10^{\ell+1}$ dividieren, erkennen wir, dass wir ohne Beschränkung der Allgemeinheit $\ell = -1$ annehmen dürfen. Damit ergibt sich

$$q'_{\ell'} \cdot 10^{\ell'} + \ldots + q'_0 = \sum_{j=1}^{\infty} (q_{-j} - q'_{-j}) \cdot 10^{-j}. \tag{9}$$

Unter Beachtung von $0 \leq q_j, q'_j \leq 9$ schätzen wir die rechte Seite von (9) ab zu

$$0 \leq \left| \sum_{j=1}^{\infty} (q_{-j} - q'_{-j}) \cdot 10^{-j} \right| \leq \sum_{j=1}^{\infty} |q_{-j} - q'_{-j}| \cdot 10^{-j} \leq 9 \cdot \sum_{j=1}^{\infty} 10^{-j}$$

$$= 9 \left(\sum_{j=0}^{\infty} 10^{-j} - 1 \right) = 9 \left(\frac{1}{1 - \frac{1}{10}} - 1 \right) = 9 \left(\frac{10}{9} - 1 \right) = 1.$$

Damit finden wir für die linke Seite von (9)

$$0 \leq (q'_{\ell'} \cdot 10^{\ell'} + \ldots + q'_0) \leq 1,$$

d. h. es gilt $\ell' = 0$ und $q'_0 = 1$ oder $\ell' = -1$, also $q'_0 = 0$. Da der erstere Fall genau dann auftritt, wenn in der vorhergehenden Abschätzung für alle $j = 1, 2, \ldots$ das Gleichheitszeichen gilt, kann dieser Fall nur eintreten, wenn für $j = 1, 2, \ldots$ die Gleichung

$$|q_{-j} - q'_{-j}| = 9$$

besteht. Da wir im nicht-negativen Bereich argumentieren, bedeutet dies gerade

$$q_{-j} = 9 \quad \text{und} \quad q'_{-j} = 0 \quad (j = 1, 2, \ldots).$$

Tritt der letztere Fall ein, so gehen wir von der Gleichheit $q_0 = q'_0$ aus und suchen einen Index $-k$ derart, dass $q_{-k} = q'_{-k}$, aber $q_{-k-1} \neq q'_{-k-1}$ gilt. Entweder findet sich kein solcher Index, d. h. dann stimmen die beiden Dezimalzahlen identisch überein, oder es findet sich ein entsprechender Index $-k$; indem wir dann wie zuvor argumentieren, stellen wir fest, dass die Dezimalzahl $0, q_{-1}q_{-2}\ldots$ ab der $(k+1)$-ten Nachkommastelle lauter Neunen besitzt.   □

Definition 3.7. Wir definieren nun $\mathbb{D} \subset \mathbb{D}'$ als diejenige Teilmenge, welche keine Dezimalzahlen enthält, die ab irgendeiner Nachkommastelle lauter Neunen besitzen. Wir nennen die Elemente von $\mathbb{D}$ künftig *echte Dezimalzahlen*.

Satz 3.8. *Es besteht eine Bijektion zwischen der Menge $\mathbb{D}$ der echten Dezimalzahlen und der Menge $\mathbb{R}$ der reellen Zahlen.*

Beweis. Die Behauptung folgt unmittelbar aus den Lemmata 3.3 und 3.6.   □

Bemerkung 3.9. Unter Verwendung von Satz 3.8 können wir im Folgenden von *der Dezimaldarstellung oder der Dezimalbruchentwicklung* reeller Zahlen sprechen.

Überdies können wir mit Hilfe der Bijektion zwischen $\mathbb{D}$ und $\mathbb{R}$ aus Satz 3.8 die Addition bzw. Multiplikation reeller Zahlen auf die Menge der echten Dezimalzahlen übertragen. Wir erhalten damit den Körper $(\mathbb{D}, +, \cdot)$ der echten Dezimalzahlen.

Bemerkung 3.10. Mit Hilfe der Dezimaldarstellung reeller Zahlen lässt sich zeigen, dass die Menge $\mathbb{R}$ überabzählbar ist; wir wollen auf den Beweis nicht eingehen und verweisen den Leser auf die Literatur. Da die Menge der rationalen Zahlen $\mathbb{Q}$ abzählbar ist, ist die Mengendifferenz $\mathbb{R} \setminus \mathbb{Q}$ nichtleer. Dies führt zu der folgenden Definition.

Definition 3.11. Eine reelle Zahl $\alpha \in \mathbb{R} \setminus \mathbb{Q}$ heißt *irrational*.

Aufgabe 3.12.
(a) Überlegen Sie sich, dass die Zahl $0, 101001000100001\ldots$ (d. h. es sollen sukzessive eine, zwei, drei usw. Nullen eingefügt werden) irrational ist. Geben Sie weitere Beispiele irrationaler Dezimalzahlen an.
(b) Bestimmen Sie $\sqrt{2}$ bis auf die ersten zehn Nachkommastellen genau.

4. Äquivalente Charakterisierungen der Vollständigkeit

In diesem Abschnitt werden wir äquivalente Charakterisierungen der Vollständigkeit der reellen Zahlen geben. Dabei werden wir auf die Begriffe des Supremums und Infimums geführt.

Definition 4.1. Eine reelle Zahlenfolge (α_n) heißt *monoton wachsend* bzw. *streng monoton wachsend*, falls für alle $n \in \mathbb{N}$ die Ungleichung $\alpha_{n+1} \geq \alpha_n$ bzw. $\alpha_{n+1} > \alpha_n$ gilt.

Eine reelle Zahlenfolge (α_n) heißt *monoton fallend* bzw. *streng monoton fallend*, falls für alle $n \in \mathbb{N}$ die Ungleichung $\alpha_{n+1} \leq \alpha_n$ bzw. $\alpha_{n+1} < \alpha_n$ gilt.

Aufgabe 4.2. Überprüfen Sie, ob die Zahlenfolgen

$$\left(12^{\frac{1}{n+1}}\right)_{n \geq 0}, \left(\frac{n^3 - 2}{n^2 - 2}\right)_{n \geq 0}, \left(\frac{n^2 + 2}{2^n}\right)_{n \geq 0}, \left(\frac{n^3 + 3}{3^n}\right)_{n \geq 0}, \left(n^{\frac{1}{n+1}}\right)_{n \geq 0}$$

(streng) monoton wachsend bzw. (streng) monoton fallend sind.

Definition 4.3. Eine nicht-leere Menge $\mathfrak{M} \subseteq \mathbb{R}$ heißt *nach oben beschränkt*, falls ein $\gamma \in \mathbb{R}$ derart existiert, dass für alle $\mu \in \mathfrak{M}$ die Beziehung $\mu \leq \gamma$ gilt. Die reelle Zahl γ nennt man *obere Schranke von* $\mathfrak{M}$.

Eine nicht-leere Menge $\mathfrak{M} \subseteq \mathbb{R}$ heißt *nach unten beschränkt*, falls ein $\gamma \in \mathbb{R}$ derart existiert, dass für alle $\mu \in \mathfrak{M}$ die Beziehung $\mu \geq \gamma$ gilt. Die reelle Zahl γ nennt man *untere Schranke von* $\mathfrak{M}$.

Eine nicht-leere Menge $\mathfrak{M} \subseteq \mathbb{R}$ heißt *beschränkt*, falls sie sowohl nach oben als auch nach unten beschränkt ist.

Satz 4.4. *Eine nicht-leere, nach oben beschränkte Menge $\mathfrak{M} \subseteq \mathbb{R}$ besitzt eine kleinste obere Schranke $\sigma \in \mathbb{R}$.*

Beweis. Wir wählen $\alpha_0 \in \mathbb{R}$ derart, dass α_0 keine obere Schranke von $\mathfrak{M}$, dass aber $\beta_0 := \alpha_0 + 1$ eine solche ist. Dann ist $\alpha_0 + \frac{1}{2}$ eine obere Schranke von $\mathfrak{M}$ oder nicht. Im ersten Fall definieren wir

$$\alpha_1 := \alpha_0 \quad \text{und} \quad \beta_1 := \alpha_0 + \frac{1}{2};$$

im zweiten Fall setzen wir

$$\alpha_1 := \alpha_0 + \frac{1}{2} \quad \text{und} \quad \beta_1 := \beta_0.$$

Indem wir so fortfahren, konstruieren wir induktiv zwei reelle Zahlenfolgen (α_n) und (β_n), welche die drei folgenden Eigenschaften erfüllen:
(1) Die Zahlenfolge (α_n) ist monoton wachsend.
(2) Die Zahlenfolge (β_n) ist monoton fallend.

(3) Für alle $m, n \in \mathbb{N}$ gilt die Ungleichung $\alpha_n \leq \beta_m$.

Es seien nun $\varepsilon \in \mathbb{R}$, $\varepsilon > 0$, und $m \in \mathbb{N}$ derart, dass $2^{-m} < \varepsilon$ gilt. Dann gilt für alle $n \in \mathbb{N}$ mit $n > m$ nach unserer Konstruktion

$$|\alpha_m - \alpha_n| = \alpha_n - \alpha_m \leq \beta_m - \alpha_m \leq \frac{1}{2^m} < \varepsilon.$$

Damit erkennen wir (α_n) als reelle Cauchyfolge. Analog überlegt man sich, dass auch (β_n) eine reelle Cauchyfolge ist. Wir setzen

$$\alpha := \lim_{n \to \infty} \alpha_n, \quad \beta := \lim_{n \to \infty} \beta_n.$$

Wegen

$$\lim_{n \to \infty} (\beta_n - \alpha_n) = 0$$

erkennen wir $\alpha = \beta$.

Wir behaupten jetzt, dass α die gesuchte kleinste obere Schranke von $\mathfrak{M}$ ist. Da die rellen Zahlen β_n für alle $n \in \mathbb{N}$ konstruktionsgemäß obere Schranken von $\mathfrak{M}$ sind, gilt für alle $\mu \in \mathfrak{M}$ und $n \in \mathbb{N}$ die Ungleichung

$$\mu \leq \beta_n,$$

also

$$\mu \leq \beta = \alpha.$$

Damit ist α eine obere Schranke von $\mathfrak{M}$.

Es sei nun $\varepsilon \in \mathbb{R}$, $\varepsilon > 0$, derart, dass $\alpha' := \alpha - \varepsilon$ eine kleinere obere Schranke von $\mathfrak{M}$ ist. Aufgrund der Monotonie der Zahlenfolge (α_n) finden wir ein $N(\varepsilon) \in \mathbb{N}$ derart, dass für alle $n > N(\varepsilon)$ die Ungleichung

$$\alpha_n \geq \alpha - \varepsilon = \alpha'$$

gilt. Da nun andererseits α_n konstruktionsgemäß für kein $n \in \mathbb{N}$ eine obere Schranke von $\mathfrak{M}$ sein kann, existiert jeweils ein $\mu_n \in \mathfrak{M}$, so dass $\mu_n > \alpha_n$ gilt. Wählen wir jetzt $n > N(\varepsilon)$, so ergibt sich der Widerspruch $\mu_n > \alpha'$. Damit ist α die kleinste obere Schranke von $\mathfrak{M}$ und der Satz ist bewiesen.   □

Analog beweist man

Satz 4.5. *Eine nicht-leere, nach unten beschränkte Menge $\mathfrak{M} \subseteq \mathbb{R}$ besitzt eine größte untere Schranke $\sigma \in \mathbb{R}$.*   □

Aufgabe 4.6. Geben Sie ein Beispiel dafür an, dass der analoge Satz für den Bereich der rationalen Zahlen nicht gilt.

Aufgabe 4.7. Finden Sie die größte untere Schranke und die kleinste obere Schranke der Menge $\{ \sqrt[x]{x} \mid x \in \mathbb{Q}, x \geq 0 \}$.

Definition 4.8. Die kleinste obere Schranke der nicht-leeren, nach oben beschränkten Menge $\mathfrak{M}$ aus Satz 4.4 wird das *Supremum von* $\mathfrak{M}$ genannt und mit $\sup(\mathfrak{M})$ bezeichnet.

Die größte untere Schranke der nicht-leeren, nach unten beschränkten Menge $\mathfrak{M}$ wird das *Infimum von* $\mathfrak{M}$ genannt und mit $\inf(\mathfrak{M})$ bezeichnet.

Definition 4.9. Eine Folge von abgeschlossenen Intervallen

$$[\alpha_n, \beta_n] := \{\delta \in \mathbb{R} \mid \alpha_n \leq \delta \leq \beta_n\} \subseteq \mathbb{R} \quad (n \in \mathbb{N})$$

heißt *Intervallschachtelung*, falls die reellen Zahlenfolgen (α_n) und (β_n) die drei folgenden Eigenschaften erfüllen:
(1) Die Zahlenfolge (α_n) ist monoton wachsend.
(2) Die Zahlenfolge (β_n) ist monoton fallend.
(3) Es gilt $\lim\limits_{n \to \infty} (\beta_n - \alpha_n) = 0$.

Satz 4.10. *Die Folge der Intervalle* $[\alpha_n, \beta_n] \subseteq \mathbb{R}$ *für* $n \in \mathbb{N}$ *bilde eine Intervallschachtelung. Dann gilt*

$$\bigcap_{n=0}^{\infty} [\alpha_n, \beta_n] = \{\alpha\}$$

mit einer reellen Zahl α.

Beweis. Als erstes zeigen wir, dass der Durchschnitt

$$\bigcap_{n=0}^{\infty} [\alpha_n, \beta_n]$$

nicht-leer ist. Dazu betrachten wir die nicht-leeren Mengen

$$\mathfrak{A} := \{\alpha_n \mid n \in \mathbb{N}\} \subseteq \mathbb{R} \quad \text{und} \quad \mathfrak{B} := \{\beta_n \mid n \in \mathbb{N}\} \subseteq \mathbb{R}.$$

Definitionsgemäß ist die Menge $\mathfrak{A}$ nach oben beschränkt, nämlich durch die Elemente von $\mathfrak{B}$; entsprechend ist die Menge $\mathfrak{B}$ nach unten beschränkt. Nach Satz 4.4 bzw. Satz 4.5 können wir somit das Supremum von $\mathfrak{A}$ bzw. das Infimum von $\mathfrak{B}$ betrachten, d. h.

$$\alpha := \sup(\mathfrak{A}) \in \mathbb{R} \quad \text{bzw.} \quad \beta := \inf(\mathfrak{B}) \in \mathbb{R}.$$

Aufgrund von Eigenschaft (3) in Definition 4.9 muss $\alpha = \beta$ gelten. Da $\alpha_n \leq \alpha = \beta \leq \beta_n$ für alle $n \in \mathbb{N}$ ist, haben wir mit α ein Element gefunden, das in allen Intervallen $[\alpha_n, \beta_n]$ $(n \in \mathbb{N})$ liegt.

Als zweites zeigen wir, dass α das einzige Element im fraglichen Durchschnitt ist. Dazu sei $\gamma \in \bigcap_{n=0}^{\infty} [\alpha_n, \beta_n]$ ein beliebiges Element. Da $\alpha_n \leq \gamma \leq \beta_n$ für alle $n \in \mathbb{N}$ gilt, haben wir

$$\alpha = \lim_{n\to\infty} \alpha_n \leq \gamma \leq \lim_{n\to\infty} \beta_n = \beta.$$

Dies zeigt, dass $\alpha = \gamma$ gilt.   □

Bemerkung 4.11. Die Aussage von Satz 4.10 umschreibt man damit, dass in $\mathbb{R}$ das sogenannte *Intervallschachtelungsprinzip* gilt. Somit haben wir bisher eingesehen, dass die Vollständigkeit von $\mathbb{R}$, das sogenannte *Vollständigkeitsprinzip*, die Existenz eines Supremums (*Supremumsprinzip*) bzw. eines Infimums (*Infimumsprinzip*) zur Folge hat und dass letzteres das Intervallschachtelungsprinzip nach sich zieht. Wir schließen den Kreis, indem wir abschließend zeigen, dass das Intervallschachtelungsprinzip seinerseits die Vollständigkeit impliziert. Somit sind im Körper der reellen Zahlen
– Vollständigkeitsprinzip
– Supremums- bzw. Infimumsprinzip
– Intervallschachtelungsprinzip
äquivalent.

Satz 4.12. *Wir betrachten den Köper $(\mathbb{R}, +, \cdot)$ der reellen Zahlen mit seiner Ordnungsrelation „$<$" und setzen die Gültigkeit des Intervallschachtelungsprinzips voraus. Dann besitzt jede reelle Cauchyfolge (α_n) einen Grenzwert in $\mathbb{R}$, d.h. das Intervallschachtelungsprinzip impliziert das Vollständigkeitsprinzip.*

Beweis. Es sei $\varepsilon \in \mathbb{R}$, $\varepsilon > 0$. Dann existiert ein $N(\varepsilon) \in \mathbb{N}$ derart, dass für alle natürlichen Zahlen $m, n > N(\varepsilon)$ die Ungleichung

$$|\alpha_m - \alpha_n| < \varepsilon$$

besteht. Mit $n_0 := N(\varepsilon) + 1$ gilt dann für alle natürlichen Zahlen $n \geq n_0$

$$|\alpha_n - \alpha_{n_0}| < \varepsilon,$$

d.h.

$$|\alpha_n| < |\alpha_{n_0}| + \varepsilon.$$

Indem wir

$$\mu := \max\{|\alpha_0|, \ldots, |\alpha_{n_0-1}|, |\alpha_{n_0}| + \varepsilon\}$$

setzen, erkennen wir $\mathfrak{M} := \{\alpha_n \,|\, n \in \mathbb{N}\} \subseteq \mathbb{R}$ als beschränkte Menge, d.h. es existieren reelle Zahlen μ_0, ν_0 derart, dass für alle $n \in \mathbb{N}$ die Ungleichungen

$$\mu_0 \leq \alpha_n \leq \nu_0$$

gelten. Durch fortgesetzte Halbierung des abgeschlossenen Intervalls $[\mu_0, \nu_0]$ erhalten wir eine Intervallschachtelung $[\mu_k, \nu_k]$ $(k \in \mathbb{N})$ derart, dass in jedem der Intervalle unendlich viele Folgenglieder liegen, d.h. für unendlich viele Indizes n gilt jeweils

$$\mu_k \leq \alpha_n \leq \nu_k.$$

Die vorausgesetzte Gültigkeit des Intervallschachtelungsprinzips führt nun zu einer reellen Zahl α, die durch

$$\bigcap_{k=0}^{\infty} [\mu_k, \nu_k] = \{\alpha\}$$

festgelegt ist. Somit existiert eine natürliche Zahl $K(\varepsilon)$ derart, dass für alle natürlichen Zahlen $k > K(\varepsilon)$ die Ungleichungen

$$\alpha - \varepsilon < \mu_k < \nu_k < \alpha + \varepsilon$$

gelten, d. h. für unendlich viele Indizes m bestehen die Ungleichungen

$$\alpha - \varepsilon < \alpha_m < \alpha + \varepsilon \quad \Longleftrightarrow \quad |\alpha_m - \alpha| < \varepsilon.$$

Nach eventueller Vergrößerung von $N(\varepsilon)$ können wir einen der unendlich vielen Indizes $m = n_0$ wählen und erhalten

$$|\alpha_{n_0} - \alpha| < \varepsilon.$$

Somit folgt für alle natürlichen Zahlen $n > N(\varepsilon)$

$$|\alpha_n - \alpha| \leq |\alpha_n - \alpha_{n_0}| + |\alpha_{n_0} - \alpha| < 2\varepsilon.$$

Dies beweist die Konvergenz der reellen Cauchyfolge (α_n) und die Gleichheit

$$\lim_{n \to \infty} \alpha_n = \alpha.$$

Damit ist der Satz bewiesen. □

5. Die reellen Zahlen und die Zahlengerade

In diesem Abschnitt wollen wir eine Bijektion zwischen den Elementen der Menge der reellen Zahlen und den Punkten einer Geraden herstellen. Diese Überlegungen werden uns zum Begriff der *reellen Zahlengeraden* führen. Dazu setzen wir zunächst die klassischen Axiome der ebenen Euklidischen Geometrie voraus. Wir verwenden dabei insbesondere, dass die Ebene aus Punkten besteht, dass durch zwei Punkte in der Ebene jeweils genau eine Gerade bzw. eine Strecke festgelegt ist und dass zwei Geraden in der Ebene genau einen Schnittpunkt haben, falls sie nicht parallel sind. Weiter benötigen wir, dass wir mit Hilfe eines Zirkels Strecken auf einer Geraden abtragen können. Als wichtiges Werkzeug setzen wir die Gültigkeit der Ähnlichkeitssätze voraus. Allerdings werden wir sehen, dass die klassischen Axiome nicht ausreichen, um die angestrebte Identifikation der Menge der reellen Zahlen mit einer Geraden zu realisieren, vielmehr benötigen wir ein

weiteres Axiom, das wir das *Axiom der geometrischen Vollständigkeit* nennen
werden.

Wir gehen aus von der Menge $\mathbb{R}$ der reellen Zahlen einerseits und einer
horizontalen Geraden G in der Ebene andererseits. Ziel unserer Überlegungen ist es, eine Bijektion von der Menge $\mathbb{R}$ der reellen Zahlen auf die Menge
der Punkte von G herzustellen. Als erstes zeichnen wir dazu einen Punkt
P_0 auf der Geraden G aus, den wir Nullpunkt nennen. Wir betrachten den
Nullpunkt $P_0 \in G$ als Bild des Nullelements $0 \in \mathbb{R}$.

$$\begin{array}{c} \overline{\hspace{3cm}\mid\hspace{3cm}} \quad G \\ \hspace{0.5cm} P_0 \end{array}$$

Indem wir als nächstes eine Einheitsstrecke festlegen, können wir auf der
Geraden G, ausgehend vom Nullpunkt P_0, in äquidistanten Abständen nach
rechts Punkte abtragen, die wir als Bilder der natürlichen Zahlen $1, 2, 3, \ldots$
auffassen; wir bezeichnen diese Punkte entsprechend mit $P_1, P_2, P_3, \ldots$.
Durch Spiegelung am Nullpunkt P_0 erhalten wir nach links abgetragen die
Bilder der negativen ganzen Zahlen $-1, -2, -3, \ldots$ auf G, die wir entsprechend mit $P_{-1}, P_{-2}, P_{-3}, \ldots$ bezeichnen.

$$\begin{array}{c} \overline{\hspace{0.3cm}\mid\hspace{0.3cm}\mid\hspace{0.3cm}\mid\hspace{0.3cm}\mid\hspace{0.3cm}\mid\hspace{0.3cm}\mid\hspace{0.3cm}\mid\hspace{0.3cm}} \quad G \\ P_{-3} \quad P_{-2} \quad P_{-1} \quad P_0 \quad P_1 \quad P_2 \quad P_3 \end{array}$$

Indem wir die Länge $\ell(\overline{P_0P_1})$ der Einheitsstrecke $\overline{P_0P_1}$ als 1 definieren, ergibt
sich die Länge der Strecke $\overline{P_aP_b}$ ($a, b \in \mathbb{Z}, a \le b$) zu

$$\ell(\overline{P_aP_b}) = b - a.$$

Wir stellen uns nun zwei nicht parallele Geraden in der Ebene vor, auf denen die ganzen Zahlen als Punkte markiert sind und die sich im Nullpunkt
P_0 schneiden. Wir fixieren auf der einen Geraden die Punkte P_a bzw. P_b, die
den natürlichen Zahlen a bzw. b ($a, b \ne 0$) entsprechen, und auf der anderen Geraden den Punkt P_1, der der natürlichen Zahl 1 entspricht. Indem
wir die Verbindungsgerade zwischen den Punkten P_b und P_1 konstruieren
und anschließend die Parallele dazu durch den Punkt P_a bilden, erhalten
wir als Schnittpunkt dieser Parallelen mit der anderen Geraden einen Punkt
P. Nach den Strahlensätzen besteht zwischen den Strecken $\overline{P_0P_b}$, $\overline{P_0P_a}$, $\overline{P_0P_1}$
und $\overline{P_0P}$ folgende Verhältnisgleichung

$$\overline{P_0P_b} : \overline{P_0P_a} = \overline{P_0P_1} : \overline{P_0P}.$$

Indem wir die Länge der Strecke $\overline{P_0P}$ mit x bezeichnen, ergibt sich daraus
für die Längen der entsprechenden Strecken folgende Gleichung

$$b : a = 1 : x \quad \Longleftrightarrow \quad a = b \cdot x \quad \Longleftrightarrow \quad x = \frac{a}{b}.$$

Aus diesem Grund betrachten wir den Punkt P als Bild der positiven rationalen Zahl $\frac{a}{b}$ und bezeichnen ihn durch $P_{a/b}$.

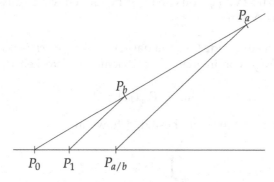

Indem wir diese Konstruktion für alle positiven rationalen Zahlen durchführen, erhalten wir für jede positive rationale Zahl r einen Bildpunkt $P_r \in$ G. Wiederum durch Spiegelung am Nullpunkt erfassen wir auch die negativen rationalen Zahlen als Punkte auf G. Insgesamt erhalten wir durch die Zuordnung $r \mapsto P_r$ eine injektive Abbildung $\psi \colon \mathbb{Q} \longrightarrow G$.

Bevor wir die Abbildung ψ auf die Menge der reellen Zahlen fortsetzen, beachten wir noch einige wichtige Eigenschaften von ψ, die durch die Konstruktion gegeben sind. Zunächst respektiert ψ die auf $\mathbb{Q}$ gegebene Ordnungsrelation „$<$ " in dem Sinne, dass für rationale Zahlen r, s mit $r < s$ der Bildpunkt P_r *links* vom Bildpunkt P_s liegt. Desweiteren respektiert die Abbildung ψ auch die Addition bzw. Multiplikation rationaler Zahlen: beispielsweise erhalten wir für zwei positive rationale Zahlen r, s den Bildpunkt P_{r+s} der Summe $r + s$ als denjenigen Punkt auf G, der durch Aneinanderfügen der Strecken $\overline{P_0 P_r}$ und $\overline{P_0 P_s}$ bestimmt ist. Entsprechend lässt sich die Differenz zweier rationaler Zahlen deuten. Der Punkt $P_{r \cdot s}$, der dem Produkt $r \cdot s$ zweier (positiver) rationaler Zahlen r, s entspricht, lässt sich durch geeignete Anwendung der Strahlensätze auf die Strecken $\overline{P_0 P_r}$, $\overline{P_0 P_s}$ konstruieren.

Wir wollen nun die Abbildung $\psi \colon \mathbb{Q} \longrightarrow G$ auf die Menge $\mathbb{R}$ der reellen Zahlen fortsetzen; wir werden diese Fortsetzung der Einfachheit halber auch wieder mit ψ bezeichnen. Dazu definieren wir zunächst das Bild eines Intervalls $[r, s] \subseteq \mathbb{R}$ mit *rationalen* Intervallgrenzen r, s als die Menge der Punkte der Strecke $\overline{P_r P_s} \subseteq G$, d.h. in Formeln

$$\psi([r, s]) = \overline{P_r P_s}.$$

Wir beachten, dass die Länge der Strecke $\overline{P_r P_s}$ dabei durch

$$\ell(\overline{P_r P_s}) = s - r$$

gegeben ist. Es sei nun $\alpha \in \mathbb{R}$ eine beliebige reelle Zahl. Die Konstruktion der reellen Zahlen zusammen mit dem Intervallschachtelungsprinzip zeigt, dass wir α als Durchschnitt der Intervalle $I_n = [a_n, b_n]$ $(n \in \mathbb{N})$ einer Intervallschachtelung mit *rationalen* Intervallgrenzen erhalten können. Die Intervalle $I_n = [a_n, b_n]$ ($n \in \mathbb{N}$) werden mittels ψ auf die Strecken $\overline{P_{a_n} P_{b_n}}$ abgebildet. Zur Fortsetzung von ψ von $\mathbb{Q}$ nach $\mathbb{R}$ benötigen wir an dieser Stelle das folgende weitere Axiom.

Definition 5.1. Die Gerade G erfüllt das *Axiom der geometrischen Vollständigkeit*, falls jede Folge von ineinandergeschachtelten Strecken $\overline{P_{a_n} P_{b_n}}$ ($n \in \mathbb{N}$) mit

$$\lim_{n \to \infty} \ell \left(\overline{P_{a_n} P_{b_n}} \right) = 0$$

einen nicht-leeren Durchschnitt besitzt, d. h. wenn

$$\bigcap_{n=0}^{\infty} \overline{P_{a_n} P_{b_n}} \neq \emptyset \tag{10}$$

gilt.

Bemerkung 5.2. Wir stellen fest, dass der Durchschnitt (10) in der vorhergehenden Definition 5.1 aus genau einem Punkt $P \in G$ besteht: Zunächst ist der Durchschnitt (10) aufgrund der Gültigkeit des Axioms der geometrischen Vollständigkeit nicht leer. Im Gegensatz zur Behauptung nehmen wir nun an, dass der Durchschnitt (10) mindestens die beiden Punkte P, Q enthält; zwischen diesen besteht der positive Abstand $d > 0$. Wählen wir andererseits n groß genug, so wird die Länge der Strecke $\overline{P_{a_n} P_{b_n}}$ kleiner als d. Dies führt zu einem Widerspruch, da unter diesen Umständen nicht beide Punkte P, Q dem Durchschnitt (10) angehören können.

Mit Hilfe des Axioms der geometrischen Vollständigkeit und unter Beachtung der vorhergehenden Bemerkung setzen wir jetzt

$$\psi(\alpha) := \bigcap_{n=0}^{\infty} \overline{P_{a_n} P_{b_n}} = \{P\}.$$

Man überlegt sich leicht, dass diese Definition unabhängig von der Wahl der Intervallschachtelung ist. Somit erhalten wir eine Abbildung ψ von der Menge $\mathbb{R}$ der reellen Zahlen in die Menge der Punkte der Geraden G. Wie für die rationalen Zahlen gilt auch jetzt, dass die Abbildung ψ die Ordnungsrelation „$<$" respektiert; wir nennen dies die *Ordnungstreue von* ψ. Daraus entnehmen wir sofort die Injektivität von ψ.

Wir überlegen uns schließlich, dass die Abbildung ψ auch surjektiv ist. Dazu sei $P \in G$ ein Punkt. Wir betrachten die Menge

$$\mathfrak{M} := \{r \in \mathbb{Q} \mid \psi(r) \text{ liegt links von } P\}.$$

Da sich eine natürliche Zahl a findet, deren Bildpunkt P_a rechts von P liegt, ist die nicht-leere Menge $\mathfrak{M}$ nach oben beschränkt. Somit existiert das Supremum von $\mathfrak{M}$; wir setzen $\alpha := \sup(\mathfrak{M}) \in \mathbb{R}$ und behaupten, dass $P = \psi(\alpha)$ gilt. Wäre $P \neq \psi(\alpha)$, müsste $\psi(\alpha)$ aufgrund der Ordnungstreue von ψ echt links von P liegen, d. h. die Strecke von $\psi(\alpha)$ zu P hätte positive Länge. Indem wir jetzt eine monoton fallende Folge (c_n) rationaler Zahlen wählen, die gegen α konvergiert, finden wir ein Folgenglied c_{n_0} derart, dass $c_{n_0} > \alpha$ gilt und dass das Bild $\psi(c_{n_0})$ links von P liegt. Damit gilt $c_{n_0} \in \mathfrak{M}$, also $c_{n_0} \leq \alpha$. Dies ist aber ein Widerspruch. Damit ist unsere Annahme falsch, und die Surjektivität von ψ bewiesen.

Aufgabe 5.3. Beweisen Sie die Unabhängigkeit von $\psi(\alpha)$ von der Wahl einer Intervallschachtelung zu $\alpha \in \mathbb{R}$.

Zusammengenommen haben wir die Menge $\mathbb{R}$ der reellen Zahlen mit der Geraden G identifiziert. Wir nennen diese Gerade künftig die *reelle Zahlengerade*. Ein Punkt P auf der reellen Zahlengeraden legt eine Strecke fest, nämlich die (gerichtete) Strecke vom Nullpunkt P_0 zu P. Die Addition bzw. Multiplikation reeller Zahlen übersetzt sich analog zur Diskussion bei den rationalen Zahlen in eine „Addition" bzw. „Multiplikation" entsprechender Strecken. Wir können die reelle Zahlengerade mit diesen beiden Operationen als Modell für den Körper der reellen Zahlen $\mathbb{R}$ betrachten.

Wir schließen diesen Abschnitt mit dem folgenden historischen Hinweis. Die in der vorhergehenden Diskussion erforderliche Hinzunahme des Axioms der geometrischen Vollständigkeit charakterisierte Richard Dedekind in § 3 seiner Ausführungen über „Stetigkeit und Irrationale Zahlen" aus dem Jahr 1872, in denen er die sogenannten *Dedekindschen Schnitte* einführte, mit den folgenden Worten:

[…] Die obige Vergleichung des Gebietes R der rationalen Zahlen mit einer Geraden hat zu der Erkenntnis der Lückenhaftigkeit, Unvollständigkeit oder Unstetigkeit des ersteren geführt, während wir Geraden Vollständigkeit, Lückenlosigkeit oder Stetigkeit zuschreiben. Worin besteht denn nun eigentlich diese Stetigkeit? In der Beantwortung dieser Frage muß alles enthalten sein, und nur durch sie wird man eine wissenschaftliche Grundlage für die Untersuchung *aller* stetigen Gebiete gewinnen. Mit vagen Reden über den ununterbrochenen Zusammenhang in den kleinsten Teilen ist natürlich nichts erreicht; es kommt darauf an, ein präzises Merkmal der Stetigkeit anzugeben, welches als Basis für wirkliche Deduktionen gebraucht werden kann. Lange Zeit habe ich vergeblich darüber nachgedacht, aber endlich fand ich, was ich suchte. Dieser Fund wird von verschiedenen Personen vielleicht verschieden beurteilt werden, doch glaube ich, daß die meisten seinen Inhalt sehr trivial finden werden. Er besteht im Folgenden. Im vorigen Paragraphen ist darauf aufmerksam gemacht, daß jeder Punkt p der Geraden eine Zerlegung derselben in zwei Stücke von der Art hervorbringt, daß jeder Punkt des einen Stückes links von jedem Punkte des anderen liegt. Ich finde nun das Wesen der Stetigkeit in der Umkehrung, also in dem folgenden Prinzip: ‚Zerfallen alle Punkte der Geraden in zwei Klassen von der Art, daß jeder Punkt der ersten Klasse links von jedem Punkte der zweiten Klasse liegt, so existiert ein und nur ein Punkt, welcher diese Einteilung aller Punkte in zwei Klassen, diese Zerschneidung der Geraden in zwei Stücke hervorbringt.' […]

6. Der axiomatische Standpunkt

Definition 6.1. Ein Körper $(K, +, \cdot)$ heißt *angeordnet*, falls für alle $\alpha \in K$ eine Relation $\alpha > 0$ mit den beiden folgenden Eigenschaften existiert:

(i)   Es gilt genau eine der drei Möglichkeiten $\alpha > 0$, $\alpha = 0$ oder $\alpha < 0$ (d. h. $-\alpha > 0$).

(ii)   Sind $\alpha, \beta \in K$ mit $\alpha, \beta > 0$, so gilt $\alpha + \beta > 0$ und $\alpha \cdot \beta > 0$.

Bemerkung 6.2. Ist $(K, +, \cdot)$ ein angeordneter Körper, so lässt sich mit Hilfe der Anordnung sofort ein Betrag für die Elemente von K definieren. Damit kann auch der Begriff einer Cauchyfolge $(\alpha_n) \subseteq K$ eingeführt werden.

Definition 6.3. Ein angeordneter Körper $(K, +, \cdot)$ heißt *vollständig*, wenn jede Cauchyfolge $(\alpha_n) \subseteq K$ einen Grenzwert in K besitzt.

Bemerkung 6.4. Der Körper $\mathbb{R}$ der reellen Zahlen ist ein angeordneter und vollständiger Körper. Wie im Falle des Körpers der reellen Zahlen lässt sich die Vollständigkeit für einen beliebigen angeordneten Körper auch mit Hilfe des Supremums- bzw. Infimumsprinzips oder des Intervallschachtelungs-prinzips charakterisieren.

Zum Abschluss dieses Kapitels skizzieren wir einen Beweis des folgenden, auf David Hilbert zurückgehenden Satzes, der besagt, dass der Körper der reellen Zahlen $\mathbb{R}$ (bis auf Isomorphie) der einzige angeordnete und vollstän-dige Körper ist.

Satz 6.5. *Ein angeordneter und vollständiger Körper $(K, +, \cdot)$ ist bis auf ord-nungserhaltende Ringisomorphie eindeutig bestimmt, d. h. ist $(K', +, \cdot)$ ein wei-terer angeordneter und vollständiger Körper, so gibt es einen Ringisomorphismus*

$$\varphi \colon (K, +, \cdot) \longrightarrow (K', +, \cdot),$$

der die Eigenschaft

$$\alpha > 0 \quad \Longrightarrow \quad \varphi(\alpha) > 0 \quad (\alpha \in K)$$

besitzt.

Bemerkung 6.6. Ohne Beweis bemerken wir, dass ein angeordneter und voll-ständiger Körper K einen zum Ring der ganzen Zahlen $\mathbb{Z}$ isomorphen Un-terring und somit auch einen zum Körper der rationalen Zahlen $\mathbb{Q}$ isomor-phen Unterkörper besitzt. Wir identifizieren im Folgenden $\mathbb{Z}$ bzw. $\mathbb{Q}$ mit diesem Unterring bzw. Unterkörper. Damit zeigt man, dass der angeordne-te und vollständige Körper K *archimedisch angeordnet* ist, d. h. die Eigenschaft besitzt, dass zu $\alpha, \beta \in K$ mit $0 < \alpha < \beta$ ein $n \in \mathbb{N}$ mit $n \cdot \alpha > \beta$ existiert. Dies wiederum führt zu der Erkenntnis, dass die rationalen Zahlen $\mathbb{Q}$ dicht in K liegen, d. h. in jeder ε-Umgebung

$$U_\varepsilon = \{\beta \in K \mid \alpha - \varepsilon < \beta < \alpha + \varepsilon\}$$

von $\alpha \in K$ befindet sich eine rationale Zahl r.

Beweis. Wir kommen nun zu der Beweisskizze von Satz 6.5. Der Beweis wird in drei Schritte aufgeteilt.

1. Schritt: Wir haben zunächst eine Abbildung $\varphi \colon K \longrightarrow K'$ zu definieren. Dazu betrachten wir zu $\alpha \in K$ die Menge

$$\mathfrak{M}_\alpha := \{r \in \mathbb{Q} \mid r < \alpha\} \subseteq K.$$

Da $\mathbb{Q}$ dicht in K liegt, ist die Menge $\mathfrak{M}_\alpha$ nicht-leer. Sie ist offensichtlich nach oben beschränkt, also existiert aufgrund der Vollständigkeit von K das Supremum von $\mathfrak{M}_\alpha$, und man überlegt sich leicht, dass

$$\sup(\mathfrak{M}_\alpha) = \alpha$$

gilt. Aufgrund der zuvor vereinbarten Identifikationen bestehen auch die Inklusionen

$$\mathfrak{M}_\alpha \subseteq \mathbb{Q} \subseteq K'.$$

Da K' ebenfalls vollständig ist, existiert auch das Supremum der nicht-leeren, nach oben beschränkten Menge $\mathfrak{M}_\alpha$ in K', welches wir mit $\sup'(\mathfrak{M}_\alpha)$ bezeichnen. Damit definieren wir die Abbildung $\varphi \colon K \longrightarrow K'$ durch

$$\varphi(\alpha) := \sup'(\mathfrak{M}_\alpha).$$

Man verifiziert leicht, dass für $r \in \mathbb{Q}$ die Beziehung $\varphi(r) = r$ gilt. Damit erkennen wir die Ordnungstreue von φ wie folgt: Sind $\alpha, \beta \in K$ mit $\alpha < \beta$, so existiert aufgrund der Dichtheit von $\mathbb{Q}$ in K ein $r \in \mathbb{Q}$ mit $\alpha < r < \beta$; es folgt

$$\sup'(\mathfrak{M}_\alpha) < r < \sup'(\mathfrak{M}_\beta),$$

d. h. es ist $\varphi(\alpha) < \varphi(\beta)$, was die Ordnungstreue von φ beweist.

2. Schritt: Wir zeigen hier, dass die Abbildung φ bijektiv ist; wir beginnen mit dem Injektivitätsnachweis. Sind $\alpha, \beta \in K$ mit $\alpha \neq \beta$, so können wir ohne Einschränkung $\alpha < \beta$ annehmen. Aufgrund der Ordnungstreue von φ gilt nun auch $\varphi(\alpha) < \varphi(\beta)$, also $\varphi(\alpha) \neq \varphi(\beta)$, was die Injektivität von φ beweist.

Um die Surjektivität von φ zu zeigen, wählen wir $\alpha' \in K'$ und betrachten dazu die Menge $\mathfrak{M}_{\alpha'} \subseteq K'$, welche wir natürlich auch als Teilmenge von K betrachten können. Wir setzen $\alpha := \sup(\mathfrak{M}_{\alpha'}) \in K$. Aufgrund der Gleichheit

$$\sup(\mathfrak{M}_\alpha) = \alpha = \sup(\mathfrak{M}_{\alpha'}),$$

erkennt man die Gleichheit der Mengen $\mathfrak{M}_\alpha$ und $\mathfrak{M}_{\alpha'}$, woraus

$$\varphi(\alpha) = \sup{}'(\mathfrak{M}_\alpha) = \sup{}'(\mathfrak{M}_{\alpha'}) = \alpha'$$

folgt. Dies bestätigt die Surjektivität von φ.

3. *Schritt:* Wir zeigen als drittes, dass φ ein Ringhomomorphismus ist; wir beginnen mit dem Beweis der Additivität von φ. Dazu betrachten wir zu $\alpha, \beta \in K$ die Menge

$$\mathfrak{N}_{\alpha,\beta} := \{r + s \,|\, r, s \in \mathbb{Q}, r < \alpha, s < \beta\}$$

und zeigen zunächst, dass $\mathfrak{N}_{\alpha,\beta} = \mathfrak{M}_{\alpha+\beta}$ gilt. Ist nämlich $t := r + s \in \mathfrak{N}_{\alpha,\beta}$, d. h. $t = r + s$ mit $r, s \in \mathbb{Q}$ und $r < \alpha, s < \beta$, so ist $t \in \mathbb{Q}$ und $t < \alpha + \beta$, also $t \in \mathfrak{M}_{\alpha+\beta}$, d. h. es besteht die Inklusion $\mathfrak{N}_{\alpha,\beta} \subseteq \mathfrak{M}_{\alpha+\beta}$. Ist umgekehrt $t \in \mathfrak{M}_{\alpha+\beta}$, d. h. $t \in \mathbb{Q}$ und $t < \alpha + \beta$, so können wir unter Verwendung der Dichtheit von $\mathbb{Q}$ in K ein $r \in \mathbb{Q}$ finden, welches

$$t - \beta < r < \alpha$$

erfüllt. Indem wir $s := t - r$ setzen, erhalten wir rationale Zahlen r, s mit $r < \alpha$ und $s < \beta$. Da nun $t = r + s$ mit $r, s \in \mathbb{Q}$ und $r < \alpha, s < \beta$ gilt, erkennen wir $t \in \mathfrak{N}_{\alpha,\beta}$, woraus die Inklusion $\mathfrak{M}_{\alpha+\beta} \subseteq \mathfrak{N}_{\alpha,\beta}$ folgt.

Aufgrund der Mengengleichheit $\mathfrak{N}_{\alpha,\beta} = \mathfrak{M}_{\alpha+\beta}$ folgt jetzt

$$\varphi(\alpha + \beta) = \sup{}'(\mathfrak{M}_{\alpha+\beta}) = \sup{}'(\mathfrak{N}_{\alpha,\beta}). \tag{11}$$

Es bleibt zu zeigen, dass $\sup{}'(\mathfrak{N}_{\alpha,\beta}) = \varphi(\alpha) + \varphi(\beta)$ gilt. Dazu behaupten wir zunächst, dass $\varphi(\alpha) + \varphi(\beta)$ eine obere Schranke von $\mathfrak{N}_{\alpha,\beta}$ ist. Ist nämlich $t := r + s \in \mathfrak{N}_{\alpha,\beta}$, d. h. $t = r + s$ mit $r, s \in \mathbb{Q}$ und $r < \alpha, s < \beta$, so haben wir

$$t = r + s = \varphi(r) + \varphi(s) < \varphi(\alpha) + \varphi(\beta),$$

woraus diese Behauptung folgt. Es bleibt zu zeigen, dass $\varphi(\alpha) + \varphi(\beta)$ die kleinste obere Schranke von $\mathfrak{N}_{\alpha,\beta}$ ist. Dazu sei $K' \ni \gamma < \varphi(\alpha) + \varphi(\beta)$ eine kleinere obere Schranke von $\mathfrak{N}_{\alpha,\beta}$. Aufgrund der Dichtheit von $\mathbb{Q}$ in K' finden sich $t, r \in \mathbb{Q}$ mit

$$\gamma < t < \varphi(\alpha) + \varphi(\beta),$$
$$t - \varphi(\beta) < r < \varphi(\alpha).$$

Indem wir $s := t - r$ setzen, erhalten wir rationale Zahlen r, s mit $r < \alpha$ und $s < \beta$. Da nun $t = r + s$ mit $r, s \in \mathbb{Q}$ und $r < \alpha, s < \beta$ gilt, erkennen wir $t \in \mathfrak{N}_{\alpha,\beta}$. Da aber überdies $\gamma < t$ gilt, kann γ keine obere Schranke von $\mathfrak{N}_{\alpha,\beta}$ sein. Damit gilt

$$\varphi(\alpha) + \varphi(\beta) = \sup{}'(\mathfrak{N}_{\alpha,\beta}).$$

Die Additivität von φ ergibt sich jetzt aus Gleichung (11). Gilt $\alpha > 0$, so erhalten wir aufgrund der Ordnungstreue und der Additivität von φ insbesondere

$$\varphi(\alpha) > \varphi(0) = 0.$$

Zum Nachweis der Multiplikativität von φ verfährt man analog; wir wollen hier nicht näher darauf eingehen. Damit ist die Beweisskizze von Satz 6.5 abgeschlossen. □

Aufgabe 6.7. Vervollständigen Sie die offen gebliebenen Stellen in der vorhergehenden Beweisskizze.

Bemerkung 6.8. Geht man vom axiomatischen Standpunkt aus, so ist es a priori nicht klar, dass ein angeordneter und vollständiger Körper K überhaupt existiert. Mit Hilfe der Konstruktion der reellen Zahlen $\mathbb{R}$ in Abschnitt 2 dieses Kapitels haben wir ein konkretes Modell eines solchen Körpers angegeben. Ein alternatives Modell wird durch die reelle Zahlengerade geliefert.

D. Die p-adischen Zahlen – eine andere Vervollständigung von $\mathbb{Q}$

Nach der vorhergehenden Konstruktion der reellen Zahlen beenden wir dieses Kapitel damit, eine alternative Art der Vervollständigung der rationalen Zahlen vorzustellen, welche uns auf die sogenannten p-adischen Zahlen führen wird. Im Folgenden werden wir dann die Nützlichkeit der p-adischen Zahlen zeigen, was uns interessante neue Einblicke vermitteln wird, die uns wieder auf aktuelle Fragestellungen führen werden.

D.1 Der p-adische Absolutbetrag

Wir beginnen mit der Definition eines Absolutbetrags auf dem Körper $\mathbb{Q}$ der rationalen Zahlen.

Definition D.1. Eine Abbildung $\|\cdot\| : \mathbb{Q} \longrightarrow \mathbb{R}$ heißt *Absolutbetrag*, falls die folgenden drei Eigenschaften erfüllt sind:
(i) Für alle $r \in \mathbb{Q}$ gilt $\|r\| \geq 0$ und $\|r\| = 0 \iff r = 0$.
(ii) Für alle $r,s \in \mathbb{Q}$ gilt die *Produktregel* $\|r \cdot s\| = \|r\| \cdot \|s\|$.
(iii) Für alle $r,s \in \mathbb{Q}$ gilt die *Dreiecksungleichung* $\|r + s\| \leq \|r\| + \|s\|$.

Beispiel D.2. (i) Der in Definition 6.8 in Kapitel III eingeführte Betrag $|\cdot|$ einer rationalen Zahl ist offensichtlich ein Absolutbetrag im obigen Sinne, den wir den *archimedischen Absolutbetrag von $\mathbb{Q}$* nennen.
(ii) Indem wir $|r|_{\text{triv}} := 1$ für $r \in \mathbb{Q}$, $r \neq 0$, definieren und $|0|_{\text{triv}} := 0$ setzen,

erhalten wir erneut einen Absolutbetrag $|\cdot|_{\text{triv}}$, den wir den *trivialen Abso-lutbetrag von* $\mathbb{Q}$ nennen.

Bemerkung D.3. In der folgenden Weise können wir zu jeder Primzahl p einen Absolutbetrag konstruieren: Ist $r = a/b$ eine von Null verschiedene rationale Zahl, so können wir r in der Form

$$r = \frac{a'}{b'}\, p^n$$

schreiben, wobei a', b' von Null verschiedene, zu p teilerfremde ganze Zahlen sind, und n eine (nach dem Fundamentalsatz der Arithmetik eindeutige) ganze Zahl ist. Indem wir $v_p(r) := n$ und $v_p(0) := \infty$ setzen, erhalten wir eine Abbildung

$$v_p \colon \mathbb{Q} \longrightarrow \mathbb{Z} \cup \{\infty\},$$

welche offensichtlich die beiden folgenden Eigenschaften hat:
(i)   Für alle $r, s \in \mathbb{Q}$ gilt $v_p(r \cdot s) = v_p(r) + v_p(s)$.
(ii)   Für alle $r, s \in \mathbb{Q}$ gilt $v_p(r + s) \geq \min\{v_p(r), v_p(s)\}$.
Wir nennen die Abbildung v_p die *p-adische Bewertung von* $\mathbb{Q}$. Damit definieren wir für $r \in \mathbb{Q}$ die Größe

$$|r|_p := p^{-v_p(r)}.$$

Aufgrund der Eigenschaften der p-adischen Bewertung $v_p(\cdot)$ verifiziert man sofort, dass $|\cdot|_p$ einen Absolutbetrag definiert. Die Gültigkeit der Dreiecks-ungleichung erkennt man insbesondere wie folgt

$$|r + s|_p = p^{-v_p(r+s)} \leq p^{-\min\{v_p(r), v_p(s)\}}$$

$$= \max\{|r|_p, |s|_p\} \leq |r|_p + |s|_p,$$

d. h. es besteht sogar die schärfere Ungleichung $|r + s|_p \leq \max\{|r|_p, |s|_p\}$, welche *ultrametrische Ungleichung* genannt wird.

Definition D.4. Wir nennen den in der vorhergehenden Bemerkung zu einer beliebigen Primzahl p konstruierten Absolutbetrag $|\cdot|_p$ den *p-adischen Absolutbetrag von* $\mathbb{Q}$.

Bemerkung D.5. Ist r eine von Null verschiedene rationale Zahl, so verifiziert man aufgrund der Definition des p-adischen Absolutbetrags leicht die wichtige Formel

$$|r| \cdot \prod_{p \in \mathbb{P}} |r|_p = 1,$$

welche kurz *Produktformel* genannt wird.

Je größer also die Potenz n der Primzahl p ist, die $r \in \mathbb{Q}$ teilt, desto kleiner ist der p-adische Absolutbetrag $|r|_p$ von r, und umgekehrt. Dies illustrieren auch die folgenden Beispiele.

Beispiel D.6.   (i) Es sei $r = \frac{96}{9801} = \frac{2^5 \cdot 3^1}{3^4 \cdot 11^2}$. Dann gilt $v_2(r) = 5$, $v_3(r) = -3$, $v_{11}(r) = -2$, sowie $v_p(r) = 0$ für alle Primzahlen p mit $p \neq 2,3,11$. Damit folgt $|r|_2 = \frac{1}{32}$, $|r|_3 = 27$, $|r|_{11} = 121$, sowie $|r|_p = 1$ für alle Primzahlen p mit $p \neq 2,3,11$.

(ii) Es seien $r_1 = 735 = 3 \cdot 5 \cdot 7^2$, $r_2 = 3 \cdot 5 \cdot 7^{12}$ und $r_3 = 3 \cdot 5 \cdot 7^{-10}$. Dann gilt $|r_1|_7 = \frac{1}{49}$, $|r_2|_7 = \frac{1}{7^{12}} = \frac{1}{13\,841\,287\,201}$ und $|r_3|_7 = 7^{10} = 282\,475\,249$, aber $|r_1|_p = |r_2|_p = |r_3|_p$ für alle Primzahlen p mit $p \neq 7$.

Indem wir jetzt noch daran erinnern, dass zwei Absolutbeträge $\| \cdot \|$ und $\| \cdot \|'$ genau dann zueinander äquivalent heißen, falls eine positive reelle Zahl σ mit $\| \cdot \|' = \| \cdot \|^\sigma$ existiert, erhalten wir den folgenden, auf Alexander Ostrowski zurückgehenden Satz.

Satz D.7 (Ostrowski [5]). *Jeder auf dem Körper der rationalen Zahlen $\mathbb{Q}$ definierte nicht-triviale Absolutbetrag*

$$\| \cdot \| : \mathbb{Q} \longrightarrow \mathbb{R}$$

ist entweder zum archimedischen Absolutbetrag $| \cdot |$ oder zu einem p-adischen Absolutbetrag $| \cdot |_p$ äquivalent. □

Bemerkung D.8. Für zwei verschiedene Primzahlen p,q sind die entsprechenden Absolutbeträge $| \cdot |_p$ und $| \cdot |_q$ nicht zueinander äquivalent.

D.2 Die p-adischen Zahlen

In Analogie zum Begriff einer rationalen Cauchyfolge bzw. einer rationalen Nullfolge, die wir in Definition 2.1 bezüglich des archimedischen Absolutbetrags festlegten, können wir jetzt auch rationale Cauchyfolgen bzw. rationale Nullfolgen bezüglich des p-adischen Absolutbetrags definieren.

Definition D.9. Eine Zahlenfolge $(a_n) = (a_n)_{n \geq 0}$ mit $a_n \in \mathbb{Q}$ für alle $n \in \mathbb{N}$ heißt *rationale Cauchyfolge bezüglich des p-adischen Absolutbetrags*, wenn zu jedem $\epsilon \in \mathbb{Q}$, $\epsilon > 0$, ein $N(\epsilon) \in \mathbb{N}$ derart existiert, dass für alle $m, n \in \mathbb{N}$ mit $m, n > N(\epsilon)$ die Ungleichung

$$|a_m - a_n|_p < \epsilon$$

besteht.

Eine Zahlenfolge $(a_n) = (a_n)_{n \geq 0}$ mit $a_n \in \mathbb{Q}$ für alle $n \in \mathbb{N}$ heißt *rationale Nullfolge bezüglich des p-adischen Absolutbetrags*, wenn zu jedem $\epsilon \in \mathbb{Q}$, $\epsilon > 0$, ein $N(\epsilon) \in \mathbb{N}$ derart existiert, dass für alle $n \in \mathbb{N}$ mit $n > N(\epsilon)$ die Ungleichung

$$|a_n|_p < \epsilon$$

besteht.

Beispiel D.10.   (i) Die Zahlenfolge $(a_n) = (7^n)_{n \geq 0}$ ist eine rationale Nullfolge bezüglich des 7-adischen Absolutbetrags; dazu gilt es einfach zu beachten, dass $|7^n|_7 = 7^{-n}$ für alle $n \in \mathbb{N}$ gilt. Ist p jedoch eine Primzahl mit $p \neq 7$, so ist $(7^n)_{n \geq 0}$ keine rationale Nullfolge bezüglich des p-adischen Absolutbetrags, allerdings eine beschränkte Folge, da dann $|7^n|_p = 1$ für alle $n \in \mathbb{N}$ gilt.

(ii) Es sei p eine beliebige Primzahl. Dann ist die Zahlenfolge $(a_n) = (\frac{1}{n})_{n > 0}$ keine rationale Nullfolge bezüglich des p-adischen Absolutbetrags, denn für die Teilfolge $(p^{-m})_{m \geq 0}$ gilt

$$\left| \frac{1}{p^m} \right|_p = p^m.$$

Dies zeigt sogar, dass die Zahlenfolge $(a_n) = (\frac{1}{n})_{n > 0}$ nicht konvergent ist.
(iii) Die Zahlenfolge $(a_n) = (2^{-n})_{n \geq 0}$ ist bezüglich des 7-adischen Absolutbetrags eine beschränkte Zahlenfolge, aber keine Cauchyfolge, da

$$\left| \frac{1}{2^n} - \frac{1}{2^{n+1}} \right|_7 = \left| \frac{1}{2^{n+1}} \right|_7 = 1$$

gilt.

Die vorhergehenden Beispiele vermitteln einen ersten Eindruck einer „Analysis" bezüglich des p-adischen Absolutbetrags, der sogenannten *p-adischen Analysis*, der unserer Erfahrung mit der reellen Analysis zu widersprechen scheint. Für interessierte Leser verweisen wir dazu auf die Literatur, z. B. die Bücher [1], [3].

Bemerkung D.11. In Analogie zur Konstruktion der reellen Zahlen betrachten wir jetzt die Menge M_p aller rationalen Cauchyfolgen bezüglich des p-adischen Absolutbetrags, d. h.

$$M_p = \left\{ (a_n) \mid (a_n) \text{ ist rat. Cauchyfolge bzgl. } p\text{-adischen Absolutbetrags} \right\}.$$

Indem wir auf der Menge M_p komponentenweise eine additive Verknüpfung $+$ und eine multiplikative Verknüpfung $\cdot$ festlegen, wird $(M_p, +, \cdot)$ zu einem kommutativen Ring mit Einselement. Ebenso analog setzen wir

$$\mathfrak{n}_p = \left\{ (a_n) \in M_p \mid (a_n) \text{ ist rat. Nullfolge bzgl. } p\text{-adischen Absolutbetrags} \right\}$$

und erkennen, dass $\mathfrak{n}_p$ ein Ideal in M_p ist. Wie im Fall des archimedischen Absolutbetrags zeigt man, dass der Faktorring $(M_p/\mathfrak{n}_p, +, \cdot)$ ein Körper ist.

Definition D.12. Wir nennen den Körper $(M_p/\mathfrak{n}_p, +, \cdot)$ den *Körper der p-adischen Zahlen* und bezeichnen diesen mit $\mathbb{Q}_p$.

Der Körper der p-adischen Zahlen wurde gegen Ende des 19. Jahrhunderts von Kurt Hensel entdeckt.

Satz D.13. *Die Abbildung, die jeder rationalen Zahl r die p-adische Zahl $(r) + \mathfrak{n}_p$ zuordnet, wobei (r) die rationale Cauchyfolge bezüglich des p-adischen Absolutbetrags bedeutet, für die jedes Folgenglied gleich r ist, induziert einen injektiven Ringhomomorphismus*

$$F_p \colon (\mathbb{Q}, +, \cdot) \longrightarrow (\mathbb{Q}_p, +, \cdot).$$

Darüber hinaus ist der Körper der p-adischen Zahlen $\mathbb{Q}_p$ vollständig, d. h. jede Cauchyfolge $(\alpha_n) \subset \mathbb{Q}_p$ bezüglich des p-adischen Absolutbetrags besitzt einen Grenzwert $\alpha \in \mathbb{Q}_p$. □

Bemerkung D.14. In Analogie zur Dezimalbruchentwicklung reeller Zahlen lässt sich schließlich zeigen, dass eine p-adische Zahl $\alpha \in \mathbb{Q}_p$ dargestellt werden kann durch die Reihe

$$\alpha = \sum_{j=\ell}^{\infty} q_j \, p^j$$

mit einem $\ell \in \mathbb{Z}$ und $q_j \in \{0, \dots, p-1\} = \mathbb{F}_p$. Die Menge

$$\left\{ \alpha \in \mathbb{Q}_p \,\middle|\, \alpha = \sum_{j=0}^{\infty} q_j \, p^j \right\}$$

wird die Menge der *p-adisch ganzen Zahlen* genannt und mit $\mathbb{Z}_p$ bezeichnet; es zeigt sich, dass $(\mathbb{Z}_p, +, \cdot)$ ein kommutativer Unterring des Körpers der p-adischen Zahlen $(\mathbb{Q}_p, +, \cdot)$ ist.
Aufgrund der Definition von $\mathbb{Z}_p$ ergibt sich sofort, dass die Isomorphie

$$\mathbb{Z}_p / p\mathbb{Z}_p \cong \mathbb{F}_p$$

gilt.

D.3 Das Lokal-Global-Prinzip

Ist $P(X_1, \dots, X_n) \in \mathbb{Z}[X_1, \dots, X_n]$ ein Polynom mit ganzzahligen Koeffizienten in den n Variablen $X_1, \dots, X_n$, so hatten wir bereits in Unterabschnitt C.1

des Anhangs zu Kapitel III die Frage nach der Existenz eines n-Tupels rationaler Zahlen $(x_1, \ldots, x_n)$ mit der Eigenschaft $P(x_1, \ldots, x_n) = 0$ gestellt; wir
sprechen im Folgenden kurz von einer rationalen Nullstelle des Polynoms
$P(X_1, \ldots, X_n)$. Dort hatten wir die Existenz rationaler Nullstellen von Polynomen nicht weiter untersucht, vielmehr hatten wir unter der Annahme,
dass mindestens eine solche Nullstelle vorliegt, die Frage nach der Existenz
endlich oder unendlich vieler rationaler Nullstellen von Polynomen in den
Blick genommen. In diesem Unterabschnitt wollen wir nun die Existenzfra-
ge exemplarisch untersuchen.

Bemerkung D.15. Wie zuvor seien $P(X_1, \ldots, X_n) \in \mathbb{Z}[X_1, \ldots, X_n]$ und $(x_1, \ldots,$
$x_n) \in \mathbb{Q}^n$ eine rationale Nullstelle von $P(X_1, \ldots, X_n)$. Aufgrund der Einbet-
tungen von $\mathbb{Q}$ in die p-adischen Zahlen $\mathbb{Q}_p$ als auch in die reellen Zahlen $\mathbb{R}$
kann das n-Tupel $(x_1, \ldots, x_n)$ auch als Element von $\mathbb{Q}_p^n$ oder von $\mathbb{R}^n$ aufge-
fasst werden. Somit erkennen wir, dass die Existenz einer rationalen Null-
stelle von $P(X_1, \ldots, X_n)$ für alle Primzahlen p die Existenz einer p-adischen
als auch einer reellen Nullstelle nach sich zieht. Es stellt sich natürlich sofort
die Frage nach der Gültigkeit der Umkehrung dieses Sachverhalts: Besitzt
das Polynom $P(X_1, \ldots, X_n)$ für alle Primzahlen p eine p-adische Nullstelle
als auch eine reelle Nullstelle, besitzt dann das Polynom $P(X_1, \ldots, X_n)$ auch
eine rationale Nullstelle?

Zur Vereinfachung unserer Schreibweise werden wir im Folgenden die
reellen Zahlen $\mathbb{R}$ mit $\mathbb{Q}_\infty$ und den archimedischen Absolutbetrag $|\cdot|$ mit
$|\cdot|_\infty$ bezeichnen.

Definition D.16. Das Polynom $P(X_1, \ldots, X_n) \in \mathbb{Z}[X_1, \ldots, X_n]$ *genügt dem*
Lokal-Global-Prinzip, falls die Existenz von p-adischen Nullstellen für alle
$p \in \mathbb{P} \cup \{\infty\}$ *auch die Existenz einer rationalen Nullstelle des Polynoms*
$P(X_1, \ldots, X_n)$ *zur Folge hat.*

Erfüllt das Polynom $P(X_1, \ldots, X_n)$ das Lokal-Global-Prinzip, so sind wir
bei der Suche nach rationalen Nullstellen auf die Suche nach p-adischen
Nullstellen für alle $p \in \mathbb{P} \cup \{\infty\}$ des Polynoms $P(X_1, \ldots, X_n)$ geführt. Im
Folgenden gehen wir dieser Frage für $p \in \mathbb{P}$ nach. Dazu erinnern wir an das
einfache nachfolgende Lemma.

Lemma D.17. *Seien $P(X_1, \ldots, X_n) \in \mathbb{Z}[X_1, \ldots, X_n]$ ein Polynom und $p \in \mathbb{P}$ eine*
Primzahl. Dann sind die drei folgenden Aussagen zueinander äquivalent:
(i) $P(X_1, \ldots, X_n)$ *besitzt eine Nullstelle in $\mathbb{Q}_p^n$.*
(ii) $P(X_1, \ldots, X_n)$ *besitzt eine primitive Nullstelle in $\mathbb{Z}_p^n$.*
(iii) $P(X_1, \ldots, X_n)$ *besitzt eine Nullstelle in $(\mathbb{Z}/p^m\mathbb{Z})^n$ für alle $m \in \mathbb{N}_{>0}$.*
Hierbei heißt eine Nullstelle $(x_1, \ldots, x_n) \in \mathbb{Z}_p^n$ primitiv, falls nicht alle x_j $(j =$
$1, \ldots, n)$ *durch p teilbar sind.* $\square$

Das vorhergehende Lemma reduziert die Frage nach p-adischen Nullstellen von Polynomen auf das Lösen von polynomialen Kongruenzen modulo p^m für alle $m \in \mathbb{N}_{>0}$ (wir erinnern dazu an Unterabschnitt B.2 des Anhangs zu Kapitel II). Der nachfolgende Satz zeigt, unter welchen Umständen bereits eine Nullstelle modulo p zu einer p-adischen Nullstelle Anlass gibt.

Satz D.18. *Seien $P(X_1, \ldots, X_n) \in \mathbb{Z}[X_1, \ldots, X_n]$ ein Polynom und $p \in \mathbb{P}$ eine Primzahl. Dann induziert jede einfache Nullstelle von $P(X_1, \ldots, X_n)$ modulo p eine p-adische Nullstelle von $P(X_1, \ldots, X_n)$. Hierbei heißt eine Nullstelle $(x_1, \ldots, x_n) \in \mathbb{Z}^n$ modulo p einfach, falls*

$$\left(\frac{\partial P}{\partial X_j}(x_1, \ldots, x_n) \right)_{j=1,\ldots,n} \not\equiv (0, \ldots, 0) \mod p$$

gilt.

Beweis. Wir führen den Beweis zunächst für $n = 1$ und schreiben dann der Einfachheit halber $X = X_1$. Es sei dann $x^{(0)} \in \mathbb{Z}$ eine einfache Nullstelle des Polynoms $P(X)$ modulo p, d. h. wir haben

$$P(x^{(0)}) \equiv 0 \mod p, \text{ d. h. } P(x^{(0)}) = pa \text{ mit } a \in \mathbb{Z},$$
$$P'(x^{(0)}) \not\equiv 0 \mod p, \text{ d. h. } P'(x^{(0)}) = b \text{ mit } b \in \mathbb{Z}, (b, p) = 1.$$

Mit einer noch zu bestimmenden ganzen Zahl y setzen wir jetzt $x^{(1)} := x^{(0)} + py$ und erhalten nach Einsetzen mit Hilfe der Taylorschen Formel

$$P(x^{(1)}) = P(x^{(0)}) + py P'(x^{(0)}) + p^2 c = p(a + yb) + p^2 c$$

mit einem $c \in \mathbb{Z}$. Da nun b teilerfremd zu p ist, findet sich ein $y \in \mathbb{Z}$ mit der Eigenschaft $a + yb \equiv 0 \mod p$. Damit erhalten wir

$$P(x^{(1)}) \equiv 0 \mod p^2 \quad \text{und} \quad x^{(1)} \equiv x^{(0)} \mod p.$$

Indem wir so weiterfahren, also $x^{(2)} := x^{(1)} + p^2 z$ mit einem zu bestimmenden $z \in \mathbb{Z}$ definieren, erhalten wir eine Folge $(x^{(0)}, x^{(1)}, x^{(2)}, \ldots)$ ganzer Zahlen, für die gilt

$$P(x^{(j)}) \equiv 0 \mod p^{j+1} \quad \text{und} \quad x^{(j+1)} \equiv x^{(j)} \mod p^{j+1} \quad (j = 0, 1, 2, \ldots).$$

Die Folge $(x^{(0)}, x^{(1)}, x^{(2)}, \ldots)$ ist ersichtlich eine Cauchyfolge bzgl. des p-adischen Absolutbetrags, welche gegen die p-adische Zahl ξ konvergiere. Konstruktionsgemäß haben wir $P(\xi) = 0$, d. h. ξ ist die gesuchte p-adische Nullstelle.

Den Fall $n > 1$ führen wir schließlich wie folgt auf den Fall $n = 1$ zurück. Wir starten mit der einfachen Nullstelle $(x_1, \ldots, x_n)$ von $P(X_1, \ldots, X_n)$ modulo p und definieren für $k \in \{1, \ldots, n\}$ das Polynom

$$Q(X_k) := P(x_1, \ldots, x_{k-1}, X_k, x_{k+1}, \ldots, x_n) \in \mathbb{Z}[X_k],$$

und konstruieren wie zuvor ausgehend von x_k eine p-adische Nullstelle ζ_k von $Q(X_k)$ (bei geeigneter Wahl von k). Nach Interpretation der x_j als p-adische Zahlen ζ_j $(j = 1, \ldots, n; j \neq k)$ erhalten wir wie gewünscht die Gleichheit $P(\zeta_1, \ldots, \zeta_n) = 0$. Damit ist der Satz bewiesen. $\square$

Bemerkung D.19. Die im vorhergehenden Beweis verwendete Methode zur Konstruktion einer p-adischen Nullstelle ζ des Polynoms $P(X)$ ausgehend von einer Nullstelle $x^{(0)} \in \mathbb{Z}$ modulo p liefert im Falle des Körpers der reellen Zahlen $\mathbb{R}$ das uns wohl bekannte Newton-Verfahren zur Nullstellenbestimmung von Polynomen.

D.4   Der Satz von Hasse–Minkowski

In diesem Unterabschnitt werden wir eine spezielle Klasse von Polynomen angeben, für die das Lokal-Global-Prinzip Gültigkeit hat. Dazu betrachten wir die Menge

$$\mathcal{Q} := \left\{ Q(X_1, \ldots, X_n) = \sum_{j,k=1}^{n} a_{j,k} X_j X_k \,\middle|\, a_{j,k} = a_{k,j} \in \mathbb{Z}, \det(a_{j,k}) \neq 0 \right\}$$

der *nicht-ausgearteten quadratischen Formen über* $\mathbb{Z}$. Damit können wir den zentralen Satz dieses Unterabschnitts formulieren.

Satz D.20 (Hasse–Minkowski). *Eine quadratische Form* $Q(X_1, \ldots, X_n) \in \mathcal{Q}$ *erfüllt das Lokal-Global-Prinzip.* $\square$

Wir wollen hier nicht weiter auf den Beweis des Satzes D.20 eingehen; wir verweisen dazu auf das Buch [7]. Vielmehr möchten wir im Folgenden exemplarisch aufzeigen, wie man mit Hilfe des Satzes von Hasse–Minkowski nicht-triviale rationale Nullstellen von nicht-ausgearteten quadratischen Formen über $\mathbb{Z}$ findet.

Bemerkung D.21. Ernst Sejersted Selmer hat gezeigt, dass sich der Satz von Hasse–Minkowski im Allgemeinen nicht auf kubische Polynome verallgemeinern lässt. Dazu hat er das Polynom

$$P(X_1, X_2, X_3) = 3X_1^3 + 4X_2^3 + 5X_3^3$$

angegeben, das für alle $p \in \mathbb{P} \cup \{\infty\}$ nicht-triviale p-adische Nullstellen, aber *keine* nicht-triviale rationale Nullstelle besitzt. Demgegenüber hat Roger Heath-Brown gezeigt, dass kubische Formen in mindestens 14 Variablen dem Lokal-Global-Prinzip genügen (siehe [2]). Nach Yuri Manin wird die Obstruktion für die Gültigkeit des Lokal-Global-Prinzips für kubische Formen durch die Brauer-Gruppe, eine gewisse zweite Kohomologiegruppe, gemessen (siehe [4]). Im Allgemeinen können weitere Obstruktionen für die Gültigkeit des Lokal-Global-Prinzips für Polynome dazukommen; man spricht von der *Brauer–Manin-Obstruktion* (siehe dazu auch [8]).

Bemerkung D.22. Nach dem Satz von Hasse–Minkowski hat eine quadratische Form $Q(X_1,\ldots,X_n) \in \mathcal{Q}$ eine nicht-triviale rationale Nullstelle, falls die zugrunde liegende quadratische Form für alle $p \in \mathbb{P} \cup \{\infty\}$ nicht-triviale p-adische Nullstellen besitzt. Es erhebt sich somit die Frage, wie man die Existenz solcher Nullstellen nachweisen kann. Im reellen Fall, d. h. $p = \infty$, bedeutet dies einfach, dass die vorgelegte quadratische Form indefinit sein muss. Für den Fall $p \in \mathbb{P}$ mit $p \neq 2$ haben wir das folgende hinreichende Kriterium.

Proposition D.23. *Eine nicht-ausgeartete über $\mathbb{Z}$ definierte quadratische Form*

$$Q(X_1,\ldots,X_n) = \sum_{j,k=1}^{n} a_{j,k} X_j X_k \in \mathcal{Q}$$

hat für alle ungeraden Primzahlen p eine nicht-triviale p-adische Nullstelle, falls $n \geq 3$ ist und $v_p(\det(a_{j,k})) = 0$ gilt.

Beweis. Da für die ungerade Primzahl p nach Voraussetzung $v_p(\det(a_{j,k})) = 0$ gilt, ist die Matrix $(a_{j,k})$ modulo p invertierbar. Damit besteht für alle nicht-trivialen ganzzahligen n-Tupel $(x_1,\ldots,x_n)$ die Beziehung

$$\left(\frac{\partial Q}{\partial X_j}(x_1,\ldots,x_n)\right)_{j=1,\ldots,n} = \left(\sum_{k=1}^{n} 2a_{j,k}x_k\right)_{j=1,\ldots,n} \not\equiv (0,\ldots,0) \mod p.$$

Damit sind die Voraussetzungen von Satz D.18 erfüllt, so dass sich eine nicht-triviale Nullstelle $(x_1,\ldots,x_n)$ modulo p zu einer p-adischen Nullstelle $(\xi_1,\ldots,\xi_n)$ von $Q(X_1,\ldots,X_n)$ hochheben lässt. Wir sind somit auf die Suche nach einer nicht-trivialen Nullstelle $(x_1,\ldots,x_n)$ modulo p von $Q(X_1,\ldots,X_n)$ geführt.

Dazu untersuchen wir zunächst den Fall $n = 3$. Dann hat die betrachtete quadratische Form ohne Beschränkung der Allgemeinheit die Form

$$Q(X_1, X_2, X_3) = a_{1,1}X_1^2 + a_{2,2}X_2^2 + a_{3,3}X_3^2 \tag{12}$$

mit $a_{j,j} \in \mathbb{Z}$ und $p \nmid a_{j,j}$ ($j = 1,2,3$). Nun betrachten wir die beiden Mengen

$$S_1 := \{\bar{a}_{1,1}\bar{x}_1^2 \mid \bar{x}_1 \in \mathbb{F}_p\} \subseteq \mathbb{F}_p, \quad S_2 := \{-\bar{a}_{2,2}\bar{x}_2^2 - \bar{a}_{3,3} \mid \bar{x}_2 \in \mathbb{F}_p\} \subseteq \mathbb{F}_p.$$

Die beiden Mengen S_1 und S_2 haben ersichtlich die Kardinalität $(p+1)/2$, woraus $S_1 \cap S_2 \neq \emptyset$ folgt. Damit liegt eine nicht-triviale Nullstelle von (12) in der Form $(x_1, x_2, 1)$ modulo p vor.

Der Fall $n \geq 3$ lässt sich schließlich sofort auf den Fall $n = 3$ zurückführen, womit die Proposition bewiesen ist. $\qquad\qquad\qquad\qquad\qquad\qquad\qquad\qquad$ □

Bemerkung D.24. Der Satz von Hasse–Minkowski zeigt mit Hilfe von Proposition D.23 beispielsweise, dass eine über $\mathbb{Z}$ definierte indefinite unimodulare (d. h. $\det(a_{j,k}) = \pm 1$) quadratische Form vom Rang $n \geq 3$ eine nicht-triviale rationale Nullstelle besitzt.

Nach diesen exemplarischen Überlegungen zur Existenz nicht-trivialer rationaler Nullstellen von nicht-ausgearteten quadratischen Formen über $\mathbb{Z}$ werden wir zum Abschluss dieses Unterabschnitts ein notwendiges und hinreichendes Kriterium über die Existenz nicht-trivialer p-adischer Nullstellen der quadratischen Form $Q(X_1, \ldots, X_n)$ vorstellen, welches mit Hilfe des Satzes von Hasse–Minkowski die Frage nach nicht-trivialen rationalen Nullstellen von nicht-ausgearteten quadratischen Formen über $\mathbb{Z}$ vollständig beantwortet. Dazu erinnern wir zuerst an die Theorie der quadratischen Reste und das quadratische Reziprozitätsgesetz.

Definition D.25. Es sei p eine Primzahl und a eine zu p teilerfremde ganze Zahl. Dann definieren wir das *Legendre-Symbol* $\left(\frac{a}{p}\right)$ *von a über p* durch

$$\left(\frac{a}{p}\right) := \begin{cases} +1, & a \text{ ist quadratischer Rest modulo } p, \\ -1, & a \text{ ist quadratischer Nichtrest modulo } p. \end{cases}$$

Hierbei heißt a *quadratischer Rest modulo p*, falls ein $x \in \mathbb{Z}$ mit $x^2 \equiv a \mod p$ existiert; andernfalls heißt a *quadratischer Nichtrest modulo p*. Gilt $p \mid a$, so wird $\left(\frac{a}{p}\right) := 0$ gesetzt.

Bemerkung D.26. Da das Legendre-Symbol multiplikativ bezüglich des „Zählers" ist, lässt sich dessen Berechnung auf die Fälle $a = -1$, $a = 2$ und $a = q$ (q ungerade Primzahl) zurückführen. In den beiden ersten Fällen hat man

$$\left(\frac{-1}{p}\right) = \begin{cases} +1, & p \equiv +1 \mod 4, \\ -1, & p \equiv -1 \mod 4; \end{cases}$$

sowie

$$\left(\frac{2}{p}\right) = \begin{cases} +1, & p \equiv \pm 1 \mod 8, \\ -1, & p \equiv \pm 3 \mod 8. \end{cases}$$

Die Berechnung von $\left(\frac{q}{p}\right)$ erfolgt mit Hilfe des quadratischen Reziprozitätsgesetzes:

$$\left(\frac{q}{p}\right) = (-1)^{\frac{p-1}{2}\frac{q-1}{2}} \left(\frac{p}{q}\right).$$

Das Legendre-Symbol erlaubt die Berechnung des Hilbert-Symbols, welches wir jetzt für den Körper der p-adischen Zahlen $\mathbb{Q}_p$ definieren.

Definition D.27. Zu $\alpha, \beta \in \mathbb{Q}_p$ betrachten wir die quadratische Form

$$-\alpha X_1^2 - \beta X_2^2 + X_3^2 \tag{13}$$

und definieren das *Hilbert-Symbol* $(\alpha, \beta)_p$ *von* α, β *bezüglich* $\mathbb{Q}_p$ als $+1$, falls (13) eine nicht-triviale Lösung $(x_1, x_2, x_3) \in \mathbb{Q}_p^3$ besitzt und als -1 andernfalls.

Bemerkung D.28. Das Hilbert-Symbol $(\alpha, \beta)_p$ lässt sich wie folgt berechnen. Wir schreiben

$$\alpha = u \cdot p^a \text{ mit } u \in \mathbb{Z}_p^\times \text{ und } a \in \mathbb{Z},$$

$$\beta = v \cdot p^b \text{ mit } v \in \mathbb{Z}_p^\times \text{ und } b \in \mathbb{Z};$$

dabei können wir u bzw. v aufgrund der Isomorphie $\mathbb{Z}_p / p\mathbb{Z}_p \cong \mathbb{Z}/p\mathbb{Z}$ mit ganzen zu p teilerfremden Zahlen identifizieren, die wir erneut mit u bzw. v bezeichnen. Dann gilt, sofern p ungerade ist,

$$(\alpha, \beta)_p = \left(\frac{-1}{p}\right)^{ab} \left(\frac{u}{p}\right)^b \left(\frac{v}{p}\right)^a;$$

im Falle $p = 2$ gilt eine ebenso einfache Formel.

Definition D.29. Eine nicht-ausgeartete über $\mathbb{Z}$ definierte quadratische Form

$$Q(X_1, \ldots, X_n) = \sum_{j,k=1}^{n} a_{j,k} X_j X_k$$

besitzt neben dem *Rang* n zwei weitere wichtige Invarianten.

Die erste Invariante ist durch die *Diskriminante* $\mathrm{disc}(Q)$ *von* Q gegeben, welche durch $\det(a_{j,k}) \bmod (\mathbb{Q}^\times)^2$ definiert ist.

Die zweite Invariante ist durch die folgende Kollektion von Hilbert-Symbolen $\mathrm{hilb}_p(Q) \in \{\pm 1\}$ für $p \in \mathbb{P} \cup \{\infty\}$ gegeben: Indem wir die quadratische Form $Q(X_1, \ldots, X_n)$ durch geeignete Basiswahl diagonalisieren, können wir ohne Beschränkung der Allgemeinheit annehmen, dass

$$Q(X_1, \ldots, X_n) = a_1 X_1^2 + \ldots + a_n X_n^2$$

gilt. Damit setzen wir

$$\mathrm{hilb}_p(Q) := \prod_{j<k} (a_j, a_k)_p.$$

Es lässt sich zeigen, dass $\mathrm{hilb}_p(Q)$ nur für eine endliche (gerade) Anzahl von Primzahlen (inklusive $p = \infty$) gleich -1 ist und die Beziehung

$$\prod_{p \in \mathbb{P} \cup \{\infty\}} \mathrm{hilb}_p(Q) = +1$$

erfüllt. Damit können wir abschließend das versprochene notwendige und hinreichende Kriterium formulieren.

Satz D.30. *Eine über $\mathbb{Q}_p$ definierte nicht-ausgeartete quadratische Form*

$$Q(X_1, \ldots, X_n) = a_1 X_1^2 + \ldots + a_n X_n^2$$

hat genau dann eine nicht-triviale p-adische Nullstelle, wenn einer der folgenden Fälle zutrifft:
(i) $n = 2$ *und* $\mathrm{disc}(Q) = -1$.
(ii) $n = 3$ *und* $\mathrm{hilb}_p(Q) = (-1, -\mathrm{disc}(Q))_p$.
(iii) $n = 4$ *und* $\mathrm{disc}(Q) \neq +1$ *oder* $\mathrm{disc}(Q) = +1$ *und* $\mathrm{hilb}_p(Q) = (-1, -1)_p$.
(iv) $n \geq 5$.

Beweis. Zum Beweis verweisen wir wieder auf das Buch [7]. $\square$

Bemerkung D.31. Wir bemerken, dass Satz D.30 das in Proposition D.23 gegebene Ergebnis bestätigt, da alle auftretenden Hilbert-Symbole gleich $+1$ sind.

Damit beschließen wir diesen ersten Einblick in die Theorie der p-adischen Zahlen mit Beispielen, die ihre Nützlichkeit überzeugend belegen. Neben den genannten Beispielen gibt es zahlreiche weitere Fragestellungen – auch der aktuellen Forschung –, die zunächst mit p-adischen Methoden untersucht werden, um in der Folge die gewonnene p-adische Information zu einer globalen Lösung des Ausgangsproblems zu nutzen.

Literaturverzeichnis

[1] F. Q. Gouvêa: *p-adic numbers: an introduction.* Springer International Publishing, 3rd edition, 2020.
[2] D. R. Heath-Brown: *Cubic forms in 14 variables.* Invent. Math. **170** (2007), 199–230.

[3] N. Koblitz: *p-adic numbers, p-adic analysis, and zeta-functions*. Graduate Texts in Mathematics, Volume 58. Springer-Verlag, New York, 2nd edition, 1984.

[4] Y. I. Manin: *Cubic forms*. North-Holland Mathematical Library, Volume 4. North-Holland Publishing Co., Amsterdam, 2nd edition, 1986.

[5] A. Ostrowski: *Über einige Lösungen der Funktionalgleichung $\varphi(x)\varphi(y) = \varphi(xy)$*. Acta Math. **41** (1918), 271–284.

[6] E. S. Selmer: *The Diophantine equation $ax^3 + by^3 + cz^3 = 0$*. Acta Math. **85** (1957), 203–362.

[7] J.-P. Serre: *A course in arithmetic*. Graduate Texts in Mathematics, Volume 7. Springer-Verlag, New York, 1973.

[8] A. Skorobogatov: *Torsors and rational points*. Cambridge Tracts in Mathematics 144. Cambridge University Press, Cambridge, 2001.

V Die komplexen Zahlen

1. Die komplexen Zahlen als reeller Vektorraum

Durch die Erweiterung des Bereichs der natürlichen Zahlen über den Bereich der ganzen Zahlen zum Körper der rationalen Zahlen ist es uns gelungen, die lineare Gleichung

$$a \cdot x + b = c \quad (a, b, c \in \mathbb{Q}; a \neq 0)$$

zu lösen. Als nächstes erhebt sich in natürlicher Weise die Frage nach der Lösbarkeit quadratischer Gleichungen, insbesondere der reinquadratischen Gleichung

$$x^2 = a \tag{1}$$

für $a \in \mathbb{Q}$. Gilt $a < 0$, so ist die Gleichung a priori nicht mit einem $x \in \mathbb{Q}$ lösbar, da ein Quadrat immer nicht-negativ ist. Darüber hinaus braucht die Gleichung aber auch für $a > 0$ im Bereich der rationalen Zahlen nicht lösbar zu sein, wie das Beispiel $a = 2$ zeigt: Wäre dies nämlich möglich, so fänden sich positive natürliche Zahlen m, n mit

$$\frac{m^2}{n^2} = 2 \quad \Longleftrightarrow \quad m^2 = 2 \cdot n^2;$$

zieht man jetzt die Primfaktorzerlegungen von m und n heran, so erkennt man, dass in der letzten Gleichung linker Hand alle Primzahlen in gerader Vielfachheit vorkommen, währenddem die Primzahl 2 auf der rechten Seite in ungerader Vielfachheit auftritt, was einen Widerspruch zur Eindeutigkeit der Primfaktorzerlegung darstellt.

Mit Hilfe der Zahlbereichserweiterung von $\mathbb{Q}$ nach $\mathbb{R}$ lässt sich die Gleichung (1) für $a > 0$, ja sogar für positives reelles α, lösen. Ist nämlich $\alpha \in \mathbb{R}$, $\alpha > 0$, so erkennen wir wie folgt, dass die reinquadratische Gleichung

$$x^2 = \alpha$$

eine reelle Lösung besitzt: Wir wählen zunächst eine reelle Zahl β_0 mit $\beta_0 > 0$ und definieren dann für $n \in \mathbb{N}$ rekursiv

$$\beta_{n+1} := \frac{\alpha + \beta_n^2}{2\beta_n}. \tag{2}$$

© Springer Fachmedien Wiesbaden GmbH, ein Teil von Springer Nature 2022
J. Kramer und A.-M. von Pippich, *Von den natürlichen Zahlen zu den Quaternionen*,
https://doi.org/10.1007/978-3-658-36621-6_5

Man verifiziert schnell, dass damit eine monoton fallende, nach unten beschränkte Zahlenfolge (β_n) definiert wird. Aufgrund der Vollständigkeit von $\mathbb{R}$ besitzt die reelle Zahlenfolge einen Grenzwert, nämlich

$$\beta := \lim_{n\to\infty} \beta_n = \inf_{n\in\mathbb{N}} \{\beta_n\}.$$

Indem wir jetzt auf beiden Seiten der Gleichung (2) zum Grenzwert übergehen, erkennen wir, dass $\beta^2 = \alpha$ gilt. Wir schreiben dafür $\beta = \sqrt{\alpha}$ und beachten, dass mit $\beta = -\sqrt{\alpha}$ eine weitere Lösung vorliegt.

Leider ist die quadratische Gleichung $x^2 = \alpha$ für $\alpha < 0$ im Bereich der reellen Zahlen nachwievor unlösbar, insbesondere die Gleichung $x^2 = -1$. Deshalb nehmen wir im Folgenden eine Zahlbereichserweiterung von $\mathbb{R}$ derart vor, dass die quadratische Gleichung $x^2 = -1$ eine Lösung besitzt; natürlich werden wir dabei dafür Sorge tragen, dass der neue Zahlbereich weiterhin ein Körper ist.

Aufgabe 1.1. Berechnen Sie mit Hilfe des obigen Verfahrens $\sqrt{3}$ und $\sqrt{5}$ bis auf die ersten zehn Nachkommastellen genau.

Definition 1.2. Wir setzen $i := \sqrt{-1}$, d. h. es gilt $i^2 = -1$. Wir bezeichnen i als *imaginäre Einheit*.

Mit Hilfe der imaginären Einheit i definieren wir weiter

Definition 1.3. Die Menge der *komplexen Zahlen* $\mathbb{C}$ ist gegeben als die Menge aller reellen Linearkombinationen des Einselements 1 von $\mathbb{R}$ und der imaginären Einheit i, d. h. es ist

$$\mathbb{C} := \{\alpha = \alpha_1 \cdot 1 + \alpha_2 \cdot i \,|\, \alpha_1, \alpha_2 \in \mathbb{R}\}.$$

Für $\alpha = \alpha_1 \cdot 1 + \alpha_2 \cdot i \in \mathbb{C}$ schreiben wir im Folgenden kurz $\alpha_1 + \alpha_2 i$. Die reelle Zahl α_1 heißt *Realteil von* α und wird mit $\mathrm{Re}(\alpha)$ bezeichnet; die reelle Zahl α_2 heißt *Imaginärteil von* α und wird mit $\mathrm{Im}(\alpha)$ bezeichnet. Ist $\mathrm{Re}(\alpha) = 0$, so heißt α *rein-imaginär*.

Bemerkung 1.4. Man kann $\mathbb{C}$ als einen 2-dimensionalen reellen Vektorraum mit der Basis $\{1, i\}$ auffassen. Als solchen kann man $\mathbb{C}$ mit einer reellen Ebene, der sogenannten *Gaußschen Zahlenebene*, identifizieren.

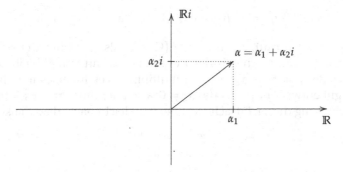

Abb. 1. Die Gaußsche Zahlenebene

Bemerkung 1.5. Als $\mathbb{R}$-Vektorraum besitzt $\mathbb{C}$ insbesondere die Struktur einer abelschen Gruppe. Sind nämlich $\alpha = \alpha_1 + \alpha_2 i$, $\beta = \beta_1 + \beta_2 i \in \mathbb{C}$, so gilt

$$\alpha + \beta = (\alpha_1 + \alpha_2 i) + (\beta_1 + \beta_2 i) = (\alpha_1 + \beta_1) + (\alpha_2 + \beta_2)i.$$

Diese Addition ist assoziativ und kommutativ. Das neutrale Element, d. h. das Nullelement von $\mathbb{C}$, ist durch $0 := 0 + 0i$ gegeben. Ist $\alpha = \alpha_1 + \alpha_2 i \in \mathbb{C}$, so wird das additive Inverse zu α durch

$$-\alpha := (-\alpha_1) + (-\alpha_2)i = -\alpha_1 - \alpha_2 i$$

geliefert.

Definition 1.6. Die Multiplikation zweier komplexer Zahlen $\alpha = \alpha_1 + \alpha_2 i$ und $\beta = \beta_1 + \beta_2 i$ wird durch

$$\alpha \cdot \beta = (\alpha_1 + \alpha_2 i) \cdot (\beta_1 + \beta_2 i) := (\alpha_1 \cdot \beta_1 - \alpha_2 \cdot \beta_2) + (\alpha_1 \cdot \beta_2 + \alpha_2 \cdot \beta_1)i$$

definiert.

Satz 1.7. *Die Struktur* $(\mathbb{C}, +, \cdot)$ *ist ein Körper mit dem Einselement* $1 := 1 + 0i$, *welcher den Körper der reellen Zahlen* $(\mathbb{R}, +, \cdot)$ *als Unterkörper enthält.*

Darüber hinaus besitzt die quadratische Gleichung

$$\alpha \cdot x^2 + \beta \cdot x + \gamma = 0 \tag{3}$$

mit $\alpha, \beta, \gamma \in \mathbb{R}$ *jeweils Lösungen in* $\mathbb{C}$.

Beweis. Wir haben bereits festgestellt, dass die Struktur $(\mathbb{C}, +)$ eine abelsche Gruppe mit dem neutralen Element 0 ist. In einem zweiten Schritt verifiziert man leicht, dass die soeben definierte Multiplikation komplexer Zahlen assoziativ und kommutativ ist und dass das Einselement 1 neutrales Element bezüglich der Multiplikation ist. Indem man noch die beiden Distributivgesetze

$$\alpha \cdot (\beta + \gamma) = \alpha \cdot \beta + \alpha \cdot \gamma, \; (\beta + \gamma) \cdot \alpha = \beta \cdot \alpha + \gamma \cdot \alpha$$

für $\alpha, \beta, \gamma \in \mathbb{C}$ nachprüft, erkennen wir $(\mathbb{C}, +, \cdot)$ als kommutativen Ring mit Einselement 1. Zum Nachweis der Körpereigenschaft von $\mathbb{C}$ bleibt zu zeigen, dass jedes $\alpha = \alpha_1 + \alpha_2 i \neq 0$ ein multiplikatives Inverses in $\mathbb{C}$ hat. Da $\alpha \neq 0$ ist, gilt entweder $\alpha_1 \neq 0$ oder $\alpha_2 \neq 0$, also gilt immer $\alpha_1^2 + \alpha_2^2 \neq 0$; unter Berücksichtigung dieser Tatsache rechnet man leicht nach, dass die komplexe Zahl

$$\beta = \frac{\alpha_1}{\alpha_1^2 + \alpha_2^2} - \frac{\alpha_2}{\alpha_1^2 + \alpha_2^2} i$$

multiplikativ invers zu α ist.

Mit Hilfe der Abbildung

$$\psi \colon (\mathbb{R}, +, \cdot) \longrightarrow (\mathbb{C}, +, \cdot),$$

gegeben durch die Zuordnung $\alpha_1 \mapsto \alpha_1 + 0i$, erhalten wir einen injektiven Ringhomomorphismus von $(\mathbb{R}, +, \cdot)$ nach $(\mathbb{C}, +, \cdot)$; daraus erkennen wir den Körper der reellen Zahlen als Unterkörper des Körpers der komplexen Zahlen.

Die quadratische Gleichung (3) hat die beiden Lösungen

$$x_{1,2} = \frac{-\beta \pm \sqrt{\beta^2 - 4\alpha\gamma}}{2\alpha},$$

wobei $\sqrt{\beta^2 - 4\alpha\gamma} = \sqrt{|\beta^2 - 4\alpha\gamma|}\, i$ ist, falls $\beta^2 - 4\alpha\gamma < 0$ gilt.

Damit ist der Satz bewiesen.   □

Aufgabe 1.8. Komplettieren Sie den Beweis von Satz 1.7.

Bemerkung 1.9.   In Verallgemeinerung des vorhergehenden Satzes lässt sich zeigen, dass die quadratische Gleichung (3) mit *komplexen* Koeffizienten α, β, γ ebenfalls immer im Körper der komplexen Zahlen lösbar ist. Dies ist eine erstaunliche Erkenntnis: Man erweitert den Bereich der reellen Zahlen durch Hinzunahme einer Quadratwurzel aus -1 zum Bereich der komplexen Zahlen und erreicht damit, dass *jede* quadratische Gleichung mit komplexen Koeffizienten wiederum in $\mathbb{C}$ lösbar ist.

Aufgabe 1.10.   Leiten Sie eine Lösungsformel zur Berechnung der Lösungen der quadratischen Gleichung $x^2 = \alpha$ für $\alpha = \alpha_1 + \alpha_2 i \in \mathbb{C}$, $\alpha \neq 0$, her. Berechnen Sie damit die Lösungen der quadratischen Gleichung $x^2 = \alpha$ für $\alpha = i$, $\alpha = 2 + i$ und $\alpha = 3 - 2i$.

Aufgabe 1.11.   Berechnen Sie alle Lösungen der quadratischen Gleichungen $x^2 + (1 + i) \cdot x + i = 0$ sowie $x^2 + (2 - i) \cdot x - 2i = 0$.

Definition 1.12. Ist $\alpha = \alpha_1 + \alpha_2 i \in \mathbb{C}$, so definieren wir die zu α *konjugiert komplexe Zahl* $\bar{\alpha}$ durch

$$\bar{\alpha} := \alpha_1 - \alpha_2 i.$$

In der Gaußschen Zahlenebene erhält man $\bar{\alpha}$ durch Spiegelung von α an der reellen Achse.

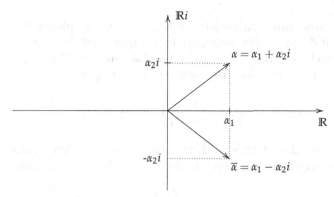

Abb. 2. Die zu α konjugiert komplexe Zahl $\bar{\alpha}$

Definition 1.13. Das *Euklidische Skalarprodukt* $\langle \cdot, \cdot \rangle \colon \mathbb{C} \times \mathbb{C} \longrightarrow \mathbb{R}$ ist definiert durch

$$\langle \alpha, \beta \rangle := \mathrm{Re}(\alpha \cdot \bar{\beta}) = \alpha_1 \beta_1 + \alpha_2 \beta_2,$$

wobei $\alpha = \alpha_1 + \alpha_2 i, \beta = \beta_1 + \beta_2 i \in \mathbb{C}$ sind. Der *Betrag* $|\alpha|$ von α ist dann gegeben durch

$$|\alpha| := \sqrt{\alpha \cdot \bar{\alpha}} = \sqrt{\alpha_1^2 + \alpha_2^2}.$$

Aufgabe 1.14.
(a) Zeigen Sie, dass für alle $\alpha, \beta \in \mathbb{C}$ die *Produktregel* $|\alpha \cdot \beta| = |\alpha| \cdot |\beta|$ gilt.
(b) Überlegen Sie sich, dass man mit Hilfe von Teilaufgabe (a) folgende Aussage beweisen kann: Wenn zwei natürliche Zahlen als Summe von zwei Quadraten natürlicher Zahlen darstellbar sind, dann ist auch das Produkt dieser beiden Zahlen als Summe von zwei Quadraten natürlicher Zahlen darstellbar.

Bemerkung 1.15. Mit Hilfe der vorhergehenden Definition kann das multiplikative Inverse von $0 \neq \alpha \in \mathbb{C}$ in der Form

$$\alpha^{-1} = \frac{\bar{\alpha}}{|\alpha|^2}$$

angegeben werden.

Desweiteren prüft man leicht nach, dass die Betragsfunktion $|\cdot|$ die Eigenschaften einer Norm hat. Es stellt sich heraus, dass der Körper $(\mathbb{C}, +, \cdot)$ bezüglich dieser Norm vollständig ist.

2. Komplexe Zahlen vom Betrag eins und die spezielle orthogonale Gruppe

In diesem Abschnitt werden wir die Menge aller komplexen Zahlen vom Betrag 1 mit der speziellen orthogonalen Gruppe identifizieren.

Wir betrachten dazu den nicht-kommutativen Ring $(M_2(\mathbb{R}), +, \cdot)$, d.h. die Menge aller (2×2)-Matrizen mit reellen Einträgen

$$M_2(\mathbb{R}) := \left\{ A = \begin{pmatrix} \alpha_1 & \alpha_2 \\ \alpha_3 & \alpha_4 \end{pmatrix} \,\middle|\, \alpha_1, \alpha_2, \alpha_3, \alpha_4 \in \mathbb{R} \right\}$$

zusammen mit der Matrizenaddition bzw. -multiplikation (analog zu Beispiel 2.5 (iv) in Kapitel III). Das Einselement von $M_2(\mathbb{R})$ bezeichnen wir mit

$$E := \begin{pmatrix} 1 & 0 \\ 0 & 1 \end{pmatrix}.$$

Ist $A = \begin{pmatrix} \alpha_1 & \alpha_2 \\ \alpha_3 & \alpha_4 \end{pmatrix} \in M_2(\mathbb{R})$, so ist die zur Matrix A transponierte Matrix A^t durch

$$A^t := \begin{pmatrix} \alpha_1 & \alpha_3 \\ \alpha_2 & \alpha_4 \end{pmatrix} \in M_2(\mathbb{R})$$

gegeben.

Definition 2.1. Wir bezeichnen mit

$$S^1 := \{ \alpha \in \mathbb{C} \mid |\alpha| = 1 \}$$

die Menge aller komplexer Zahlen vom Betrag 1.

Bemerkung 2.2. Die Menge S^1 ist eine Untergruppe der Gruppe $(\mathbb{C} \setminus \{0\}, \cdot)$.

Aufgabe 2.3. Verifizieren Sie die Aussage der Bemerkung 2.2.

Im folgenden identifizieren wir zunächst den Körper der komplexen Zahlen mit einem Unterring des nicht-kommutativen Ringes $(M_2(\mathbb{R}), +, \cdot)$.

Lemma 2.4. *Die Abbildung* $f\colon (\mathbb{C}, +, \cdot) \longrightarrow (M_2(\mathbb{R}), +, \cdot)$, *gegeben durch*

$$\alpha = \alpha_1 + \alpha_2 i \mapsto \begin{pmatrix} \alpha_1 & \alpha_2 \\ -\alpha_2 & \alpha_1 \end{pmatrix},$$

ist ein injektiver Ringhomomorphismus. Das Bild

$$C := \operatorname{im}(f) = \left\{ \begin{pmatrix} \alpha_1 & \alpha_2 \\ -\alpha_2 & \alpha_1 \end{pmatrix} \bigg| \alpha_1, \alpha_2 \in \mathbb{R} \right\}$$

ist ein Körper. Insbesondere induziert f die Isomorphie $\mathbb{C} \cong C$.

Beweis. Wir beginnen mit dem Nachweis, dass f ein injektiver Ringhomomorphismus ist. Es seien $\alpha = \alpha_1 + \alpha_2 i \in \mathbb{C}$ und $\beta = \beta_1 + \beta_2 i \in \mathbb{C}$. Wir erhalten

$$f(\alpha + \beta) = f((\alpha_1 + \beta_1) + (\alpha_2 + \beta_2)i) = \begin{pmatrix} \alpha_1 + \beta_1 & \alpha_2 + \beta_2 \\ -(\alpha_2 + \beta_2) & \alpha_1 + \beta_1 \end{pmatrix}$$

$$= \begin{pmatrix} \alpha_1 & \alpha_2 \\ -\alpha_2 & \alpha_1 \end{pmatrix} + \begin{pmatrix} \beta_1 & \beta_2 \\ -\beta_2 & \beta_1 \end{pmatrix} = f(\alpha) + f(\beta)$$

und

$$f(\alpha \cdot \beta) = f((\alpha_1 \cdot \beta_1 - \alpha_2 \cdot \beta_2) + (\alpha_1 \cdot \beta_2 + \alpha_2 \cdot \beta_1)i)$$

$$= \begin{pmatrix} \alpha_1 \cdot \beta_1 - \alpha_2 \cdot \beta_2 & \alpha_1 \cdot \beta_2 + \alpha_2 \cdot \beta_1 \\ -(\alpha_1 \cdot \beta_2 + \alpha_2 \cdot \beta_1) & \alpha_1 \cdot \beta_1 - \alpha_2 \cdot \beta_2 \end{pmatrix}$$

$$= \begin{pmatrix} \alpha_1 & \alpha_2 \\ -\alpha_2 & \alpha_1 \end{pmatrix} \cdot \begin{pmatrix} \beta_1 & \beta_2 \\ -\beta_2 & \beta_1 \end{pmatrix} = f(\alpha) \cdot f(\beta).$$

Da weiter $\ker(f) = \{0\}$ gilt, haben wir somit gezeigt, dass f ein injektiver Ringhomomorphismus ist. Das Bild von f ist gegeben durch die Menge

$$C = \operatorname{im}(f) = \left\{ \begin{pmatrix} \alpha_1 & \alpha_2 \\ -\alpha_2 & \alpha_1 \end{pmatrix} \bigg| \alpha_1, \alpha_2 \in \mathbb{R} \right\}.$$

Nach Lemma 3.5 in Kapitel III ist C sogar ein Unterring von $(M_2(\mathbb{R}), +, \cdot)$. Schließlich folgt nach dem Homomorphiesatz für Ringe die Isomorphie

$$\mathbb{C} = \mathbb{C}/\ker(f) \cong \operatorname{im}(f) = C.$$

Da aber $\mathbb{C}$ ein Körper ist, ist somit auch C ein Körper, wie behauptet.   □

Aufgabe 2.5. Zeigen Sie, dass es unendlich viele zu $\mathbb{C}$ isomorphe Unterringe von $(M_2(\mathbb{R}), +, \cdot)$ gibt.

Definition 2.6. Die *orthogonale Gruppe* $O_2(\mathbb{R})$ ist definiert als

$$O_2(\mathbb{R}) := \{A \in M_2(\mathbb{R}) \mid A \cdot A^t = E\}.$$

Die *spezielle orthogonale Gruppe* $SO_2(\mathbb{R})$ ist definiert als

$$SO_2(\mathbb{R}) := \{A \in O_2(\mathbb{R}) \mid \det(A) = 1\}.$$

Bemerkung 2.7. Die orthogonale Gruppe $(O_2(\mathbb{R}), \cdot)$ ist eine Gruppe mit der Matrizenmultiplikation. Die spezielle orthogonale Gruppe $SO_2(\mathbb{R})$ ist eine Untergruppe, ja sogar ein Normalteiler, von $(O_2(\mathbb{R}), \cdot)$.

Aufgabe 2.8. Zeigen Sie, dass $\det(A) = \pm 1$ für $A \in O_2(\mathbb{R})$ gilt, und verifizieren Sie die Aussagen der Bemerkung 2.7.

Satz 2.9. *Es besteht die Gruppenisomorphie*

$$(S^1, \cdot) \cong (SO_2(\mathbb{R}), \cdot).$$

Beweis. Wir bemerken zuerst, dass für eine beliebige Matrix

$$A = \begin{pmatrix} \alpha_1 & \alpha_2 \\ -\alpha_2 & \alpha_1 \end{pmatrix} \in \mathcal{C}$$

die Gleichheiten $\det(A) = \alpha_1^2 + \alpha_2^2$ und

$$A \cdot A^t = \begin{pmatrix} \alpha_1 & \alpha_2 \\ -\alpha_2 & \alpha_1 \end{pmatrix} \cdot \begin{pmatrix} \alpha_1 & -\alpha_2 \\ \alpha_2 & \alpha_1 \end{pmatrix} = \begin{pmatrix} \alpha_1^2 + \alpha_2^2 & 0 \\ 0 & \alpha_1^2 + \alpha_2^2 \end{pmatrix} = \det(A) \cdot E$$

gelten.

Ist nun $\alpha = \alpha_1 + \alpha_2 i \in S^1$, d.h. es gilt $|\alpha| = 1$, dann folgt $|\alpha|^2 = \alpha_1^2 + \alpha_2^2 = 1$, und somit ergeben sich mit der Abbildung f aus Lemma 2.4 für

$$A = f(\alpha) = f(\alpha_1 + \alpha_2 i) = \begin{pmatrix} \alpha_1 & \alpha_2 \\ -\alpha_2 & \alpha_1 \end{pmatrix}$$

die Gleichheiten $\det(A) = \alpha_1^2 + \alpha_2^2 = 1$ und $A \cdot A^t = \det(A) \cdot E = E$. Dies beweist, dass $A \in SO_2(\mathbb{R})$ gilt. Somit induziert die Abbildung f einen injektiven Gruppenhomomorphismus $g := f|_{S^1} \colon S^1 \longrightarrow SO_2(\mathbb{R})$ mit Bild

$$\operatorname{im}(g) = \{A \in \mathcal{C} \mid \det(A) = 1\} \subseteq SO_2(\mathbb{R}).$$

Zum Beweis der Surjektivität von g haben wir noch $SO_2(\mathbb{R}) \subseteq \operatorname{im}(g)$ zu zeigen. Dazu sei

$$B := \begin{pmatrix} \alpha_1 & \alpha_2 \\ \alpha_3 & \alpha_4 \end{pmatrix} \in SO_2(\mathbb{R}).$$

Dann gilt $B \cdot B^t = E$ und somit einerseits $B^{-1} = B^t$. Wegen $\det(B) = 1$ gilt andererseits

$$B^{-1} = \begin{pmatrix} \alpha_4 & -\alpha_2 \\ -\alpha_3 & \alpha_1 \end{pmatrix}.$$

Somit muss $\alpha_4 = \alpha_1$ und $\alpha_3 = -\alpha_2$ gelten, was $B \in \mathcal{C}$ beweist. Wegen $\det(B) = 1$ folgt somit

$$\mathrm{SO}_2(\mathbb{R}) \subseteq \{A \in \mathcal{C} \mid \det(A) = 1\} = \mathrm{im}(g).$$

Dies beweist die Behauptung.   □

Korollar 2.10. *Jede komplexe Zahl $\alpha \in \mathbb{C} \setminus \{0\}$ lässt sich eindeutig in der Form*

$$\alpha = |\alpha| \cdot (\cos(\varphi) + i\sin(\varphi)) \tag{4}$$

für ein $\varphi \in [0, 2\pi)$ darstellen.

Beweis. Der Beweis von Satz 2.9 zeigt insbesondere, dass sich jede Matrix $A \in \mathrm{SO}_2(\mathbb{R})$ in der Form

$$A = \begin{pmatrix} \alpha_1 & \alpha_2 \\ -\alpha_2 & \alpha_1 \end{pmatrix}$$

mit $\alpha_1, \alpha_2 \in \mathbb{R}$ darstellen lässt, wobei die Relation $\alpha_1^2 + \alpha_2^2 = 1$ besteht. Somit muss $\alpha_1, \alpha_2 \in [-1, 1]$ gelten, also existiert ein eindeutig bestimmtes $\varphi \in [0, 2\pi)$ mit $\alpha_1 = \cos(\varphi)$ und $\alpha_2 = \sin(\varphi)$. Da nun $\alpha/|\alpha| \in S^1$ gilt, existiert somit ein eindeutig bestimmtes $\varphi \in [0, 2\pi)$ mit

$$\frac{\alpha}{|\alpha|} = \cos(\varphi) + i\sin(\varphi),$$

woraus die Behauptung unmittelbar folgt.   □

Bemerkung 2.11. Die Darstellung (4) heißt *Polarkoordinatendarstellung* der komplexen Zahl α. Mit Hilfe dieser Darstellung kann man die wichtige Tatsache beweisen, dass es im Bereich der komplexen Zahlen möglich ist, die k-te Wurzel für ein beliebiges $k \in \mathbb{N}$, $k > 1$, aus der komplexen Zahl α zu ziehen. Dies haben wir für $k = 2$ bereits in Aufgabe 1.10 eingesehen.

Aufgabe 2.12. Beweisen Sie den *Satz von de Moivre*: Es sei $\alpha \in \mathbb{C} \setminus \{0\}$ mit der Polarkoordinatendarstellung $\alpha = |\alpha| \cdot (\cos(\varphi) + i\sin(\varphi))$ gegeben. Dann gilt die Gleichheit

$$\alpha^{\frac{m}{n}} = |\alpha|^{\frac{m}{n}} \cdot \left(\cos\left(\frac{m}{n}\varphi\right) + i\sin\left(\frac{m}{n}\varphi\right)\right)$$

für $m, n \in \mathbb{N}$ und $n \neq 0$.

3. Der Fundamentalsatz der Algebra

In diesem Abschnitt geben wir einen elementaren Beweis des Fundamentalsatzes der Algebra. Ohne Beweis werden wir dabei lediglich die aus der Analysis bekannte Tatsache benutzen, dass eine reelle, stetige Funktion einer oder mehrerer Variablen auf einer abgeschlossenen, beschränkten Menge ein Minimum annimmt.

Satz 3.1 (Fundamentalsatz der Algebra). *Jedes Polynom*

$$f(X) = \alpha_n X^n + \alpha_{n-1} X^{n-1} + \ldots + \alpha_1 X + \alpha_0$$

vom Grad $n > 0$ mit komplexen Koeffizienten $\alpha_0, \ldots, \alpha_n$ hat mindestens eine Null-stelle im Körper $\mathbb{C}$. Somit zerfällt das Polynom f über dem Körper $\mathbb{C}$ in Linearfak-toren, d. h. es existieren komplexe Zahlen $\zeta_1, \ldots, \zeta_n$ mit der Eigenschaft

$$f(X) = \alpha_n \cdot (X - \zeta_1) \cdot \ldots \cdot (X - \zeta_n).$$

Beweis. Ohne Einschränkung können wir annehmen, dass $\alpha_n = 1$ gilt und wir schreiben

$$f(X) = X^n + g(X)$$

mit $g(X) := \alpha_{n-1} X^{n-1} + \ldots + \alpha_1 X + \alpha_0$. Wir zeigen in einem ersten Schritt, dass eine komplexe Zahl $\zeta_0 \in \mathbb{C}$ derart existiert, dass die Ungleichung

$$|f(\zeta_0)| \le |f(\zeta)|$$

für alle $\zeta \in \mathbb{C}$ gilt. Mit der reellen Zahl

$$r := 1 + |\alpha_{n-1}| + \ldots + |\alpha_1| + |\alpha_0| \in \mathbb{R}$$

erhalten wir zunächst für alle $\zeta \in \mathbb{C}$ mit $|\zeta| > r \ge 1$ die Abschätzung

$$|g(\zeta)| \le |\zeta^{n-1}| \cdot \left(|\alpha_{n-1}| + \ldots + \frac{|\alpha_1|}{|\zeta^{n-2}|} + \frac{|\alpha_0|}{|\zeta^{n-1}|} \right)$$
$$\le |\zeta^{n-1}| \cdot \left(|\alpha_{n-1}| + \ldots + |\alpha_1| + |\alpha_0| \right)$$
$$\le |\zeta|^{n-1} \cdot (r - 1) < |\zeta|^{n-1} \cdot (|\zeta| - 1).$$

Damit ergibt sich für $\zeta \in \mathbb{C}$ mit $|\zeta| > r \ge 1$ die Ungleichung

$$|f(\zeta)| = |\zeta^n + g(\zeta)| \ge |\zeta^n| - |g(\zeta)|$$
$$\ge |\zeta|^n - |\zeta|^{n-1} \cdot (|\zeta| - 1) = |\zeta|^{n-1} \ge |\zeta| > r. \tag{5}$$

Um eine Abschätzung für $\zeta \in \mathbb{C}$ mit $|\zeta| \le r$ zu erhalten, identifizieren wir $\mathbb{C}$ wie in Bemerkung 1.4 mit der reellen Ebene. Indem wir die (komplexe) Variable X und somit auch $f(X)$ in Real- und Imaginärteil zerlegen, können wir f als reelle, stetige Abbildung von $\mathbb{R}^2$ nach $\mathbb{R}^2$ betrachten. Dann muss die Funktion $|f|$ aber in der abgeschlossenen Kreisscheibe $\{\zeta \in \mathbb{C} \mid |\zeta| \le r\} \subseteq \mathbb{R}^2$ ein Minimum besitzen, d. h. es existiert ein $\zeta_0 \in \mathbb{C}$, $|\zeta_0| \le r$, derart, dass

$$|f(\zeta_0)| \le |f(\zeta)| \tag{6}$$

für alle $\zeta \in \mathbb{C}$ mit $|\zeta| \le r$ gilt. Insbesondere muss

$$|f(\zeta_0)| \le |f(0)| = |\alpha_0| < r \tag{7}$$

gelten. Insgesamt beweisen die Abschätzungen (5), (6) und (7), dass die Ungleichung $|f(\zeta_0)| \le |f(\zeta)|$ für alle $\zeta \in \mathbb{C}$ gilt, wie behauptet.

Wir zeigen nun in einem zweiten Schritt, dass ζ_0 eine Nullstelle von $f(X)$ ist. Ohne Einschränkung können wir dazu annehmen, dass $\zeta_0 = 0$ gilt, denn andernfalls betrachten wir das Polynom $f(X + \zeta_0)$. Wir führen einen indirekten Beweis und nehmen an, dass $f(0) = \alpha_0 \ne 0$ gilt. Ist nun $k \in \{1, \ldots, n\}$ minimal mit $\alpha_k \ne 0$, so können wir

$$f(X) = X^{k+1} \cdot h(X) + \alpha_k X^k + \alpha_0$$

mit einem Polynom $h(X)$ schreiben. Da es im Bereich der komplexen Zahlen möglich ist, die k-te Wurzel aus jeder beliebigen komplexen Zahl zu ziehen, existiert eine komplexe Zahl $\beta \in \mathbb{C}$, $\beta \ne 0$, mit

$$\beta^k = -\frac{\alpha_0}{\alpha_k}.$$

Damit definieren wir für $t \in \mathbb{R}$ die Funktion

$$q(t) := t\beta^{k+1} \cdot h(t\beta), \text{ d. h. } f(t\beta) = t^k \cdot q(t) + \alpha_k t^k \beta^k + \alpha_0.$$

Da $q(0) = 0$ gilt und die Funktion $|q(t)|$ stetig ist, existiert ein $t_0 \in \mathbb{R}$ mit $0 < t_0 < 1$ derart, dass

$$|q(t_0)| < |\alpha_0|$$

gilt. Damit erhalten wir die Abschätzung

$$|f(t_0\beta)| = |t_0^k \cdot q(t_0) - \alpha_0 t_0^k + \alpha_0| \le |t_0^k \cdot q(t_0)| + |\alpha_0|(1 - t_0^k)$$
$$< t_0^k \cdot |\alpha_0| + |\alpha_0|(1 - t_0^k) = |\alpha_0| = |f(0)|.$$

Dies steht aber im Widerspruch dazu, dass $|f|$ sein Minimum bei $\zeta_0 = 0$ annimmt. Somit ist unsere Annahme falsch und es muss $f(0) = 0$ gelten, d. h. das Polynom $f(X)$ hat mindestens die Nullstelle $\zeta_0 \in \mathbb{C}$. $\qquad\square$

Bemerkung 3.2. Man nennt einen Körper K, für den ein Analogon zum Fundamentalsatz der Algebra besteht, *algebraisch abgeschlossen*. Mithin ist der Körper $\mathbb{C}$ der komplexen Zahlen algebraisch abgeschlossen.

4. Algebraische und transzendente Zahlen

Definition 4.1. Eine komplexe Zahl α heißt *algebraisch vom Grad n*, wenn sie Nullstelle eines Polynoms

$$f(X) = a_n X^n + a_{n-1} X^{n-1} + \ldots + a_1 X + a_0 \tag{8}$$

vom Grad $n > 0$ mit ganzzahligen Koeffizienten $a_0, \ldots, a_n$ ist, aber keiner polynomialen Gleichung kleineren Grades dieser Art genügt.

Wir bezeichnen die Menge der algebraischen Zahlen mit $\overline{\mathbb{Q}}$.

Bemerkung 4.2. Die Menge der algebraischen Zahlen $\overline{\mathbb{Q}}$ enthält alle rationalen Zahlen, denn jede rationale Zahl $r = m/n$ ($m, n \in \mathbb{Z}$; $n > 0$) ist algebraisch vom Grad 1, da sie Nullstelle des Polynoms

$$f(X) = nX - m$$

ist. Daher kann eine algebraische Zahl vom Grad $n > 1$ nicht rational sein.

Beispiel 4.3. Die irrationale Zahl $\sqrt{2}$ ist algebraisch vom Grad 2, da sie Nullstelle des Polynoms $f(X) = X^2 - 2$ ist.

Aufgabe 4.4. Es sei p eine Primzahl. Zeigen Sie, dass $\sqrt{p}$ algebraisch vom Grad 2 ist.

Satz 4.5. *Die Menge der algebraischen Zahlen $\overline{\mathbb{Q}}$ ist abzählbar.*

Beweis. Um die Menge der algebraischen Zahlen als abzählbar nachzuweisen, genügt es, die Menge der Polynome (8) mit ganzzahligen Koeffizienten als abzählbar zu erkennen, da jedes Polynom höchstens endlich viele Nullstellen hat. Für einen fixierten Grad $n > 0$ gibt es nun für jeden der Koeffizienten $a_0, \ldots, a_n$ jeweils abzählbar viele Möglichkeiten, insgesamt gibt es also abzählbar viele Polynome vom Grad n mit ganzzahligen Koeffizienten. Da nun für den Grad n wiederum auch nur abzählbar viele Möglichkeiten bestehen, gibt es abzählbar viele Polynome positiven Grades mit ganzzahligen Koeffizienten. Damit ist der Satz bewiesen. □

Bemerkung 4.6. Da die Menge $\mathbb{C}$ der komplexen Zahlen überabzählbar ist, muss die Differenz $\mathbb{T} := \mathbb{C} \setminus \overline{\mathbb{Q}}$, welche aus lauter nicht-algebraischen Zahlen besteht, ebenfalls überabzählbar sein. Ebenso verhält es sich mit der Menge der reellen Zahlen $\mathbb{R}$: Da $\mathbb{R}$ überabzählbar ist, der Durchschnitt $\mathbb{R} \cap \overline{\mathbb{Q}}$ aber abzählbar ist, muss die Differenz $\mathbb{R} \setminus (\mathbb{R} \cap \overline{\mathbb{Q}}) = \mathbb{R} \cap \mathbb{T}$ ebenfalls überabzählbar sein.

Definition 4.7. Eine komplexe Zahl $\alpha \in \mathbb{T}$ nennen wir *transzendent*. Eine transzendente Zahl ist also eine komplexe Zahl α derart, dass kein Polynom $f \in \mathbb{Z}[X]$ mit $f(\alpha) = 0$ existiert.

Bemerkung 4.8. Die in Bemerkung 4.6 gemachte Feststellung bestätigt die Existenz transzendenter Zahlen; die Bemerkung zeigt sogar, dass diese offenbar deutlich häufiger als algebraische Zahlen auftreten. Auf der anderen Seite scheint es nicht so einfach zu sein, eine reelle oder komplexe Zahl als transzendent nachzuweisen, muss man doch zeigen, dass eine solche Zahl niemals Nullstelle eines Polynoms mit ganzzahligen Koeffizienten sein kann. Deshalb sind uns mehrheitlich nur algebraische Zahlen bekannt, weil wir diese (mehr oder weniger) leicht als Nullstellen von Polynomen mit ganzzahligen Koeffizienten kennen. Den verbleibenden Teil dieses Kapitels wollen wir der Suche und dem Finden reeller transzendenter Zahlen widmen. Wir stellen dazu als erstes den Satz von Joseph Liouville bereit, der eine Charakterisierung reeller algebraischer Zahlen mit Hilfe der Approximation durch rationale Zahlen gibt.

Satz 4.9 (Satz von Liouville). *Es sei α eine reelle algebraische Zahl vom Grad $n > 1$. Dann besteht für alle $p \in \mathbb{Z}$ und hinreichend große $q \in \mathbb{N}$ die Ungleichung*

$$\left| \alpha - \frac{p}{q} \right| > \frac{1}{q^{n+1}}. \tag{9}$$

Diese Abschätzung besagt, dass sich algebraische Zahlen „schlecht" durch rationale Zahlen approximieren lassen.

Beweis. Die reelle algebraische Zahl α sei Nullstelle des Polynoms

$$f(X) = a_n X^n + a_{n-1} X^{n-1} + \ldots + a_1 X + a_0 \in \mathbb{Z}[X].$$

Weiter sei (r_m) eine Folge rationaler Zahlen mit $\lim_{m \to \infty} r_m = \alpha$; solche rationale Zahlenfolgen existieren, da α reell ist. Wir nehmen für das Folgende an, dass

$$r_m = \frac{p_m}{q_m}$$

mit $p_m \in \mathbb{Z}$, $q_m \in \mathbb{N}$, $q_m \neq 0$ $(m \in \mathbb{N})$ gilt. Da α Nullstelle von f ist, haben wir

$$\begin{aligned} f(r_m) &= f(r_m) - f(\alpha) \\ &= a_n(r_m^n - \alpha^n) + a_{n-1}(r_m^{n-1} - \alpha^{n-1}) + \ldots + a_2(r_m^2 - \alpha^2) + a_1(r_m - \alpha). \end{aligned}$$

Nach Division durch $(r_m - \alpha)$ ergibt sich daraus

$$\begin{aligned} \frac{f(r_m)}{r_m - \alpha} &= a_n(r_m^{n-1} + r_m^{n-2}\alpha + \ldots + r_m \alpha^{n-2} + \alpha^{n-1}) \\ &\quad + \ldots + a_3(r_m^2 + r_m \alpha + \alpha^2) + a_2(r_m + \alpha) + a_1. \end{aligned}$$

Da $\lim_{m \to \infty} r_m = \alpha$ gilt, gibt es ein $N \in \mathbb{N}$ mit der Eigenschaft

$$|r_m - \alpha| < 1$$

für alle $m \geq N$. Daraus ergibt sich $|r_m| < |\alpha| + 1$ für alle $m \geq N$. Somit erhalten wir mit der Dreiecksungleichung für hinreichend große m die Abschätzung

$$\left| \frac{f(r_m)}{r_m - \alpha} \right| < n \cdot |a_n| \cdot (|\alpha| + 1)^{n-1} + \ldots + 3 \cdot |a_3| \cdot (|\alpha| + 1)^2$$

$$+ 2 \cdot |a_2| \cdot (|\alpha| + 1) + |a_1| =: M.$$

Wir beachten dabei, dass die positive reelle Zahl M allein durch α festgelegt ist; sie ist insbesondere unabhängig von m. Wir wählen nun den Folgenindex m so groß, dass für die Nenner q_m der Näherungsbrüche $r_m = p_m / q_m$ die Beziehung $q_m > M$ gilt. Dies führt zu

$$\left| \frac{f(r_m)}{r_m - \alpha} \right| < q_m \quad \Longleftrightarrow \quad |\alpha - r_m| > \frac{|f(r_m)|}{q_m}. \tag{10}$$

Nun können die rationalen Zahlen r_m nicht Nullstellen des Polynoms f sein, da wir andernfalls den Linearfaktor $(X - r_m)$ von f abspalten könnten und somit α Nullstelle eines Polynoms vom Grad kleiner als n wäre, was nicht sein kann. Mit anderen Worten gilt also

$$|f(r_m)| = \left| \frac{a_n p_m^n + a_{n-1} p_m^{n-1} q_m + \ldots + a_1 p_m q_m^{n-1} + a_0 q_m^n}{q_m^n} \right| \neq 0. \tag{11}$$

Da der Zähler in (11) ganzzahlig und ungleich null ist, muss er betragsmäßig mindestens gleich eins sein. Unter Verwendung der Abschätzungen (10) und (11) ergibt sich schließlich

$$\left| \alpha - \frac{p_m}{q_m} \right| > \frac{|f(r_m)|}{q_m} \geq \frac{1}{q_m^n} \cdot \frac{1}{q_m} = \frac{1}{q_m^{n+1}}.$$

Damit ist der Satz von Liouville vollständig bewiesen.   □

Bemerkung 4.10.   Mit Hilfe des Satzes von Liouville lassen sich transzendente Zahlen wie folgt finden: Man nimmt an, dass eine vorgegebene reelle Zahl α algebraisch vom Grad $n > 0$ ist. Indem man nun zeigt, dass die Ungleichung (9) verletzt ist, weist man die Zahl α als transzendent nach. Standardbeispiele für solche Zahlen sind reelle Zahlen, die in ihrer Dezimalbruchentwicklung rapide anwachsende Abschnitte von Nullen enthalten. Man nennt solche Zahlen *Liouvillesche Zahlen*. Als Beispiel betrachten wir die Liouvillesche Zahl

$$\alpha_L := \sum_{j=1}^{\infty} 10^{-j!} = 0,110001000000000000000001000\ldots.$$

Wir beweisen nun

Proposition 4.11.   *Die Liouvillesche Zahl α_L ist transzendent.*

Beweis. Für $m \in \mathbb{N}$ setzen wir

$$p_m := 10^{m!} \cdot \sum_{j=1}^{m} 10^{-j!}, \quad q_m := 10^{m!}, \quad r_m := \frac{p_m}{q_m}.$$

Damit erhalten wir

$$\alpha_L - r_m = \sum_{j=1}^{\infty} 10^{-j!} - \sum_{j=1}^{m} 10^{-j!} = \sum_{j=m+1}^{\infty} 10^{-j!},$$

und es folgt einerseits

$$|\alpha_L - r_m| = \sum_{j=m+1}^{\infty} 10^{-j!} < 10^{-(m+1)!} \cdot \sum_{j=0}^{\infty} 10^{-j}$$

$$= 10^{-(m+1)!} \cdot \frac{1}{1 - \frac{1}{10}}$$

$$= 10^{-(m+1)!} \cdot \frac{10}{9} < 10 \cdot 10^{-(m+1)!}.$$

Wäre nun α_L algebraisch vom Grad n, beliebig, so würde nach dem Satz von Liouville für hinreichend große m andererseits gelten

$$|\alpha_L - r_m| > \frac{1}{q_m^{n+1}} = \frac{1}{10^{(n+1)m!}}.$$

Zusammengenommen ergeben sich die äquivalenten Ungleichungen

$$\frac{1}{10^{(n+1)m!}} < \frac{1}{10^{(m+1)!-1}} \quad \Longleftrightarrow \quad (n+1)m! > (m+1)! - 1$$

$$\Longleftrightarrow \quad n > m - \frac{1}{m!},$$

was auf die Ungleichung $m < n + 1$ führt. Da n beliebig, aber fest ist, und m beliebig groß gewählt werden kann, erhalten wir einen Widerspruch zur Annahme der Algebraizität von α_L, d. h. α_L ist transzendent. $\qquad\square$

Aufgabe 4.12. Finden Sie nach dem Muster der Liouvilleschen Zahl weitere transzendente Zahlen.

Wesentlich populärer als die Transzendenz der Liouvilleschen Zahlen ist die Transzendenz der Eulerschen Zahl e, welche wir im nächsten Abschnitt beweisen wollen.

5. Transzendenz von e

Definition 5.1. Die *Eulersche Zahl* e ist definiert durch die unendliche Reihe

$$\sum_{j=0}^{\infty} \frac{1}{j!}.$$

Bemerkung 5.2. Es ist $e = 2,718\,281\,828\,459\ldots$ Mit Hilfe der Eulerschen Zahl e wird die *Exponentialfunktion* durch

$$e^X := \sum_{j=0}^{\infty} \frac{X^j}{j!}$$

definiert. Für reelle Werte von X ist die Exponentialfunktion streng monoton wachsend und nimmt nur positive Funktionswerte an. Als reellwertige Funktion ist sie beliebig oft differenzierbar und stimmt überall mit ihren Ableitungen überein.

Bevor wir uns dem Transzendenzbeweis der Eulerschen Zahl e widmen, überlegen wir uns zunächst, dass e nicht rational sein kann.

Lemma 5.3. *Die Eulersche Zahl e ist irrational.*

Beweis. Wir führen einen indirekten Beweis. Wir nehmen also an, dass e rational ist, d. h. dass $e = \frac{m}{n}$ mit $m, n \in \mathbb{N}$ und $n > 0$ gilt. Wir wählen jetzt $k > 2$ und betrachten folgende Zerlegung der Reihenentwicklung von e

$$\frac{m}{n} = e = s_k + r_k \quad \text{mit} \quad s_k := \sum_{j=0}^{k} \frac{1}{j!}, \quad r_k := \sum_{j=k+1}^{\infty} \frac{1}{j!}. \tag{12}$$

Nun schätzen wir ab

$$
\begin{aligned}
r_k &= \frac{1}{(k+1)!} \left(1 + \frac{1}{k+2} + \frac{1}{(k+2)(k+3)} + \ldots \right) \\
&< \frac{1}{(k+1)!} \sum_{j=0}^{\infty} \frac{1}{(k+2)^j} = \frac{1}{(k+1)!} \cdot \frac{1}{1 - \frac{1}{k+2}} \\
&< \frac{2}{(k+1)!}.
\end{aligned}
$$

Multipliziert man Gleichung (12) mit $k!$, so erhält man

$$\frac{m}{n} \cdot k! = e \cdot k! = s_k \cdot k! + r_k \cdot k!,$$

also

$$\frac{m}{n} \cdot k! - s_k \cdot k! = r_k \cdot k!.$$

Für $k > n$ steht auf der linken Seite der letzten Gleichung eine ganze Zahl, währenddem auf der rechten Seite wegen $k > 2$ die Abschätzung

$$0 < r_k \cdot k! < \frac{2k!}{(k+1)!} = \frac{2}{k+1} < 1$$

besteht. Dies ergibt einen Widerspruch, d. h. unsere Annahme der Rationalität von e ist falsch. $\square$

Bemerkung 5.4. Im nachfolgenden Beweis der Transzendenz von e werden wir versuchen, die Exponentialfunktion durch ein Polynom zu approximieren. Dazu verwenden wir, dass die Exponentialfunktion eindeutig als diejenige differenzierbare Funktion $g \colon \mathbb{R} \longrightarrow \mathbb{R}$ charakterisiert ist, welche die beiden Eigenschaften
(1) $g'(X) = g(X) \quad (X \in \mathbb{R})$,
(2) $g(0) = 1$
erfüllt. Dies sieht man wie folgt ein: Wir betrachten die differenzierbare Funktion $e^{-X} g(X)$, deren Ableitung durch

$$\left(e^{-X} g(X)\right)' = e^{-X} g'(X) - e^{-X} g(X) = 0$$

gegeben ist. Damit erkennen wir, dass die Funktion $e^{-X} g(X)$ auf ganz $\mathbb{R}$ konstant ist. Da nun $e^{-0} g(0) = 1$ ist, muss diese Konstante gleich eins sein, woraus $g(X) = e^X$ folgt. Zur Approximation der Exponentialfunktion werden wir also ein Polynom zu konstruieren versuchen, dessen Ableitung ungefähr mit sich selbst übereinstimmt und dessen Wert an der Stelle $X = 0$ gleich eins ist.

Satz 5.5. *Die Eulersche Zahl e ist transzendent.*

Beweis. Wir führen den Beweis in sechs Schritten.
1. Schritt (Beweisstrategie): Im Gegensatz zur Behauptung nehmen wir an, dass e algebraisch vom Grad m ist, d. h. es existieren $a_0, \ldots, a_m \in \mathbb{Z}$ mit $a_0 \neq 0$ und $a_m \neq 0$, so dass

$$a_m e^m + a_{m-1} e^{m-1} + \ldots + a_1 e + a_0 = 0$$

gilt. Wir skizzieren in diesem ersten Schritt, wie wir einen Widerspruch zu dieser Annahme herstellen können. Dazu nehmen wir an, dass es ein Polynom $H \in \mathbb{Q}[X]$ mit den folgenden vier Eigenschaften gibt:
(i) $H(0) \neq 0$,
(ii) $H(j) \in \mathbb{Z} \quad (j = 0, \ldots, m)$,

(iii) $\displaystyle\sum_{j=0}^{m} a_j H(j) \neq 0$,

(iv) $\displaystyle\left| \sum_{j=1}^{m} a_j (H(0)e^j - H(j)) \right| < 1$.

In den nachfolgenden Schritten werden wir ein solches Polynom konstruieren. Damit setzen wir dann

$$c := \sum_{j=0}^{m} a_j H(j), \tag{13}$$

$$\varepsilon_j := H(0)e^j - H(j) \quad (j = 0, \ldots, m), \tag{14}$$

$$\sigma := \sum_{j=1}^{m} a_j \varepsilon_j. \tag{15}$$

Eigenschaften (ii) und (iii) von H zeigen, dass c aus (13) eine von Null verschiedene ganze Zahl ist. Unter Beachtung von Eigenschaft (i) von H können wir (14) umformen zu

$$e^j = \frac{H(j)}{H(0)} + \frac{\varepsilon_j}{H(0)} \quad (j = 0, \ldots, m);$$

dies kann als Approximation der Potenzen e^j von e ($j = 0, \ldots, m$) durch das Polynom $H(X)/H(0)$ aufgefasst werden. Unter Verwendung von Eigenschaft (iv) von H erkennt man für σ aus (15) das Bestehen der Ungleichung $|\sigma| < 1$. Zusammengenommen berechnen wir damit

$$\begin{aligned}
0 &= \sum_{j=0}^{m} a_j e^j \\
&= \sum_{j=0}^{m} a_j \left(\frac{H(j)}{H(0)} + \frac{\varepsilon_j}{H(0)} \right) \\
&= \frac{1}{H(0)} \sum_{j=0}^{m} a_j H(j) + \frac{1}{H(0)} \sum_{j=0}^{m} a_j \varepsilon_j \\
&= \frac{c}{H(0)} + \frac{\sigma}{H(0)}.
\end{aligned}$$

Nach beidseitiger Multiplikation der letzten Gleichung mit $H(0)$ und Umstellung ergibt sich die Gleichung

$$c = -\sigma, \quad \text{d.h.} \quad |c| = |\sigma|. \tag{16}$$

Nun ist aber $c \in \mathbb{Z}$ und $c \neq 0$, d.h. es ist $|c| \geq 1$; auf der anderen Seite gilt $|\sigma| < 1$. Damit kann Gleichung (16) nicht bestehen. Dies stellt den gesuchten

Widerspruch zur Annahme der Algebraizität von e dar, d. h. die Eulersche Zahl e muss transzendent sein.

2. *Schritt (Definition von H):* Wir wählen eine beliebige Primzahl p, die wir im weiteren Verlauf des Beweises präzisieren werden. Weiter definieren wir das Hilfspolynom

$$f(X) := X^{p-1}(X-1)^p(X-2)^p \cdot \ldots \cdot (X-m)^p,$$

welches den Grad $N = p - 1 + m \cdot p$ hat. Damit bilden wir das weitere Hilfspolynom

$$F(X) := f(X) + f'(X) + \ldots + f^{(N)}(X).$$

Da die $(N+1)$-te Ableitung von f identisch verschwindet, ergibt sich die Beziehung

$$F'(X) = f'(X) + f''(X) + \ldots + f^{(N)}(X) = F(X) - f(X).$$

Die Ableitung des Polynoms F würde nun auf dem Intervall $[0, m]$ ungefähr mit F übereinstimmen, falls f dort „klein" wäre. Um dies zu überblicken, müssen wir das Hilfspolynom f auf dem Intervall $[0, m]$ abschätzen. Zunächst stellen wir dazu fest, dass

$$|X(X-1) \cdot \ldots \cdot (X-m)| \leq m^{m+1} \quad (X \in [0, m])$$

gilt. Mit $M := m^{m+1}$ ergibt sich somit die Abschätzung

$$\max_{0 \leq X \leq m} |f(X)| \leq M^p.$$

Wir erkennen also, dass das Hilfspolynom f auf dem Intervall $[0, m]$ nicht „klein" ist. Aus diesem Grund betrachten wir anstelle von F das Polynom

$$H(X) := \frac{F(X)}{(p-1)!}.$$

Aufgrund der vorhergehenden Überlegungen besteht die Gleichung

$$H'(X) = H(X) - \frac{f(X)}{(p-1)!};$$

dabei gilt

$$\max_{0 \leq X \leq m} \left| \frac{f(X)}{(p-1)!} \right| \leq \frac{M^p}{(p-1)!}.$$

Da nun die Größe $M^p/(p-1)!$ beliebig klein wird, falls die Primzahl p hinreichend groß gewählt wird, erkennen wir, dass das normierte Polynom $H(X)/H(0)$ die Exponentialfunktion e^X auf dem Intervall $[0, m]$ gut approximiert, wenn p genügend groß gewählt wird.

3. Schritt (H erfüllt Eigenschaft (i)): Wir haben

$$f(X) = \sum_{k=0}^{N} b_k X^k$$

mit $b_0, \ldots, b_N \in \mathbb{Z}$ sowie $b_0, \ldots, b_{p-2} = 0$ und $b_{p-1} = \left((-1)^m \cdot m!\right)^p$. Da nun andererseits für $k = 0, \ldots, N$ die Beziehung $f^{(k)}(0) = b_k \cdot k!$ gilt, finden wir

$$F(0) = f(0) + f'(0) + \ldots + f^{(N-1)}(0) + f^{(N)}(0)$$
$$= 0 + \ldots + 0 + \left((-1)^m \cdot m!\right)^p \cdot (p-1)! + b_p \cdot p! + \ldots + b_N \cdot N!,$$

also

$$H(0) = \left((-1)^m \cdot m!\right)^p + b_p \cdot p + \ldots + b_N \cdot \frac{N!}{(p-1)!} \in \mathbb{Z}.$$

Wählen wir nun überdies $p > m$, so teilt die Primzahl p den ersten Summanden in obiger Summe nicht, wohl aber alle übrigen. Damit haben wir $H(0) \neq 0$.

4. Schritt (H erfüllt Eigenschaft (ii)): Im vorhergehenden Schritt haben wir insbesondere gezeigt, dass $H(0) \in \mathbb{Z}$ ist; wir haben also noch nachzuweisen, dass die Eigenschaft $H(j) \in \mathbb{Z}$ auch für $j = 1, \ldots, m$ gilt. Dazu schreiben wir für $j = 1, \ldots, m$

$$f(X) = \sum_{k=0}^{N} c_k (X - j)^k$$

mit $c_0, \ldots, c_N \in \mathbb{Z}$ und beachten, dass $c_0, \ldots, c_{p-1} = 0$ gilt, da in der Definition von $f(X)$ der Faktor $(X - j)$ mit dem Exponenten p auftritt. Aufgrund der für $k = 0, \ldots, N$ gültigen Beziehung $f^{(k)}(j) = c_k \cdot k!$ berechnen wir

$$F(j) = f(j) + f'(j) + \ldots + f^{(N-1)}(j) + f^{(N)}(j)$$
$$= 0 + \ldots + 0 + c_p \cdot p! + \ldots + c_N \cdot N!.$$

Damit ergibt sich für $j = 1, \ldots, m$ wie behauptet

$$H(j) = c_p \cdot p + \ldots + c_N \cdot \frac{N!}{(p-1)!} \in \mathbb{Z},$$

da $N > p - 1$ ist. Wir beachten an dieser Stelle, dass die Primzahl p jeweils $H(j)$ $(j = 1, \ldots, m)$ teilt.

5. Schritt (H erfüllt Eigenschaft (iii)): Zunächst stellen wir aufgrund von Eigenschaft (ii) von H fest, dass

$$c = \sum_{j=0}^{m} a_j H(j)$$

ganzzahlig ist. Nun zeigen die Ausführungen zu den Beweisschritten 3 und 4 insbesondere

- $p \nmid H(0)$,
- $p \mid H(j)$ $(j = 1, \ldots, m)$.

Indem wir die Primzahl p gegebenenfalls noch weiter vergrößern, können wir sogar erreichen, dass $p \nmid a_0 H(0)$ gilt. Damit erkennen wir

$$p \nmid \left(a_0 H(0) + a_1 H(1) + \ldots + a_m H(m) \right) \quad \Longleftrightarrow \quad p \nmid c.$$

Somit ist c eine ganze Zahl, die nicht durch p teilbar ist, d. h. es gilt $c \neq 0$.

6. *Schritt (H erfüllt Eigenschaft (iv)):* Für $t \in \mathbb{R}$ besteht die Differentialgleichung

$$\frac{d}{dt}(F(0) - F(t)e^{-t}) = F(t)e^{-t} - F'(t)e^{-t}$$
$$= (F(t) - F'(t))e^{-t}$$
$$= f(t)e^{-t}.$$

Nach Anwendung des Hauptsatzes der Differential- und Integralrechnung folgt hieraus für $X \in \mathbb{R}$

$$F(0) - F(X)e^{-X} = \int_0^X f(t)e^{-t}\, dt.$$

Nach Division durch $(p-1)!$ ergibt sich an der Stelle $X = j \in \{1, \ldots, m\}$ die Gleichung

$$H(0) - H(j)e^{-j} = \frac{1}{(p-1)!} \int_0^j f(t)e^{-t}\, dt.$$

Daraus gewinnen wir die Abschätzung

$$\left| H(0) - H(j)e^{-j} \right| \leq \frac{1}{(p-1)!} \max_{0 \leq X \leq m} |f(X)| \int_0^j e^{-t}\, dt$$
$$\leq \frac{M^p}{(p-1)!}(1 - e^{-j})$$
$$\leq \frac{M^p}{(p-1)!}.$$

Nach Multiplikation mit e^j finden wir

$$\left| H(0)e^j - H(j) \right| \leq \frac{M^p}{(p-1)!}e^j,$$

also

$$\left| \sum_{j=1}^{m} a_j \varepsilon_j \right| = \left| \sum_{j=1}^{m} a_j \big(H(0)e^j - H(j) \big) \right| \le \frac{M^p}{(p-1)!} \sum_{j=1}^{m} |a_j| e^j.$$

Da nun die Summe $\sum_{j=1}^{m} |a_j| e^j$ unabhängig von p ist und die Größe $M^p / (p - 1)!$ beliebig klein gemacht werden kann, falls p hinreichend groß gewählt wird, erhalten wir für eine geeignete Wahl der Primzahl p die Abschätzung

$$|\sigma| = \left| \sum_{j=1}^{m} a_j \varepsilon_j \right| < 1.$$

Damit haben wir schließlich gezeigt, dass das Polynom H auch die Eigenschaft (iv) erfüllt. Somit ist die Existenz des im ersten Schritt postulierten Polynoms H mit den Eigenschaften (i)–(iv) gesichert, womit der dort gegebene Beweis zur Transzendenz von e vollständig wird.   □

Bemerkung 5.6. Noch spektakulärer als der Beweis der Transzendenz der Eulerschen Zahl e ist der Nachweis der Transzendenz der Kreiszahl π. Dieses Resultat zeigt insbesondere, dass π nicht mit Zirkel und Lineal konstruierbar ist, weil nur eine gewisse Klasse algebraischer Zahlen mit Zirkel und Lineal konstruierbar ist. Dies wiederum beweist die Unmöglichkeit der Quadratur des Kreises. Der Transzendenzbeweis von π lässt sich über weite Strecken analog zum hier gegebenen Beweis des Transzendenz von e führen, allerdings kommt man an einer Stelle nicht umhin, Elemente der Funktionentheorie einer komplexen Veränderlichen (Stichwort: Cauchyscher Integralsatz) heranzuziehen, was den Rahmen dieses Buches sprengen würde.

Beispiel 5.7. Anhand zweier Beispiele wollen wir zum Abschluss dieses Kapitels illustrieren, dass sich das im Beweis von Satz 5.5 konstruierte Polynom H sehr gut eignet, um e approximativ zu berechnen. Dazu erinnern wir mit den Bezeichungen von Satz 5.5 daran, dass

$$H(X) = \frac{F(X)}{(p-1)!}$$

gilt und $H(X)/H(0) = F(X)/F(0)$ die Exponentialfunktion e^X auf dem Intervall $[0, m]$ „gut" approximiert. Um die Zahl e selbst approximativ zu erhalten, haben wir dann den Quotienten $F(1)/F(0)$ zu betrachten.

(i) Wir wählen $m = 1$, $p = 3$ und berechnen:

$$f(X) = X^2 (X - 1)^3,$$
$$F(X) = X^5 + 2X^4 + 11X^3 + 32X^2 + 64X + 64,$$
$$F(0) = 64, F(1) = 174.$$

Damit erhalten wir

$$\frac{F(1)}{F(0)} = 2,71875,$$

was bereits eine gute Approximation für e darstellt.

(ii) Wir wählen $m = 2$, $p = 5$ und berechnen:

$$f(X) = X^4(X-1)^5(X-2)^5,$$

$$F(X) = X^{14} - X^{13} + 87X^{12} + 654X^{11} + \ldots + 29\,141\,344\,128,$$

$$F(0) = 29\,141\,344\,128,\ F(1) = 79\,214\,386\,200.$$

Damit erhalten wir jetzt

$$\frac{F(1)}{F(0)} = 2,718\,281\,828\,458\,561\ldots,$$

was bereits eine Approximation liefert, die bis zur zehnten Nachkommastelle mit e übereinstimmt.

Aufgabe 5.8. Berechnen Sie nach diesem Muster weitere, noch bessere Approximationen von e.

E. Nullstellen von Polynomen – Die Suche nach Lösungsformeln

Ausgangspunkt dieses Anhangs ist der Fundamentalsatz der Algebra, den wir als Satz 3.1 in diesem Kapitel bewiesen haben. Der Satz besagt, dass jedes Polynom $f(X)$ positiven Grades n mit komplexen Koeffizienten, d. h. $f \in \mathbb{C}[X]$, alle seine Nullstellen in $\mathbb{C}$ hat. Nachdem wir für quadratische Polynome wissen, dass deren Nullstellen durch explizite Formeln mit Wurzelausdrücken dargestellt werden können, erhebt sich die Frage, ob das für Polynome höheren Grades auch so ist. Auf diese Problematik und die daraus resultierenden Konsequenzen wollen wir in diesem Anhang eingehen. Wir werden dabei erkennen, dass die Bemühungen zur Lösung dieser Fragestellung bis in die aktuelle zahlentheoretische Forschung reichen.

E.1 Nullstellen von Polynomen vom Grad $n \leq 4$

Die Nullstellen linearer und quadratischer Polynome mit komplexen Koeffizienten lassen sich leicht bestimmen; im quadratischen Fall haben wir die Lösungsformeln im Beweis von Satz 1.7 gegeben, wobei dazu auch die Bemerkung 1.9 zu beachten ist.

Wir wenden uns nun der Bestimmung der Nullstellen eines beliebigen Polynoms $f(X)$ dritten Grades mit komplexen Koeffizienten zu. Zunächst können wir ohne Beschränkung der Allgemeinheit annehmen, dass $f(X)$ die Form

$$f(X) = X^3 + \beta X + \gamma \tag{17}$$

mit $\beta, \gamma \in \mathbb{C}$ hat; gilt nämlich $f(X) = X^3 + \alpha' X^2 + \beta' X + \gamma'$, so gewinnt man die gewünschte Gestalt (17) nach Anwendung der Substitution $X \mapsto X - \alpha'/3$, der sog. *Tschirnhausen-Transformation*.

Indem wir nun eine Nullstelle $\zeta \in \mathbb{C}$ des Polynoms (17) in der Form $\zeta = \xi + \eta$ zerlegen, erhalten wir die Gleichung

$$3\xi\eta\zeta + \xi^3 + \eta^3 = \zeta^3 = -\beta\zeta - \gamma.$$

Ein Koeffizientenvergleich ergibt somit

$$\xi^3 + \eta^3 = -\gamma \quad \text{und} \quad \xi \cdot \eta = -\frac{\beta}{3}, \quad \text{also} \quad \xi^3 \cdot \eta^3 = -\left(\frac{\beta}{3}\right)^3,$$

d. h. ξ^3 und η^3 können als die beiden Nullstellen des quadratischen Polynoms

$$X^2 + \gamma X - \frac{\beta^3}{27}$$

betrachtet werden; dies ist übrigens die Aussage des Satzes von Vieta. Dieses Polynom wird die *quadratische Resolvente* des kubischen Polynoms (17) genannt. Damit ergibt sich eine erste Nullstelle von (17) zu

$$\zeta_1 = \sqrt[3]{-\frac{\gamma}{2} + \sqrt{\frac{\gamma^2}{4} + \frac{\beta^3}{27}}} + \sqrt[3]{-\frac{\gamma}{2} - \sqrt{\frac{\gamma^2}{4} + \frac{\beta^3}{27}}}.$$

Die beiden weiteren Nullstellen des kubischen Polynoms (17) erhält man mit Hilfe einer dritten Einheitswurzel ε, d. h. einer komplexen Zahl ε mit $\varepsilon^3 = 1$, also beispielsweise

$$\varepsilon = -\frac{1}{2} + \frac{\sqrt{3}}{2}i,$$

unter Beachtung der Beziehung $\xi\eta = -\beta/3$ zu

$$\zeta_2 = \varepsilon \sqrt[3]{-\frac{\gamma}{2} + \sqrt{\frac{\gamma^2}{4} + \frac{\beta^3}{27}}} + \varepsilon^2 \sqrt[3]{-\frac{\gamma}{2} - \sqrt{\frac{\gamma^2}{4} + \frac{\beta^3}{27}}},$$

$$\zeta_3 = \varepsilon^2 \sqrt[3]{-\frac{\gamma}{2} + \sqrt{\frac{\gamma^2}{4} + \frac{\beta^3}{27}}} + \varepsilon \sqrt[3]{-\frac{\gamma}{2} - \sqrt{\frac{\gamma^2}{4} + \frac{\beta^3}{27}}}.$$

Diese Lösungsformeln finden sich erstmalig in Girolamo Cardanos Buch *Ars magna* und werden deshalb die *Lösungsformeln von Cardano* genannt; sie wurden bereits vorher von Niccolò Tartaglia entdeckt. Insgesamt können wir also feststellen, dass sich auch im Falle kubischer Polynome die Nullstellen durch Wurzelausdrücke in den Koeffizienten des Polynoms darstellen lassen.

Wir wenden uns nun der Bestimmung der Nullstellen eines beliebigen Polynoms $f(X)$ vierten Grades mit komplexen Koeffizienten zu. In Analogie zum kubischen Fall kann ohne Beschränkung der Allgemeinheit angenommen werden, dass $f(X)$ die Form

$$f(X) = X^4 + \beta X^2 + \gamma X + \delta \tag{18}$$

mit $\beta, \gamma, \delta \in \mathbb{C}$ hat. Wie im vorhergehenden Fall wird das Problem der Bestimmung der Nullstellen von (18) auf die Bestimmung der Nullstellen eines Polynoms kleineren Grades zurückgeführt, die sogenannte *kubische Resolvente*, welche durch das kubische Polynom

$$X^3 + 2\beta X^2 + (\beta^2 - 4\delta)X - \gamma^2 \tag{19}$$

gegeben ist. Indem wir die drei Nullstellen der kubischen Resolvente (19) mit η_1, η_2, η_3 bezeichnen, ergeben sich die vier Nullstellen von (18) in der Form

$$\zeta_1 = \frac{+\sqrt{\eta_1} + \sqrt{\eta_2} + \sqrt{\eta_3}}{2}, \qquad \zeta_2 = \frac{+\sqrt{\eta_1} - \sqrt{\eta_2} - \sqrt{\eta_3}}{2},$$
$$\zeta_3 = \frac{-\sqrt{\eta_1} + \sqrt{\eta_2} - \sqrt{\eta_3}}{2}, \qquad \zeta_4 = \frac{-\sqrt{\eta_1} - \sqrt{\eta_2} + \sqrt{\eta_3}}{2}.$$

Somit zeigt sich auch in diesem Fall, dass die fraglichen Nullstellen durch Wurzelausdrücke in den Koeffizienten des zugrunde gelegten quartischen Polynoms dargestellt werden können. Die hier vorgestellten Lösungsformeln finden sich ebenfalls erstmalig in Cardanos Buch *Ars magna*; sie wurden von Ludovico Ferrari gefunden.

E.2 Nullstellen von Polynomen vom Grad $n = 5$

Die Beschreibung der Nullstellen von Polynomen vom Grad $n \leq 4$ legt die Vermutung nahe, dass sich die Bestimmung der Nullstellen auch für höhere Grade mit Hilfe von Wurzelausdrücken auf die Bestimmung von Nullstellen von Polynomen niedrigeren Grades zurückführen lässt, deren Nullstellen ihrerseits durch Wurzelausdrücke gegeben sind. Wie wir sehen werden, ist diese Vermutung im Allgemeinen nicht korrekt, wie Niels Henrik Abel zu Beginn des 19. Jahrhunderts gezeigt hat. Um Abels Ergebnisse vorzustellen, stellen wir einige allgemeine Begriffsbildungen bereit.

Es sei $f \in \mathbb{C}[X]$ ein Polynom vom Grad $n > 0$, welches wir in der Form

$$f(X) = \beta_n X^n - \beta_{n-1} X^{n-1} \pm \ldots \pm \beta_1 X + (-1)^n \beta_0$$

mit $\beta_0, \ldots, \beta_n \in \mathbb{C}$ und $\beta_n \neq 0$ schreiben. Der Einfachheit halber nehmen wir im Folgenden an, dass f normiert ist, d. h. es gilt $\beta_n = 1$. Indem wir die Nullstellen von f mit $\zeta_1, \ldots, \zeta_n$ bezeichnen, erhalten wir die Faktorisierung

$$f(X) = (X - \zeta_1) \cdot \ldots \cdot (X - \zeta_n).$$

Indem wir neben der Unbestimmten X die weiteren voneinander unabhängigen Unbestimmten $X_1, \ldots, X_n$ einführen, definieren wir das *allgemeine Polynom vom Grad n* durch die Formel

$$f_{\text{allg}}(X) := (X - X_1) \cdot \ldots \cdot (X - X_n),$$

welches nach Ausmultiplizieren der Linearfaktoren in der Form

$$f_{\text{allg}}(X) = X^n - \sigma_1 X^{n-1} \pm \ldots \pm \sigma_{n-1} X + (-1)^n \sigma_n$$

erscheint, wobei die Koeffizienten $\sigma_1, \ldots, \sigma_n$ durch die *elementarsymmetrischen Polynome*

$$\sigma_1 = \sigma_1(X_1, \ldots, X_n) = \sum_{j=1}^{n} X_j,$$

$$\sigma_2 = \sigma_2(X_1, \ldots, X_n) = \sum_{\substack{j,k=1 \\ j<k}}^{n} X_j X_k,$$

$$\vdots$$

$$\sigma_n = \sigma_n(X_1, \ldots, X_n) = X_1 \cdot \ldots \cdot X_n$$

gegeben sind. Die Koeffizienten von f_{allg} liegen also im Körper der rationalen Funktionen in den Unbestimmten $\sigma_1, \ldots, \sigma_n$, d. h. im Quotientenkörper $\text{Quot}(\mathbb{C}[\sigma_1, \ldots, \sigma_n])$ des Polynomrings $\mathbb{C}[\sigma_1, \ldots, \sigma_n]$, dessen Elemente Quotienten von Polynomen in den Unbestimmten $\sigma_1, \ldots, \sigma_n$ sind und den wir mit $\mathbb{C}(\sigma_1, \ldots, \sigma_n)$ bezeichnen. Die Nullstellen des Polynoms

$$f_{\text{allg}} \in \mathbb{C}(\sigma_1, \ldots, \sigma_n)[X]$$

liegen im Körper der rationalen Funktionen in den Unbestimmten $X_1, \ldots, X_n$, d. h. im Körper $\mathbb{C}(X_1, \ldots, X_n)$, der den Körper $\mathbb{C}(\sigma_1, \ldots, \sigma_n)$ enthält.

Beispiel E.1. Das allgemeine Polynom vom Grad 2 ist durch

$$f_{\text{allg}}(X) = (X - X_1) \cdot (X - X_2)$$
$$= X^2 - (X_1 + X_2)X + X_1 X_2$$
$$= X^2 - \sigma_1 X + \sigma_2$$

gegeben und besitzt als Koeffizienten die elementarsymmetrischen Polynome $\sigma_1 = \sigma_1(X_1, X_2) = X_1 + X_2$ und $\sigma_2 = \sigma_2(X_1, X_2) = X_1 X_2$. Es gilt also $f_{\text{allg}} \in \mathbb{C}(\sigma_1, \sigma_2)[X]$; die beiden Nullstellen X_1 und X_2 von $f_{\text{allg}}(X)$ sind Elemente des Körpers $\mathbb{C}(X_1, X_2)$. Durch Spezialisierung von σ_1 und σ_2, d. h. durch Auswerten von σ_1 und σ_2 an speziellen komplexen Zahlen, erhält man jedes normierte Polynom $f \in \mathbb{C}[X]$ vom Grad 2. Dies erklärt, warum wir $f_{\text{allg}}(X)$ das allgemeine Polynom vom Grad 2 nennen.

Definition E.2. Es sei $f_{\text{allg}} \in \mathbb{C}(\sigma_1, \ldots, \sigma_n)[X]$ das allgemeine Polynom vom Grad n. Wir sagen, dass die Nullstellen $X_1, \ldots, X_n$ *durch Radikale darstellbar sind*, falls $m \in \mathbb{N}_{>0}$ und Polynome $p_0, p_1, \ldots, p_{m-1}, R \in \mathbb{C}(\sigma_1, \ldots, \sigma_n)$ mit $R^{1/m} \notin \mathbb{C}(\sigma_1, \ldots, \sigma_n)$ existieren, so dass jedes X_j in der Form

$$X_j = p_0 + p_1 R^{1/m} + p_2 R^{2/m} + \ldots + p_{m-1} R^{(m-1)/m} \tag{20}$$

dargestellt werden kann, bzw. allgemeiner, als endliche Iteration solcher Ausdrücke dargestellt werden kann. Hierbei kommt die Abhängigkeit der rechten Seite von (20) vom Index j ($j = 1, \ldots, n$) dadurch zum Ausdruck, dass für das Radikal $R^{1/m}$ verschiedene Wahlen getroffen werden können, die sich jeweils um m-te Einheitswurzeln unterscheiden.

Beispiel E.3. Für die beiden Nullstellen X_1, X_2 des allgemeinen Polynoms $f_{\text{allg}}(X) = X^2 - \sigma_1 X + \sigma_2$ vom Grad 2 gilt

$$X_{1,2} = \frac{\sigma_1 \pm \sqrt{\sigma_1^2 - 4\sigma_2}}{2} = \frac{\sigma_1}{2} \pm \frac{1}{2} R^{1/2}$$

mit $p_0 = \sigma_1/2$, $p_1 = 1/2$ und $R = \sigma_1^2 - 4\sigma_2 \in \mathbb{C}(\sigma_1, \sigma_2)$. Somit sind die beiden Nullstellen X_1, X_2 von $f_{\text{allg}}(X)$ durch Radikale darstellbar.

Ebenso sieht man leicht mit Hilfe der zuvor gegebenen Lösungsformeln ein, dass auch die Nullstellen der allgemeinen Polynome vom Grad 3 und 4 durch Radikale darstellbar sind. Es gilt jedoch der folgende Satz.

Satz E.4 (Abel). *Es sei $f_{\text{allg}} \in \mathbb{C}(\sigma_1, \ldots, \sigma_5)[X]$ das allgemeine Polynom vom Grad 5. Dann sind die Nullstellen $X_1, \ldots, X_5$ von $f_{\text{allg}}(X)$ nicht durch Radikale darstellbar.*

Beweis. Wir wollen hier kurz die Beweisidee skizzieren. Dazu nimmt man im Gegensatz zur Behauptung an, dass die Nullstellen von f_{allg} durch Radikale darstellbar sind. Auf der Grundlage dieser Annahme stellt sich dann aber heraus, dass die Nullstellen $X_1, \ldots, X_5$ einer algebraischen Relation über $\mathbb{C}$ genügen müssen. Dies widerspricht der Voraussetzung, dass f_{allg} das *allgemeine* Polynom vom Grad 5 ist und somit seine Nullstellen algebraisch unabhängig voneinander sein müssen, also keiner polynomialen Relation über $\mathbb{C}$ genügen.   □

E.3   Brückenschlag zur Gruppentheorie: Galoistheorie

Das Negativresult, das durch den Satz E.4 von Abel gegeben wird, stellt die Aufgabe nach einer konzeptionellen Charakterisierung der Nullstellen von Polynomen, deren Koeffizienten in einem fixierten Körper K liegen. Dazu betrachten wir erneut das allgemeine Polynom $f_{\text{allg}} \in \mathbb{C}(\sigma_1, \ldots, \sigma_n)[X]$ vom Grad n und stellen fest, dass der Körper $K := \mathbb{C}(\sigma_1, \ldots, \sigma_n)$ dadurch charakterisiert werden kann, dass K derjenige Körper ist, der aus all den rationalen Funktionen von $E := \mathbb{C}(X_1, \ldots, X_n)$ gebildet wird, die unter allen möglichen Permutationen der Unbestimmten $X_1, \ldots, X_n$ invariant bleiben. Diese Erkenntnis geht aus dem nicht-trivialen Ergebnis hervor, dass ein Polynom $g \in \mathbb{C}[X_1, \ldots, X_n]$, das unter allen Permutationen der Unbestimmten $X_1, \ldots, X_n$ invariant bleibt, ein Polynom in den elementarsymmetrischen Polynomen $\sigma_1, \ldots, \sigma_n$ sein muss; diese Aussage überträgt sich dann unmittelbar auf rationale Funktionen der Unbestimmten $X_1, \ldots, X_n$, die gegenüber allen Permutationen der Unbestimmten $X_1, \ldots, X_n$ invariant sind. Damit haben wir dem Körper E und dem Unterkörper K in natürlicher Weise eine charakterisierende Gruppe, die n-te symmetrische Gruppe S_n (siehe Beispiel 2.8 (iv) in Kapitel II), zugeordnet. Diese Erkenntnis ist Ausgangspunkt der Galoistheorie, deren Grundzüge wir als nächstes zusammenfassen wollen.

Definition E.5. Es sei K ein beliebiger Körper. Ein K umfassender Körper E heißt *Erweiterungskörper von K*. Die Körpererweiterung $E \supseteq K$ wird kurz mit E/K bezeichnet, in Worten „E über K". Ein Erweiterungskörper E von K ist in natürlicher Weise ein K-Vektorraum und heißt *endlich über K*, falls E als K-Vektorraum endlich dimensional ist; wir setzen $[E : K] := \dim_K E$ und nennen dies den *Grad von E über K*.

Definition E.6. Es sei K ein beliebiger Körper und E/K eine Körpererweiterung. Wir nennen ein Element $\alpha \in E$ *algebraisch über K*, falls α Nullstelle eines Polynoms $f \in K[X]$ ist. Ein Erweiterungskörper E von K heißt *algebraisch über K*, falls alle seine Elemente algebraisch über K sind; wir sprechen auch von einer *algebraischen Körpererweiterung E/K*.

Beispiel E.7. Für $K = \mathbb{Q}$ und $E = \mathbb{C}$ haben wir in Abschnitt 4 in diesem Kapitel gesehen, dass eine Zahl $\alpha \in \mathbb{C}$ genau dann algebraisch über $\mathbb{Q}$ ist, falls $\alpha \in \overline{\mathbb{Q}}$ gilt, d. h. α ist eine algebraische Zahl; insbesondere sind damit transzendente Zahlen nicht algebraisch über $\mathbb{Q}$. Somit erkennt man, dass $\mathbb{C}/\mathbb{Q}$

und auch $\mathbb{R}/\mathbb{Q}$ keine algebraischen Körpererweiterungen sind. Wir haben jedoch in Abschnitt 1 in diesem Kapitel gesehen, dass $\mathbb{C}/\mathbb{R}$ eine algebraische und endliche Körpererweiterung vom Grad $[\mathbb{C} : \mathbb{R}] = \dim_{\mathbb{R}} \mathbb{C} = 2$ ist.

Bemerkung E.8. Man erkennt sofort, dass eine endliche Körpererweiterung E/K algebraisch ist, da die $[E : K] + 1$ Potenzen

$$1, \alpha, \alpha^2, \ldots, \alpha^{[E:K]}$$

eines beliebigen Elements $\alpha \in E$ über K linear anhängig sein müssen und somit α Nullstelle eines Polynoms mit Koeffizienten in K ist.

Bemerkung E.9. Ist α Nullstelle eines nicht-trivialen Polynoms im Polynomring $K[X]$, so findet sich immer ein Polynom f, das minimalen positiven Grad mit dieser Eigenschaft hat und normiert ist. Das Polynom f ist eindeutig bestimmt und wird *das Minimalpolynom von α* genannt. Die Existenz von f ergibt sich einfach durch Betrachtung der Menge

$$\mathfrak{a}_\alpha := \{g \in K[X] \,|\, g(\alpha) = 0\},$$

welche ersichtlich ein nicht-triviales Ideal von $K[X]$ ist und somit sogar Hauptideal ist, da $K[X]$ ein Euklidischer Ring ist, d. h. $\mathfrak{a}_\alpha = (f)$ mit einem Polynom minimalen positiven Grades, das normiert werden kann. Die Eindeutigkeit ergibt sich sofort durch Anwendung des Euklidischen Algorithmus. Darüber hinaus erkennt man, dass das Minimalpolynom f von α über K irreduzibel ist.

Beispiel E.10. Es sei $K = \mathbb{Q}$ und

$$E = \{\alpha = a + b\sqrt{-3} \,|\, a, b \in \mathbb{Q}\}.$$

Man verifiziert leicht, dass E ein Körper ist, der den Körper $K = \mathbb{Q}$ enthält. Die Körpererweiterung E/K ist endlich über K, denn es ist $[E : K] = 2$, da die Elemente 1 und $\sqrt{-3}$ eine Basis von E über K bilden. Damit ist E aber auch algebraisch über K. Das Minimalpolynom des Elements $\alpha = \sqrt{-3}$ ist durch $f(X) = X^2 + 3$ gegeben.

Bemerkung E.11. Wir können nun allgemein einen Erweiterungskörper von K konstruieren, der die Nullstelle α eines über K irreduziblen Polynoms f enthält. Dazu betrachten wir den Ringhomomorphismus $\varphi: K[X] \to K[\alpha]$, der durch Einsetzen von α anstelle der Unbestimmten X gegeben ist. Da der Kern des Ringhomomorphismus φ das Ideal $\mathfrak{a}_\alpha = (f)$ ist, liefert der Homomorphiesatz für Ringe die Isomorphie

$$K[\alpha] \cong K[X]/(f).$$

Da das Polynom f irreduzibel über K ist, ist das Hauptideal (f) ein Primideal, ja sogar ein Maximalideal, womit der Faktorring $K[X]/(f)$ ein Körper
ist; dies ist der gesuchte K umfassende Körper, der das Element α enthält.
Unsere Konstruktion zeigt überdies, dass der Ring $K[\alpha]$ sogar ein Körper,
also gleich seinem Quotientenkörper $K(\alpha)$ ist. Man überzeugt sich leicht
davon, dass $K(\alpha)$ ein endlicher Erweiterungskörper von K ist und dass
$[K(\alpha):K] = \deg(f)$ gilt; eine Basis von $K(\alpha)$ über K ist durch die Elemente

$$1, \alpha, \alpha^2, \ldots, \alpha^{\deg(f)-1}$$

gegeben. Man sagt, dass der Körper $K(\alpha)$ durch *Adjunktion von α zu K* gegeben ist.

Beispiel E.12. Für das Beispiel E.10 erhalten wir nach der vorhergehenden
Bemerkung die Beziehung $E = \mathbb{Q}(\sqrt{-3})$. Insbesondere stellen wir $\mathbb{Q} \subset E \subset \overline{\mathbb{Q}}$ fest. Durch Betrachtung weiterer irrationaler Quadratwurzeln überlegt
man sich leicht, dass zwischen den Körpern $\mathbb{Q}$ und $\overline{\mathbb{Q}}$ unendlich viele ver-
schiedene über $\mathbb{Q}$ algebraische Zwischenkörper liegen.

Bemerkung E.13. Jede endliche Körpererweiterung E/K kann man durch
sukzessive Adjunktion von endlich vielen, über K algebraischen Elementen
$\alpha_1, \ldots, \alpha_n$ konstruieren; man erhält E damit in der Form

$$E = K(\alpha_1)(\alpha_2) \cdots (\alpha_n) =: K(\alpha_1, \ldots, \alpha_n).$$

Wir betrachten ab jetzt nur *endliche* Körpererweiterungen E/K; zudem
nehmen wir an, dass $\operatorname{char}(K) = 0$ gilt.

Definition E.14. Es sei E/K eine endliche Körpererweiterung. Ein *K-Isomor-
phismus von E* ist ein Körperisomorphismus von E in (irgendeinen) Körper
E'/K, der die Elemente von K fixiert lässt. Wir bezeichnen die Menge der
K-Isomorphismen von E (in irgendeinen Körper E'/K) mit $\operatorname{Iso}_K(E)$.

Die Teilmenge der K-Automorphismen von E wird mit $\operatorname{Aut}_K(E)$ bezeichnet; diese Menge ist ersichtlich eine Gruppe. Falls die Gleichheit $\operatorname{Aut}_K(E) =
\operatorname{Iso}_K(E)$ besteht, so wird E eine *Galoiserweiterung von K* genannt; die Gruppe

$$\operatorname{Gal}(E/K) := \operatorname{Aut}_K(E)$$

wird *die Galoisgruppe von E/K* genannt.

Beispiel E.15. Sind beispielsweise α und α' Nullstellen des irreduziblen Polynoms $f \in K[X]$, so wird durch die Zuordnung $\alpha \mapsto \alpha'$ ein K-Isomorphismus
von $K(\alpha)$ nach $K(\alpha')$ induziert.

Bemerkung E.16. Ist E/K eine Galoiserweiterung von K, so zeigt sich, dass
$|\operatorname{Gal}(E/K)| = [E:K]$ gilt.

Beispiel E.17. Die endliche Körpererweiterung $\mathbb{Q}(\sqrt{-3})/\mathbb{Q}$ aus Beispiel E.10 ist eine Galoiserweiterung mit der Galoisgruppe $\mathrm{Gal}(\mathbb{Q}(\sqrt{-3})/\mathbb{Q}) \cong \mathbb{Z}/2\mathbb{Z}$. Die beiden $\mathbb{Q}$-Automorphismen von $\mathbb{Q}(\sqrt{-3})$ sind durch die Zuordnungen

$$\mathrm{id}\colon a + b\sqrt{-3} \mapsto a + b\sqrt{-3} \quad \text{und} \quad \sigma\colon a + b\sqrt{-3} \mapsto a - b\sqrt{-3}$$

gegeben.

Beispiel E.18. Es sei $\alpha = \sqrt[3]{2} \in \mathbb{R}$ die reelle Nullstelle von $X^3 - 2$. Die weiteren Nullstellen von $X^3 - 2$ sind nicht-reell und mit $\zeta = e^{2\pi i/3}$ durch $\zeta\alpha$ und $\zeta^2\alpha$ gegeben. Die Körpererweiterung $\mathbb{Q}(\alpha)/\mathbb{Q}$ ist endlich vom Grad $[\mathbb{Q}(\alpha) : \mathbb{Q}] = 3$, aber keine Galoiserweiterung. Ist nämlich $\varphi \in \mathrm{Aut}_\mathbb{Q}(\mathbb{Q}(\alpha))$ ein beliebiger $\mathbb{Q}$-Automorphismus, so ist $\varphi(\alpha)$ einerseits Nullstelle des Polynoms $X^3 - 2$, andererseits muss $\varphi(\alpha) \in \mathbb{Q}(\alpha) \subset \mathbb{R}$ gelten. Dies zeigt, dass $\varphi(\alpha) = \alpha$ ist und somit $\mathrm{Aut}_\mathbb{Q}(\mathbb{Q}(\alpha)) = \{\mathrm{id}\}$, also $|\mathrm{Aut}_\mathbb{Q}(\mathbb{Q}(\alpha))| = 1$ gilt. Aufgrund von Bemerkung E.16 kann $\mathbb{Q}(\alpha)/\mathbb{Q}$ somit keine Galoiserweiterung sein.

Der Hauptsatz der Galoistheorie besteht nun in der folgenden Korrespondenz zwischen Körpern und Gruppen.

Satz E.19 (Hauptsatz der Galoistheorie). *Mit den vorhergehenden Bezeichnungen und Voraussetzungen sei E/K eine Galoiserweiterung mit der Galoisgruppe $\mathrm{Gal}(E/K)$. Wir betrachten dann die Mengen*

$$\mathcal{K} := \{L \text{ Körper} \mid K \subseteq L \subseteq E\},$$
$$\mathcal{G} := \{H \text{ Gruppe} \mid \{\mathrm{id}\} \leq H \leq \mathrm{Gal}(E/K)\}.$$

Dann besteht eine bijektive Korrespondenz zwischen den Mengen $\mathcal{K}$ und $\mathcal{G}$.

Beweis. Wir wollen in der nachfolgenden Beweisskizze die beiden zueinander inversen Abbildungen von $\mathcal{K}$ nach $\mathcal{G}$ und umgekehrt von $\mathcal{G}$ nach $\mathcal{K}$ angeben, ohne den exakten Nachweis der Bijektivität zu führen. Dazu setzen wir $G := \mathrm{Gal}(E/K)$. Die Abbildung

$$\varphi\colon \mathcal{K} \longrightarrow \mathcal{G}$$

ist gegeben durch die Zuordnung

$$L \mapsto G^L := \{g \in G \mid g(\alpha) = \alpha, \forall \alpha \in L\};$$

man verifiziert leicht, dass die Menge G^L in der Tat eine Gruppe ist und somit in $\mathcal{G}$ liegt. Die Umkehrabbildung

$$\psi\colon \mathcal{G} \longrightarrow \mathcal{K}$$

ist gegeben durch die Zuordnung

$$H \mapsto E^H := \{\alpha \in E \mid g(\alpha) = \alpha, \forall g \in H\};$$

wiederum überprüft man sofort, dass die Menge E^H ein Körper mit $K \subseteq E^H$ ist und somit in $\mathcal{K}$ liegt.

Wie gesagt, besteht der Beweis nunmehr darin zu zeigen, dass die beiden Abbildungen φ und ψ zueinander invers sind. $\square$

Bemerkung E.20. Der Hauptsatz der Galoistheorie E.19 zeigt insbesondere, dass – unter den vorhergehenden Voraussetzungen – E eine Galoiserweiterung für jeden Zwischenkörper $K \subseteq L \subseteq E$ mit Galoisgruppe $\mathrm{Gal}(E/L) = \mathrm{Gal}(E/K)^L$ ist.

Beispiel E.21. Es seien $\alpha = \sqrt[3]{2}$ und $\zeta = e^{2\pi i/3}$ wie in Beispiel E.18, $K = \mathbb{Q}$ und $E = \mathbb{Q}(\alpha, \zeta\alpha, \zeta^2\alpha) = \mathbb{Q}(\alpha, \zeta)$. Der Körper E ist der kleinste Körper, der alle Nullstellen des Polynoms $f(X) = X^3 - 2$ enthält und ist somit aufgrund der nachfolgenden Definition E.24 eine Galoiserweiterung von $\mathbb{Q}$. Die Galoisgruppe $\mathrm{Gal}(E/\mathbb{Q})$ besteht aus den $\mathbb{Q}$-Automorphismen, welche durch alle möglichen Permutationen der drei Nullstellen $\alpha_1 := \alpha$, $\alpha_2 := \zeta\alpha$, $\alpha_3 := \zeta^2\alpha$ des Polynoms $f(X)$ induziert werden. Da diese sechs Permutationen zu sechs verschiedenen $\mathbb{Q}$-Automorphismen von E Anlass geben, erkennen wir, dass die Galoisgruppe von $E/\mathbb{Q}$ durch die symmetrische Gruppe S_3 gegeben ist. Unter Verwendung der Bezeichnungen aus Beispiel 4.23 in Kapitel II erhalten wir damit

$$\mathrm{Gal}(E/\mathbb{Q}) = \{\pi_1, \pi_2, \pi_3, \pi_4, \pi_5, \pi_6\},$$

wobei die Wirkung von π_j ($j = 1, \ldots, 6$) auf die Nullstellen $\alpha_1, \alpha_2, \alpha_3$ durch die entsprechende Permutation der Indices beschrieben wird.

In Aufgabe 2.26 in Kapitel II haben wir nun gezeigt, dass S_3 neben sich selbst genau die folgenden weiteren fünf echten Untergruppen

$$\langle \pi_1 \rangle = \{\mathrm{id}\}, \ \langle \pi_2 \rangle = \langle \pi_3 \rangle = \{\pi_1, \pi_2, \pi_3\},$$
$$\langle \pi_4 \rangle = \{\pi_1, \pi_4\}, \ \langle \pi_5 \rangle = \{\pi_1, \pi_5\}, \ \langle \pi_6 \rangle = \{\pi_1, \pi_6\}$$

besitzt. Somit gilt

$$\mathcal{G} = \{\{\mathrm{id}\}, \langle \pi_2 \rangle, \langle \pi_4 \rangle, \langle \pi_5 \rangle, \langle \pi_6 \rangle, S_3\}.$$

Nach dem Hauptsatz der Galoistheorie entspricht die triviale Untergruppe $\{\mathrm{id}\}$ dem Körper $\mathbb{Q}(\alpha, \zeta)$ und die Gruppe S_3 dem Körper $\mathbb{Q}$; die Körpererweiterung $\mathbb{Q}(\alpha, \zeta)/\mathbb{Q}$ muss damit noch genau vier weitere echte Zwischenkörper besitzen. Diese sind durch $\mathbb{Q}(\zeta)$, $\mathbb{Q}(\alpha)$, $\mathbb{Q}(\zeta\alpha)$, $\mathbb{Q}(\zeta^2\alpha)$ gegeben und korrespondieren gemäß dem unten stehenden Diagramm den folgenden Untergruppen, wobei Zwischenkörper und entsprechende Untergruppen linker bzw. rechter Hand an gleicher Stelle stehen:

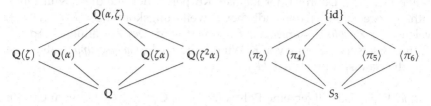

E.4   Nullstellen von Polynomen und Galoistheorie

Wir beginnen mit der folgenden Definition, die uns in die Gruppentheorie zurückführt.

Definition E.22.   Es sei G eine endliche Gruppe mit neutralem Element e. Eine *Normalreihe von G* ist eine endlich absteigende Reihe von Untergruppen

$$G = G_0 \geq G_1 \geq \ldots \geq G_{n-1} \geq G_n = \{e\} \qquad (21)$$

derart, dass für $j = 1, \ldots, n$ die Untergruppe G_j Normalteiler in G_{j-1} ist.

Eine Gruppe G heißt überdies *auflösbar*, wenn sie eine Normalreihe der Form (21) besitzt, so dass die Faktorgruppen G_{j-1}/G_j für $j = 1, \ldots, n$ kommutativ sind.

Beispiel E.23.   Die symmetrische Gruppe S_4 zu vier Elementen ist auflösbar, denn sie besitzt eine Normalreihe der Form

$$S_4 > A_4 > V_4 > U_2 > \{\mathrm{id}\},$$

wobei A_4 die alternierende Gruppe zu vier Elementen,

$$V_4 = \{\mathrm{id}, (12)(34), (13)(24), (14)(23)\}$$

eine Untergruppe der Ordnung 4, welche isomorph zur Diedergruppe D_4 aus Beispiel 2.8 (iii) in Kapitel II ist, und $U_2 = \{\mathrm{id}, (12)(34)\}$ eine Untergruppe der Ordnung 2 ist. Hierbei bedeutet (jk) $(j, k = 1, \ldots, 4; j \neq k)$ diejenige Permutation (Transposition) in S_4, die j mit k vertauscht und alle übrigen Elemente festlässt. Für die sukzessiven Faktorgruppen bestehen die Gruppenisomorphismen

$$S_4/A_4 \cong \mathbb{Z}/2\mathbb{Z}, \; A_4/V_4 \cong \mathbb{Z}/3\mathbb{Z}, \; V_4/U_2 \cong \mathbb{Z}/2\mathbb{Z}, \; U_2/\{\mathrm{id}\} \cong \mathbb{Z}/2\mathbb{Z}.$$

Entsprechend einfach überlegt man sich, dass die symmetrischen Gruppen S_n für $n = 1, 2, 3$ auflösbar sind. Demgegenüber lässt sich aber zeigen, dass die symmetrischen Gruppen S_n für $n \geq 5$ *nicht* auflösbar sind.

Definition E.24. Es sei $f \in K[X]$ ein Polynom vom Grad n mit den Null-stellen $\zeta_1, \ldots, \zeta_n$. Dann ist der kleinste Körper E, der alle diese Nullstellen enthält, gegeben durch den endlichen Erweiterungskörper $E = K(\zeta_1, \ldots, \zeta_n)$, welcher *der Zerfällungskörper von f* gennant wird. Der Zerfällungskörper E ist eine Galoiserweiterung von K. Wir definieren die *Galoisgruppe* $\mathrm{Gal}(f)$ *von* f als die Galoisgruppe $\mathrm{Gal}(E/K)$.

Beispiel E.25. Das allgemeine Polynom $f_{\mathrm{allg}} \in \mathbb{C}(\sigma_1, \ldots, \sigma_n)[X]$ vom Grad n besitzt den Zerfällungskörper $\mathbb{C}(X_1, \ldots, X_n)$. Die Galoisgruppe von f_{allg} besteht somit aus allen $\mathbb{C}(\sigma_1, \ldots, \sigma_n)$-Automorphismen, welche die n Nullstellen $X_1, \ldots, X_n$ des Polynoms $f_{\mathrm{allg}}(X)$ auf alle möglichen Arten vertauschen, d. h. es gilt $\mathrm{Gal}(f_{\mathrm{allg}}) = S_n$.

Der nachfolgende Satz schließt nunmehr unsere Diskussion zur Darstellbarkeit der Nullstellen eines Polynoms $f \in K[X]$ durch Radikale dahingehend ab, dass er dazu eine vollständige Charakterisierung durch gruppentheoretische Eigenschaften der Galoisgruppe $\mathrm{Gal}(f)$ von f gibt.

Satz E.26 (Darstellbarkeit von Nullstellen durch Radikale). *Die Nullstellen eines Polynoms* $f \in K[X]$ *sind genau dann durch Radikale darstellbar, wenn die Galoisgruppe* $\mathrm{Gal}(f)$ *von* f *als Gruppe auflösbar ist.* □

Bemerkung E.27. Unter Berücksichtigung der Beispiele E.23 und E.25 liefert Satz E.26 einen neuen Beweis des Satzes von Abel.

E.5 Ein Ausweg aus dem Dilemma – Der Fall des Grundkörpers $\mathbb{Q}$

Als Konsequenz der Negativresultate der Sätze E.4 und E.26 stellt sich die Frage, wie man die Nullstellen eines Polynoms $f \in K[X]$ dennoch konzeptionell „in den Griff" bekommen kann. Die Beantwortung dieser Frage zählt zu den zentralen Aufgaben der algebraischen Zahlentheorie; wir wollen im letzten Unterabschnitt dieses Anhangs im Fall $K = \mathbb{Q}$ ansatzweise eine Antwort dazu geben.

Da wir aufgrund des Satzes E.26 wissen, dass die Nullstellen $\zeta_1, \ldots, \zeta_n$ eines Polynoms $f \in \mathbb{Q}[X]$ vom Grad $n \geq 5$ im Allgemeinen nicht durch Radikale darstellbar sind und somit der Zerfällungskörper $E = \mathbb{Q}(\zeta_1, \ldots, \zeta_n)$ nicht einfach zugänglich ist, liegt eine Verlagerung der Untersuchungen auf das Studium der Galoisgruppe $\mathrm{Gal}(f) = \mathrm{Gal}(E/\mathbb{Q})$ auf der Hand. Bevor wir dies tun können, gilt es einige Tatsachen über arithmetische Eigenschaften, die dem Körper E zugrunde liegen, nachzutragen, da wir diese zur Charakterisierung der Galoisgruppe $\mathrm{Gal}(E/\mathbb{Q})$ nutzen werden. Diese Theorie geht auf D. Hilbert zurück; wir entnehmen sie dem ersten Kapitel des Buches [9].

Ist f ein Polynom vom Grad $n = 1$, so gilt $E = \mathbb{Q}$ und die dem Körper E zugrunde liegende Arithmetik wird durch den Ring der ganzen Zahlen

$\mathbb{Z}$ beschrieben, die Gegenstand der Untersuchungen in den Abschnitten 2, 3 und 4 in Kapitel I war. Sobald der Grad $n > 1$ wird, benötigen wir ein Analogon des Rings der ganzen Zahlen $\mathbb{Z}$ im Körper E, dessen Arithmetik wir mit Hilfe der in Abschnitt 7 in Kapitel III entwickelten Idealtheorie ausdrücken werden. Es rücken insbesondere die Teilbarkeit von Idealen sowie die Begriffe von Primideal und Maximalideal ins Zentrum des Interesses. Dazu stellen wir die folgenden Begrifflichkeiten und Ergebnisse zusammen.

Definition E.28. Der *Ring der ganzen Zahlen* $\mathcal{O}_E$ der *Körpererweiterung* $E/\mathbb{Q}$ besteht aus allen $\alpha \in E$, die Nullstellen eines *normierten* Polynoms mit *ganzen rationalen* Koeffizienten sind.

Bemerkung E.29. Der Ring der ganzen Zahlen $\mathcal{O}_E$ der Körpererweiterung $E/\mathbb{Q}$ ist ein kommutativer Ring, der im Körper E enthalten ist und seinerseits den Ring der ganzen Zahlen $\mathbb{Z}$ enthält. In Analogie zum Fundamentalsatz der elementaren Zahlentheorie 3.1 in Kapitel I zeigt sich auf der Ebene der Ideale von $\mathcal{O}_E$, dass sich jedes Ideal $\mathfrak{a} \subseteq \mathcal{O}_E$, bis auf die Reihenfolge, eindeutig als Produkt von Primidealpotenzen darstellen lässt, d. h. es gilt

$$\mathfrak{a} = \mathfrak{p}_1^{a_1} \cdot \ldots \cdot \mathfrak{p}_r^{a_r}$$

mit einem $r \in \mathbb{N}$ und paarweise verschiedenen Primidealen $\mathfrak{p}_1, \ldots, \mathfrak{p}_r$ mit positiven natürlichen Exponenten $a_1, \ldots, a_r$.

Definition E.30. Ist p eine Primzahl, so ist das Hauptideal (p) ein Ideal des Rings der ganzen Zahlen $\mathcal{O}_E$, zu der eine Primidealzerlegung der Form

$$(p) = \mathfrak{p}_1^{e_1} \cdot \ldots \cdot \mathfrak{p}_r^{e_r} \tag{22}$$

gehört. Der Exponent e_j heißt der *Verzweigungsindex von* $\mathfrak{p}_j$ *über* p $(j = 1, \ldots, r)$.

Da die Primideale $\mathfrak{p}_j$ Maximalideale sein müssen (ansonsten ließen sie sich weiter zerlegen), sind die Faktorringe $\mathcal{O}_E/\mathfrak{p}_j$ Körper, die ersichtlich endliche Erweiterungskörper des Körpers $\mathbb{F}_p$ mit p Elementen sind. Wir setzen $f_j := [\mathcal{O}_E/\mathfrak{p}_j : \mathbb{F}_p]$ und nennen dies den *Restklassengrad von* $\mathfrak{p}_j$ *über* p $(j = 1, \ldots, r)$.

Bemerkung E.31. Es zeigt sich, dass zwischen den soeben definierten Größen die fundamentale Beziehung

$$\sum_{j=1}^{r} e_j f_j = [E : \mathbb{Q}]$$

besteht. Im vorliegenden Fall reduziert sich diese auf die Gleichung $e \cdot f \cdot r = [E : \mathbb{Q}]$, da E eine Galoiserweiterung von $\mathbb{Q}$ ist und somit alle Verzweigungsindizes und alle Restklassengrade gleich sind, d. h. es ist $e_j = e$ und $f_j = f$

für $j = 1,\ldots,r$; die Größen e, f, r hängen somit lediglich von der Primzahl p ab. Die Zerlegung (22) lässt sich somit zu

$$(p) = (\mathfrak{p}_1 \cdot \ldots \cdot \mathfrak{p}_r)^e \qquad (23)$$

vereinfachen.

Definition E.32. Besteht für die endliche Galoiserweiterung $E/\mathbb{Q}$ und die Primzahl p die Primidealzerlegung (23) mit $e = 1$, so heißt die Primzahl p *unverzweigt in E*.

Bemerkung E.33. Da der Zerfällungskörper $E = \mathbb{Q}(\zeta_1, \ldots, \zeta_n)$ von f eine endliche Galoiserweiterung von $\mathbb{Q}$ ist, stellen sich $\mathcal{O}_E/\mathfrak{p}_j$ ebenso als endliche Galoiserweiterungen von $\mathbb{F}_p$ heraus. Die Galoisgruppen $\mathrm{Gal}(\mathcal{O}_E/\mathfrak{p}_j/\mathbb{F}_p)$ erweisen sich im unverzweigten Fall (d. h. $e = 1$) als isomorph zu den Untergruppen

$$D_j := \{\sigma \in \mathrm{Gal}(E/\mathbb{Q}) \mid \sigma(\alpha) \equiv \alpha \mod \mathfrak{p}_j, \forall \alpha \in E\} \quad (j = 1,\ldots,r)$$

von $\mathrm{Gal}(E/\mathbb{Q})$, welche die *Zerlegungsgruppen von* $\mathfrak{p}_j$ genannt werden und alle zueinander konjugiert sind.

Da die endlichen Körper $\mathcal{O}_E/\mathfrak{p}_j$ endliche Galoiserweiterungen von $\mathbb{F}_p$ sind, sind die Galoisgruppen $\mathrm{Gal}(\mathcal{O}_E/\mathfrak{p}_j/\mathbb{F}_p)$ zyklisch; sie werden durch den Automorphismus, der die Restklasse $\bar{\alpha} = \alpha \mod \mathfrak{p}_j \in \mathcal{O}_E/\mathfrak{p}_j$ auf $\bar{\alpha}^p$ abbildet, erzeugt.

Definition E.34. Der damit im unverzweigten Fall definierte Automorphismus von $\mathrm{Gal}(E/\mathbb{Q})$ wird der *Frobenius-Automorphismus zu* $\mathfrak{p}_j$ genannt und mit $\mathrm{Frob}_{\mathfrak{p}_j}$ bezeichnet. Die Frobenius-Automorphismen $\mathrm{Frob}_{\mathfrak{p}_j}$ sind für $j = 1,\ldots,r$ zueinander konjugiert; die Konjugationsklasse hängt also nur von der Primzahl p ab.

Bemerkung E.35. Ist also p eine in E unverzweigte Primzahl, so entspricht dieser eine zyklische Untergruppe D_j der Galoisgruppe $\mathrm{Gal}(E/\mathbb{Q})$, welche durch den Frobenius-Automorphismus $\mathrm{Frob}_{\mathfrak{p}_j}$ erzeugt wird und bis auf Konjugation eindeutig bestimmt ist. Nach dem Hauptsatz der Galoistheorie E.19 entspricht der Untergruppe D_j ein Zwischenkörper $\mathbb{Q} \subseteq L_j \subseteq E$ mit der Eigenschaft $\mathrm{Gal}(E/L_j) = D_j$. Da D_j zyklisch ist, ist die Körpererweiterung E/L_j nach der fundamentalen Kummertheorie (siehe z. B. [9]) eine Radikalerweiterung, d. h. es gilt $E = L_j(\sqrt[m_j]{\alpha_j})$ für geeignete $m_j \in \mathbb{N}$ und $\alpha_j \in L_j$, sofern L_j alle m_j-ten Einheitswurzeln enthält.

Abschließend können wir unsere Erkenntnisse wie folgt zusammenfassen: Ist $f \in \mathbb{Q}[X]$ ein beliebiges Polynom vom Grad n mit dem Zerfällungskörper $E = \mathbb{Q}(\zeta_1,\ldots,\zeta_n)$, so geben die Frobenius-Automorphismen der in E unverzweigten Primzahlen Anlass zu Zwischenkörpern zwischen $\mathbb{Q}$ und E, so dass E über diesen Zwischenkörpern jeweils zu einer Radikalerweiterung wird. Somit stellen wir fest, dass unter Verwendung der feineren Struktur der Galoisgruppe $\mathrm{Gal}(E/\mathbb{Q})$ versucht wird, die Beschreibung der Galoiserweiterung $E/\mathbb{Q}$ letztendlich doch wiederum mit Hilfe von Radikalerweiterungen zu beschreiben.

Es ist somit plausibel, dass der Bestimmung der Frobenius-Automorphismen eine ausgezeichnete Bedeutung zuteil wird, die in der aktuellen zahlentheoretischen Forschung mit Hilfe der sogenannten *(modularen) Galoisdarstellungen* der Galoisgruppe $\mathrm{Gal}(E/\mathbb{Q})$ untersucht werden. Die Prominenz dieses aktuellen Forschungsgebiets zeigt sich insbesondere auch dadurch, dass die Theorie der Galoisdarstellungen eine zentrale Rolle beim Beweis der Vermutung von Fermat, also beim Beweis des Satzes von Wiles C.8, spielt. Als Einstieg in diese Thematik empfehlen wir dem interessierten Leser die Übersichtsartikel [7].

Literaturverzeichnis

[1] N. H. Abel: *Mémoire sur les équations algébriques où l'on démontre l'impossibilité de la résolution de l'équation générale du cinquième degré.* Christiania, de l'imprimerie de Groendahl, 1824. http://www.abelprisen.no/c53201/binfil/download.php?tid=53608

[2] E. Artin: *Galois theory.* Edited and supplemented with a section on applications by Arthur N. Milgram. Second edition, with additions and revisions. Fifth reprinting. Notre Dame Mathematical Lectures, No. 2, University of Notre Dame Press, South Bend, Ind., 1959.

[3] M. Artin: *Algebra.* Birkhäuser Verlag, Basel Boston Berlin, 1998.

[4] H. M. Edwards: *Galois theory.* Graduate Texts in Mathematics, Volume 101. Springer-Verlag, New York, 1984.

[5] J.-P. Escofier: *Galois theory.* Graduate Texts in Mathematics, Volume 204. Translated from the 1997 French original by Leila Schneps. Springer-Verlag, New York, 2001.

[6] D. Jörgensen: *Der Rechenmeister.* Aufbau Taschenbuch Verlag, 6. Auflage, 2004.

[7] J. Kramer: *Über den Beweis der Fermat-Vermutung I, II.* Elem. Math. **50** (1995), 12–25; **53** (1998), 45–60.

[8] S. Lang: *Algebra.* Graduate Texts in Mathematics, Volume 211. Springer-Verlag, New York, 3rd edition, 2002.

[9] S. Lang: *Algebraic number theory.* Graduate Texts in Mathematics, Volume 110. Springer-Verlag, New York, 2nd edition, 1994.

[10] I. Stewart: *Galois theory.* CRC Press, Boca Raton, FL, 4th edition, 2015.

VI Die Hamiltonschen Quaternionen

1. Die Hamiltonschen Quaternionen als reeller Vektorraum

Von eher akademischer Natur ist die Frage, ob sich der Körper $\mathbb{C}$ der komplexen Zahlen zu einem noch größeren Körper erweitern lässt, der – wie der Körper $\mathbb{C}$ – ein endlich dimensionaler reeller Vektorraum ist. Es zeigt sich, dass dies nicht möglich ist. Allerdings findet sich ein $\mathbb{C}$ umfassender Zahlbereich, wenn man bereit ist, auf die Kommutativität der Multiplikation zu verzichten. Dies führt uns zu dem Schiefkörper der *Hamiltonschen Quaternionen* $\mathbb{H}$, welche wir in diesem Kapitel vorstellen wollen.

Dazu wählen wir neben i zwei weitere imaginäre Einheiten j, k, so dass die Elemente $1, i, j, k$ über $\mathbb{R}$ linear unabhängig sind. Damit bilden wir den 4-dimensionalen reellen Vektorraum

$$\mathbb{H} := \{\alpha = \alpha_1 \cdot 1 + \alpha_2 \cdot i + \alpha_3 \cdot j + \alpha_4 \cdot k \mid \alpha_1, \alpha_2, \alpha_3, \alpha_4 \in \mathbb{R}\}.$$

Definition 1.1. Wir nennen

$$\alpha = \alpha_1 \cdot 1 + \alpha_2 \cdot i + \alpha_3 \cdot j + \alpha_4 \cdot k = \alpha_1 + \alpha_2 i + \alpha_3 j + \alpha_4 k$$

ein *Quaternion* und $\mathbb{H}$ die Menge der *Hamiltonschen Quaternionen*.

Bemerkung 1.2. Konstruktionsgemäß ist die Addition zweier Quaternionen $\alpha = \alpha_1 + \alpha_2 i + \alpha_3 j + \alpha_4 k$ und $\beta = \beta_1 + \beta_2 i + \beta_3 j + \beta_4 k$ gegeben durch

$$\alpha + \beta := (\alpha_1 + \beta_1) + (\alpha_2 + \beta_2)i + (\alpha_3 + \beta_3)j + (\alpha_4 + \beta_4)k.$$

Diese Addition ist offensichtlich assoziativ und kommutativ. Das neutrale Element bezüglich der Addition ist das Nullelement $0 := 0 + 0i + 0j + 0k$; das additive Inverse von α ist gegeben durch

$$-\alpha := (-\alpha_1) + (-\alpha_2)i + (-\alpha_3)j + (-\alpha_4)k = -\alpha_1 - \alpha_2 i - \alpha_3 j - \alpha_4 k.$$

Definition 1.3. Die Multiplikation zweier Quaternionen $\alpha = \alpha_1 + \alpha_2 i + \alpha_3 j + \alpha_4 k$ und $\beta = \beta_1 + \beta_2 i + \beta_3 j + \beta_4 k$ wird durch

$$\begin{aligned}\alpha \cdot \beta := {} &(\alpha_1\beta_1 - \alpha_2\beta_2 - \alpha_3\beta_3 - \alpha_4\beta_4) + (\alpha_1\beta_2 + \alpha_2\beta_1 + \alpha_3\beta_4 - \alpha_4\beta_3)i \\ &+ (\alpha_1\beta_3 - \alpha_2\beta_4 + \alpha_3\beta_1 + \alpha_4\beta_2)j + (\alpha_1\beta_4 + \alpha_2\beta_3 - \alpha_3\beta_2 + \alpha_4\beta_1)k\end{aligned}$$

definiert.

© Springer Fachmedien Wiesbaden GmbH, ein Teil von Springer Nature 2022
J. Kramer und A.-M. von Pippich, *Von den natürlichen Zahlen zu den Quaternionen*,
https://doi.org/10.1007/978-3-658-36621-6_6

Bemerkung 1.4. Wir beachten, dass diese Multiplikation zwar assoziativ, aber nicht mehr kommutativ ist, insbesondere beachten wir die Multiplikationstafel

$$i^2 = j^2 = k^2 = -1,$$
$$1 \cdot i = i = i \cdot 1, 1 \cdot j = j = j \cdot 1, 1 \cdot k = k = k \cdot 1,$$
$$i \cdot j = k = -j \cdot i, j \cdot k = i = -k \cdot j, k \cdot i = j = -i \cdot k.$$

Das neutrale Element bezüglich der Multiplikation ist das Einselement $1 :=$ $1 + 0i + 0j + 0k$. Die Gültigkeit der beiden Distributivgesetze prüft man ohne viel Mühe nach.

Bemerkung 1.5. Die Nicht-Kommutativität der Multiplikation bringt es mit sich, dass es in $\mathbb{H}[X]$ Polynome gibt, die mehr Nullstellen als ihr Grad, ja sogar unendlich viele Nullstellen, besitzen.

Aufgabe 1.6. Verifizieren Sie die Aussage der Bemerkung 1.5.

Aufgabe 1.7. Das *Zentrum $Z(\mathbb{H})$ von* $\mathbb{H}$ ist definiert gemäß

$$Z(\mathbb{H}) := \{\alpha \in \mathbb{H} \,|\, \alpha \cdot \beta = \beta \cdot \alpha, \forall \beta \in \mathbb{H}\}.$$

Beweisen Sie die Gleichheit $Z(\mathbb{H}) = \mathbb{R}$.

Bemerkung 1.8. Es ist nicht möglich, einen 3-dimensionalen reellen Vektorraum zu konstruieren, der $\mathbb{C}$ umfasst und die Multiplikation von $\mathbb{C}$ fortsetzt. Denn wählen wir neben i eine weitere imaginäre Einheit j derart, dass die Elemente $1, i, j$ über $\mathbb{R}$ linear unabhängig sind, und bilden wir den 3-dimensionalen reellen Vektorraum

$$\mathbb{H}^* := \{\alpha = \alpha_1 \cdot 1 + \alpha_2 \cdot i + \alpha_3 \cdot j \,|\, \alpha_1, \alpha_2, \alpha_3 \in \mathbb{R}\},$$

so muss insbesondere $i \cdot j \in \mathbb{H}^*$, d.h. $i \cdot j = \beta_1 \cdot 1 + \beta_2 \cdot i + \beta_3 \cdot j$ für gewisse $\beta_1, \beta_2, \beta_3 \in \mathbb{R}$ gelten. Dann ergibt sich aber die Gleichheit

$$(-1) \cdot j = (i \cdot i) \cdot j = i \cdot (i \cdot j) = \beta_1 \cdot i - \beta_2 \cdot 1 + \beta_3 \cdot (i \cdot j)$$
$$= \beta_1 \cdot i - \beta_2 \cdot 1 + \beta_3 \cdot (\beta_1 \cdot 1 + \beta_2 \cdot i + \beta_3 \cdot j)$$
$$= (-\beta_2 + \beta_1\beta_3) \cdot 1 + (\beta_1 + \beta_2\beta_3) \cdot i + \beta_3^2 \cdot j.$$

Da die Elemente $1, i, j$ über $\mathbb{R}$ linear unabhängig sind, folgt somit insbesondere $\beta_3^2 = -1$. Dies steht aber im Widerspruch dazu, dass $\beta_3 \in \mathbb{R}$ gilt.

Bemerkung 1.9. Schreibt man ein Quaternion $\alpha = \alpha_1 + \alpha_2 i + \alpha_3 j + \alpha_4 k \in \mathbb{H}$ in der Form $\alpha = z + wj$ mit $z := \alpha_1 + \alpha_2 i, w := \alpha_3 + \alpha_4 i \in \mathbb{C}$, so kann man $\mathbb{H}$ als 2-dimensionalen komplexen Vektorraum auffassen.

Definition 1.10. Es sei $\alpha = \alpha_1 + \alpha_2 i + \alpha_3 j + \alpha_4 k \in \mathbb{H}$. Die reelle Zahl α_1 heißt *Realteil von* α und wird mit $\mathrm{Re}(\alpha)$ bezeichnet. Das geordnete Tripel $(\alpha_2, \alpha_3, \alpha_4)$ reeller Zahlen heißt *Imaginärteil von* α und wird mit $\mathrm{Im}(\alpha)$ bezeichnet. Ist $\mathrm{Re}(\alpha) = 0$ und $\alpha \neq 0$, so heißt α *rein-imaginär*.

Definition 1.11. Die Menge

$$\mathrm{Im}(\mathbb{H}) := \{\alpha_2 \cdot i + \alpha_3 \cdot j + \alpha_4 \cdot k \mid \alpha_2, \alpha_3, \alpha_4 \in \mathbb{R}\} \subseteq \mathbb{H}$$

aller Quaternionen mit trivialem Realteil heißt der *Imaginärraum von* $\mathbb{H}$.

Bemerkung 1.12. Der Imaginärraum $\mathrm{Im}(\mathbb{H})$ ist ein 3-dimensionaler reeller Vektorraum, den man mit Hilfe der bijektiven, $\mathbb{R}$-linearen Abbildung $h \colon \mathrm{Im}(\mathbb{H}) \longrightarrow \mathbb{R}^3$, gegeben durch

$$\alpha = \alpha_2 i + \alpha_3 j + \alpha_4 k \mapsto \mathrm{Im}(\alpha)^t = \begin{pmatrix} \alpha_2 \\ \alpha_3 \\ \alpha_4 \end{pmatrix},$$

mit dem $\mathbb{R}^3$ identifizieren kann.

Bemerkung 1.13. Für $\alpha = \alpha_1 + \alpha_2 i + \alpha_3 j + \alpha_4 k \in \mathbb{H}$ schreiben wir manchmal

$$\alpha = \mathrm{Re}(\alpha) + \mathrm{Im}(\alpha) \cdot \mathbf{i},$$

wobei $\mathbf{i} := (i, j, k)^t$ gesetzt wurde.

Aufgabe 1.14.
(a) Zeigen Sie, dass $\mathrm{Im}(\mathbb{H}) = \{\alpha \in \mathbb{H} \mid \alpha \notin \mathbb{R} \setminus \{0\} \text{ und } \alpha^2 \in \mathbb{R}\}$ gilt.
(b) Zeigen Sie, dass $\alpha \cdot \beta + \beta \cdot \alpha \in \mathbb{R}$ für alle $\alpha, \beta \in \mathrm{Im}(\mathbb{H})$ gilt.

Aufgabe 1.15. Zeigen Sie folgende Formel für die Multiplikation zweier rein-imaginärer Quaternionen $\alpha = \mathrm{Im}(\alpha) \cdot \mathbf{i}, \beta = \mathrm{Im}(\beta) \cdot \mathbf{i} \in \mathrm{Im}(\mathbb{H})$:

$$\alpha \cdot \beta = -\langle \mathrm{Im}(\alpha)^t, \mathrm{Im}(\beta)^t \rangle + (\mathrm{Im}(\alpha)^t \times \mathrm{Im}(\beta)^t) \cdot \mathbf{i},$$

wobei $\langle \cdot, \cdot \rangle$ das Euklidische Skalarprodukt des $\mathbb{R}^3$ und $\times$ das Vektorprodukt des $\mathbb{R}^3$ bezeichnet.

Definition 1.16. In Analogie zur komplexen Konjugation definieren wir das zu $\alpha = \alpha_1 + \alpha_2 i + \alpha_3 j + \alpha_4 k \in \mathbb{H}$ *konjugierte Quaternion* $\overline{\alpha}$ durch

$$\overline{\alpha} := \alpha_1 - \alpha_2 i - \alpha_3 j - \alpha_4 k.$$

Definition 1.17. Das Euklidische Skalarprodukt $\langle \cdot, \cdot \rangle \colon \mathbb{H} \times \mathbb{H} \longrightarrow \mathbb{R}$ ist definiert durch

$$\langle \alpha, \beta \rangle := \mathrm{Re}(\alpha \cdot \overline{\beta}) = \alpha_1 \beta_1 + \alpha_2 \beta_2 + \alpha_3 \beta_3 + \alpha_4 \beta_4,$$

wobei $\alpha = \alpha_1 + \alpha_2 i + \alpha_3 j + \alpha_4 k$, $\beta = \beta_1 + \beta_2 i + \beta_3 j + \beta_4 k \in \mathbb{H}$ gilt. Der *Betrag* $|\alpha|$ von α ist dann gegeben durch

$$|\alpha| := \sqrt{\alpha \cdot \overline{\alpha}} = \sqrt{\alpha_1^2 + \alpha_2^2 + \alpha_3^2 + \alpha_4^2}.$$

Aufgabe 1.18. Zeigen Sie, dass die Gleichheit $\beta \cdot \alpha \cdot \beta = 2 \cdot \langle \overline{\alpha}, \beta \rangle \cdot \beta - \langle \beta, \beta \rangle \cdot \overline{\alpha}$ für alle $\alpha, \beta \in \mathbb{H}$ gilt.

Aufgabe 1.19.
(a) Zeigen Sie, dass für alle $\alpha, \beta \in \mathbb{H}$ die Gleichheit $\overline{\alpha \cdot \beta} = \overline{\beta} \cdot \overline{\alpha}$ gilt.
(b) Zeigen Sie, dass für alle $\alpha, \beta \in \mathbb{H}$ die *Produktregel* $|\alpha \cdot \beta| = |\alpha| \cdot |\beta|$ gilt.
(c) Überlegen Sie sich, dass man mit Hilfe von Teilaufgabe (a) folgende Aussage beweisen kann: Wenn zwei natürliche Zahlen als Summe von vier Quadraten natürlicher Zahlen darstellbar sind, dann ist auch das Produkt dieser beiden Zahlen als Summe von vier Quadraten natürlicher Zahlen darstellbar.

Satz 1.20. *Die Struktur* $(\mathbb{H}, +, \cdot)$ *ist ein Schiefkörper mit dem Einselement* $1 = 1 + 0i + 0j + 0k$, *welcher die Körper der reellen und komplexen Zahlen enthält.*

Beweis. Es ist lediglich noch nachzuweisen, dass jedes von Null verschiedene Quaternion α ein multiplikatives Inverses besitzt. Dieses ermittelt man leicht in Analogie zum komplexen Fall durch

$$\alpha^{-1} = \frac{\overline{\alpha}}{|\alpha|^2}.$$

Die restlichen Behauptungen sind einfach zu beweisen. $\square$

Aufgabe 1.21. Komplettieren Sie den Beweis von Satz 1.20.

Eine unmittelbare Konsequenz von Satz 1.20 ist die Tatsache, dass die Hamiltonschen Quaternionen die Struktur einer $\mathbb{R}$-Algebra besitzen.

Definition 1.22. Ein $\mathbb{R}$-Vektorraum V mit einer multiplikativen Verknüpfung $\cdot\colon V \times V \longrightarrow V$, gegeben durch die Zuordnung $(v_1, v_2) \mapsto v_1 \cdot v_2$, heißt $\mathbb{R}$-*Algebra*, falls die beiden Distributivgesetze

$$(\lambda_1 v_1 + \lambda_2 v_2) \cdot v_3 = \lambda_1 (v_1 \cdot v_3) + \lambda_2 (v_2 \cdot v_3),$$
$$v_1 \cdot (\lambda_1 v_2 + \lambda_2 v_3) = \lambda_1 (v_1 \cdot v_2) + \lambda_2 (v_1 \cdot v_3)$$

für alle $\lambda_1, \lambda_2 \in \mathbb{R}$ und $v_1, v_2, v_3 \in V$ erfüllt sind. Ist die Verknüpfung $\cdot$ assoziativ, d. h. gilt $(v_1 \cdot v_2) \cdot v_3 = v_1 \cdot (v_2 \cdot v_3)$ für alle $v_1, v_2, v_3 \in V$, so heißt die $\mathbb{R}$-Algebra *assoziativ*. Ist die Verknüpfung $\cdot$ kommutativ, d. h. gilt $v_1 \cdot v_2 = v_2 \cdot v_1$ für alle $v_1, v_2 \in V$, so heißt die $\mathbb{R}$-Algebra *kommutativ*. Die Dimension von V als $\mathbb{R}$-Vektorraum heißt *Dimension* der $\mathbb{R}$-Algebra V.

Definition 1.23. Eine nicht-triviale $\mathbb{R}$-Algebra V heißt *Divisionsalgebra*, falls die beiden Gleichungen

$$v_1 \cdot x = v_2 \quad \text{und} \quad y \cdot v_1 = v_2$$

für $v_1, v_2 \in V$, $v_1 \neq 0$, eindeutig in V lösbar sind.

Beispiel 1.24.   (i) Der Körper $\mathbb{R}$ ist eine assoziative und kommutative Divisionsalgebra der Dimension 1. Der Körper $\mathbb{C}$ ist eine assoziative und kommutative Divisionsalgebra der Dimension 2.

(ii) Der $\mathbb{R}$-Vektorraum $\mathbb{R}^3$ ist zusammen mit dem Vektorprodukt $\times : \mathbb{R}^3 \times \mathbb{R}^3 \longrightarrow \mathbb{R}^3$, gegeben durch

$$v_1 \times v_2 := \left(\mu_2 v_3 - \mu_3 v_2, \mu_3 v_1 - \mu_1 v_3, \mu_1 v_2 - \mu_2 v_1\right)^t$$

für $v_1 = (\mu_1, \mu_2, \mu_3)^t$, $v_2 = (v_1, v_2, v_3)^t \in \mathbb{R}^3$, eine $\mathbb{R}$-Algebra der Dimension 3, die weder assoziativ noch kommutativ ist. Das Vektorprodukt $\times$ ist jedoch *anti-kommutativ*, d. h. es gilt $v_1 \times v_2 = -v_2 \times v_1$ für alle $v_1, v_2 \in \mathbb{R}^3$.

(iii) Der $\mathbb{R}$-Vektorraum $M_2(\mathbb{R})$ ist zusammen mit der Matrizenmultiplikation eine assoziative $\mathbb{R}$-Algebra der Dimension $2^2 = 4$. Der $\mathbb{R}$-Vektorraum $M_2(\mathbb{C})$ ist zusammen mit der Matrizenmultiplikation eine assoziative $\mathbb{R}$-Algebra der Dimension $2 \cdot 2^2 = 8$. Die $\mathbb{R}$-Algebren $M_2(\mathbb{R})$ und $M_2(\mathbb{C})$ sind jedoch weder kommutativ noch Divisionsalgebren.

Aufgabe 1.25.   Verifizieren Sie die Aussagen dieser Beispiele im Detail.

Korollar 1.26. *Die Hamiltonschen Quaternionen $\mathbb{H}$ besitzen die Struktur einer assoziativen Divisionsalgebra der Dimension 4.*

Beweis. Dies ist eine direkte Folgerung aus Satz 1.20. $\square$

Aufgabe 1.27.   Eine $\mathbb{R}$-lineare Abbildung $f : V \longrightarrow W$ von $\mathbb{R}$-Algebren mit multiplikativer Verknüpfung $\cdot_V$ bzw. $\cdot_W$ heißt $\mathbb{R}$-*Algebrahomomorphismus*, falls für alle $v_1, v_2 \in V$ die Gleichheit $f(v_1 \cdot_V v_2) = f(v_1) \cdot_W f(v_2)$ gilt. Ein $\mathbb{R}$-Untervektorraum $U \subseteq V$ heißt $\mathbb{R}$-*Unteralgebra von V*, falls $u_1 \cdot_V u_2 \in U$ für alle $u_1, u_2 \in U$ gilt.

Zeigen Sie, dass die Abbildung $f : \mathbb{C} \longrightarrow M_2(\mathbb{R})$ aus Lemma 2.4 in Kapitel V ein injektiver $\mathbb{R}$-Algebrahomomorphismus und dass das Bild $\mathrm{im}(f) = \mathcal{C}$ eine $\mathbb{R}$-Unteralgebra von $M_2(\mathbb{R})$ ist.

2. Quaternionen vom Betrag eins und die spezielle unitäre Gruppe

In diesem Abschnitt werden wir die Menge aller Hamiltonschen Quaternionen vom Betrag 1 mit der speziellen unitären Gruppe identifizieren.

Wir betrachten dazu den nicht-kommutativen Ring $(M_2(\mathbb{C}), +, \cdot)$, d. h. die Menge aller (2×2)-Matrizen mit komplexen Einträgen

$$M_2(\mathbb{C}) := \left\{ A = \begin{pmatrix} \alpha & \beta \\ \gamma & \delta \end{pmatrix} \,\middle|\, \alpha, \beta, \gamma, \delta \in \mathbb{C} \right\}$$

zusammen mit der Matrizenaddition bzw. -multiplikation. Ist $A = \begin{pmatrix} \alpha & \beta \\ \gamma & \delta \end{pmatrix} \in$ $M_2(\mathbb{C})$, so ist die zur Matrix A konjugierte Matrix $\overline{A}$ durch

$$\overline{A} := \begin{pmatrix} \overline{\alpha} & \overline{\beta} \\ \overline{\gamma} & \overline{\delta} \end{pmatrix} \in M_2(\mathbb{C})$$

gegeben.

Definition 2.1. Wir bezeichnen mit

$$\mathbb{S}^3 := \{ \alpha \in \mathbb{H} \,|\, |\alpha| = 1 \}$$

die Menge aller Hamiltonschen Quaternionen vom Betrag 1.

Bemerkung 2.2. Die Menge $\mathbb{S}^3$ ist eine Untergruppe der Gruppe $(\mathbb{H} \setminus \{0\}, \cdot)$.

Aufgabe 2.3. Verifizieren Sie die Aussage der Bemerkung 2.2.

Im folgenden identifizieren wir zunächst den Schiefkörper der Quaternionen mit einem Unterring des nicht-kommutativen Ringes $(M_2(\mathbb{C}), +, \cdot)$.

Lemma 2.4. *Die Abbildung* $f \colon (\mathbb{H}, +, \cdot) \longrightarrow (M_2(\mathbb{C}), +, \cdot)$, *gegeben durch*

$$\alpha = \alpha_1 + \alpha_2 i + \alpha_3 j + \alpha_4 k \mapsto \begin{pmatrix} \alpha_1 + \alpha_2 i & \alpha_3 + \alpha_4 i \\ -\alpha_3 + \alpha_4 i & \alpha_1 - \alpha_2 i \end{pmatrix},$$

ist ein injektiver Ringhomomorphismus. Das Bild

$$\mathcal{H} := \mathrm{im}(f) = \left\{ \begin{pmatrix} z & w \\ -\overline{w} & \overline{z} \end{pmatrix} \,\middle|\, z, w \in \mathbb{C} \right\}$$

ist ein Schiefkörper. Insbesondere induziert f *die Isomorphie* $\mathbb{H} \cong \mathcal{H}$.

Beweis. Wir beginnen mit dem Nachweis, dass f ein injektiver Ringhomomorphismus ist. Es seien $\alpha = \alpha_1 + \alpha_2 i + \alpha_3 j + \alpha_4 k \in \mathbb{H}$ und $\beta = \beta_1 + \beta_2 i + \beta_3 j + \beta_4 k \in \mathbb{H}$, und wir schreiben $\alpha \cdot \beta = \gamma_1 + \gamma_2 i + \gamma_3 j + \gamma_4 k \in \mathbb{H}$ mit

$$\gamma_1 := \alpha_1 \beta_1 - \alpha_2 \beta_2 - \alpha_3 \beta_3 - \alpha_4 \beta_4, \quad \gamma_2 := \alpha_1 \beta_2 + \alpha_2 \beta_1 + \alpha_3 \beta_4 - \alpha_4 \beta_3,$$
$$\gamma_3 := \alpha_1 \beta_3 - \alpha_2 \beta_4 + \alpha_3 \beta_1 + \alpha_4 \beta_2, \quad \gamma_4 := \alpha_1 \beta_4 + \alpha_2 \beta_3 - \alpha_3 \beta_2 + \alpha_4 \beta_1.$$

Wir erhalten

$$f(\alpha + \beta) = f((\alpha_1 + \beta_1) + (\alpha_2 + \beta_2)i + (\alpha_3 + \beta_3)j + (\alpha_4 + \beta_4)k)$$

$$= \begin{pmatrix} (\alpha_1 + \beta_1) + (\alpha_2 + \beta_2)i & (\alpha_3 + \beta_3) + (\alpha_4 + \beta_4)i \\ -(\alpha_3 + \beta_3) + (\alpha_4 + \beta_4)i & (\alpha_1 + \beta_1) - (\alpha_2 + \beta_2)i \end{pmatrix}$$

$$= \begin{pmatrix} \alpha_1 + \alpha_2 i & \alpha_3 + \alpha_4 i \\ -\alpha_3 + \alpha_4 i & \alpha_1 - \alpha_2 i \end{pmatrix} + \begin{pmatrix} \beta_1 + \beta_2 i & \beta_3 + \beta_4 i \\ -\beta_3 + \beta_4 i & \beta_1 - \beta_2 i \end{pmatrix}$$

$$= f(\alpha) + f(\beta)$$

und

$$f(\alpha \cdot \beta) = f(\gamma_1 + \gamma_2 i + \gamma_3 j + \gamma_4 k)$$

$$= \begin{pmatrix} \gamma_1 + \gamma_2 i & \gamma_3 + \gamma_4 i \\ -\gamma_3 + \gamma_4 i & \gamma_1 - \gamma_2 i \end{pmatrix}$$

$$= \begin{pmatrix} \alpha_1 + \alpha_2 i & \alpha_3 + \alpha_4 i \\ -\alpha_3 + \alpha_4 i & \alpha_1 - \alpha_2 i \end{pmatrix} \cdot \begin{pmatrix} \beta_1 + \beta_2 i & \beta_3 + \beta_4 i \\ -\beta_3 + \beta_4 i & \beta_1 - \beta_2 i \end{pmatrix}$$

$$= f(\alpha) \cdot f(\beta),$$

wobei wir im dritten Schritt die Gleichheiten

$$\gamma_1 + \gamma_2 i = (\alpha_1 + \alpha_2 i)(\beta_1 + \beta_2 i) - (\alpha_3 + \alpha_4 i)(\overline{\beta_3 + \beta_4 i}) = \overline{\gamma_1 - \gamma_2 i},$$

$$\gamma_3 + \gamma_4 i = (\alpha_1 + \alpha_2 i)(\beta_3 + \beta_4 i) + (\alpha_3 + \alpha_4 i)(\overline{\beta_1 + \beta_2 i}) = -\overline{\gamma_3 + \gamma_4 i}$$

heranziehen. Da weiter $\ker(f) = \{0\}$ gilt, haben wir somit gezeigt, dass f ein injektiver Ringhomomorphismus ist. Das Bild von f ist gegeben durch die Menge

$$\mathcal{H} = \mathrm{im}(f) = \left\{ \begin{pmatrix} z & w \\ -\overline{w} & \overline{z} \end{pmatrix} \,\middle|\, z, w \in \mathbb{C} \right\}.$$

Nach Lemma 3.5 in Kapitel III ist $\mathcal{H}$ sogar ein Unterring von $(M_2(\mathbb{C}), +, \cdot)$. Schließlich folgt nach dem Homomorphiesatz für Ringe die Isomorphie

$$\mathbb{H} = \mathbb{H}/\ker(f) \cong \mathrm{im}(f) = \mathcal{H}.$$

Da aber $\mathbb{H}$ ein Schiefkörper ist, ist somit auch $\mathcal{H}$ ein Schiefkörper, wie behauptet. $\square$

Aufgabe 2.5. Finden Sie weitere zu $\mathbb{H}$ isomorphe Unterringe von $(M_2(\mathbb{C}), +, \cdot)$.

Aufgabe 2.6. Zeigen Sie, dass die Abbildung $f \colon \mathbb{H} \longrightarrow M_2(\mathbb{C})$ aus Lemma 2.4 ein injektiver $\mathbb{R}$-Algebrahomomorphismus und dass das Bild $\mathrm{im}(f) = \mathcal{H}$ eine $\mathbb{R}$-Unteralgebra von $M_2(\mathbb{C})$ ist (siehe Aufgabe 1.27).

Definition 2.7. Die *unitäre Gruppe* $U_2(\mathbb{C})$ ist definiert als

$$U_2(\mathbb{C}) := \{A \in M_2(\mathbb{C}) \mid A \cdot \overline{A}^t = E\}.$$

Die *spezielle unitäre Gruppe* $SU_2(\mathbb{C})$ ist definiert als

$$SU_2(\mathbb{C}) := \{A \in U_2(\mathbb{C}) \mid \det(A) = 1\}.$$

Bemerkung 2.8. Die unitäre Gruppe $(U_2(\mathbb{C}), \cdot)$ ist eine Gruppe mit der Matrizenmultiplikation. Die spezielle unitäre Gruppe $SU_2(\mathbb{C})$ ist eine Untergruppe, ja sogar ein Normalteiler, von $(U_2(\mathbb{C}), \cdot)$.

Aufgabe 2.9. Zeigen Sie, dass $|\det(A)| = 1$ für $A \in U_2(\mathbb{C})$ gilt, und verifizieren Sie die Aussagen der Bemerkung 2.8.

Satz 2.10. *Es besteht die Gruppenisomorphie*

$$(\mathbb{S}^3, \cdot) \cong (SU_2(\mathbb{C}), \cdot).$$

Beweis. Wir bemerken zuerst, dass für eine beliebige Matrix

$$A = \begin{pmatrix} z & w \\ -\overline{w} & \overline{z} \end{pmatrix} \in \mathcal{H}$$

die Gleichheiten $\det(A) = |z|^2 + |w|^2$ und

$$A \cdot \overline{A}^t = \begin{pmatrix} z & w \\ -\overline{w} & \overline{z} \end{pmatrix} \cdot \begin{pmatrix} \overline{z} & -w \\ \overline{w} & z \end{pmatrix}$$

$$= \begin{pmatrix} |z|^2 + |w|^2 & 0 \\ 0 & |z|^2 + |w|^2 \end{pmatrix} = \det(A) \cdot E$$

gelten.

Ist nun $\alpha = \alpha_1 + \alpha_2 i + \alpha_3 j + \alpha_4 k \in \mathbb{S}^3$, d.h. es gilt $|\alpha| = 1$, dann folgt $|\alpha|^2 = \alpha_1^2 + \alpha_2^2 + \alpha_3^2 + \alpha_4^2 = 1$, und somit ergeben sich mit der Abbildung f aus Lemma 2.4 für

$$A = f(\alpha) = \begin{pmatrix} \alpha_1 + \alpha_2 i & \alpha_3 + \alpha_4 i \\ -\alpha_3 + \alpha_4 i & \alpha_1 - \alpha_2 i \end{pmatrix}$$

die Gleichheiten $\det(A) = (\alpha_1^2 + \alpha_2^2) + (\alpha_3^2 + \alpha_4^2) = 1$ und $A \cdot \overline{A}^t = \det(A) \cdot E = E$. Dies beweist, dass $A \in SU_2(\mathbb{C})$ gilt. Somit induziert die Abbildung f einen injektiven Gruppenhomomorphismus $g := f|_{\mathbb{S}^3} \colon \mathbb{S}^3 \longrightarrow SU_2(\mathbb{C})$ mit Bild

$$\mathrm{im}(g) = \{A \in \mathcal{H} \mid \det(A) = 1\} \subseteq SU_2(\mathbb{C}).$$

Zum Beweis der Surjektivität von g haben wir noch $SU_2(\mathbb{C}) \subseteq \operatorname{im}(g)$ zu zeigen. Dazu sei

$$B := \begin{pmatrix} \alpha & \beta \\ \gamma & \delta \end{pmatrix} \in SO_2(\mathbb{C}).$$

Dann gilt $B \cdot \overline{B}^t = E$ und somit einerseits $B^{-1} = \overline{B}^t$. Wegen $\det(B) = 1$ gilt andererseits

$$B^{-1} = \begin{pmatrix} \delta & -\beta \\ -\gamma & \alpha \end{pmatrix}.$$

Somit muss $\delta = \overline{\alpha}$ und $\gamma = -\overline{\beta}$ gelten, was $B \in \mathcal{H}$ beweist. Wegen $\det(B) = 1$ folgt somit

$$SU_2(\mathbb{C}) \subseteq \{A \in \mathcal{H} \mid \det(A) = 1\} = \operatorname{im}(g).$$

Die beweist die Behauptung. $\qquad\qquad\qquad\qquad\qquad\qquad\qquad\qquad\qquad\quad\square$

3. Quaternionen vom Betrag eins und die spezielle orthogonale Gruppe

In diesem Abschnitt werden wir die Menge aller Hamiltonschen Quaternionen vom Betrag 1 mit der speziellen orthogonalen Gruppe identifizieren.

Wir zeigen zunächst, dass jedes Quaternion vom Betrag 1 eine Abbildung vom Imaginärraum in sich selbst induziert.

Lemma 3.1. *Es sei $\alpha \in S^3$. Die Abbildung $g_\alpha : \operatorname{Im}(\mathbb{H}) \longrightarrow \operatorname{Im}(\mathbb{H})$, gegeben durch die Zuordnung*

$$\gamma \mapsto \alpha \cdot \gamma \cdot \overline{\alpha},$$

ist bijektiv und $\mathbb{R}$-linear. Ferner gilt $g_{\alpha \cdot \beta} = g_\alpha \circ g_\beta$ für alle $\alpha, \beta \in S^3$. Weiter besteht die Gleichheit $g_\alpha = \operatorname{id}$ genau dann, wenn $\alpha \in \{\pm 1\}$ gilt.

Beweis. Wir beginnen mit dem Nachweis, dass die Abbildung g_α wohldefiniert ist. Dazu genügt es, die Gleichheit $\overline{g_\alpha(\gamma)} = -g_\alpha(\gamma)$ für alle $\alpha \in S^3$ und $\gamma \in \operatorname{Im}(\mathbb{H})$ zu zeigen, die sich wie folgt ergibt

$$\overline{g_\alpha(\gamma)} = \overline{\alpha \cdot \gamma \cdot \overline{\alpha}} = \overline{\gamma \cdot \overline{\alpha}} \cdot \overline{\alpha} = \alpha \cdot \overline{\gamma} \cdot \overline{\alpha} = \alpha \cdot (-\gamma) \cdot \overline{\alpha} = -g_\alpha(\gamma).$$

Für alle $\gamma, \delta \in \operatorname{Im}(\mathbb{H})$ und $\lambda_1, \lambda_2 \in \mathbb{R}$ gilt nun

$$g_\alpha(\lambda_1 \cdot \gamma + \lambda_2 \cdot \delta) = \alpha \cdot (\lambda_1 \cdot \gamma + \lambda_2 \cdot \delta) \cdot \overline{\alpha}$$
$$= \lambda_1 \cdot \alpha \cdot \gamma \cdot \overline{\alpha} + \lambda_2 \cdot \alpha \cdot \delta \cdot \overline{\alpha} = \lambda_1 \cdot g_\alpha(\gamma) + \lambda_2 \cdot g_\alpha(\delta),$$

d. h. g_α ist $\mathbb{R}$-linear. Die Bijektivität von g_α ergibt sich unmittelbar aus der Definition von g_α.

Zum Beweis der zweiten Aussage stellen wir die Gleichheit

$$g_{\alpha \cdot \beta}(\gamma) = (\alpha \cdot \beta) \cdot \gamma \cdot \overline{\alpha \cdot \beta} = \alpha \cdot (\beta \cdot \gamma \cdot \overline{\beta}) \cdot \overline{\alpha}$$
$$= \alpha \cdot g_{\beta}(\gamma) \cdot \overline{\alpha} = g_{\alpha}(g_{\beta}(\gamma)) = (g_{\alpha} \circ g_{\beta})(\gamma)$$

für alle $\alpha, \beta \in S^3$ und $\gamma \in \text{Im}(\mathbb{H})$ fest, d. h. es gilt $g_{\alpha \cdot \beta} = g_{\alpha} \circ g_{\beta}$.
Schließlich erhalten wir

$$g_{\alpha}(\gamma) = \gamma \quad \Longleftrightarrow \quad \alpha \cdot \gamma \cdot \overline{\alpha} = \gamma \quad \Longleftrightarrow \quad \alpha \cdot \gamma = \gamma \cdot \alpha$$
$$\Longleftrightarrow \quad \alpha \in \mathbb{R} \quad \Longleftrightarrow \quad \alpha \in \{\pm 1\}$$

für alle $\alpha \in S^3$ und $\gamma \in \text{Im}(\mathbb{H})$; hierbei haben wir für die dritte Äquivalenz
die Tatsache benutzt, dass $Z(\mathbb{H}) = \{\alpha \in \mathbb{H} \,|\, \alpha \cdot \beta = \beta \cdot \alpha, \forall \beta \in \mathbb{H}\} = \mathbb{R}$ gilt
(siehe Aufgabe 1.7). Dies beweist die dritte Aussage des Lemmas.   □

Wir betrachten nun den nicht-kommutativen Ring $(M_3(\mathbb{R}), +, \cdot)$, d. h. die
Menge aller (3×3)-Matrizen mit reellen Einträgen zusammen mit der Matrizenaddition bzw. -multiplikation (analog zu Kapitel V). Das Einselement
von $M_3(\mathbb{R})$ bezeichnen wir mit

$$E := \begin{pmatrix} 1 & 0 & 0 \\ 0 & 1 & 0 \\ 0 & 0 & 1 \end{pmatrix}.$$

Definition 3.2. Die *orthogonale Gruppe* $O_3(\mathbb{R})$ ist definiert als

$$O_3(\mathbb{R}) := \{A \in M_3(\mathbb{R}) \,|\, A \cdot A^t = E\}.$$

Die *spezielle orthogonale Gruppe* $SO_3(\mathbb{R})$ ist definiert als

$$SO_3(\mathbb{R}) := \{A \in O_3(\mathbb{R}) \,|\, \det(A) = 1\}.$$

Bemerkung 3.3. Die orthogonale Gruppe $(O_3(\mathbb{R}), \cdot)$ ist eine Gruppe mit der
Matrizenmultiplikation. Die spezielle orthogonale Gruppe $SO_3(\mathbb{R})$ ist eine
Untergruppe, ja sogar ein Normalteiler, von $(O_3(\mathbb{R}), \cdot)$.

Aufgabe 3.4. Zeigen Sie, dass $\det(A) = \pm 1$ für $A \in O_3(\mathbb{R})$ gilt, und verifizieren Sie die
Aussagen der Bemerkung 3.3.

Bemerkung 3.5. In der linearen Algebra beweist man, dass jede orientierungserhaltende Drehung des $\mathbb{R}^3$ um eine durch den Koordinatenursprung
verlaufende Achse durch eine $\mathbb{R}$-lineare Abbildung der Form $v \mapsto A \cdot v$
($v \in \mathbb{R}^3$) für ein $A \in SO_3(\mathbb{R})$ gegeben ist. Umgekehrt ist auch jede $\mathbb{R}$-lineare
Abbildung $v \mapsto A \cdot v$ ($v \in \mathbb{R}^3$) mit $A \in SO_3(\mathbb{R})$ eine orientierungserhaltende Drehung des $\mathbb{R}^3$ um eine durch den Koordinatenursprung verlaufende
Achse. Wählt man eine geeignete Basis des $\mathbb{R}^3$, so hat die Matrix A die Form

$$A = E + \sin(\varphi) \cdot N + (1 - \cos(\varphi)) \cdot N^2,$$

wobei

$$N := \begin{pmatrix} 0 & -v_3 & v_2 \\ v_3 & 0 & -v_1 \\ -v_2 & v_1 & 0 \end{pmatrix}$$

gesetzt wurde; hierbei ist $(v_1, v_2, v_3)^t \in \mathbb{R}^3$ ein Einheitsvektor, der die Dreh-achse bestimmt, und $\varphi \in [0, 2\pi)$ ist der Drehwinkel.

Aufgabe 3.6. Verifizieren Sie die Aussagen der Bemerkung 3.5.

Satz 3.7. *Die Abbildung $f : (S^3, \cdot) \longrightarrow (SO_3(\mathbb{R}), \cdot)$, gegeben durch die Zuord-nung*

$$\alpha \mapsto \begin{pmatrix} \alpha_1^2 + \alpha_2^2 - \alpha_3^2 - \alpha_4^2 & 2(-\alpha_1\alpha_4 + \alpha_2\alpha_3) & 2(\alpha_1\alpha_3 + \alpha_2\alpha_4) \\ 2(\alpha_1\alpha_4 + \alpha_2\alpha_3) & \alpha_1^2 - \alpha_2^2 + \alpha_3^2 - \alpha_4^2 & 2(-\alpha_1\alpha_2 + \alpha_3\alpha_4) \\ 2(-\alpha_1\alpha_3 + \alpha_2\alpha_4) & 2(\alpha_1\alpha_2 + \alpha_3\alpha_4) & \alpha_1^2 - \alpha_2^2 - \alpha_3^2 + \alpha_4^2 \end{pmatrix},$$

wobei $\alpha = \alpha_1 + \alpha_2 i + \alpha_3 j + \alpha_4 k \in S^3$ gilt, ist ein surjektiver Gruppenhomomor-phismus. Es besteht die Gruppenisomorphie

$$S^3 / \{\pm 1\} \cong SO_3(\mathbb{R}).$$

Beweis. Wir setzen $A_\alpha := f(\alpha)$ für $\alpha = \alpha_1 + \alpha_2 i + \alpha_3 j + \alpha_4 k \in S^3$. Wir zeigen zuerst, dass die Abbildung f wohldefiniert und surjektiv ist. Ist $\alpha \in \{\pm 1\}$, so gilt $A_\alpha = E \in SO_3(\mathbb{R})$. Ist $\alpha \in S^3 \setminus \{\pm 1\}$, dann besitzt α eine eindeutige Darstellung der Form

$$\alpha = \cos\left(\frac{\varphi}{2}\right) + \sin\left(\frac{\varphi}{2}\right) \cdot \text{Im}(v)^t \cdot i$$

mit $v = v_1 i + v_2 j + v_3 k \in \text{Im}(\mathbb{H}) \cap S^3$, wobei

$$v_j := \frac{\alpha_{j+1}}{\sqrt{\alpha_2^2 + \alpha_3^2 + \alpha_4^2}}$$

für $j = 1, 2, 3$ gilt, und $\varphi \in (0, 2\pi)$ derart gewählt ist, dass $\cos(\varphi/2) = \alpha_1$ und $\sin(\varphi/2) = (\alpha_2^2 + \alpha_3^2 + \alpha_4^2)^{1/2}$ gilt. Unter Verwendung der Identitäten

$$2\alpha_1(\alpha_2^2 + \alpha_3^2 + \alpha_4^2)^{\frac{1}{2}} = 2\sin\left(\frac{\varphi}{2}\right)\cos\left(\frac{\varphi}{2}\right) = \sin(\varphi),$$

$$2(\alpha_2^2 + \alpha_3^2 + \alpha_4^2) = 2\sin\left(\frac{\varphi}{2}\right)^2 = 1 - \cos(\varphi)$$

ergibt sich somit die Darstellung

$$A_\alpha = E + 2\alpha_1 \begin{pmatrix} 0 & -\alpha_4 & \alpha_3 \\ \alpha_4 & 0 & -\alpha_2 \\ -\alpha_3 & \alpha_2 & 0 \end{pmatrix} + 2 \begin{pmatrix} -\alpha_3^2 - \alpha_4^2 & \alpha_2\alpha_3 & \alpha_2\alpha_4 \\ \alpha_2\alpha_3 & -\alpha_2^2 - \alpha_4^2 & \alpha_3\alpha_4 \\ \alpha_2\alpha_4 & \alpha_3\alpha_4 & -\alpha_2^2 - \alpha_3^2 \end{pmatrix}$$

$$= E + \sin(\varphi) \cdot N_\alpha + (1 - \cos(\varphi)) \cdot N_\alpha^2,$$

wobei

$$N_\alpha := \begin{pmatrix} 0 & -v_3 & v_2 \\ v_3 & 0 & -v_1 \\ -v_2 & v_1 & 0 \end{pmatrix}$$

gesetzt wurde. Dies beweist unter Beachtung der Bemerkung 3.5, dass $A \in$ $SO_3(\mathbb{R})$ gilt und dass f surjektiv ist.

Die verbleibenden zu beweisenden Aussagen werden wir nun mit Hilfe von Lemma 3.1 beweisen. Dazu sei $\alpha \in S^3$ und $g_\alpha \colon \mathrm{Im}(\mathbb{H}) \longrightarrow \mathrm{Im}(\mathbb{H})$, $\gamma \mapsto \alpha \cdot \gamma \cdot \overline{\alpha}$, die bijektive, $\mathbb{R}$-lineare Abbildung aus Lemma 3.1. Weiter sei $h \colon \mathrm{Im}(\mathbb{H}) \longrightarrow \mathbb{R}^3$, $\gamma \mapsto \mathrm{Im}(\gamma)^t$, die bijektive, $\mathbb{R}$-lineare Abbildung aus Bemerkung 1.12. Wir zeigen zunächst, dass das folgende Diagramm

$$\begin{array}{ccc} \mathrm{Im}(\mathbb{H}) & \xrightarrow{\ h\ } & \mathbb{R}^3 \\ \Big\downarrow{\scriptstyle g_\alpha} & & \Big\downarrow{\scriptstyle A_\alpha} \\ \mathrm{Im}(\mathbb{H}) & \xrightarrow{\ h\ } & \mathbb{R}^3 \end{array}$$

kommutiert, d. h. dass $h(g_\alpha(\gamma)) = A_\alpha \cdot h(\gamma)$ für alle $\gamma \in \mathrm{Im}(\mathbb{H})$ gilt. Aufgrund der $\mathbb{R}$-Linearität der betrachteten Abbildungen genügt es, die behauptete Gleichheit für $\gamma = i, j, k \in \mathrm{Im}(\mathbb{H})$ zu zeigen. Wir weisen dies jeweils durch eine kurze Rechnung nach, die wir exemplarisch für $\gamma = i$ vorführen. Mit

$$\alpha \cdot i \cdot \overline{\alpha} = (-\alpha_2 + \alpha_1 i + \alpha_4 j - \alpha_3 k) \cdot (\alpha_1 - \alpha_2 i - \alpha_3 j - \alpha_4 k)$$
$$= (\alpha_1^2 + \alpha_2^2 - \alpha_3^2 - \alpha_4^2)i + 2(\alpha_1\alpha_4 + \alpha_2\alpha_3)j + 2(-\alpha_1\alpha_3 + \alpha_2\alpha_4)k$$

folgt, wie behauptet, die Gleichheit

$$h(g_\alpha(i)) = (\alpha_1^2 + \alpha_2^2 - \alpha_3^2 - \alpha_4^2, 2(\alpha_1\alpha_4 + \alpha_2\alpha_3), 2(-\alpha_1\alpha_3 + \alpha_2\alpha_4))^t$$
$$= A_\alpha \cdot (1,0,0)^t = A_\alpha \cdot h(i).$$

Ebenso erkennt man, dass $h(g_\alpha(j))$ bzw. $h(g_\alpha(k))$ die zweite bzw. dritte Spalte der Matrix A_α liefert. Mit Hilfe von Lemma 3.1 stellen wir nun die Gleichheit

$$A_{\alpha \cdot \beta} \cdot v = (h \circ g_{\alpha \cdot \beta} \circ h^{-1})(v) = (h \circ g_\alpha \circ g_\beta \circ h^{-1})(v)$$
$$= ((h \circ g_\alpha \circ h^{-1}) \circ (h \circ g_\beta \circ h^{-1}))(v) = (A_\alpha \cdot A_\beta) \cdot v$$

für alle $\alpha, \beta \in S^3$ und $v \in \mathbb{R}^3$ fest, d. h. es gilt $f(\alpha \cdot \beta) = A_{\alpha \cdot \beta} = A_\alpha \cdot A_\beta = f(\alpha) \cdot f(\beta)$. Dies beweist, dass f ein Gruppenhomomorphismus ist. Weiter folgt mit Hilfe von Lemma 3.1 die Äquivalenz

$$A_\alpha \cdot v = v, \, \forall v \in \mathbb{R}^3 \Longleftrightarrow g_\alpha(h^{-1}(v)) = h^{-1}(v), \, \forall v \in \mathbb{R}^3 \Longleftrightarrow \alpha \in \{\pm 1\}.$$

Dies beweist, dass $\ker(f) = \{\alpha \in S^3 \mid A_\alpha = E\} = \{\pm 1\}$ gilt.

Schließlich folgt nach dem Homomorphiesatz für Gruppen die Isomorphie

$$S^3 / \{\pm 1\} \cong \mathrm{im}(f) = SO_3(\mathbb{R}).$$

Dies beweist die Behauptung. $\qquad \square$

Bemerkung 3.8. Da die Gleichheit $N_\alpha \cdot v = \mathrm{Im}(v)^t \times v$ für alle $v \in \mathbb{R}^3$ gilt, zeigt der Beweis von Satz 3.7, dass die Abbildung $g_\alpha \colon \mathrm{Im}(\mathbb{H}) \longrightarrow \mathrm{Im}(\mathbb{H})$ aus Lemma 3.1 durch die Zuordnung

$$\gamma \mapsto \Big(\cos(\varphi) \cdot \mathrm{Im}(\gamma)^t + \sin(\varphi) \cdot \big(\mathrm{Im}(v)^t \times \mathrm{Im}(\gamma)^t \big)$$
$$+ \, (1 - \cos(\varphi)) \langle \mathrm{Im}(v)^t, \mathrm{Im}(\gamma)^t \rangle \cdot \mathrm{Im}(v)^t \Big) \cdot \mathbf{i}$$

beschrieben werden kann.

F. Zahlbereichserweiterungen – Was kommt nach den Quaternionen?

Ausgehend von den natürlichen Zahlen haben wir in diesem Buch systematisch zunächst die ganzen Zahlen und daraus den Körper der rationalen Zahlen konstruiert. Mit Hilfe des Körpers der rationalen Zahlen haben wir den Körper der reellen Zahlen gewonnen, den wir zum Körper der komplexen Zahlen erweitert haben. In diesem Kapitel haben wir gesehen, dass der Körper der komplexen Zahlen nicht weiter vergrößert werden kann, es sei denn, wir verzichten auf die Kommutativität der Multiplikation. So gelangen wir zum Schiefkörper der Hamiltonschen Quaternionen, der die Körper der reellen und komplexen Zahlen enthält und die Struktur einer reellen, assoziativen Divisionsalgebra der Dimension 4 besitzt.

Zum Schluß dieses Buches gehen wir in diesem Anschnitt der Frage nach, ob und inwiefern dieses Vorgehen fortsetzt werden kann. Wir werden insbesondere sehen, dass wir bei weiterem Verzicht auf die Assoziativität der Multiplikation auf den Zahlbereich der Cayleyschen Oktonionen geführt werden, der die Zahlbereiche $\mathbb{R}$, $\mathbb{C}$ und $\mathbb{H}$ enthält.

F.1   Die Cayleyschen Oktonionen

Im Oktober 1843 verkündete William Rowan Hamilton die Entdeckung der Quaternionen. Im Dezember desselben Jahres beschrieb John Graves erstmals die Cayleyschen Oktonionen, seine Erkenntnisse wurden allerdings erst 1848 veröffentlicht. Unabhängig davon wurden die Cayleyschen Oktonionen von Arthur Cayley in einer Arbeit aus dem Jahre 1845 wiederentdeckt und sind deshalb nach ihm benannt. Alternativ spricht man auch von Oktaven oder Cayleyzahlen. Für weitere Informationen zum historischen Hintergrund verweisen wir den Leser zum Beispiel auf das Buch [8].

Zur Definition der Cayleyschen Oktonionen wählen wir sieben imaginäre Einheiten $i_1, \ldots, i_7$, so dass die Elemente $1, i_1, i_2, i_3, i_4, i_5, i_6, i_7$ über $\mathbb{R}$ linear unabhängig sind. Zur Vereinfachung schreiben wir manchmal i_0 statt 1.

Definition F.1. Wir definieren den 8-dimensionalen reellen Vektorraum

$$\mathbb{O} := \{\alpha = \alpha_0 \cdot 1 + \alpha_1 \cdot i_1 + \ldots + \alpha_7 \cdot i_7 \,|\, \alpha_0, \ldots, \alpha_7 \in \mathbb{R}\}.$$

Wir nennen $\alpha \in \mathbb{O}$ ein *Oktonion* und $\mathbb{O}$ die Menge der *Cayleyschen Oktonionen*. Die reelle Zahl α_0 heißt *Realteil von α* und wird mit $\mathrm{Re}(\alpha)$ bezeichnet. Das geordnete 7-Tupel $(\alpha_1, \ldots, \alpha_7)$ reeller Zahlen heißt *Imaginärteil von α* und wird mit $\mathrm{Im}(\alpha)$ bezeichnet. Die Menge

$$\mathrm{Im}(\mathbb{O}) := \{\alpha_1 \cdot i_1 + \ldots + \alpha_7 \cdot i_7 \,|\, \alpha_1, \ldots, \alpha_7 \in \mathbb{R}\} \subseteq \mathbb{O}$$

aller Oktonionen mit trivialem Realteil heißt der *Imaginärraum von $\mathbb{O}$*.

Bemerkung F.2. Die Addition zweier Oktonionen $\alpha = \alpha_0 \cdot 1 + \alpha_1 \cdot i_1 + \ldots + \alpha_7 \cdot i_7$ und $\beta = \beta_0 \cdot 1 + \beta_1 \cdot i_1 + \ldots + \beta_7 \cdot i_7$ ist konstruktionsgemäß gegeben durch

$$\alpha + \beta := (\alpha_0 + \beta_0) \cdot 1 + (\alpha_1 + \beta_1) \cdot i_1 + \ldots + (\alpha_7 + \beta_7) \cdot i_7.$$

Die Addition ist offensichtlich sowohl assoziativ als auch kommutativ und besitzt das neutrale Element $0 := 0 \cdot 1 + 0 \cdot i_1 + \ldots + 0 \cdot i_7$. Das additive Inverse von α ist gegeben durch $-\alpha := -\alpha_0 \cdot 1 - \alpha_1 \cdot i_1 - \ldots - \alpha_7 \cdot i_7$.

Definition F.3. Die Multiplikation zweier Oktonionen $\alpha = \alpha_0 \cdot 1 + \alpha_1 \cdot i_1 + \ldots + \alpha_7 \cdot i_7$ und $\beta = \beta_0 \cdot 1 + \beta_1 \cdot i_1 + \ldots + \beta_7 \cdot i_7$ wird durch

$$\alpha \cdot \beta := \sum_{l=0}^{7} \sum_{m=0}^{7} \alpha_l \beta_m \cdot i_l i_m$$

definiert, wobei die Multiplikation der Elemente $1, i_1, i_2, i_3, i_4, i_5, i_6, i_7$ gemäß der nachfolgenden Tabelle definiert ist:

·	1	i_1	i_2	i_3	i_4	i_5	i_6	i_7
1	1	i_1	i_2	i_3	i_4	i_5	i_6	i_7
i_1	i_1	-1	i_3	$-i_2$	i_5	$-i_4$	$-i_7$	i_6
i_2	i_2	$-i_3$	-1	i_1	i_6	i_7	$-i_4$	$-i_5$
i_3	i_3	i_2	$-i_1$	-1	i_7	$-i_6$	i_5	$-i_4$
i_4	i_4	$-i_5$	$-i_6$	$-i_7$	-1	i_1	i_2	i_3
i_5	i_5	i_4	$-i_7$	i_6	$-i_1$	-1	$-i_3$	i_2
i_6	i_6	i_7	i_4	$-i_5$	$-i_2$	i_3	-1	$-i_1$
i_7	i_7	$-i_6$	i_5	i_4	$-i_3$	$-i_2$	i_1	-1

Bemerkung F.4. Das neutrale Element bezüglich der Multiplikation ist das Einselement $1 := 1 + 0 \cdot i_1 + \ldots + 0 \cdot i_7$. Weiter gelten für $l, m = 1, \ldots, 7$ die Gleichheiten

$$i_l^2 = -1,$$
$$1 \cdot i_l = i_l = i_l \cdot 1,$$
$$i_l \cdot i_m = -i_m \cdot i_l \quad (l \neq m).$$

Diese Multiplikation ist offensichtlich nicht kommutativ. Darüber hinaus ist diese Multiplikation aber auch nicht assoziativ, denn es gilt $i_4 \cdot (i_5 \cdot i_6) = -i_4 \cdot i_3 = i_7 \neq -i_7 = i_1 \cdot i_6 = (i_4 \cdot i_5) \cdot i_6$.

Bemerkung F.5. Die Gültigkeit der beiden Distributivgesetze prüft man ohne viel Mühe nach. Insgesamt besitzen die Cayleyschen Oktonionen $\mathbb{O}$ also die Struktur einer 8-dimensionalen $\mathbb{R}$-Algebra, die jedoch weder assoziativ noch kommutativ ist.

Bemerkung F.6. Die Multiplikation von Cayleyschen Oktonionen lässt sich auch mit Hilfe der Fano-Ebene beschreiben, die aus sieben Punkten und sieben Geraden besteht, wobei jede Gerade mit einer Richtung versehen ist und zyklisch gelesen werden muss.

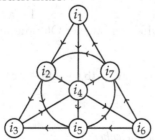

Liegen nun drei Punkte i_l, i_m, i_n in Pfeilrichtung auf einer Geraden, so gilt die Gleichheit $i_l \cdot i_m = i_n$. Beispielsweise liegen i_2, i_4, i_6 in Pfeilrichtung auf einer Geraden und man erhält die drei Gleichheiten $i_2 \cdot i_4 = i_6$, $i_4 \cdot i_6 = i_2$ und $i_6 \cdot i_2 = i_4$. Liegen die Punkte i_l, i_m, i_n hingegen entgegen der Pfeilrichtung auf einer Geraden, so gilt die Gleichheit $i_l \cdot i_m = -i_n$. Beispielsweise liegen i_6, i_4, i_2 entgegen der Pfeilrichtung auf einer Geraden und man erhält die drei Gleichheiten $i_6 \cdot i_4 = -i_2$, $i_4 \cdot i_2 = -i_6$ und $i_2 \cdot i_6 = -i_4$.

Um einzusehen, ob $\mathbb{O}$ wie auch $\mathbb{R}$, $\mathbb{C}$ und $\mathbb{H}$ eine Divisionsalgebra ist, führen wir zunächst folgende Begriffe ein.

Definition F.7. Das zu $\alpha = \alpha_0 \cdot 1 + \alpha_1 \cdot i_1 + \ldots + \alpha_7 \cdot i_7 \in \mathbb{O}$ *konjugierte Oktonion* $\overline{\alpha}$ ist durch

$$\overline{\alpha} := \alpha_0 \cdot 1 - \alpha_1 \cdot i_1 - \ldots - \alpha_7 \cdot i_7$$

definiert. Sind $\alpha = \alpha_0 \cdot 1 + \alpha_1 \cdot i_1 + \ldots + \alpha_7 \cdot i_7$, $\beta = \beta_0 \cdot 1 + \beta_1 \cdot i_1 + \ldots + \beta_7 \cdot i_7 \in \mathbb{O}$, so wird durch die Festlegung

$$\langle \alpha, \beta \rangle := \mathrm{Re}(\alpha \cdot \overline{\beta}) = \alpha_0 \beta_0 + \alpha_1 \beta_1 + \ldots + \alpha_7 \beta_7$$

ein Euklidisches Skalarprodukt $\langle \cdot, \cdot \rangle \colon \mathbb{O} \times \mathbb{O} \longrightarrow \mathbb{R}$ definiert. Der *Betrag* $|\alpha|$ von α ist dann gegeben durch

$$|\alpha| := \sqrt{\alpha \cdot \overline{\alpha}} = \sqrt{\alpha_0^2 + \alpha_1^2 + \ldots + \alpha_7^2}.$$

Bemerkung F.8. Wie in Aufgabe 1.19 zeigt man leicht, dass für alle $\alpha, \beta \in \mathbb{O}$ die Gleichheiten $\overline{\alpha \cdot \beta} = \overline{\beta} \cdot \overline{\alpha}$ sowie $\alpha \cdot \overline{\alpha} = \overline{\alpha} \cdot \alpha$ gelten.

Bemerkung F.9. Identifizieren wir i mit i_1, j mit i_2 und k mit i_3, so können wir die Hamiltonschen Quaternionen $\mathbb{H}$ in natürlicher Weise als $\mathbb{R}$-Unteralgebra von $\mathbb{O}$ auffassen. Unter Beachtung der Identitäten $i_1 i_4 = i_5$, $i_2 i_4 = i_6$ und $i_3 i_4 = i_7$ lässt sich ein Oktonion $\alpha = \alpha_0 \cdot 1 + \alpha_1 \cdot i_1 + \ldots + \alpha_7 \cdot i_7$ dann als

$$\alpha = \mathbf{a} + \mathbf{b}\, i_4 \tag{1}$$

mit $\mathbf{a} := \alpha_0 \cdot 1 + \alpha_1 \cdot i_1 + \alpha_2 \cdot i_2 + \alpha_3 \cdot i_3$, $\mathbf{b} := \alpha_4 \cdot 1 + \alpha_5 \cdot i_1 + \alpha_6 \cdot i_2 + \alpha_7 \cdot i_3 \in \mathbb{H}$ schreiben. Für die Multiplikation zweier Oktonionen $\alpha = \mathbf{a} + \mathbf{b}\, i_4$ und $\beta = \mathbf{c} + \mathbf{d}\, i_4$ gilt dabei

$$\alpha \cdot \beta = (\mathbf{ac} - \overline{\mathbf{d}}\mathbf{b}) + (\mathbf{da} + \mathbf{b}\overline{\mathbf{c}})i_4. \tag{2}$$

Weiter gilt $\overline{\alpha} = \overline{\mathbf{a}} - \mathbf{b}\, i_4$.

Lemma F.10. *Es besteht die Gleichheit*

$$\alpha(\overline{\alpha}\beta) = (\alpha\overline{\alpha})\beta \tag{3}$$

für alle $\alpha, \beta \in \mathbb{O}$.

Beweis. Wie in (1) schreiben wir $\alpha = \mathbf{a} + \mathbf{b}\,i_4$ und $\beta = \mathbf{c} + \mathbf{d}\,i_4$. Mit $\overline{\alpha} = \overline{\mathbf{a}} - \mathbf{b}\,i_4$ erhalten wir nach Anwendung von (2)

$$\overline{\alpha}\beta = (\overline{\mathbf{a}}\mathbf{c} + \overline{\mathbf{d}}\mathbf{b}) + (\mathbf{d}\overline{\mathbf{a}} - \mathbf{b}\overline{\mathbf{c}})i_4.$$

Nach weiterer Anwendung von (2) und unter Beachtung der Assoziativität der Multiplikation auf $\mathbb{H}$ erhalten wir

$$\begin{aligned}
\alpha(\overline{\alpha}\beta) &= \big(\mathbf{a}(\overline{\mathbf{a}}\mathbf{c} + \overline{\mathbf{d}}\mathbf{b}) - (\mathbf{a}\overline{\mathbf{d}} - \mathbf{c}\overline{\mathbf{b}})\mathbf{b}\big) + \big((\mathbf{d}\overline{\mathbf{a}} - \mathbf{b}\overline{\mathbf{c}})\mathbf{a} + \mathbf{b}(\overline{\mathbf{c}}\mathbf{a} + \overline{\mathbf{b}}\mathbf{d})\big)i_4 \\
&= (|\mathbf{a}|^2 + |\mathbf{b}|^2)\mathbf{c} + ((|\mathbf{a}|^2 + |\mathbf{b}|^2)\mathbf{d})i_4 \\
&= (\alpha\overline{\alpha})\beta,
\end{aligned}$$

wie behauptet. $\qquad\qquad\qquad\qquad\qquad\qquad\qquad\qquad\qquad\qquad\qquad\qquad\square$

F.2 Die Cayleyschen Oktonionen als reelle Divisionsalgebra

Wir zeigen im Folgenden, dass die Cayleyschen Oktonionen $\mathbb{O}$ die Struktur einer reellen, normierten und alternativen Divisionsalgebra besitzen.

Definition F.11. Eine nicht-triviale $\mathbb{R}$-Algebra V heißt *normiert* oder *Kompositionsalgebra*, falls V ein Euklidischer Vektorraum mit Skalarprodukt $\langle \cdot, \cdot \rangle$: $V \times V \longrightarrow \mathbb{R}$ ist, so dass

$$|v \cdot w| = |v| \cdot |w|$$

für alle $v, w \in V$ gilt, d. h. es gilt die *Produktregel*.

Wir definieren weiter eine abgeschwächte Form der Assoziativität.

Definition F.12. Eine $\mathbb{R}$-Algebra V heißt *alternativ*, falls die beiden Gleichheiten

$$v(vw) = v^2 w \quad \text{und} \quad (vw)w = vw^2$$

für alle $v, w \in V$ gelten.

Bemerkung F.13. Ist eine $\mathbb{R}$-Algebra V alternativ, so berechnen wir

$$\begin{aligned}
0 &= (v(v+w))(v+w) - v(v+w)^2 \\
&= (v^2 + vw)(v+w) - v(v^2 + vw + wv + w^2) \\
&= (vw)v - v(wv).
\end{aligned}$$

Somit gilt die Gleichheit

$$(vw)v = v(wv)$$

für alle $v, w \in V$, d. h. es gilt das sogenannte *Flexibilitätsgesetz*.

Beispiel F.14. Die $\mathbb{R}$-Algebren $\mathbb{R}$, $\mathbb{C}$ und $\mathbb{H}$ sind normiert und, da die Multiplikation assoziativ ist, insbesondere auch alternativ.

Satz F.15. *Die Struktur $(\mathbb{O}, +, \cdot)$ ist eine reelle, normierte und alternative Divisionsalgebra der Dimension 8 mit dem Einselement $1 = 1 + 0 \cdot i_1 + \ldots + 0 \cdot i_7$, welche die Körper der reellen und komplexen Zahlen sowie den Schiefkörper der Hamiltonschen Quaternionen enthält.*

Beweis. Es ist bereits klar, dass die $(\mathbb{O}, +, \cdot)$ eine $\mathbb{R}$-Algebra der Dimension 8 ist, die $\mathbb{R}$, $\mathbb{C}$ und $\mathbb{H}$ enthält. Zum Beweis, dass $(\mathbb{O}, +, \cdot)$ eine Divisionsalgebra ist, zeigen wir zunächst, dass jedes von Null verschiedene Oktonion α ein multiplikatives Inverses besitzt. Dieses ermittelt man leicht in Analogie zum Fall der komplexen Zahlen oder der Quaternionen durch

$$\alpha^{-1} = \frac{\overline{\alpha}}{|\alpha|^2}.$$

Nach Definition 1.23 haben wir nun zu zeigen, dass die beiden Gleichungen

$$\alpha \cdot \zeta = \beta \quad \text{und} \quad \eta \cdot \alpha = \beta$$

für $\alpha, \beta \in \mathbb{O}$ mit $\alpha \neq 0$ eindeutige Lösungen $\zeta, \eta \in \mathbb{O}$ besitzen. Dazu verwenden wir die Identität (3); mit $\zeta := \alpha^{-1}\beta = |\alpha|^{-2}\overline{\alpha}\beta$ berechnen wir dann

$$\alpha \cdot \zeta = |\alpha|^{-2}\alpha(\overline{\alpha}\beta) = |\alpha|^{-2}(\alpha\overline{\alpha})\beta = \beta.$$

Durch Konjugation von (3) erhalten wir weiter die Identität $(\overline{\beta}\alpha)\overline{\alpha} = \overline{\beta}(\alpha\overline{\alpha})$, welche zur Gleichheit

$$(\beta\overline{\alpha})\alpha = \beta(\overline{\alpha}\alpha) \tag{4}$$

für alle $\alpha, \beta \in \mathbb{O}$ führt, da mit $\alpha, \beta \in \mathbb{O}$ auch $\overline{\alpha}, \overline{\beta}$ alle Elemente von $\mathbb{O}$ durchlaufen. Mit $\eta := \beta\alpha^{-1} = |\alpha|^{-2}\beta\overline{\alpha}$ erhalten wir somit

$$\eta \cdot \alpha = |\alpha|^{-2}(\beta\overline{\alpha})\alpha = |\alpha|^{-2}\beta(\overline{\alpha}\alpha) = \beta.$$

Zum Beweis, dass $(\mathbb{O}, +, \cdot)$ eine alternative Algebra ist, setzen wir $\overline{\alpha} = 2\mathrm{Re}(\alpha) - \alpha$ in (3) ein und erhalten die Identität

$$2\mathrm{Re}(\alpha)\alpha\beta - \alpha(\alpha\beta) = 2\mathrm{Re}(\alpha)\alpha\beta - \alpha^2\beta,$$

welche zur Gleichheit

$$\alpha(\alpha\beta) = \alpha^2\beta$$

für alle $\alpha, \beta \in \mathbb{O}$ führt. Setzen wir $\overline{\alpha} = 2\text{Re}(\alpha) - \alpha$ in (4) ein, so ergibt sich in analoger Weise die Gleichheit

$$(\beta\alpha)\alpha = \beta\alpha^2$$

für alle $\alpha, \beta \in \mathbb{O}$. Damit ist gezeigt, dass $\mathbb{O}$ alternativ ist.

Um schließlich zu zeigen, dass die Produktregel gilt, beweisen wir zunächst die Identität

$$(\alpha\beta)(\overline{\beta}\overline{\alpha}) = \alpha((\beta\overline{\beta})\overline{\alpha}) \tag{5}$$

für alle $\alpha, \beta \in \mathbb{O}$. Da diese Gleichheit für $\alpha = 0$ trivialerweise richtig ist, nehmen wir $\alpha \neq 0$ an. Damit existiert das multiplikative Inverse α^{-1} und, da $\mathbb{O}$ eine Divisionsalgebra ist, genügt es zu zeigen, dass

$$((\alpha\beta)(\overline{\beta}\overline{\alpha}))\alpha = (\alpha((\beta\overline{\beta})\overline{\alpha}))\alpha$$

gilt. Zum Nachweis dieser Gleichheit berechnen wir einerseits

$$((\alpha\beta)(\overline{\beta}\overline{\alpha}))\alpha = ((\alpha\beta)(\overline{\alpha}\overline{\beta}))\alpha = (\alpha\beta)((\overline{\alpha}\overline{\beta})\alpha) = (\alpha\beta)((\overline{\beta}\overline{\alpha})\alpha)$$
$$= (\alpha\beta)(\overline{\beta}(\overline{\alpha}\alpha)) = |\alpha|^2(\alpha\beta)\overline{\beta} = |\alpha|^2\alpha(\beta\overline{\beta}) = |\alpha|^2|\beta|^2\alpha,$$

wobei wir für die zweite Gleichheit (3) und für die vierte und sechste Gleichheit (4) beachten. Andererseits gilt

$$(\alpha((\beta\overline{\beta})\overline{\alpha}))\alpha = (|\beta|^2\alpha\overline{\alpha})\alpha = |\alpha|^2|\beta|^2\alpha.$$

Zusammengenommen beweist dies Gleichheit (5). Damit berechnen wir schließlich

$$|\alpha\beta|^2 = (\alpha\beta)(\overline{\alpha\beta}) = (\alpha\beta)(\overline{\beta}\overline{\alpha}) = \alpha((\beta\overline{\beta})\overline{\alpha}) = |\beta|^2\alpha\overline{\alpha} = |\alpha|^2|\beta|^2,$$

wobei wir für die dritte Gleichheit (5) verwendet haben. Damit ist der Beweis vollständig. $\qquad\square$

Bemerkung F.16. Die Produktregel lässt sich auch direkt nachrechnen, was aber etwas mühsam ist.

Bemerkung F.17. Wir bemerken, dass man durch geeignete Anwendung der Produktregel, ähnlich wie in Aufgabe 1.19, folgende Aussage beweisen kann: Wenn zwei natürliche Zahlen als Summe von acht Quadraten natürlicher Zahlen darstellbar sind, dann ist auch das Produkt dieser beiden Zahlen als Summe von acht Quadraten natürlicher Zahlen darstellbar.

F.3   Normierte $\mathbb{R}$-Algebren

In diesem Unterabschnitt sei $(V, \langle \cdot, \cdot \rangle)$ eine endlich-dimensionale, normierte $\mathbb{R}$-Algebra mit Einselement 1. Die Konjugation auf V wird definiert durch

$$\overline{v} := 2\langle v, 1 \rangle - v \tag{6}$$

für alle $v \in V$, woraus man sofort die Beziehung $\overline{\overline{v}} = v$ entnimmt.

Die Gültigkeit der Produktregel in ihrer quadrierten Form

$$|v \cdot w|^2 = |v|^2 \cdot |w|^2 \quad (v, w \in V) \tag{7}$$

hat nun einige unmittelbare Konsequenzen, die wir als Nächstes auflisten.

Lemma F.18. *Für alle $t, u, v, w \in V$ gelten die folgenden Gleichheiten:*
(i) $\langle uv, uw \rangle = |u|^2 \langle v, w \rangle$ *und* $\langle vu, wu \rangle = |u|^2 \langle v, w \rangle$.
(ii) $\langle tv, uw \rangle = 2\langle t, u \rangle \langle v, w \rangle - \langle uv, tw \rangle$.
(iii) $\langle tv, w \rangle = \langle v, \overline{t}w \rangle$ *und* $\langle tv, w \rangle = \langle t, w\overline{v} \rangle$.
(iv) $\overline{\overline{v}} = v$ *und* $\overline{vw} = \overline{w} \cdot \overline{v}$.

Beweis. Zum Beweis von (i) beachten wir zunächst die Beziehung

$$|v + w|^2 = |v|^2 + |w|^2 + 2\langle v, w \rangle \quad (v, w \in V), \tag{8}$$

woraus wir einerseits

$$|uv + uw|^2 = |uv|^2 + |uw|^2 + 2\langle uv, uw \rangle \tag{9}$$

folgern. Ersetzen wir in (7) andererseits v durch u und w durch $v + w$, so erhalten wir unter Berücksichtigung des Distributivgesetzes

$$|uv + uw|^2 = |u|^2 \cdot |v + w|^2 = |u|^2 \cdot \big(|v|^2 + |w|^2 + 2\langle v, w \rangle\big), \tag{10}$$

wobei wir für die letztere Gleichheit wiederum (8) beachten. Ein Vergleich von (9) mit (10) liefert

$$|uv|^2 + |uw|^2 + 2\langle uv, uw \rangle = |u|^2|v|^2 + |u|^2|w|^2 + 2|u|^2\langle v, w \rangle,$$

woraus nach Anwenden der Produktregel (7) und Division durch 2 die erste zu zeigende Gleichheit folgt. Die zweite Gleichheit zeigt man analog.

Zum Beweis von (ii) schreiben wir unter Verwendung von (i) zuerst

$$\big(|t|^2 + |u|^2\big)\langle v, w \rangle = \langle tv, tw \rangle + \langle uv, uw \rangle$$

und erhalten damit unter erneuter Beachtung von (i) die Gleichheit

$$\left(|t|^2 + |u|^2\right)\langle v,w\rangle + \langle tv,uw\rangle + \langle uv,tw\rangle = \langle (t+u)v, (t+u)w\rangle$$
$$= |t+u|^2\langle v,w\rangle = \left(|t|^2 + |u|^2 + 2\langle t,u\rangle\right)\langle v,w\rangle,$$

was die Behauptung impliziert.

Zum Beweis von (iii) setzen wir in (ii) $u = 1$ ein. Dies liefert

$$\langle tv,w\rangle = 2\langle t,1\rangle\langle v,w\rangle - \langle v,tw\rangle = \langle v,(2\langle t,1\rangle - t)w\rangle = \langle v,\bar{t}w\rangle,$$

was die erste zu zeigende Gleichheit beweist. Die zweite Gleichheit zeigt man analog.

Zum Beweis von (iv) haben wir nur noch die zweite Gleichheit zu beweisen, da die erste bereits gezeigt wurde. Dazu beachten wir unter Verwendung von (iii) für beliebige $r \in V$ die Gleichheit

$$\langle \overline{vw},r\rangle = \langle \bar{r}\cdot\overline{vw},1\rangle = \langle \bar{r},vw\rangle = \langle \bar{v}\cdot\bar{r},w\rangle = \langle \bar{v},wr\rangle = \langle \bar{w}\cdot\bar{v},r\rangle,$$

woraus wir $\overline{vw} = \bar{w}\cdot\bar{v}$ folgern.

Damit ist das Lemma vollständig bewiesen. □

Definition F.19. Der *Imaginärraum von V* ist definiert als die Menge

$$\mathrm{Im}(V) = \{v \in V \mid v \notin \mathbb{R}\setminus\{0\} \text{ und } v^2 \in \mathbb{R}\}.$$

Bemerkung F.20. (i) Es gilt $\mathrm{Im}(V) \cap \mathbb{R} = \{0\}$ und $v \in \mathrm{Im}(V)$ impliziert $\lambda v \in \mathrm{Im}(V)$ für alle $\lambda \in \mathbb{R}$.

(ii) Das Lemma von Frobenius besagt, dass $\mathrm{Im}(V)$ ein $\mathbb{R}$-Vektorraum ist und $V = \mathbb{R} \oplus \mathrm{Im}(V)$ gilt. Insbesondere haben wir die Äquivalenz

$$v \in \mathrm{Im}(V) \quad\Longleftrightarrow\quad \langle v,1\rangle = 0,$$

also die Gleichheit $\bar{v} = 2\langle v,1\rangle - v = -v$ für alle $v \in \mathrm{Im}(V)$.

Satz F.21. *Jede endlich-dimensionale, normierte $\mathbb{R}$-Algebra mit Einselement 1 ist eine alternative Divisionsalgebra.*

Beweis. Zunächst gelten nach Lemma F.18 (iii) bzw. (i) die Gleichheiten

$$\langle \bar{v}(vw),r\rangle = \langle vw,vr\rangle = |v|^2\langle w,r\rangle,$$
$$\langle (wv)\bar{v},r\rangle = \langle wv,rv\rangle = |v|^2\langle w,r\rangle$$

für beliebige $r \in V$. Daraus entnehmen wir

$$\bar{v}(vw) = |v|^2 w = (wv)\bar{v} \tag{11}$$

für alle $v,w \in V$. Für $v \in V$ mit $v \neq 0$ setzen wir $v^{-1} := \bar{v}/|v|^2$. Multiplikation von (11) mit $1/|v|^2$ liefert die äquivalente Gleichheit

$$v^{-1}(vw) = w = (wv)v^{-1}, \tag{12}$$

die nach Ersetzen von v durch v^{-1} unter Beachtung von $(v^{-1})^{-1} = v$ zur Gleichheit

$$v(v^{-1}w) = w = (wv^{-1})v$$

führt. Damit haben wir gezeigt, dass die beiden Gleichungen

$$v \cdot x = w \quad \text{bzw.} \quad y \cdot v = w$$

für $v,w \in V$ mit $v \neq 0$ die eindeutigen Lösungen $x := v^{-1}w \in V$ bzw. $y := wv^{-1} \in V$ besitzen, womit V als Divisionsalgebra nachgewiesen ist.

Setzen wir weiter $\bar{v} = 2\langle v,1\rangle - v$ in (11) ein, so erhalten wir $(2\langle v,1\rangle - v)(vw) = (v(2\langle v,1\rangle - v))w$, woraus unmittelbar

$$v(vw) = v^2 w$$

für alle $v,w \in V$ folgt. In analoger Weise beweisen wir

$$(vw)w = vw^2$$

für alle $v,w \in V$. Damit ist gezeigt, dass V eine alternative $\mathbb{R}$-Algebra ist. $\square$

Wir beweisen schließlich einen für den nächsten Unterabschnitt entscheidenden Satz. Dazu erinnern wir daran, dass eine $\mathbb{R}$-Unteralgebra von V ein $\mathbb{R}$-Untervektorraum $U \subseteq V$ ist, so dass für alle $u_1, u_2 \in U$ das Produkt $u_1 \cdot u_2$ auch in U liegt (siehe Aufgabe 1.27).

Satz F.22. *Es seien V eine endlich-dimensionale, normierte $\mathbb{R}$-Algebra mit Einselement 1 und $U \subsetneq V$ eine echte $\mathbb{R}$-Unteralgebra von V mit $1 \in U$. Dann existiert ein $\mathbf{i} = \mathbf{i}_U \in V$ mit der Eigenschaft, dass*

$$\mathbf{i}^2 = -1 \quad \text{und} \quad \langle \mathbf{i}, u \rangle = 0 \tag{13}$$

für alle $u \in U$ gilt. Insbesondere gilt dann $\bar{\mathbf{i}} = -\mathbf{i}$ und $|\mathbf{i}| = 1$.

Beweis. Es gilt $V = \mathbb{R} \oplus \text{Im}(V)$ und somit auch $U = \mathbb{R} \oplus \text{Im}(U)$, wobei wegen $U \subsetneq V$ insbesondere auch $\text{Im}(U) \subsetneq \text{Im}(V)$ gilt. Damit existiert ein Element $v_0 \in \text{Im}(V)$ mit $v_0 \neq 0$, das

$$\langle v_0, u \rangle = 0 \tag{14}$$

für alle $u \in \text{Im}(U)$ erfüllt. Da $v_0 \in \text{Im}(V)$ ist, existiert weiter ein $r \in \mathbb{R}$ mit $v_0^2 = r$. Wir behaupten, dass $r < 0$ gelten muss. Andernfalls erhielten wir nämlich die Relation

$$(v_0 - \sqrt{r})(v_0 + \sqrt{r}) = v_0^2 - r = 0,$$

woraus wegen der Nullteilerfreiheit von V die Beziehung $v_0 \in \mathbb{R}$ folgte, im Widerspruch dazu, dass $v_0 \in \mathrm{Im}(V)$ mit $v_0 \neq 0$ gilt. Damit haben wir gezeigt, dass $v_0^2 = -|r|$ für ein $r \in \mathbb{R}$ mit $r \neq 0$ gilt. Indem wir

$$\mathbf{i} := \frac{1}{\sqrt{|r|}} v_0 \in \mathrm{Im}(V)$$

definieren, erkennen wir sofort $\mathbf{i}^2 = -1$. Ist nun weiter $u \in U = \mathbb{R} \oplus \mathrm{Im}(U)$, so können wir u in der Form $u = u_1 + u_2$ mit $u_1 \in \mathbb{R}$ und $u_2 \in \mathrm{Im}(U)$ darstellen. Unter Beachtung von (14) erhalten wir somit

$$\langle \mathbf{i}, u \rangle = \langle \mathbf{i}, u_1 \rangle + \langle \mathbf{i}, u_2 \rangle = 0 + 0 = 0,$$

wie gewünscht. Schließlich berechnen wir

$$\bar{\mathbf{i}} = 2\langle \mathbf{i}, 1 \rangle - \mathbf{i} = -\mathbf{i}$$

und erhalten somit unter Beachtung von $\mathbf{i}^2 = -1$ die Gleichheit

$$|\mathbf{i}| = \sqrt{\mathbf{i}\bar{\mathbf{i}}} = \sqrt{-\mathbf{i}^2} = 1,$$

womit der Satz vollständig bewiesen ist. □

F.4 Der Satz von Hurwitz

In diesem letzten Unterabschnitt beweisen wir den Satz von Hurwitz, der besagt, dass es unter den endlich-dimensionalen, normierten $\mathbb{R}$-Algebren mit Einselement 1 bis auf Isomorphie nur die $\mathbb{R}$-Algebren $\mathbb{R}$, $\mathbb{C}$, $\mathbb{H}$ und $\mathbb{O}$ gibt. Dazu nutzen wir den sogenannten Cayley-Dicksonschen Verdoppelungsprozess.

Proposition F.23. *Es sei V eine endlich-dimensionale, normierte $\mathbb{R}$-Algebra mit Einselement 1. Weiter seien $U \subsetneq V$ eine echte $\mathbb{R}$-Unteralgebra von V mit $1 \in U$ und $\mathbf{i} = \mathbf{i}_U \in V$ ein Element mit den Eigenschaften (13). Dann gilt für alle $a, b, c, d \in U$:*
(i) $\langle a + b\mathbf{i}, c + d\mathbf{i} \rangle = \langle a, c \rangle + \langle b, d \rangle$.
(ii) $\overline{a + b\mathbf{i}} = \bar{a} - b\mathbf{i}$.
(iii) $b\mathbf{i} = \mathbf{i}\bar{b}$.
(iv) $(a + b\mathbf{i}) \cdot (c + d\mathbf{i}) = (ac - \bar{d}b) + (da + b\bar{c})\mathbf{i}$.
Insbesondere ist $U + U\mathbf{i}$ also eine $\mathbb{R}$-Unteralgebra von V.

Beweis. Zum Beweis von (i) bestätigen wir unter Zuhilfenahme von Lemma F.18 (iii) bzw. (i) und den Eigenschaften (13) von $\mathbf{i}$ die Gleichheiten

$$\langle a, d\mathbf{i} \rangle = \langle \overline{d}a, \mathbf{i} \rangle = 0, \quad \langle b\mathbf{i}, c \rangle = \langle \mathbf{i}, \overline{b}c \rangle = 0,$$

bzw.

$$\langle b\mathbf{i}, d\mathbf{i} \rangle = |\mathbf{i}|^2 \langle b, d \rangle = \langle b, d \rangle.$$

Dies liefert die erste Behauptung.

Zum Beweis von (ii) betrachten wir unter Beachtung von Lemma F.18 (iii) und (13) die Gleichheit

$$\overline{b\mathbf{i}} = 2 \langle b\mathbf{i}, 1 \rangle - b\mathbf{i} = 2 \langle \mathbf{i}, \overline{b} \rangle - b\mathbf{i} = -b\mathbf{i},$$

woraus sofort $\overline{a + b\mathbf{i}} = \overline{a} + \overline{b\mathbf{i}} = \overline{a} - b\mathbf{i}$ folgt.

Zum Beweis von (iii) wählen wir in (ii) $a = 0$ und erhalten mit Hilfe von Lemma F.18 (iv) die Gleichheit

$$-b\mathbf{i} = \overline{b\mathbf{i}} = \overline{\mathbf{i}} \cdot \overline{b} = -\mathbf{i}\overline{b}.$$

Dies liefert die dritte Behauptung.

Zum Beweis von (iv) berechnen wir zunächst

$$(a + b\mathbf{i}) \cdot (c + d\mathbf{i}) = ac + a(d\mathbf{i}) + (b\mathbf{i})c + (b\mathbf{i})(d\mathbf{i}).$$

Für ein beliebiges $v \in V$ erhalten wir nun unter Zuhilfenahme von Lemma F.18 (iii), der soeben bewiesenen Gleichheit (iii) und Lemma F.18 (ii) die Gleichheit

$$\langle a(d\mathbf{i}), v \rangle = \langle d\mathbf{i}, \overline{a}v \rangle = \langle \mathbf{i}\overline{d}, \overline{a}v \rangle = 0 - \langle \overline{a}\overline{d}, \mathbf{i}v \rangle = \langle \mathbf{i}(\overline{a}\overline{d}), v \rangle = \langle (da)\mathbf{i}, v \rangle,$$

wobei wir $\langle \mathbf{i}, \overline{a} \rangle = 0$ beachten; daraus folgern wir $a(d\mathbf{i}) = (da)\mathbf{i}$. In analoger Weise verifizieren wir für ein beliebiges $v \in V$ mit Hilfe von Lemma F.18 (iii) und Lemma F.18 (ii) die Gleichheit

$$\langle (b\mathbf{i})c, v \rangle = \langle b\mathbf{i}, v\overline{c} \rangle = 0 - \langle v\mathbf{i}, b\overline{c} \rangle = \langle v, (b\overline{c})\mathbf{i} \rangle = \langle (b\overline{c})\mathbf{i}, v \rangle,$$

wobei wir $\langle \mathbf{i}, \overline{c} \rangle = 0$ beachten; daraus folgern wir $(b\mathbf{i})c = (b\overline{c})\mathbf{i}$. Schließlich erhalten wir mit Lemma F.18 (iii), der soeben bewiesenen Gleichheit (iii) und Lemma F.18 (ii) für ein beliebiges $v \in V$ in analoger Weise die Gleichheit

$$\langle (b\mathbf{i})(d\mathbf{i}), v \rangle = \langle b\mathbf{i}, v \cdot \overline{d\mathbf{i}} \rangle = -\langle \mathbf{i}\overline{b}, v(\mathbf{i}\overline{d}) \rangle = 0 + \langle v\overline{b}, \mathbf{i}(\mathbf{i}\overline{d}) \rangle,$$

wobei wir $\langle \overline{b}, \mathbf{i}\overline{d} \rangle = 0$ beachten. Ein weiteres Anwenden von Lemma F.18 (iii) und Lemma F.18 (i) liefert nun

$$\langle (b\mathbf{i})(d\mathbf{i}), v \rangle = -\langle \mathbf{i}(v\overline{b}), \mathbf{i}\overline{d} \rangle = -|\mathbf{i}|^2 \langle v\overline{b}, \overline{d} \rangle = -\langle v, \overline{d}b \rangle = \langle -\overline{d}b, v \rangle,$$

woraus wir $(b\mathbf{i})(d\mathbf{i}) = -\overline{d}b$ folgern. Insgesamt erhalten wir somit

$$(a + bi) \cdot (c + di) = ac + (da)i + (b\bar{c})i - \bar{d}b,$$

wie behauptet. Dies beweist insbesondere, dass $U + Ui$ eine $\mathbb{R}$-Unteralgebra von V ist. □

Bemerkung F.24. Die $\mathbb{R}$-Unteralgebra $U + Ui$ von V aus Proposition F.23 heißt auch *Verdoppelungsalgebra von U (bzgl. i)*. Die obige Proposition besagt, dass wenn immer eine $\mathbb{R}$-Algebra V eine echte $\mathbb{R}$-Unteralgebra besitzt, sie auch ihre Verdoppelungsalgebra enthalten muss. Ist V endlich-dimensional, dann muss V selbst durch einen endlichen Verdoppelungsprozess aus ihrer kleinsten $\mathbb{R}$-Unteralgebra entstehen. Im folgenden Satz werden wir sehen, dass die Eigenschaft der Normiertheit nur drei Verdoppelungsprozesse zulässt.

Satz F.25. *Es sei V eine endlich-dimensionale, normierte $\mathbb{R}$-Algebra mit Einselement 1. Weiter seien $U \subsetneq V$ eine echte $\mathbb{R}$-Unteralgebra von V mit $1 \in U$ und $i = i_U \in V$ ein Element mit den Eigenschaften (13). Dann gilt für die Verdoppelungsalgebra $U + Ui$:*

(i)   *$U + Ui$ ist genau dann normiert, wenn U normiert und assoziativ ist.*

(ii)   *$U + Ui$ ist genau dann normiert und assoziativ, wenn U normiert, assoziativ und kommutativ ist.*

(iii) *$U + Ui$ ist genau dann normiert, assoziativ und kommutativ, wenn U normiert, assoziativ, kommutativ und invariant unter Konjugation ist.*

Beweis. (i) Ist $U + Ui$ normiert, dann ist auch U normiert. Weiter ist die $\mathbb{R}$-Algebra $U + Ui$ nach Proposition F.23 (iv) genau dann normiert, wenn

$$|a + bi|^2 \cdot |c + di|^2 = |(ac - \bar{d}b) + (da + b\bar{c})i|^2$$

für alle $a, b, c, d \in U$ gilt. Wegen (8), (13) und Lemma F.18 (iii) ist diese Gleichheit äquivalent zu

$$(|a|^2 + |b|^2) \cdot (|c|^2 + |d|^2) = |ac - \bar{d}b|^2 + |da + b\bar{c}|^2 \qquad \Longleftrightarrow$$
$$0 = -\langle ac, \bar{d}b \rangle + \langle da, b\bar{c} \rangle \qquad \Longleftrightarrow$$
$$\langle d(ac), b \rangle = \langle (da)c, b \rangle,$$

wobei wir die Produktregel in U verwendet haben. Dies beweist, dass $U + Ui$ genau dann normiert ist, wenn $d(ac) = (da)c$ für alle $a, c, d \in U$ gilt, d. h. wenn U assoziativ ist. Ist umgekehrt U normiert und assoziativ, so zeigen die vorhergehenden Äquivalenzen, dass dann auch $U + Ui$ normiert ist.

(ii) Ist $U + Ui$ normiert und assoziativ, dann ist auch U normiert und assoziativ. Desweiteren gilt dann unter Beachtung von Proposition F.23 (iv) die Gleichheit

$$(ad)i = a(di) = (da)i$$

für alle $a, d \in U$, d. h. U ist kommutativ. Ist umgekehrt U normiert, assoziativ und kommutativ, so bleibt nach (i) zu zeigen, dass $U + U\mathbf{i}$ assoziativ ist. Dazu berechnen wir für $a, b, c, d, e, f \in U$ die Gleichheiten

$$\big((a + b\mathbf{i}) \cdot (c + d\mathbf{i})\big) \cdot (e + f\mathbf{i}) = \big((ac - \bar{d}b) + (da + b\bar{c})\mathbf{i}\big) \cdot (e + f\mathbf{i})$$

$$= (ac - \bar{d}b)e - \bar{f}(da + b\bar{c}) + \big(f(ac - \bar{d}b) + (da + b\bar{c})\bar{e}\big)\mathbf{i}$$

$$= (ac)e - (\bar{d}b)e - \bar{f}(da) - \bar{f}(b\bar{c}) + \big(f(ac) - f(\bar{d}b) + (da)\bar{e} + (b\bar{c})\bar{e}\big)\mathbf{i}$$

und

$$(a + b\mathbf{i}) \cdot \big((c + d\mathbf{i}) \cdot (e + f\mathbf{i})\big) = (a + b\mathbf{i}) \cdot \big((ce - \bar{f}d) + (fc + d\bar{e})\mathbf{i}\big)$$

$$= a(ce - \bar{f}d) - \overline{(fc + d\bar{e})}b + \big((fc + d\bar{e})a + b\overline{(ce - \bar{f}d)}\big)\mathbf{i}$$

$$= a(ce) - a(\bar{f}d) - (\bar{c}\bar{f})b - (e\bar{d})b + \big((fc)a + (d\bar{e})a + b(\bar{e}\bar{c}) - b(\bar{d}f)\big)\mathbf{i}.$$

Da U assoziativ und kommutativ ist, stimmen diese beiden Ausdrücke aber überein. Dies beweist, dass $U + U\mathbf{i}$ assoziativ ist.

(iii) Ist $U + U\mathbf{i}$ normiert, assoziativ und kommutativ, dann ist auch U normiert, assoziativ und kommutativ. Desweitern gilt dann unter Beachtung von Proposition F.23 (iii) die Gleichheit

$$\mathbf{i}a = a\mathbf{i} = \mathbf{i}\bar{a}$$

für alle $a \in U$, d. h. es gilt $a = \bar{a}$ für alle $a \in U$. Somit ist U invariant unter Konjugation. Ist umgekehrt U normiert, assoziativ, kommutativ und invariant unter Konjugation, so bleibt nach (ii) zu zeigen, dass $U + U\mathbf{i}$ kommutativ ist. Dazu berechnen wir für $a, b, c, d \in U$ die Gleichheiten

$$(a + b\mathbf{i}) \cdot (c + d\mathbf{i}) = (ac - \bar{d}b) + (da + b\bar{c})\mathbf{i},$$

$$(c + d\mathbf{i}) \cdot (a + b\mathbf{i}) = (ca - \bar{b}d) + (bc + d\bar{a})\mathbf{i}.$$

Da U assoziativ, kommutativ und invariant unter Konjugation ist, stimmen diese beiden Ausdrücke aber überein. Dies beweist, dass $U + U\mathbf{i}$ kommutativ ist. $\square$

Beispiel F.26.   Ausgehend von der 1-dimensionalen, assoziativen, kommutativen und unter Konjugation invarianten $\mathbb{R}$-Algebra $\mathbb{R}$ erhalten wir durch Verdoppelung die 2-dimensionale, assoziative und kommutative $\mathbb{R}$-Algebra $\mathbb{C} \cong \mathbb{R} + \mathbb{R}i$. Indem wir in einem nächsten Schritt den Verdoppelungsprozess auf die $\mathbb{R}$-Algebra der komplexen Zahlen $\mathbb{C}$ anwenden, werden wir auf die 4-dimensionale, assoziative $\mathbb{R}$-Algebra $\mathbb{H} \cong \mathbb{C} + \mathbb{C}j$ geführt. Unter Beachtung von Bemerkung F.9 gewinnen wir schließlich in einem dritten Schritt durch Verdoppelung der $\mathbb{R}$-Algebra der Hamiltonschen Quaternionen die 8-dimensionale Algebra $\mathbb{O} \cong \mathbb{H} + \mathbb{H}i_4$ der Cayleyschen Oktonionen. Dieses Beispiel demonstriert also sehr anschaulich den in Satz F.25 beschriebenen sukzessiven Verlust von Konjugationsinvarianz, Kommutativität bzw. Assoziativität durch Verdoppelung.

Satz F.27 (Satz von Hurwitz). *Die $\mathbb{R}$-Algebren $\mathbb{R}$, $\mathbb{C}$, $\mathbb{H}$ oder $\mathbb{O}$ sind (bis auf Isomorphie) die einzigen endlich-dimensionalen, normierten $\mathbb{R}$-Algebren mit Einselement 1.*

Beweis. Es sei V eine endlich-dimensionale, normierte $\mathbb{R}$-Algebra mit Einselement 1. Wir werden zeigen, dass V zu $\mathbb{R}$, $\mathbb{C}$, $\mathbb{H}$ oder $\mathbb{O}$ isomorph ist.

Ist V 1-dimensional, so ist V isomorph zu $\mathbb{R}$. Andernfalls besitzt V eine echte $\mathbb{R}$-Unteralgebra $U_1 \subsetneq V$, die zu $\mathbb{R}$ isomorph ist. Es gilt $1 \in U_1$ und nach Satz F.22 existiert ein $i = i_{U_1} \in V$ mit den Eigenschaften (13). Nach Satz F.25 ist die Verdoppelungsalgebra $U_1 + U_1 i_{U_1}$ eine normierte, assoziative und kommutative und $\mathbb{R}$-Unteralgebra von V, da $U_1 \cong \mathbb{R}$ normiert, assoziativ, kommutativ und invariant unter Konjugation ist. Gilt nun $V = U_1 + U_1 i_{U_1}$, so ist V isomorph zu $\mathbb{R} + \mathbb{R} i_{U_1} \cong \mathbb{C}$.

Andernfalls besitzt V eine echte $\mathbb{R}$-Unteralgebra $U_2 \subsetneq V$, die zu $\mathbb{C}$ isomorph ist. Es gilt wiederum $1 \in U_2$ und nach Satz F.22 existiert ein $i = i_{U_2} \in V$ mit den Eigenschaften (13). Nach Satz F.25 ist die Verdoppelungsalgebra $U_2 + U_2 i_{U_2}$ eine normierte und assoziative $\mathbb{R}$-Unteralgebra von V, da $U_2 \cong \mathbb{C}$ normiert, assoziativ und kommutativ ist. Gilt nun $V = U_2 + U_2 i_{U_2}$, so ist V isomorph zu $\mathbb{C} + \mathbb{C} i_{U_2} \cong \mathbb{H}$.

Andernfalls besitzt V eine echte $\mathbb{R}$-Unteralgebra $U_3 \subsetneq V$, die zu $\mathbb{H}$ isomorph ist. Es gilt wiederum $1 \in U_3$ und nach Satz F.22 existiert ein $i = i_{U_3} \in V$ mit den Eigenschaften (13). Nach Satz F.25 ist die Verdoppelungsalgebra $U_3 + U_3 i_{U_3}$ eine normierte $\mathbb{R}$-Unteralgebra von V, da $U_3 \cong \mathbb{H}$ normiert und assoziativ ist. Gilt nun $V = U_3 + U_3 i_{U_3}$, so ist V isomorph zu $\mathbb{H} + \mathbb{H} i_{U_3} \cong \mathbb{O}$.

Falls nun V eine echte $\mathbb{R}$-Unteralgebra $U_4 \subsetneq V$ besitzen würde, die zu $\mathbb{O}$ isomorph ist, so wäre wiederum $1 \in U_4$ und nach Satz F.22 existierte ein $i = i_{U_4} \in V$ mit den Eigenschaften (13). Nach Satz F.25 wäre dann die Verdoppelungsalgebra $U_4 + U_4 i_{U_4}$ aber keine normierte $\mathbb{R}$-Unteralgebra von V, da $U_4 \cong \mathbb{O}$ nicht assoziativ ist. Dies ist ein Widerspruch dazu, dass V normiert ist. Somit kann dieser Fall nicht eintreten und die Behauptung ist bewiesen. □

Bemerkung F.28. Die Aussage des Satzes von Hurwitz gilt allgemeiner auch für endlich-dimensionale, reelle Divisionsalgebren, die nicht notwendigerweise normiert zu sein brauchen. In diesem Kontext hat Heinz Hopf in [5] bereits im Jahr 1940 gezeigt, dass die Dimension einer solchen Divisionsalgebra eine Zweierpotenz sein muss. Im Jahr 1958 haben Michel Kervaire und John Milnor in [7] unabhängig voneinander bewiesen, dass jede endlich-dimensionale, reelle Divisionsalgebra die Dimension 1, 2, 4 oder 8 hat. Damit ergibt sich dann auch unter dieser allgemeineren Voraussetzung, dass jede solche Divisionsalgebra isomorph zu $\mathbb{R}$, $\mathbb{C}$, $\mathbb{H}$ oder $\mathbb{O}$ ist. Der Beweis des tiefliegenden Satzes von Kervaire–Milnor verwendet Methoden der algebraischen Topologie (siehe das von Friedrich Hirzebruch verfasste Kapitel 10 in [4]); bis heute ist kein rein algebraischer Beweis bekannt.

Wendet man den Verdoppelungsprozess ein weiteres Mal auf den Schiefkörper der Cayleyschen Oktonionen an, so gelangt man zur 16-dimensionalen $\mathbb{R}$-Algebra $\mathbb{S}$ der *Sedenionen*, die weder kommutativ noch alternativ, also auch nicht assoziativ, ist und die Nullteiler besitzt, also – wie wir ja nunmehr wissen – keine Divisionsalgebra mehr ist.

Bemerkung F.29. Wir beenden diesen Anhang mit der Bemerkung, dass es einen alternativen Weg gibt, ausgehend von den reellen Zahlen über die komplexen Zahlen und die Hamiltonschen Quaternionen höher-dimensionale $\mathbb{R}$-Algebren zu konstruieren, die $\mathbb{R}$, $\mathbb{C}$ und $\mathbb{H}$ umfassen. Dazu gehen wir aus von einem n-dimensionalen Euklidischen $\mathbb{R}$-Vektorraum $(V, \langle \cdot, \cdot \rangle)$; wir bemerken, dass man allgemeiner auch von einem K-Vektorraum über einem beliebigen Körper K und einem beliebigen Skalarpodukt ausgehen könnte. Dazu bilden wir dann die Tensoralgebra $T(V)$ und betrachten darin das Ideal

$$I(V) = \langle v \otimes w + w \otimes v + 2 \cdot \langle v, w \rangle \, | \, v, w \in V \rangle.$$

Damit definieren wir die sogenannte *Clifford-Algebra*

$$C(V, \langle \cdot, \cdot \rangle) := T(V)/I(V),$$

in der wir das Produkt wie üblich mit $\cdot$ bezeichnen. Die Clifford-Algebra ist per Konstruktion eine assoziative $\mathbb{R}$-Algebra der Dimension 2^n. Ist nämlich $\{e_1, \ldots, e_n\}$ eine geordnete Orthonormalbasis von V, so besitzt $C(V, \langle \cdot, \cdot \rangle)$ die Basis

$$\{1; e_1, \ldots, e_n; e_1 \cdot e_2, e_1 \cdot e_3, \ldots, e_{n-1} \cdot e_n; \ldots; e_1 \cdot \ldots \cdot e_n\},$$

woraus wir wegen

$$\binom{n}{0} + \binom{n}{1} + \binom{n}{2} + \ldots + \binom{n}{n} = 2^n$$

die Dimension von $C(V, \langle \cdot, \cdot \rangle)$ leicht ablesen können.

Ist $n = 0$, so erhalten wir $C(V, \langle \cdot, \cdot \rangle) \cong \mathbb{R}$. Für $n = 1$ ergibt sich $C(V, \langle \cdot, \cdot \rangle) \cong \mathbb{C}$; ist nämlich V durch $i := e_1$ erzeugt, so wird $C(V, \langle \cdot, \cdot \rangle)$ durch 1 und i mit $i^2 = -1$ erzeugt. Für $n = 2$ ergibt sich $C(V, \langle \cdot, \cdot \rangle) \cong \mathbb{H}$; ist nämlich V durch $i := e_1$ und $j := e_2$ erzeugt, so wird $C(V, \langle \cdot, \cdot \rangle)$ durch $1, i, j$ und $k := e_1 \cdot e_2$ erzeugt, wobei $i^2 = j^2 = k^2 = -1$ und $i \cdot j = k = -j \cdot i$ gilt. Für $n = 3$ ergibt sich jetzt allerdings $C(V, \langle \cdot, \cdot \rangle) \cong \mathbb{H} \times \mathbb{H}$; man bewahrt also zwar die Assoziativität, allerdings verliert man die Eigenschaft, Divisionsalgebra zu sein, da nun $C(V, \langle \cdot, \cdot \rangle)$ nicht mehr nullteilerfrei ist.

Die Clifford-Algebra $C(V, \langle \cdot, \cdot \rangle)$ zu einem n-dimensionalen Euklidischen Vektorraum $(V, \langle \cdot, \cdot \rangle)$ erlaubt es auch, den in Abschnitt 3 in diesem Kapitel beschriebenen Zusammenhang zwischen der speziellen orthogonalen Gruppe $SO_3(\mathbb{R})$ und den Quaternionen S^3 vom Betrag 1 mit Hilfe der sogenannten *Spinor-Darstellung* der speziellen orthogonalen Gruppe $SO_n(\mathbb{R})$ in der Gruppe der invertierbaren Elemente von $C(V, \langle \cdot, \cdot \rangle)$ zu verallgemeinern.

Literaturverzeichnis

[1] J. C. Baez: *The Octonions.* Bull. Amer. Math. Soc. (N.S.) **39** (2002), 145–205.

[2] J. C. Baez: *Errata for: "The Octonions"* [Bull. Amer. Math. Soc. (N.S.) **39** (2002), 145–205]. Bull. Amer. Math. Soc. (N.S.) **42** (2005), 213.

[3] J. H. Conway und D. A. Smith: *On quaternions and octonions: their geometry, arithmetic, and symmetry.* A K Peters, Ltd., Natick, MA, 2003.

[4] H.-D. Ebbinghaus et al.: *Zahlen.* Springer-Verlag, Berlin Heidelberg New York, 3. Auflage, 1992.

[5] H. Hopf: *Ein topologischer Beitrag zur reellen Algebra.* Comm. Math. Helvetici **13** (1941), 219–239.

[6] A. Hurwitz: *Über die Komposition der quadratischen Formen.* Math. Ann. **88** (1922), 1–25.

[7] J. Milnor: *Some consequences of a theorem of Bott.* Ann. of Math. (2) **68** (1958), 444–449.

[8] B. L. van der Waerden: *A history of Algebra: From al-Khwarizmi to Emmy Noether.* Springer-Verlag, Berlin Heidelberg, 1985.

Lösungen zu den Aufgaben

Im diesem Kapitel finden Sie die Lösungen zu den Aufgaben bzw. Hinweise, die das Lösen der Aufgaben erleichtern sollen.

Lösungen zu den Aufgaben zu Kapitel I

Aufgabe 1.8. Wir beweisen zuerst die Gültigkeit des Assoziativgesetzes der Addition, d. h. die Gleichheit

$$n + (m + p) = (n + m) + p \tag{1}$$

für alle $n, m, p \in \mathbb{N}$. Dazu führen wir eine vollständige Induktion nach p. Für $p = 0$ ist die Aussage klar. Es gelte nun (1) für ein beliebiges, aber fixiertes $p \in \mathbb{N}$ und für alle $n, m \in \mathbb{N}$. Dann folgt mit Hilfe der Definition der Addition und der Induktionsvoraussetzung die Gleichheit

$$(n + m) + p^* = ((n + m) + p)^* = (n + (m + p))^*$$
$$= n + (m + p)^* = n + (m + p^*),$$

wie gewünscht. Damit ist die Assoziativität der Addition bewiesen. Das erste Distributivgesetz, d. h. die Gleichheit

$$(n + m) \cdot p = n \cdot p + m \cdot p \tag{2}$$

für alle $n, m, p \in \mathbb{N}$, zeigt man nun unter Verwendung der Assoziativität und der Kommutativität der Addition ebenfalls mit Hilfe von vollständiger Induktion nach p. Für $p = 0$ ist die Aussage klar. Es gelte nun (2) für ein beliebiges, aber fixiertes $p \in \mathbb{N}$ und für alle $n, m \in \mathbb{N}$. Dann folgt

$$(n + m) \cdot p^* = (n + m) \cdot p + (n + m) = (n \cdot p + m \cdot p) + (n + m)$$
$$= (n \cdot p + n) + (m \cdot p + m) = n \cdot p^* + m \cdot p^*,$$

wie gewünscht. Dies beweist die behauptete Distributivität. Unter Verwendung des ersten Distributivgesetzes beweist man als nächstes die Kommutativität der Multiplikation mit Hilfe von vollständiger Induktion. Damit ergibt sich dann auch die Gültigkeit des zweiten Distributivgesetzes. Als letztes zeigt man die Assoziativität der Multiplikation mit Hilfe von vollständiger Induktion.

Aufgabe 1.10. Es seien $m, n \in \mathbb{N}$. Gilt $m = 0$ oder $n = 0$, so folgt die Gleichheit $m \cdot n = 0$ sofort mit Definition 1.5 (2) und der Kommutativität der Multiplikation. Zum Beweis der Umkehrung nehmen wir $m \neq 0$ und $n \neq 0$ an und zeigen die Ungleichung $m \cdot n \neq 0$. Da $m \neq 0$ und $n \neq 0$, existieren $a, b \in \mathbb{N}$ mit $m = a^* = a + 1$ und $n = b^* = b + 1$. Damit folgt

$$m \cdot n = m \cdot b^* = (m \cdot b) + m = (m \cdot b) + (a + 1) = (m \cdot b + a) + 1 = (m \cdot b + a)^*,$$

© Springer Fachmedien Wiesbaden GmbH, ein Teil von Springer Nature 2022
J. Kramer und A.-M. von Pippich, *Von den natürlichen Zahlen zu den Quaternionen*,
https://doi.org/10.1007/978-3-658-36621-6_7

d. h. die natürliche Zahl $m \cdot n$ ist Nachfolger der natürlichen Zahl $m \cdot b + a$. Nach dem dritten Peano-Axiom muss somit $m \cdot n \neq 0$ gelten.

Aufgabe 1.14. Die Potenzgesetze aus Lemma 1.13 beweist man mit Hilfe von vollständiger Induktion.

Aufgabe 1.17. Den Beweis der Eigenschaften (i), (ii) und (iii) der Bemerkung 1.16 überlassen wir dem Leser.

Aufgabe 1.20. Die Eigenschaften (i) und (ii) der Bemerkung 1.19 beweist man mit Hilfe von vollständiger Induktion.

Aufgabe 1.24. Wir überlassen es dem Leser, sich geeignete Beispiele zu überlegen.

Aufgabe 1.26. Es seien $m, n \in \mathbb{N}$ mit $m \geq n$. Wir beweisen zuerst die Existenz einer natürlichen Zahl $x \in \mathbb{N}$ mit $n + x = m$. Ist $m = n$, so gilt für $x = 0$ die Gleichheit $n + x = n + 0 = m$. Ist $m > n$, so gibt es ein $a \in \mathbb{N}$, $a > 0$, mit $m = n^{*\cdots*}$ (a-mal). Damit gilt für $x = 0^{*\cdots*}$ (a-mal) die Gleichheit $n + x = n + 0^{*\cdots*} = n^{*\cdots*} = m$. Zum Beweis der Eindeutigkeit sei $y \in \mathbb{N}$ eine weitere natürliche Zahl mit $n + y = m$. Ist $x < y$, so folgt mit Bemerkung 1.19 (i) und der Kommutativität der Addition die Ungleichung

$$m = n + x = x + n < y + n = n + y = m,$$

d. h. es folgt $m < m$, was einen Widerspruch darstellt. Ist $x > y$, so folgt in analoger Weise der Widerspruch $m > m$. Somit muss $x = y$ gelten, was die behauptete Eindeutigkeit beweist.

Aufgabe 2.5. (a) Nach Voraussetzung gilt $3 \mid (a_1 \cdot \ldots \cdot a_k + 1)$, d. h. es existiert ein $n \in \mathbb{N}$ mit $a_1 \cdot \ldots \cdot a_k + 1 = 3 \cdot n$. Gilt nun $3 \mid a_j$ für ein $j \in \{1, \ldots, k\}$, dann folgt nach Lemma 2.4 (ix) die Teilbarkeit $3 \mid (a_1 \cdot \ldots \cdot a_k)$, d. h. es existiert ein $m \in \mathbb{N}$ mit $a_1 \cdot \ldots \cdot a_k = 3 \cdot m$. Somit folgt die Gleichheit

$$1 = 3 \cdot n - a_1 \cdot \ldots \cdot a_k = 3 \cdot n - 3 \cdot m = 3 \cdot (n - m),$$

was einen Widerspruch darstellt. Somit kann keine der Zahlen $a_1, \ldots, a_k$ durch 3 teilbar sein.

(b) Wir nehmen an, dass keine der Zahlen $a_1 + 1, \ldots, a_k + 1$ durch 3 teilbar ist. Zuerst zeigt man, dass dann $a_j + 1 = 3 \cdot n_j + r_j$ für gewisse $n_j \in \mathbb{N}$ und $r_j \in \{1, 2\}$ gelten muss ($j = 1, \ldots, k$). Damit folgt $a_j = 3 \cdot n_j + (r_j - 1)$, was für $j = 1, \ldots, k$ die Gleichheit $r_j = 2$ impliziert, da nach Teilaufgabe (a) kein a_j durch 3 teilbar ist. Durch Ausmultiplizieren zeigt man nun, dass die Zahl

$$a_1 \cdot \ldots \cdot a_k - 1 = \prod_{j=1}^{k}(3 \cdot n_j + 1) - 1$$

durch 3 teilbar ist. Dies steht aber im Widerspruch dazu, dass nach Voraussetzung die Zahl $a_1 \cdot \ldots \cdot a_k + 1$ durch 3 teilbar ist. Somit muss mindestens eine der Zahlen $a_1 + 1, \ldots, a_k + 1$ durch 3 teilbar sein.

Aufgabe 2.12. Um das Vorgehen zu veranschaulichen, berechnen wir zunächst mit $a_1 = 2$ und $a_{n+1} = (a_n - 1) \cdot a_n + 1$ für $n \in \mathbb{N}$, $n \geq 1$, die Zahlen $a_2 = 3$, $a_3 = 7$, $a_4 = 43$, $a_5 = 1807$, $a_6 = (1807 - 1) \cdot 1806 + 1 = 3263443$. Mit $\mathcal{M}_n = \{p \in \mathbb{P} \mid p \mid a_n\}$ erhalten wir damit die ersten sechs Mengen

$$\mathcal{M}_1 = \{2\}, \mathcal{M}_2 = \{3\}, \mathcal{M}_3 = \{7\}, \mathcal{M}_4 = \{43\},$$
$$\mathcal{M}_5 = \{13, 139\}, \mathcal{M}_6 = \{3263443\}.$$

Wir behaupten nun, dass die Gleichheit $a_n = 5 \cdot b_n + r_n$ mit $b_n \in \mathbb{N}$ und $r_n \in \{2, 3\}$ ($n \in \mathbb{N}$, $n \geq 1$) gilt. Dies beweist man mit Hilfe von vollständiger Induktion nach n. Ist $n = 1$, so ist diese Aussage wahr. Wir nehmen nun an, dass diese Aussage für ein beliebiges, aber fixiertes $n \in \mathbb{N}$, $n \geq 1$, gilt. Dann folgt

$$a_{n+1} = (a_n - 1) \cdot a_n + 1 = (5 \cdot b_n + r_n - 1) \cdot (5 \cdot b_n + r_n) + 1$$
$$= 5 \cdot (5b_n^2 + 2b_n r_n - b_n) + r_n^2 - r_n + 1.$$

Ist $r_n = 2$, so gilt $r_n^2 - r_n + 1 = 3$, ist $r_n = 3$, so gilt $r_n^2 - r_n + 1 = 5 + 2$. Somit ist a_{n+1} in beiden Fällen von der Form $5 \cdot b_{n+1} + r_{n+1}$ mit $b_{n+1} \in \mathbb{N}$ und $r_{n+1} \in \{2, 3\}$, wie gewünscht. Damit haben wir gezeigt, dass $5 \nmid a_n$, d. h. $5 \notin \mathcal{M}_n$, für alle $n \in \mathbb{N}$, $n \geq 1$, gilt.

Aufgabe 2.13. Im Gegensatz zur Behauptung nehmen wir an, dass es nur endlich viele Primzahlen $p_1, \dots, p_n$ in $2 + 3 \cdot \mathbb{N}$ gibt. Dann betrachten wir die natürliche Zahl

$$a := 3 \cdot p_1 \cdot \dots \cdot p_n - 1.$$

Es ist $a > 1$ und nach Lemma 2.9 besitzt a somit einen Primteiler p. Da $3 \nmid a$ gilt, folgt $p \neq 3$. Wir zeigen nun, dass $p \in 2 + 3 \cdot \mathbb{N}$ gilt, d. h. wir haben $3 \,|\, (p + 1)$ zu zeigen. Ist $p = a$, so sind wird fertig. Ist $p < a$, so existiert ein $q \in \mathbb{N}$, $q > 1$, mit $a = p \cdot q$. Da $3 \,|\, (p \cdot q + 1)$ gilt, folgt nach Aufgabe 2.5 (b), dass $3 \,|\, (p + 1)$ oder $3 \,|\, (q + 1)$ gelten muss. Im ersten Fall sind wird fertig, im zweiten Fall wiederholen wir das Verfahren für einen Primteiler von q. Schließlich finden wir nach endlich vielen Schritten einen Primteiler p von a mit $p \in 2 + 3 \cdot \mathbb{N}$. Nun fahren wir fort wie im Beweis des Satzes von Euklid. Denn aufgrund der Annahme, dass nur endlich viele Primzahlen in der Menge $2 + 3 \cdot \mathbb{N}$ existieren, muss $p \in \{p_1, \dots, p_n\}$ gelten. Insbesondere gilt somit $p \,|\, (p_1 \cdot \dots \cdot p_n)$. Da andererseits auch die Teilbarkeitsbeziehung $p \,|\, a$ besteht, muss nach den Teilbarkeitsregeln auch $p \,|\, 1$ gelten, ein Widerspruch.

Aufgabe 2.15. Wir zeigen jeweils die Kontraposition der behaupteten Implikation.
(i) Es sei also n keine Primzahl. Dann gibt es natürliche Zahlen $a, b \in \mathbb{N}$ mit $n = a \cdot b$ und $1 < a, b < n$. Damit erhalten wir

$$2^n - 1 = 2^{a \cdot b} - 1 = (2^a - 1) \cdot (2^{a \cdot (b-1)} + 2^{a \cdot (b-2)} + \dots + 2^a + 1).$$

Da $1 < 2^a - 1 < 2^n - 1$ gilt, ist $2^a - 1$ somit ein nicht-trivialer Teiler von $2^n - 1$, was beweist, dass $2^n - 1$ keine Primzahl ist.

(ii) Es sei $n \in \mathbb{N}$, $n > 0$, keine Zweierpotenz. Dann gilt $n > 2$ und es gibt natürliche Zahlen $a, b \in \mathbb{N}$, b ungerade, mit $n = a \cdot b$ und $1 \leq a < n$, $1 < b \leq n$. Da b ungerade ist, erhalten wir

$$2^n + 1 = 2^{a \cdot b} + 1 = (2^a + 1) \cdot (2^{a \cdot (b-1)} \mp \dots - 2^a + 1).$$

Da $1 < 2^a + 1 < 2^n + 1$ gilt, ist $2^a + 1$ somit ein nicht-trivialer Teiler von $2^n + 1$, was beweist, dass $2^n + 1$ keine Primzahl ist.

Aufgabe 2.18. Es bezeichnen $\{a_1, \dots, a_n\}$ bzw. $\{b_1, \dots, b_m\}$ die Mengen aller Teiler von a bzw. b. Da a und b teilerfremd sind, ist die Menge der Teiler von $a \cdot b$ gegeben durch die Menge $\{a_j \cdot b_k \,|\, j = 1, \dots, n; k = 1, \dots, m\}$. Somit folgt

$$S(a) \cdot S(b) = (a_1 + \ldots + a_n) \cdot (b_1 + \ldots + b_m) = \sum_{j=1}^{n} \sum_{k=1}^{m} a_j \cdot b_k = S(a \cdot b).$$

Dies beweist die Behauptung.

Aufgabe 2.19. Die Behauptung zeigt man mit Hilfe von vollständiger Induktion nach m.

Aufgabe 2.20. (a) Es gelten die Gleichheiten

$$S(220) - 220 = 1 + 2 + 4 + 5 + 10 + 11 + 20 + 22 + 44 + 55 + 110 = 284,$$
$$S(284) - 284 = 1 + 2 + 3 + 71 + 142 = 220.$$

Somit gilt $S(220) = 220 + 284 = S(284)$, was beweist, dass die Zahlen 220 und 284 befreundet sind.

(b) Wir haben $S(a) = a + b = S(b)$ zu zeigen. Da x, y, z verschiedene ungerade Primzahlen sind, folgt

$$S(a) = S(2^n \cdot x \cdot y) = S(2^n) \cdot S(x) \cdot S(y) = (2^{n+1} - 1)(x + 1)(y + 1),$$
$$S(b) = S(2^n) \cdot S(z) = (2^{n+1} - 1)(z + 1),$$

wobei wir die bekannte Gleichheit $S(2^n) = 2^{n+1} - 1$ anwenden. Eine direkte Rechnung zeigt, dass $x \cdot y = 9 \cdot 2^{2n-1} - 9 \cdot 2^{n-1} + 1$ und somit $x \cdot y + x + y = z$ gilt. Dies impliziert $S(a) = (2^{n+1} - 1)(z + 1) = S(b)$. Schließlich berechnen wir

$$a + b = 2^n \cdot (x \cdot y + z) = 2^n \cdot (9 \cdot 2^{2n} - 9 \cdot 2^{n-1}) = 2^{2n-1} \cdot 9 \cdot (2^{n+1} - 1)$$
$$= (z + 1) \cdot (2^{n+1} - 1) = S(a) = S(b),$$

was beweist, dass die Zahlen a und b befreundet sind.

Aufgabe 3.2. Wir erhalten die Primfaktorzerlegungen $720 = 2^4 \cdot 3^2 \cdot 5$, $9797 = 97 \cdot 101$ und $360^{360} = (2^3 \cdot 3^2 \cdot 5)^{360} = 2^{1080} \cdot 3^{720} \cdot 5^{360}$. Schließlich finden wir

$$2^{32} - 1 = (2^2 - 1) \cdot (2^2 + 1) \cdot (2^4 + 1) \cdot (2^8 + 1) \cdot (2^{16} + 1) = 3 \cdot 5 \cdot 17 \cdot 257 \cdot 65537$$

nach viermaligem Anwenden der dritten binomischen Formel.

Aufgabe 3.7. Es seien $a = 255$ und $b = 2^{32} - 1$ mit den Primfaktorzerlegungen (siehe insbesondere die Lösung von Aufgabe 3.2)

$$a = \prod_{p \in \mathbb{P}} p^{a_p} = 3 \cdot 5 \cdot 17, \quad b = \prod_{p \in \mathbb{P}} p^{b_p} = 3 \cdot 5 \cdot 17 \cdot 257 \cdot 65537;$$

hierbei gilt $a_3 = 1$, $a_5 = 1$, $a_{17} = 1$, $a_p = 0$ für alle $p \in \mathbb{P} \setminus \{3,5,17\}$ und $b_3 = 1$, $b_5 = 1$, $b_{17} = 1$, $b_{257} = 1$, $b_{65537} = 1$, $b_p = 0$ für alle $p \in \mathbb{P} \setminus \{3,5,17,257,65537\}$. Somit gilt $a_p \leq b_p$ für alle $p \in \mathbb{P}$, was nach dem Kriterium aus Lemma 3.5 die Teilbarkeit $a \mid b$ beweist.

Aufgabe 4.6. Mit Satz 4.3 ergibt sich $(3600, 3240) = 360$, $(360^{360}, 540^{180}) = ((2^3 \cdot 3^2 \cdot 5)^{360}, (2^2 \cdot 3^3 \cdot 5)^{180}) = 2^{360} \cdot 3^{540} \cdot 5^{180}$ und $(2^{32} - 1, 3^8 - 2^8) = 5$, wobei man für die letzte Gleichheit die Primfaktorzerlegung aus der Lösung von Aufgabe 3.2 und die Primfaktorzerlegung $3^8 - 2^8 = (3^2 - 2^2) \cdot (3^2 + 2^2) \cdot (3^4 + 2^4) = 5 \cdot 13 \cdot 97$ heranzieht.

Aufgabe 4.13. Es gelten die Gleichheiten $(2\,880, 3\,000, 3\,240) = (120, 3\,240) = 120$ und $[36, 42, 49] = [252, 49] = 1\,764$.

Aufgabe 4.15. Beispielsweise sind die Zahlen $a_1 = 6$, $a_2 = 10$, $a_3 = 15$ teilerfremd, da $(a_1, a_2, a_3) = (6, 10, 15) = (2, 15) = 1$ gilt. Die Zahlen a_1, a_2, a_3 sind jedoch nicht paarweise teilerfremd, da bereits $(a_1, a_2) = 2$ gilt.

Aufgabe 4.17. Es seien $a_1, \ldots, a_n \in \mathbb{N}$. Wir überlassen es dem Leser, die folgende Äquivalenz zu beweisen:

$$(a_1, \ldots, a_n) \cdot [a_1, \ldots, a_n] = a_1 \cdot \ldots \cdot a_n \iff a_1, \ldots, a_n \text{ sind paarweise teilerfremd.}$$

Diese liefert das gesuchte Kriterium.

Aufgabe 5.2. Wir erhalten $773 = 2 \cdot 337 + 99$. Weiter berechnen wir $2^5 \cdot 3^4 \cdot 5^2 = (2^2 \cdot 3^2) \cdot (2^3 \cdot 3^2 \cdot 5^2) = (5 \cdot 7 + 1) \cdot (2^3 \cdot 3^2 \cdot 5^2) = 7 \cdot (2^3 \cdot 3^2 \cdot 5^3) + (2^3 \cdot 3^2 \cdot 5^2)$. Da $2^{16} + 1 = 4^8 + 1$ gilt, folgt schließlich $2^{32} - 1 = (2^{16} - 1)(4^8 + 1) + 0$.

Aufgabe 5.4. Dieses Verfahren kann für beliebige natürliche Zahlen $g > 1$ durchgeführt werden. Man erhält dann die eindeutige Darstellung

$$n = q_\ell \cdot g^\ell + q_{\ell-1} \cdot g^{\ell-1} + \ldots + q_1 \cdot g^1 + q_0 \cdot g^0$$

mit natürlichen Zahlen $0 \le q_j \le g - 1$ $(j = 0, \ldots, \ell)$ und $q_\ell \ne 0$, die sogenannte *g-adische Darstellung* der natürlichen Zahl n.

Lösungen zu den Aufgaben zu Kapitel II

Aufgabe 1.3. Für $a, b, c \in \mathcal{R}_n$ gelten die Gleichheiten

$$(a \oplus b) \oplus c = \mathcal{R}_n(a + b) \oplus c = \mathcal{R}_n(\mathcal{R}_n(a + b) + c),$$
$$a \oplus (b \oplus c) = a \oplus \mathcal{R}_n(b + c) = \mathcal{R}_n(a + \mathcal{R}_n(b + c)).$$

Nun gibt es nach Division mit Rest von $a + b$ bzw. $b + c$ durch n eindeutig bestimmte Zahlen $q_1, q_2 \in \mathbb{N}$ mit

$$a + b = q_1 \cdot n + \mathcal{R}_n(a + b) \quad \text{bzw.} \quad b + c = q_2 \cdot n + \mathcal{R}_n(b + c).$$

Somit folgt

$$\mathcal{R}_n(\mathcal{R}_n(a + b) + c) = \mathcal{R}_n(a + b + c - q_1 \cdot n) = \mathcal{R}_n(a + b + c)$$
$$= \mathcal{R}_n(a + b + c - q_2 \cdot n) = \mathcal{R}_n(a + \mathcal{R}_n(b + c)).$$

Damit haben wir gezeigt, dass die Verknüpfung $\oplus$ assoziativ ist. Analog beweist man, dass die Verknüpfung $\odot$ assoziativ ist.

Aufgabe 1.4. (a) Die Menge $2 \cdot \mathbb{N} = \{2 \cdot n \mid n \in \mathbb{N}\}$ der geraden natürlichen Zahlen ist eine nicht-leere Teilmenge von $\mathbb{N}$. Sind nun $2 \cdot m, 2 \cdot n \in 2 \cdot \mathbb{N}$, dann folgt

$$2 \cdot m + 2 \cdot n = 2 \cdot (m + n) \in 2 \cdot \mathbb{N}, \quad (2 \cdot m) \cdot (2 \cdot n) = 2 \cdot (m \cdot 2 \cdot n) \in 2 \cdot \mathbb{N}.$$

Somit ist sowohl $+$ als auch $\cdot$ eine Verknüpfung auf $2 \cdot \mathbb{N}$. Da die Verknüpfungen $+$ auf $\mathbb{N}$ und $\cdot$ auf $\mathbb{N}$ assoziativ sind, sind insbesondere auch die Verknüpfungen $+$ auf $2 \cdot \mathbb{N}$ und $\cdot$ auf $2 \cdot \mathbb{N}$ assoziativ. Damit sind sowohl $(2 \cdot \mathbb{N}, +)$ als auch $(2 \cdot \mathbb{N}, \cdot)$ Halbgruppen. Die Menge $2 \cdot \mathbb{N} + 1 = \{2 \cdot n + 1 \,|\, n \in \mathbb{N}\}$ der ungeraden natürlichen Zahlen ist eine nicht-leere Teilmenge von $\mathbb{N}$. Sind nun $2 \cdot m + 1, 2 \cdot n + 1 \in 2 \cdot \mathbb{N} + 1$, dann folgt

$$(2 \cdot m + 1) + (2 \cdot n + 1) = 2 \cdot (m + n + 1) \in 2 \cdot \mathbb{N},$$
$$(2 \cdot m + 1) \cdot (2 \cdot n + 1) = 2 \cdot (m \cdot 2 \cdot n + m + n) + 1 \in 2 \cdot \mathbb{N} + 1.$$

Somit ist zwar $\cdot$ eine Verknüpfung auf $2 \cdot \mathbb{N} + 1$, aber $+$ ist keine Verknüpfung auf $2 \cdot \mathbb{N} + 1$. Damit ist $(2 \cdot \mathbb{N} + 1, +)$ keine Halbgruppe. Da die Verknüpfung $\cdot$ auf $\mathbb{N}$ assoziativ ist, ist insbesondere auch die Verknüpfung $\cdot$ auf $2 \cdot \mathbb{N} + 1$ assoziativ. Damit ist $(2 \cdot \mathbb{N} + 1, \cdot)$ eine Halbgruppe.

(b) Es sei $k \in \mathbb{N}, k > 1$. Die Menge $k \cdot \mathbb{N} = \{k \cdot n \,|\, n \in \mathbb{N}\}$ ist eine nicht-leere Teilmenge von $\mathbb{N}$. Man zeigt nun wie in (a), dass sowohl $(k \cdot \mathbb{N}, +)$ als auch $(k \cdot \mathbb{N}, \cdot)$ Halbgruppen sind.

Aufgabe 1.5.   Aufgrund der Ungleichheit

$$(2 \circ 3) \circ 2 = (2^3) \circ 2 = (2^3)^2 = 2^{3 \cdot 2} = 2^6 \neq 2^9 = 2 \circ (3^2) = 2 \circ (3 \circ 2)$$

ist die Verknüpfung $\circ$ auf $\mathbb{N}$ nicht assoziativ und folglich $(\mathbb{N}, \circ)$ keine Halbgruppe.

Aufgabe 1.8.   Ist $A_1 = \{a_1\}$ eine beliebige einelementige Menge, so gilt

$$\mathrm{Abb}(A_1) = \{\mathrm{id}\},$$

wobei die Abbildung $\mathrm{id}\colon A_1 \longrightarrow A_1$ durch die Zuordnung $a_1 \mapsto a_1$ gegeben ist. Die Halbgruppe $(\mathrm{Abb}(A_1), \circ)$ ist eine kommutative Halbgruppe. Ist $A_2 = \{a_1, a_2, \ldots\}$ eine beliebige Menge, die mindestens zwei Elemente $a_1 \neq a_2$ besitzt, so gilt

$$\mathrm{Abb}(A_2) = \{\mathrm{id}, f, g, \ldots\},$$

wobei die Abbildung $\mathrm{id}\colon A_2 \longrightarrow A_2$ durch die Zuordnung $a_j \mapsto a_j$ $(a_j \in A_2)$, die Abbildung $f\colon A_2 \longrightarrow A_2$ durch die Zuordnung $a_1 \mapsto a_2, a_j \mapsto a_j$ $(a_j \in A_2 \setminus \{a_1\})$ und die Abbildung $g\colon A_2 \longrightarrow A_2$ durch die Zuordnung $a_2 \mapsto a_1, a_j \mapsto a_j$ $(a_j \in A_2 \setminus \{a_2\})$ gegeben ist. Dann gilt aber

$$(f \circ g)(a_1) = f(g(a_1)) = f(a_1) = a_2 \neq a_1 = g(a_2) = g(f(a_1)) = (g \circ f)(a_1).$$

Damit ist $(\mathrm{Abb}(A_2), \circ)$ eine nicht-kommutative Halbgruppe.

Aufgabe 1.12.   Es seien e_ℓ ein linksneutrales und e_r ein rechtsneutrales Element von H. Dann gilt

$$e_\ell = e_\ell \circ e_r = e_r,$$

wobei die erste Gleichheit gilt, da e_r ein rechtsneutrales Element von H ist, und die zweite Gleichheit gilt, da e_ℓ ein linksneutrales Element von H ist.

Aufgabe 1.14.   (a) Nach Aufgabe 1.4 (a) sind $(2 \cdot \mathbb{N}, +)$ und $(2 \cdot \mathbb{N}, \cdot)$ Halbgruppen. Es bleibt zu zeigen, dass in $2 \cdot \mathbb{N}$ ein neutrales Element für die Addition existiert. Nach Definition der Addition ist 0 dieses Element. Da $1 \notin 2 \cdot \mathbb{N}$ ist, gibt es kein neutrales Element der Multiplikation, sodass $(2 \cdot \mathbb{N}, \cdot)$ nur eine Halbgruppe ist.

(b) Wir überlassen es dem Leser, sich weitere Beispiele von Halbgruppen, die keine Monoide sind, zu überlegen.

Aufgabe 2.3. (a) Angenommen, g' und g'' sind zwei inverse Elemente zu einem Element $g \in G$. Dann gilt

$$g' = g' \circ e = g' \circ (g \circ g'') = (g' \circ g) \circ g'' = e \circ g'' = g'',$$

wobei die zweite Gleichheit folgt, da g'' insbesondere rechtsinvers zu g ist, und die vierte Gleichheit folgt, da g' insbesondere linksinvers zu g ist.

(b) Es seien g'_ℓ ein linksinverses und g'_r ein rechtsinverses Element zu einem Element $g \in G$. Dann folgt

$$g'_\ell = g'_\ell \circ e = g'_\ell \circ (g \circ g'_r) = (g'_\ell \circ g) \circ g'_r = e \circ g'_r = g'_r,$$

analog zu Teilaufgabe (a).

Aufgabe 2.6. (a) Es sei $g^{-1} \in G$ das zu $g \in G$ inverse Element. Dann gilt

$$g \circ g^{-1} = e = g^{-1} \circ g.$$

Damit ist g das inverse Element zu g^{-1}, d. h. es gilt $(g^{-1})^{-1} = g$.

(b) Es seien $g^{-1} \in G$ das zu $g \in G$ inverse Element und $h^{-1} \in G$ das zu $h \in G$ inverse Element. Dann folgt

$$(h^{-1} \circ g^{-1}) \circ (g \circ h) = h^{-1} \circ (g^{-1} \circ g) \circ h = h^{-1} \circ e \circ h = h^{-1} \circ h = e,$$
$$(g \circ h) \circ (h^{-1} \circ g^{-1}) = g \circ (h \circ h^{-1}) \circ g^{-1} = g \circ e \circ g^{-1} = g \circ g^{-1} = e.$$

Damit ist $h^{-1} \circ g^{-1}$ das inverse Element zu $g \circ h$, d. h. es gilt $(g \circ h)^{-1} = h^{-1} \circ g^{-1}$.
Die Rechenregeln (c) und (d) zeigt man direkt mit Hilfe der Definition.

Aufgabe 2.9. Wir vergleichen nur die Gruppen, die die gleiche Anzahl an Elementen haben. Die Gruppentafeln der Gruppen $(\mathcal{R}_4, \oplus)$, $(\mathcal{R}_5 \setminus \{0\}, \odot)$ und $(D_4, \circ)$ haben von links nach rechts gelesen die folgende Gestalt:

$\oplus$	0 1 2 3		$\odot$	1 2 3 4		$\circ$	d_0 d_1 s_0 s_1
0	0 1 2 3		1	1 2 3 4		d_0	d_0 d_1 s_0 s_1
1	1 2 3 0		2	2 4 1 3		d_1	d_1 d_0 s_1 s_0
2	2 3 0 1		3	3 1 4 2		s_0	s_0 s_1 d_0 d_1
3	3 0 1 2		4	4 3 2 1		s_1	s_1 s_0 d_1 d_0

Den Gruppentafeln kann man entnehmen, dass alle drei betrachteten Gruppen kommutativ sind. Nun bestimmen wir jeweils die kleinste, von Null verschiedene natürliche Zahl n mit $g^n = e$ für $g \neq e$. In der Gruppe $(\mathcal{R}_4, \oplus)$ gilt $e = 0$ und

$$1^2 = 2, 1^3 = 3, 1^4 = 0; \quad 2^2 = 0; \quad 3^2 = 2, 3^3 = 1, 3^4 = 0.$$

In der Gruppe $(\mathcal{R}_5 \setminus \{0\}, \odot)$ gilt $e = 1$ und

$$2^2 = 4, 2^3 = 3, 2^4 = 1; \quad 3^2 = 4, 3^3 = 2, 3^4 = 1; \quad 4^2 = 1.$$

Es gibt also in beiden Gruppen jeweils zwei Elemente mit $n = 4$ und ein Element mit $n = 2$. In der Gruppe $(D_4, \circ)$ gilt jedoch $d_1^2 = s_0^2 = s_1^2 = e$ mit $e = d_0$, d. h. es gibt kein Element mit $n = 4$.
Die Gruppentafeln der Gruppen $(\mathcal{R}_6, \oplus)$ und $(D_6, \circ)$ von links nach rechts gelesen haben

die folgende Gestalt:

$$
\begin{array}{c|cccccc}
\oplus & 0 & 1 & 2 & 3 & 4 & 5 \\
\hline
0 & 0 & 1 & 2 & 3 & 4 & 5 \\
1 & 1 & 2 & 3 & 4 & 5 & 0 \\
2 & 2 & 3 & 4 & 5 & 0 & 1 \\
3 & 3 & 4 & 5 & 0 & 1 & 2 \\
4 & 4 & 5 & 0 & 1 & 2 & 3 \\
5 & 5 & 0 & 1 & 2 & 3 & 4
\end{array}
\qquad
\begin{array}{c|cccccc}
\circ & d_0 & d_1 & d_2 & s_0 & s_1 & s_2 \\
\hline
d_0 & d_0 & d_1 & d_2 & s_0 & s_1 & s_2 \\
d_1 & d_1 & d_2 & d_0 & s_2 & s_0 & s_1 \\
d_2 & d_2 & d_0 & d_1 & s_1 & s_2 & s_0 \\
s_0 & s_0 & s_1 & s_2 & d_0 & d_1 & d_2 \\
s_1 & s_1 & s_2 & s_0 & d_2 & d_0 & d_1 \\
s_2 & s_2 & s_0 & s_1 & d_1 & d_2 & d_0
\end{array}
$$

Der Gruppentafel kann man entnehmen, dass die Gruppe $(\mathcal{R}_6, \oplus)$ kommutativ ist. Die Gruppe $(D_6, \circ)$ ist nicht kommutativ, da z. B. $s_0 \circ s_1 = d_2 \neq d_1 = s_1 \circ s_0$ gilt. Nun bestimmen wir wieder jeweils die kleinste, von Null verschiedene natürliche Zahl n mit $g^n = e$ für $g \neq e$. In $(\mathcal{R}_6, \oplus)$ gilt $e = 0$ und

$$
1^2 = 2, 1^3 = 3, 1^4 = 4, 1^5 = 5, 1^6 = 0; \quad 2^2 = 4, 2^3 = 0; \quad 3^2 = 0; \quad 4^2 = 2, 4^3 = 0;
$$
$$
5^2 = 4, 5^3 = 3, 5^4 = 2, 5^5 = 1, 5^6 = 0.
$$

Es gibt also in $(\mathcal{R}_6, \oplus)$ zwei Elemente mit $n = 6$, zwei Elemente mit $n = 3$ und ein Element mit $n = 2$. In $(D_6, \circ)$ gilt $e = d_0$ und

$$
d_1^2 = d_2, d_1^3 = d_0; \quad d_2^2 = d_1, d_2^3 = d_0; \quad s_0^2 = d_0, s_1^2 = d_0, s_2^2 = d_0.
$$

Es gibt also in $(D_6, \circ)$ kein Element mit $n = 6$, zwei Elemente mit $n = 3$ und drei Elemente mit $n = 2$.

Aufgabe 2.10. (a) Man zeigt mit Hilfe der Gruppentafel

$$
\begin{array}{c|cc}
\odot & 1 & 2 \\
\hline
1 & 1 & 2 \\
2 & 2 & 1
\end{array}
$$

für $(\mathcal{R}_3 \setminus \{0\}, \odot)$ und der Gruppentafel aus der Lösung von Aufgabe 2.9 für $(\mathcal{R}_5 \setminus \{0\}, \odot)$, dass $(\mathcal{R}_3 \setminus \{0\}, \odot)$ und $(\mathcal{R}_5 \setminus \{0\}, \odot)$ Gruppen sind.

(b) Wir überlassen es dem Leser, die Aussagen aus Beispiel 2.8 (iii) über die Diedergruppe $(D_{2n}, \circ)$ zu verifizieren.

(c) Sei $n \geq 3$. Wir betrachten die Elemente

$$
\pi_1 = \begin{pmatrix} 1 & 2 & 3 & \dots & n \\ 2 & 1 & 3 & \dots & n \end{pmatrix}, \quad \pi_2 = \begin{pmatrix} 1 & 2 & 3 & \dots & n \\ 3 & 1 & 2 & \dots & n \end{pmatrix}
$$

von S_n, wobei für $n > 3$ die Elemente $4, \dots, n$ auf sich selbst abgebildet werden. Dann gilt

$$
\pi_1 \circ \pi_2 = \begin{pmatrix} 1 & 2 & 3 & \dots & n \\ 3 & 2 & 1 & \dots & n \end{pmatrix} \neq \begin{pmatrix} 1 & 2 & 3 & \dots & n \\ 1 & 3 & 2 & \dots & n \end{pmatrix} = \pi_2 \circ \pi_1,
$$

wobei für $n > 3$ die Elemente $4, \dots, n$ auf sich selbst abgebildet werden. Dies beweist, dass $(S_n, \circ)$ mit $n \geq 3$ nicht kommutativ ist.

Aufgabe 2.13. Dies zeigt man mit Hilfe von vollständiger Induktion nach n.

Aufgabe 2.19. Es gilt $S_3 = \{\pi_1, \pi_2, \pi_3, \pi_4, \pi_5, \pi_6\}$ mit

$$\pi_1 = \begin{pmatrix} 1\,2\,3 \\ 1\,2\,3 \end{pmatrix}, \ \pi_2 = \begin{pmatrix} 1\,2\,3 \\ 2\,3\,1 \end{pmatrix}, \ \pi_3 = \begin{pmatrix} 1\,2\,3 \\ 3\,1\,2 \end{pmatrix},$$

$$\pi_4 = \begin{pmatrix} 1\,2\,3 \\ 1\,3\,2 \end{pmatrix}, \ \pi_5 = \begin{pmatrix} 1\,2\,3 \\ 3\,2\,1 \end{pmatrix}, \ \pi_6 = \begin{pmatrix} 1\,2\,3 \\ 2\,1\,3 \end{pmatrix}.$$

Wir berechnen $\operatorname{ord}(\pi_1) = 1$, $\operatorname{ord}(\pi_2) = \operatorname{ord}(\pi_3) = 3$ und $\operatorname{ord}(\pi_4) = \operatorname{ord}(\pi_5) = \operatorname{ord}(\pi_6) = 2$.

Aufgabe 2.23. Da $d_1^k = d_k$ $(k = 0, \ldots, n-1)$ und $d_1^n = d_0$ gilt, haben wir $\langle d_1 \rangle = \{d_0, \ldots, d_{n-1}\}$. Mit Hilfe des Untergruppenkriteriums zeigt man, dass die nicht-leere Teilmenge $\langle g \rangle = \{\ldots, (g^{-1})^2, g^{-1}, g^0 = e, g^1 = g, g^2, \ldots\} \subseteq G$ für jede beliebige Gruppe G eine Untergruppe von G ist. Insbesondere ist also $\langle d_1 \rangle = \{d_0, \ldots, d_{n-1}\}$ eine Untergruppe von D_{2n}.

Aufgabe 2.26. Es gilt $S_3 = \{\pi_1, \pi_2, \pi_3, \pi_4, \pi_5, \pi_6\}$ mit π_j $(j = 1, \ldots, n)$ wie in der Lösung von Aufgabe 2.19. Wir haben die zyklischen Untergruppen

$$\langle \pi_1 \rangle = \{\pi_1\}, \ \langle \pi_2 \rangle = \{\pi_1, \pi_2, \pi_3\} = \langle \pi_3 \rangle,$$
$$\langle \pi_4 \rangle = \{\pi_1, \pi_4\}, \ \langle \pi_5 \rangle = \{\pi_1, \pi_5\}, \ \langle \pi_6 \rangle = \{\pi_1, \pi_6\}$$

und die triviale Untergruppe S_3, welche nicht zyklisch ist. Man überlegt sich, dass S_3 keine weiteren Untergruppen besitzt.

Aufgabe 3.3. Es gilt $S_3 = \{\pi_1, \pi_2, \pi_3, \pi_4, \pi_5, \pi_6\}$ mit π_j $(j = 1, \ldots, n)$ wie in der Lösung von Aufgabe 2.19 und $D_6 = \{d_0, d_1, d_2, d_0 \circ s_0, d_1 \circ s_0, d_2 \circ s_0\}$, wobei s_0 die Spiegelung an der Seitenhalbierenden der Seite, welche die Ecken 1 und 2 verbindet, bezeichne. Nach Definition des Gruppenhomomorphismus $f \colon D_6 \longrightarrow S_3$ gilt

$$f(d_0) = \pi_1, f(d_1) = \pi_3, f(d_2) = \pi_2,$$
$$f(d_0 \circ s_0) = \pi_6, f(d_1 \circ s_0) = \pi_5, f(d_2 \circ s_0) = \pi_4,$$

was beweist, dass f bijektiv und damit sogar ein Gruppenisomorphismus ist.

Aufgabe 3.5. Es seien $d_{j_1} \circ s_0^{k_1}$ und $d_{j_2} \circ s_0^{k_2}$ mit $j_1, j_2 \in \{0, \ldots, n-1\}$ und $k_1, k_2 \in \{0, 1\}$ zwei Elemente von D_{2n}. Wegen $d_j \circ s_0 = s_0 \circ d_j^{-1}$ gilt

$$(d_{j_1} \circ s_0^{k_1}) \circ (d_{j_2} \circ s_0^{k_2}) = \begin{cases} d_{j_1} \circ d_{j_2}, & \text{falls } k_1 = 0, k_2 = 0; \\ d_{j_1} \circ d_{j_2} \circ s_0, & \text{falls } k_1 = 0, k_2 = 1; \\ d_{j_1} \circ d_{j_2}^{-1}, & \text{falls } k_1 = 1, k_2 = 1; \\ d_{j_1} \circ d_{j_2}^{-1} \circ s_0, & \text{falls } k_1 = 1, k_2 = 0. \end{cases}$$

Damit folgt

$$\operatorname{sgn}((d_{j_1} \circ s_0^{k_1}) \circ (d_{j_2} \circ s_0^{k_2})) = k_1 \oplus k_2 = \operatorname{sgn}(d_{j_1} \circ s_0^{k_1}) \oplus \operatorname{sgn}(d_{j_2} \circ s_0^{k_2}).$$

Somit ist sgn ein Gruppenhomomorphismus und es gilt $\operatorname{im}(\operatorname{sgn}) = \mathcal{R}_2$ und $\ker(\operatorname{sgn}) = \{d_j \mid j = 0, \ldots, n-1\}$.

Aufgabe 3.7. Nach Lemma 3.6 gilt: f injektiv $\Longleftrightarrow \ker(f) = \{e_G\}$. Damit genügt es, unter der Annahme $|G| < \infty$, die Äquivalenz „f injektiv $\Longleftrightarrow f$ surjektiv" zu zeigen. Wir haben

f injektiv $\iff$ gilt $g \neq h$ für $g, h \in G$, so folgt $f(g) \neq f(h) \underset{|G| < \infty}{\iff} |f(G)| = |G|$

$\iff$ für jedes $g \in G$ existiert $h \in G$ mit $f(h) = g \iff f$ surjektiv.

Dies beweist die Behauptung.

Aufgabe 3.8. Ist $g \in G$ und ord$(g) = n$, so folgt $e = f(e) = f(g^n) = f(g)^n$, was ord$(f(g)) \leq n = $ ord(g) impliziert.

Aufgabe 3.9. Angenommen, $f \colon D_{24} \longrightarrow S_4$ ist ein Gruppenisomorphismus. Dann muss für jedes Element $g \in D_{24}$ die Gleichheit

$$\text{ord}(g) = \text{ord}(f(g))$$

gelten. Da ord$(d_2) = 12$ gilt, muss also $f(d_2) \in S_4$ ein Element von Ordnung 12 sein. Wir bestimmen zuerst die Ordnungen der Elemente von S_4. Wir erhalten die 9 Elemente der Ordnung 2

$$\begin{pmatrix} 1\,2\,3\,4 \\ 2\,1\,3\,4 \end{pmatrix}, \begin{pmatrix} 1\,2\,3\,4 \\ 3\,2\,1\,4 \end{pmatrix}, \begin{pmatrix} 1\,2\,3\,4 \\ 4\,2\,3\,1 \end{pmatrix},$$

$$\begin{pmatrix} 1\,2\,3\,4 \\ 1\,3\,2\,4 \end{pmatrix}, \begin{pmatrix} 1\,2\,3\,4 \\ 1\,4\,3\,2 \end{pmatrix}, \begin{pmatrix} 1\,2\,3\,4 \\ 1\,2\,4\,3 \end{pmatrix},$$

$$\begin{pmatrix} 1\,2\,3\,4 \\ 2\,1\,4\,3 \end{pmatrix}, \begin{pmatrix} 1\,2\,3\,4 \\ 3\,4\,1\,2 \end{pmatrix}, \begin{pmatrix} 1\,2\,3\,4 \\ 4\,3\,2\,1 \end{pmatrix},$$

die 8 Elemente der Ordnung 3

$$\begin{pmatrix} 1\,2\,3\,4 \\ 2\,3\,1\,4 \end{pmatrix}, \begin{pmatrix} 1\,2\,3\,4 \\ 3\,1\,2\,4 \end{pmatrix}, \begin{pmatrix} 1\,2\,3\,4 \\ 2\,4\,3\,1 \end{pmatrix}, \begin{pmatrix} 1\,2\,3\,4 \\ 4\,1\,3\,2 \end{pmatrix},$$

$$\begin{pmatrix} 1\,2\,3\,4 \\ 3\,2\,4\,1 \end{pmatrix}, \begin{pmatrix} 1\,2\,3\,4 \\ 4\,2\,1\,3 \end{pmatrix}, \begin{pmatrix} 1\,2\,3\,4 \\ 1\,3\,4\,2 \end{pmatrix}, \begin{pmatrix} 1\,2\,3\,4 \\ 1\,4\,2\,3 \end{pmatrix}$$

und die 6 Elemente der Ordnung 4

$$\begin{pmatrix} 1\,2\,3\,4 \\ 2\,3\,4\,1 \end{pmatrix}, \begin{pmatrix} 1\,2\,3\,4 \\ 2\,4\,1\,3 \end{pmatrix}, \begin{pmatrix} 1\,2\,3\,4 \\ 3\,4\,2\,1 \end{pmatrix},$$

$$\begin{pmatrix} 1\,2\,3\,4 \\ 3\,1\,4\,2 \end{pmatrix}, \begin{pmatrix} 1\,2\,3\,4 \\ 4\,3\,1\,2 \end{pmatrix}, \begin{pmatrix} 1\,2\,3\,4 \\ 4\,1\,2\,3 \end{pmatrix}.$$

Die Gruppe S_4 hat also nur Elemente der Ordnungen 1, 2, 3 oder 4. Damit kann es keinen Gruppenisomorphismus zwischen D_{24} und S_4 geben.

Aufgabe 3.11. (a) Ist $f \colon (\mathcal{R}_4, \oplus) \longrightarrow (\mathcal{R}_4, \oplus)$ ein Gruppenhomomorphismus, so gilt $f(0) = 0$. Da $\mathcal{R}_4 = \langle 1 \rangle$ gilt, folgt

$$f(2) = f(1 \oplus 1) = f(1) \oplus f(1), f(3) = f(1 \oplus 1 \oplus 1) = f(1) \oplus f(1) \oplus f(1),$$

d. h. f ist durch Angabe des Bildes $f(1)$ eindeutig bestimmt. Damit gibt es genau 4 verschiedene Gruppenhomomorphismen $f_1, f_2, f_3,$ und f_4; diese sind gegeben durch die Zuordnungen

$$f_1(0) = 0, f_1(1) = 0, f_1(2) = 0, f_1(3) = 0,$$
$$f_2(0) = 0, f_2(1) = 1, f_2(2) = 2, f_2(3) = 3,$$
$$f_3(0) = 0, f_3(1) = 2, f_3(2) = 0, f_3(3) = 2,$$
$$f_4(0) = 0, f_4(1) = 3, f_4(2) = 2, f_4(3) = 1.$$

Somit folgt $\ker(f_1) = \mathcal{R}_4$, $\ker(f_2) = \{0\}$, $\ker(f_3) = \{0,2\}$, $\ker(f_4) = \{0\}$, $\mathrm{im}(f_1) = \{0\}$, $\mathrm{im}(f_2) = \mathcal{R}_4$, $\mathrm{im}(f_3) = \{0,2\}$, $\mathrm{im}(f_4) = \mathcal{R}_4$. Dies zeigt insbesondere, dass f_2 und f_4 bijektiv sind.

(b) Da $\mathcal{R}_p = \langle 1 \rangle$ gilt, ist jeder Gruppenhomomorphismus $g \colon (\mathcal{R}_p, \oplus) \longrightarrow (\mathcal{R}_n, \oplus)$ durch Angabe des Bildes $g(1)$ eindeutig bestimmt. Man zeigt nun, dass nur $g(1) = 0$ gelten kann, da n und p teilerfremd sind. Damit gibt es nur einen Gruppenhomomorphismus g; dieser ist durch die Zuordnung $g(m) = 0$ ($m \in \mathcal{R}_p$) gegeben und es gilt $\ker(g) = \mathcal{R}_p$ und $\mathrm{im}(g) = \{0\}$.

Aufgabe 4.3. (a) Die Verifikation der Aussage des Beispiels 4.2 überlassen wir dem Leser.

(b) Die Ordnungsrelation „$\leq$" ist keine Äquivalenzrelation auf $\mathbb{N}$, da „$\leq$" nicht symmetrisch ist.

(c) Die Relation $\sim$ ist keine Äquivalenzrelation auf $\mathbb{N}$, da $\sim$ nicht transitiv ist.

Aufgabe 4.6. Es seien M eine Menge und $m \in M$. Die Äquivalenzklasse von m bzgl. „$="$ ist $M_m = \{m' \in M \,|\, m' = m\}$, d.h. die Menge aller Elemente von M, die gleich m sind. Wir überlassen es dem Leser, sich weitere Äquivalenzrelationen zu überlegen und die zugehörigen Äquivalenzklassen zu bestimmen.

Aufgabe 4.11. Den Beweis dieser Aufgabe überlassen wir dem Leser.

Aufgabe 4.12. Es sei $U = \langle \pi_4 \rangle = \{\pi_1, \pi_4\}$. Die Linksnebenklasse eines Elements $\pi \in S_3$ bzgl. U ist gegeben durch $\pi \circ U = \{\pi \circ \pi_1, \pi \circ \pi_4\}$. Damit sind

$$\pi_1 \circ U = U = \pi_4 \circ U, \pi_2 \circ U = \{\pi_2, \pi_6\} = \pi_6 \circ U, \pi_3 \circ U = \{\pi_3, \pi_5\} = \pi_5 \circ U$$

alle Linksnebenklassen von S_3 nach U.

Aufgabe 4.15. (a) Ist $g \in G$, so gilt $\mathrm{ord}(g) = |U|$ für $U = \langle g \rangle \leq G$, was nach dem Satz von Lagrange $\mathrm{ord}(g) \,|\, |G|$ impliziert.

(b) Es sei $|G| = p$ für eine Primzahl p. Ist $g \in G$, $g \neq e$, so gilt $\mathrm{ord}(g) > 1$ und somit muss nach Teilaufgabe (a) die Gleichheit $\mathrm{ord}(g) = p$ gelten, was $G = \langle g \rangle$ impliziert.

(c) Es sei $|G| = 4$ und wir schreiben $G = \{e, a, b, c\}$. Besitzt G ein Element $g \in G$ mit $\mathrm{ord}(g) = 4$, so folgt $G = \langle g \rangle$, d.h. G ist zyklisch und folglich isomorph zur Gruppe $(\mathcal{R}_4, \oplus)$. Hat G kein Element der Ordnung 4, so hat jedes Element $g \in G$, $g \neq e$, die Ordnung 2, d.h. es gilt $a^2 = b^2 = c^2 = e$. Da G eine Gruppe ist, folgt $a \circ b = c = b \circ a$, $a \circ c = b = c \circ a$ und $b \circ c = a = c \circ b$. Damit ist G isomorph zur Gruppe $(D_4, \circ)$. Somit gibt es bis auf Gruppenisomorphie genau zwei Gruppen der Ordnung 4, beschrieben durch die folgenden Gruppentafeln:

$\circ$	e	a	b	c
e	e	a	b	c
a	a	b	c	e
b	b	c	e	a
c	c	e	a	b

$\circ$	e	a	b	c
e	e	a	b	c
a	a	e	c	b
b	b	c	e	a
c	c	b	a	e

Beide Gruppen sind kommutativ.

Weiter zeigt man, dass es bis auf Gruppenisomorphie nur die Gruppen $(\mathcal{R}_6, \oplus)$ und $(D_6, \circ)$ der Ordnung 6 gibt. Hierbei ist jede kommutative Gruppe der Ordnung 6 isomorph zu $(\mathcal{R}_6, \oplus)$ und jede nicht-kommutative Gruppe der Ordnung 6 isomorph zu $(D_6, \circ)$.

Aufgabe 4.19.   Man löst die Aufgaben 4.11 und 4.12 in analoger Weise auch für Rechtsnebenklassen.

Aufgabe 4.21.   Es sei $U = \langle \pi_4 \rangle = \{\pi_1, \pi_4\}$. Dann gilt $U \circ \pi_2 = \{\pi_2, \pi_5\} \neq \{\pi_2, \pi_6\} = \pi_2 \circ U$, was impliziert, dass U kein Normalteiler von S_3 ist. Analog zeigt man, dass auch $\langle \pi_5 \rangle$ und $\langle \pi_6 \rangle$ keine Normalteiler von S_3 sind.

Aufgabe 4.24.   (a) Für jedes Element $h \in H$ gilt $h \circ H = H = H \circ h$. Es sei nun $g \in G \setminus H$. Dann gilt $g \circ H \neq H$ und $H \circ g \neq H$. Wegen $[G : H] = 2$ finden wir somit die disjunkten Zerlegungen $H \,\dot\cup\, (g \circ H) = G = H \,\dot\cup\, (H \circ g)$ von G. Damit folgt, dass $g \circ H = H \circ g$ gelten muss. Insgesamt ergibt sich damit die Gleichheit $g \circ H = H \circ g$ für alle $g \in G$. Dies beweist, dass H ein Normalteiler in G ist.

(b) Die Abbildung $f \colon G \longrightarrow \mathcal{R}_2$, gegeben durch

$$f(g) = \begin{cases} 0, & \text{falls } g \in H; \\ 1, & \text{falls } g \notin H, \end{cases}$$

ist ein surjektiver Gruppenhomomorphismus.

Aufgabe 4.26.   Da $\ker(f)$ eine Untergruppe, ja sogar ein Normalteiler, von S_3 ist, muss $\ker(f)$ eine der Gruppen $\{\pi_1\}$, A_3 oder S_3 sein. Ist $\ker(f) = \{\pi_1\}$, so ist f injektiv, was wegen $6 = |S_3| > |\mathcal{R}_3| = 3$ nicht möglich ist. Ist $\ker(f) = \{A_3\}$, so folgt $\operatorname{ord}(\pi_4) < \operatorname{ord}(f(\pi_4))$, was wegen Aufgabe 3.8 nicht sein kann. Damit kann nur $\ker(f) = S_3$ gelten, was $f(\pi) = 0$ für alle $\pi \in S_3$ impliziert.

Aufgabe 5.10.   Es sei $f \colon G \longrightarrow \mathcal{R}_2$ der surjektive Gruppenhomomorphismus aus der Lösung von Aufgabe 4.24 (b). Dann gilt $\ker(f) = H$ und nach Korollar 5.8 folgt damit die Isomorphie $G/H \cong \mathcal{R}_2$. Diese Isomorphie kann man auch an der Gruppentafel

$\bullet$	H	$g \circ H$
H	H	$g \circ H$
$g \circ H$	$g \circ H$	H

für die Gruppe $G/H = \{H, g \circ H\}$, wobei $g \in G \setminus H$ ein beliebiges Element ist und $H = e_G \circ H$ gilt, ablesen. Hierbei beachten wir, dass $(g \circ H) \bullet (g \circ H) = H$ gelten muss, da andernfalls aus $(g \circ H) \bullet (g \circ H) = (g \circ g) \circ H = g \circ H$ die Gleichheiten $g \circ g \circ h_1 = g \circ h_2 \Longleftrightarrow g \circ h_1 = h_2 \Longleftrightarrow g = h_2 \circ h_1^{-1}$ für gewisse $h_1, h_2 \in H$ folgten, und somit der Widerspruch $g \in H$ resultierte.

Aufgabe 5.11.   Es ist klar, dass aus $H \trianglelefteq G$, $K \trianglelefteq G$ und $K \subseteq H$ auch $K \trianglelefteq H$ folgt. Die Normalteilereigenschaft von H/K in G/K wird sich im Beweis der Isomorphie automatisch ergeben. Wir definieren dazu die Abbildung $f \colon G/K \longrightarrow G/H$ durch die Zuordnung

$$g \circ K \mapsto g \circ H.$$

Da $K \subseteq H$ gilt, ist f wohldefiniert. Wegen $K \trianglelefteq G$ und $H \trianglelefteq G$ ist f offensichtlich ein Homomorphismus. Weiter gilt

$$\ker(f) = \{g \circ K \mid f(g \circ K) = H\} = \{g \circ K \mid g \circ H = H\} = \{g \circ K \mid g \in H\} = H/K.$$

Dies beweist insbesondere, dass $H/K \trianglelefteq G/K$ gilt. Da f surjektiv ist, folgt nun nach dem Homomorphiesatz

$$(G/K)/(H/K) = (G/K)/\ker(f) \cong G/K,$$

wie behauptet.

Aufgabe 6.4. (a) Es sei $A = \{a_1, a_2, \ldots\}$ eine beliebige Menge mit $a_1 \neq a_2$. Dann gilt $\mathrm{Abb}(A) = \{\mathrm{id}, f, g, \ldots\}$, wobei die Abbildung $\mathrm{id} \colon A \longrightarrow A$ durch die Zuordnung $a_j \mapsto a_j$ ($a_j \in A$), die Abbildung $f \colon A \longrightarrow A$ durch die Zuordnung $a_1 \mapsto a_2, a_j \mapsto a_j$ ($a_j \in A \setminus \{a_1\}$) und die Abbildung $g \colon A \longrightarrow A$ durch die Zuordnung $a_2 \mapsto a_1, a_j \mapsto a_j$ ($a_j \in A \setminus \{a_2\}$) gegeben ist. Damit folgt

$$(f \circ g)(a_1) = f(a_1) = a_2 = (f \circ \mathrm{id})(a_1), (f \circ g)(a_2) = f(a_1) = a_2 = (f \circ \mathrm{id})(a_2),$$

was $f \circ g = f \circ \mathrm{id}$ beweist; allerdings gilt $g \neq \mathrm{id}$. Dies beweist, dass in der Halbgruppe $(\mathrm{Abb}(A), \circ)$ die erste Kürzungsregel verletzt ist. In analoger Weise zeigt man, dass auch die zweite Kürzungsregel nicht gilt.

(b) Wir überlassen es dem Leser, sich weitere Beispiele von Halbgruppen, die nicht regulär sind, zu überlegen.

Aufgabe 6.6. (a) Den Beweis dieser Aufgabe überlassen wir dem Leser.

(b) Auf $(2 \cdot \mathbb{N} + 1) \times (2 \cdot \mathbb{N} + 1) = \{(a, b) \mid a, b \in 2 \cdot \mathbb{N} + 1\}$ definieren wir die Relation

$$(a, b) \sim (c, d) \Longleftrightarrow a \cdot d = b \cdot c \quad (a, b, c, d \in 2 \cdot \mathbb{N} + 1).$$

Schreibt man $\frac{a}{b}$ für die Äquivalenzklasse $[a, b]$ von $(a, b) \in (2 \cdot \mathbb{N} + 1) \times (2 \cdot \mathbb{N} + 1)$, so kann man die Gruppe $G := ((2 \cdot \mathbb{N} + 1) \times (2 \cdot \mathbb{N} + 1))/\sim$ mit der Menge aller Brüche der Form $\frac{a}{b}$ identifizieren, wobei $a, b \in 2 \cdot \mathbb{N} + 1$ gilt und a, b teilerfremd sind. Die detaillierte Ausführung der Konstruktion aus Satz 6.5 überlassen wir dem Leser.

Aufgabe 7.6. Die Verallgemeinerung der Additions- und Multiplikationsregeln aus Bemerkung 1.19 in Kapitel I auf $\mathbb{Z}$ überlassen wir dem Leser.

Aufgabe 7.9. Die Verifikation der Behauptungen dieses Beispiels überlassen wir dem Leser.

Lösungen zu den Aufgaben zu Kapitel III

Aufgabe 1.2. Den Beweis der in Lemma 1.1 behaupteten Rechengesetze überlassen wir dem Leser.

Aufgabe 1.5. Den Beweis von Satz 1.4 überlassen wir dem Leser.

Aufgabe 1.9. Wir geben die Beweisidee. Wir nehmen an, dass

$$a = e \cdot p_1 \cdot \ldots \cdot p_r = e \cdot q_1 \cdot \ldots q_s$$

für $e \in \{\pm 1\}$ und für nicht notwendigerweise verschiedene Primzahlen $p_1, \ldots, p_r, q_1, \ldots, q_s$ ($r \in \mathbb{N}, s \in \mathbb{N}$) gilt. Da nun $p_1 \mid a$ und somit $p_1 \mid e \cdot q_1 \cdot \ldots \cdot q_s$ gilt, folgt mit Hilfe des Euklidischen Lemmas 1.7 die Teilbarkeit $p_1 \mid q_j$ für ein $j = 1, \ldots, s$. Da p_1 eine Primzahl ist, muss somit $p_1 = q_j$ gelten. Ohne Einschränkung können wir (nach eventueller Umnummerierung) $p_1 = q_1$ annehmen. Die Anwendung der Kürzungsregel impliziert die Gleichheit

$$p_2 \cdot \ldots \cdot p_r = q_2 \cdot \ldots \cdot q_s. \tag{3}$$

Da p_2 die linke Seite von (3) teilt, muss p_2 auch die rechte Seite von (3) teilen. Wie im ersten Schritt können wir $p_2 = q_2$ folgern. Indem wir so fortfahren, erhalten wir die Gleichheiten $r = s$ und $p_j = q_j$ für $j = 1, \ldots, r$, was die behauptete Eindeutigkeit beweist.

Aufgabe 2.6. Wir überlassen es dem Leser, zu beweisen, dass der Polynomring $(R[X], +, \cdot)$ ein Ring ist, welcher genau dann kommutativ ist, wenn $(R, +, \cdot)$ kommutativ ist.

Aufgabe 2.7. Es seien A eine nicht-leere Menge und $(R, +_R, \cdot_R)$ ein Ring. Dann gilt $0_R \in R$ und somit ist die Abbildung $0 \colon A \longrightarrow R, a \mapsto 0_R$, ein Element von $\mathrm{Abb}(A, R)$. Die Menge $\mathrm{Abb}(A, R)$ ist somit nicht-leer. Wir zeigen nun, dass $+$ auf $\mathrm{Abb}(A, R)$ assoziativ ist. Dazu seien $f, g, h \in \mathrm{Abb}(A, R)$. Dann gilt für alle $a \in A$

$$((f + g) + h)(a) \underset{\text{Def. von } +}{=} (f + g)(a) +_R h(a) \underset{\text{Def. von } +}{=} (f(a) +_R g(a)) +_R h(a)$$

$$\underset{\substack{+_R \text{ assoziativ,} \\ \text{da } R \text{ Ring}}}{=} f(a) +_R (g(a) +_R h(a))$$

$$\underset{\text{Def. von } +}{=} f(a) +_R (g + h)(a) \underset{\text{Def. von } +}{=} (f + (g + h))(a),$$

was beweist, dass $+$ assoziativ ist. Die Abbildung $0 \colon A \longrightarrow R$ ist das neutrale Element bzgl. $+$, da für alle $f \in \mathrm{Abb}(A, R)$ die Gleichheit

$$(0 + f)(a) \underset{\text{Def. von } +}{=} 0(a) +_R f(a) \underset{\text{Def. von } 0}{=} 0_R +_R f(a) \underset{\substack{0_R \text{ neutrales} \\ \text{Element bzgl. } +_R}}{=} f(a)$$

und analog die Gleichheit $(f + 0)(a) = f(a)$ für alle $a \in A$ gilt. Die weiteren Ringeigenschaften von $\mathrm{Abb}(A, R)$ weist man in ähnlicher Weise unter Benutzung der Ringeigenschaften von R direkt nach.

Aufgabe 2.8. Den Beweis dieser Aufgabe überlassen wir dem Leser.

Aufgabe 2.12. Wenn n keine Primzahl ist, dann gibt es natürliche Zahlen $a, b \in \mathcal{R}_n, a > 1$, $b > 1$, mit $a \cdot b = n$. Dann gilt aber $a \odot b = 0$. Damit sind a und b Nullteiler von $\mathcal{R}_n$.

Aufgabe 2.13. Wir zeigen hier lediglich, dass die Nullteilerfreiheit von $(R, +, \cdot)$ die Nullteilerfreiheit von $(R[X], +, \cdot)$ impliziert. Wir nehmen dazu an, dass der Ring $R[X]$ Nullteiler hat und zeigen, dass dann auch der Ring R Nullteiler besitzen muss. Es seien also $f(X) = a_n \cdot X^n + \ldots + a_1 \cdot X + a_0 \ (a_n \neq 0)$ und $g(X) = b_m \cdot X^m + \ldots + b_1 \cdot X + b_0 \ (b_m \neq 0)$ Nullteiler von $R[X]$, so dass gilt

$$f(X) \cdot g(X) = (a_n \cdot b_m) \cdot X^{n+m} + \ldots + (a_1 \cdot b_0 + a_0 \cdot b_1) \cdot X + a_0 \cdot b_0 = 0,$$

wobei 0 das Nullelement von $R[X]$, d.h. das Nullpolynom, bezeichnet. Insbesondere muss damit $a_n \cdot b_m = 0$ gelten, was beweist, dass R Nullteiler besitzt.

Aufgabe 2.14. Der Ring $(\mathrm{Abb}(A, R), +, \cdot)$ aus Aufgabe 2.7 besitzt als Nullelement die Abbildung $0 \colon A \longrightarrow R$, induziert durch die Zuordnung $a \mapsto 0_R$. Ist nun zum Beispiel $R = (\mathcal{R}_6, \oplus, \odot)$, dann gilt für $f \colon A \longrightarrow R$, gegeben durch $a \mapsto 2$ $(a \in A)$, und $g \colon A \longrightarrow R$, gegeben durch $a \mapsto 3$ $(a \in A)$, die Gleichheit

$$(f \cdot g)(a) \underset{\text{Def. von } \cdot}{=} f(a) \odot g(a) \underset{\text{Def. von } f, g}{=} 2 \odot 3 = 0 = 0(a),$$

d. h. f und g sind Nullteiler von $(\mathrm{Abb}(A, R), +, \cdot)$. Somit hat auch der Ring $(\mathrm{Abb}(A, R), +, \cdot)$ Nullteiler, falls R Nullteiler besitzt. Wir bemerken, dass der Ring $(\mathrm{Abb}(A, R), +, \cdot)$ im Allgemeinen auch dann Nullteiler besitzen kann, wenn R nullteilerfrei ist.

Aufgabe 2.20. Im Polynomring $(\mathbb{Z}[X], +, \cdot)$ ist das Einselement durch das Einspolynom 1 gegeben. Es sei $f(X) = a_n \cdot X^n + \ldots + a_1 \cdot X + a_0$ $(a_n \neq 0)$ eine Einheit in $\mathbb{Z}[X]$. Dann existiert ein Polynom $g(X) = b_m \cdot X^m + \ldots + b_1 \cdot X + b_0$ $(b_m \neq 0)$ in $\mathbb{Z}[X]$ mit

$$f(X) \cdot g(X) = (a_n \cdot b_m) \cdot X^{n+m} + \ldots + (a_1 \cdot b_0 + a_0 \cdot b_1) \cdot X + a_0 \cdot b_0 = 1.$$

Angenommen, es gilt $n > 0$, so muss insbesondere $a_n \cdot b_m = 0$ gelten, im Widerspruch dazu, dass $\mathbb{Z}$ nullteilerfrei ist. Deshalb kann f und somit g nur von der Form $f(X) = a_0$ und $g(X) = b_0$ sein. Die Gleichheit $a_0 \cdot b_0 = 1$ zeigt, dass f und g genau dann Einheiten sind, falls $a_0 \in \{1, -1\}$ und $a_0 = b_0$ gilt. Der Polynomring $(\mathbb{Z}[X], +, \cdot)$ hat also nur die Einheiten $\{1, -1\}$.

Aufgabe 2.21. Dass die Einheiten eines Rings $(R, +, \cdot)$ mit Einselement 1 bezüglich der Multiplikation eine Gruppe mit neutralem Element 1 bilden, ergibt sich direkt aus der Definition der Einheiten.

Aufgabe 2.22. Die Einheitengruppe von $\mathcal{R}_5$ ist $(\mathcal{R}_5 \setminus \{0\}, \odot)$ und damit isomorph zur Gruppe $(\mathcal{R}_4, \oplus)$. Die Einheitengruppe von $\mathcal{R}_8$ ist $(\{1, 3, 5, 7\}, \odot)$. Es gilt $3 \odot 3 = 1, 5 \odot 5 = 1, 7 \odot 7 = 1$, was zeigt, dass diese Gruppe isomorph zu $(D_4, \circ)$ ist. Die Einheitengruppe von $\mathcal{R}_{10}$ ist $(\{1, 3, 7, 9\}, \odot)$. Es gilt $3 \odot 7 = 1, 9 \odot 9 = 1$, was zeigt, dass diese Gruppe isomorph zu $(\mathcal{R}_4, \oplus)$ und damit zu $(\mathcal{R}_5 \setminus \{0\}, \odot)$ ist. Die Einheitengruppe von $\mathcal{R}_{12}$ ist $(\{1, 5, 7, 11\}, \odot)$. Es gilt $5 \odot 5 = 1, 7 \odot 7 = 1, 11 \odot 11 = 1$, was zeigt, dass diese Gruppe isomorph zu $(D_4, \circ)$ und damit zu $(\{1, 3, 5, 7\}, \odot)$ ist.

Aufgabe 2.26. Für $n \in \mathbb{N}$ ist $(n\mathbb{Z}, +, \cdot)$ ein Unterring von $(\mathbb{Z}, +, \cdot)$.

Aufgabe 2.27. Wir überlassen es dem Leser, zu zeigen, dass $(R, +, \cdot)$ ein Unterring des Polynomrings $(R[X], +, \cdot)$ ist.

Aufgabe 3.3. (a) Die Abbildung f_1 ist ein Ringhomomorphismus.

(b) Die Abbildung f_2 ist kein Ringhomomorphismus, da für $g_1(X) = X$ und $g_2(X) = 1$ die Ungleichheit $f_2(g_1(X) \cdot g_2(X)) = f_2(1 \cdot X) = 1 \neq 0 = 1 \cdot 0 = f_2(X) \cdot f_2(1) = f_2(g_1(X)) \cdot f_2(g_2(X))$ gilt.

(c) Die Abbildung f_3 ist genau dann ein Ringhomomorphismus, falls $r = 0$ gilt.

(d) Die Abbildung f_4 ist ein Ringhomomorphismus.

(e) Die Abbildung f_5 ist ein Ringhomomorphismus.

Aufgabe 3.6. Den Beweis von Lemma 3.5 überlassen wir dem Leser.

Aufgabe 3.7. Wir erhalten

$$\ker(f_1) = \{ \sum_{j \in \mathbb{N}} a_j \cdot X^j \mid a_j \in R, a_0 = 0 \}, \operatorname{im}(f_1) = R.$$

Die Abbildung f_2 ist kein Ringhomomorphismus. Weiter gilt

$$\ker(f_3) = \operatorname{Abb}(A, R), \operatorname{im}(f_3) = \{0\} \ (\text{im Fall } r = 0);$$
$$\ker(f_4) = \{ g \in \operatorname{Abb}(A, R) \mid g(a) = 0 \}, \operatorname{im}(f_4) = \{ g(a) \mid g \in \operatorname{Abb}(A, R) \};$$
$$\ker(f_5) = \{ f(X) \in R[X] \mid f(r) = 0 \}, \operatorname{im}(f_5) = \{ f(r) \mid f(X) \in R[X] \} = R$$

für die betrachteten Ringhomomorphismen.

Aufgabe 3.14. Um die Gleichheit $\mathfrak{a} = R$ zu beweisen, haben wir $\mathfrak{a} \supseteq R$ zu zeigen. Dazu sei $r \in R$. Da $1 \in \mathfrak{a}$ gilt und $\mathfrak{a}$ ein Ideal ist, folgt $r \cdot 1 = r \in \mathfrak{a}$. Dies beweist, dass $R \subseteq \mathfrak{a}$ gilt.

Aufgabe 3.15. Nein, denn für jeden Unterring U von $(\mathbb{Z}, +, \cdot)$ gilt insbesondere, dass $(U, +)$ eine Untergruppe von $(\mathbb{Z}, +)$ ist. Damit muss $U = n\mathbb{Z}$ für ein $n \in \mathbb{N}$ gelten, was beweist, dass $(U, +)$ ein Ideal von $\mathbb{Z}$ ist.

Aufgabe 3.16. Beispielsweise ist $\mathbb{Z}$ ein Unterring des Polynomrings $(\mathbb{Z}[X], +, \cdot)$, der kein Ideal von $\mathbb{Z}[X]$ ist.

Aufgabe 3.17. Die Hauptideale von $\mathbb{Z}[X]$ sind von der Form $\{ h \cdot f \mid f \in \mathbb{Z}[X] \}$ für ein $h \in \mathbb{Z}[X]$. Wir überlassen es dem Leser, zu zeigen, dass das Ideal

$$\mathfrak{a} := \{ 2 \cdot f + X \cdot g \mid f, g \in \mathbb{Z}[X] \}$$

kein Hauptideal von $(\mathbb{Z}[X], +, \cdot)$ ist.

Aufgabe 3.19. Es gilt $\ker(f_1) = (X)$ und $\ker(f_5) = (X - r)$. Falls der Ring R darüber hinaus ein Einselement besitzt, gilt $\ker(f_3) = (1)$.

Aufgabe 3.28. Es sei $a \in \mathbb{Z}$. Dann ist die Abbildung $f: \mathbb{Z}[X] \longrightarrow \mathbb{Z}$, gegeben durch die Zuordnung $f(X) \mapsto f(a)$, aufgrund der Lösungen der Aufgaben 3.3, 3.7 und 3.19 ein surjektiver Ringhomomorphismus mit $\ker(f) = (X - a)$. Mit Hilfe von Korollar 3.26 ergibt sich somit der Ringisomorphismus $\mathbb{Z}[X]/(X - a) \cong \mathbb{Z}$, wie gewünscht.

Aufgabe 3.29. Ein Analogon zu der Gruppenisomorphie aus Aufgabe 5.11 in Kapitel II kann man auch für Ringe formulieren und beweisen, indem man überall „Untergruppe" und „Normalteiler" durch „Ideal" ersetzt und nachrechnet, dass die auftretenden Gruppenhomomorphismen auch Ringhomomorphismen sind. Wir überlassen diese Aufgabe dem Leser.

Aufgabe 4.4. Das ist nicht möglich, denn man kann zeigen, dass jeder Schiefkörper mit endlich vielen Elementen sogar ein Körper sein muss.

Aufgabe 5.3. Den Beweis der Assoziativität von $\oplus$, der Kommutativität von $\odot$ und des zweiten Distributivgesetzes überlassen wir dem Leser.

Aufgabe 5.5. Wir betrachten den Ringhomomorphismus $f: K \longrightarrow \operatorname{Quot}(K)$, der durch $a \mapsto [a, 1]$ gegeben ist. Der Ringhomomorphismus f ist wohldefiniert, da K ein Körper ist und somit $1 \in K$ gilt. Außerdem ist f injektiv, was wir wie folgt einsehen: angenommen es gilt $[a, 1] = [b, 1]$ für $a, b \in K$, dann folgt $(a, 1) \sim (b, 1)$, was $a \cdot 1 = 1 \cdot b$ und somit

$a = b$ impliziert. Wir zeigen nun, dass f auch surjektiv ist. Dazu sei $[a, b] \in \mathrm{Quot}(K)$ mit $a, b \in K$, $b \neq 0$, ein beliebiges Element. Da K ein Körper ist, existiert ein zu b inverses Element $b^{-1} \in K$. Damit ist $a \cdot b^{-1} \in K$ und es gilt

$$f(a \cdot b^{-1}) = [a \cdot b^{-1}, 1] = [a, b],$$

wobei die letzte Gleichheit wegen $(a \cdot b^{-1}, 1) \sim (a, b) \Longleftrightarrow a \cdot b^{-1} \cdot b = 1 \cdot a \Longleftrightarrow a = a$ folgt. Damit ist f insgesamt ein Ringisomorphismus und es ergibt sich die Ringisomorphie $K \cong \mathrm{Quot}(K)$.

Aufgabe 6.3. Es sei $r = s/t$ für $s \in \mathbb{Z}$ und $t \in \mathbb{N} \setminus \{0\}$. Dann entspricht r dem Element $[s, t] \in \mathbb{Z} \times (\mathbb{Z} \setminus \{0\})$. Ist nun $d = (s, t) > 0$ der größte gemeinsame Teiler von s und t, so können wir $s = d \cdot a$ und $t = d \cdot b$ mit $a \in \mathbb{Z}$, $b \in \mathbb{N} \setminus \{0\}$ und a, b teilerfremd schreiben. Aufgrund der Gleichheit $s \cdot b = (d \cdot a) \cdot b = (d \cdot b) \cdot a = t \cdot a$ ergibt sich somit die Gleichheit $[s, t] = [a, b]$. Dies beweist die Existenz des geforderten Repräsentanten. Um die Eindeutigkeit des Repräsentanten zu zeigen, nehmen wir an, dass $[c, d]$ mit $c \in \mathbb{Z}$, $d \in \mathbb{N} \setminus \{0\}$ und c, d teilerfremd, ein weiteres Element mit $[s, t] = [c, d]$ ist. Dann folgt insbesondere $[a, b] = [c, d]$ und somit

$$a \cdot d = b \cdot c.$$

Ist nun p eine beliebige Primzahl mit $p \mid a$, so muss $p \mid b \cdot c$ und folglich, da p eine Primzahl ist, $p \mid b$ oder $p \mid c$ gelten. Da aber a und b teilerfremd sind, muss $p \mid c$ gelten. Umgekehrt zeigt man, dass für eine beliebige Primzahl p mit $p \mid c$ auch $p \mid a$ gelten muss. Damit folgt einerseits $a \mid c$ und andererseits $c \mid a$, was, da a und c das gleiche Vorzeichen besitzen, die Gleichheit $a = c$ beweist. In analoger Weise zeigen wir die Gleichheit $b = d$, was den Beweis der Eindeutigkeit abschließt.

Aufgabe 6.4. Da man diesen Beweis üblicherweise in der Analysisvorlesung des ersten Studienjahres kennenlernt, überlassen wir den Beweis dieser Aufgabe dem Leser.

Aufgabe 6.7. Die Verallgemeinerung der Additions- und Multiplikationsregeln aus Bemerkung 1.19 in Kapitel I überlassen wir dem Leser.

Aufgabe 7.4. Wir erhalten in $\mathbb{Z}[X]$ die Zerlegungen $20X = 2^2 \cdot 5 \cdot X$ und $10X^2 + 4X - 6 = 2 \cdot (X + 1) \cdot (5X - 3)$. Damit ist 2 der größte gemeinsame Teiler und $2^2 \cdot 5 \cdot X \cdot (X + 1) \cdot (5X - 3) = 100X^3 + 40X^2 - 60X$ das kleinste gemeinsame Vielfache der Polynome $20X$ und $10X^2 + 4X - 6$ in $\mathbb{Z}[X]$.

Aufgabe 7.9. Wir überlassen es dem Leser, sich entsprechende Beispiele zu überlegen.

Aufgabe 7.15. Den Beweis von Teil (ii) des Beweises von Lemma 7.14 überlassen wir dem Leser.

Aufgabe 7.25. Beispielsweise ist der Polynomring $K[X, Y]$ in zwei Variablen über einem Körper K kein Hauptidealring, da das Ideal

$$\mathfrak{a} := \{X \cdot f + Y \cdot g \mid f, g \in K[X, Y]\}$$

kein Hauptideal ist.

Aufgabe 7.38. (a) Wir erhalten $(123\,456\,789, 555\,555\,555) = 9$.

(b) Wir berechnen

$$X^4 + 2X^3 + 2X^2 + 2X + 1 = (X+1) \cdot (X^3 + X^2 - X - 1) + (2X^2 + 4X + 2)$$

$$X^3 + X^2 - X - 1 = \left(\frac{1}{2}X - \frac{1}{2}\right) \cdot (2X^2 + 4X + 2) + 0.$$

Damit erhalten wir $(X^4 + 2X^3 + 2X^2 + 2X + 1, X^3 + X^2 - X - 1) = 2X^2 + 4X + 2$.

Lösungen zu den Aufgaben zu Kapitel IV

Aufgabe 1.6. (a) Wir erhalten die Dezimalbruchentwicklungen $\frac{1}{5} = 0{,}2$, $\frac{1}{3} = 0{,}\overline{3}$, $\frac{1}{16} = 0{,}0625$, $\frac{1}{11} = 0{,}\overline{09}$ und $\frac{1}{7} = 0{,}\overline{142857}$.

(b) Man zeigt, dass ein gekürzter Bruch $\frac{a}{b}$ ($a, b \in \mathbb{Z}$; $b \neq 0$) genau dann eine abbrechende Dezimalbruchentwicklung besitzt, wenn $b = 2^k \cdot 5^l$ mit $k, l \in \mathbb{N}$ gilt.

(c) Wir betrachten die rationale Zahl $\frac{1}{m}$ für $m \in \mathbb{N}$, $m \neq 0$, mit $2 \nmid m$ und $5 \nmid m$. Man zeigt, dass $m - 1$ eine grobe Abschätzung der Periodenlänge des Dezimalbruchs von $\frac{1}{m}$ ist. Hierzu überlegt man sich, dass höchstens $m - 1$ Reste bei Division durch m angenommen werden können. Für die rationale Zahl $\frac{1}{7}$ ist die Periodenlänge beispielsweise maximal.

(d) Ohne Einschränkung können wir zunächst annehmen, dass der periodische Dezimalbruch von der Form

$$0, q_{-1} \cdots q_{-v} \overline{q_{-(v+1)} \cdots q_{-(v+p)}}$$

mit natürlichen Zahlen $v \geq 0$, $p > 0$ ist. Dann gilt

$$\frac{a}{b} = \frac{\sum_{j=1}^{v} q_{-j} 10^{v-j}}{10^v} + \frac{1}{10^v} \cdot \frac{\sum_{j=1}^{p} q_{-(v+j)} 10^{p-j}}{10^p - 1}.$$

Beispielsweise erhält man für $0{,}\overline{123}$ die rationale Zahl

$$\frac{123}{10^3 - 1} = \frac{123}{999} = \frac{41}{333}.$$

Aufgabe 2.2. (a) Ohne Einschränkung können wir $\epsilon \in \mathbb{Q}$, $0 < \epsilon < 1$, annehmen. Für $n \in \mathbb{N}$ gilt dann

$$\left|\frac{1}{n+1}\right| < \epsilon \quad \Longleftrightarrow \quad \frac{1 - \epsilon}{\epsilon} < n.$$

Setzen wir mit der Gauß-Klammer $N(\epsilon) := [(1 - \epsilon)/\epsilon]$, dann gilt für alle $n \in \mathbb{N}$ mit $n > N(\epsilon)$ die Ungleichung

$$\left|\frac{1}{n+1}\right| < \epsilon.$$

Dies beweist, dass die Folge $\left(\frac{1}{n+1}\right)_{n \geq 0}$ eine rationale Nullfolge ist. Mit Hilfe der Abschätzung

$$\frac{n}{2^n} < \frac{1}{n+1}$$

für $n \in \mathbb{N}$, $n \geq 5$, zeigt man in analoger Weise, dass auch $\left(\frac{n}{2^n}\right)_{n \geq 0}$ eine rationale Nullfolge ist.

(b) Weitere Beispiele für rationale Nullfolgen sind die Folgen $\left(\frac{1}{(n+1)^k}\right)_{n \geq 0}$ mit $k \in \mathbb{N}$, $k \geq 2$.

Aufgabe 2.18.   Es seien $\alpha = (a_n) + \mathfrak{n}$, $\beta = (b_n) + \mathfrak{n}$ zwei reelle Zahlen mit $\alpha < \beta$, d. h. es existieren $q \in \mathbb{Q}$, $q > 0$, $N(q) \in \mathbb{N}$ mit $b_n - a_n > q$ für alle $n \in \mathbb{N}$ mit $n > N(q)$. Um die behauptete Unabhängigkeit von der Wahl der repräsentierenden rationalen Cauchyfolgen zu zeigen, nehmen wir nun $(a_n) + \mathfrak{n} = (a_n') + \mathfrak{n}$ bzw. $(b_n) + \mathfrak{n} = (b_n') + \mathfrak{n}$ für weitere rationale Cauchyfolgen (a_n') bzw. (b_n') an. Dann muss insbesondere $(a_n') = (a_n) + (c_n) = (a_n + c_n)$ bzw. $(b_n') = (b_n) + (d_n) = (b_n + d_n)$ mit rationalen Nullfolgen (c_n) bzw. (d_n) gelten. Damit ergibt sich

$$b_n' - a_n' = (b_n - a_n) + (d_n - c_n) \geq (b_n - a_n) - |d_n - c_n|. \tag{4}$$

Da weiter $(d_n - c_n)$ eine rationale Nullfolge ist, existiert zu $\epsilon := q/2 \in \mathbb{Q}$ ein $\tilde{N}(\epsilon) \in \mathbb{N}$ derart, dass für alle $n \in \mathbb{N}$ mit $n > \tilde{N}(\epsilon)$ die Ungleichung $|d_n - c_n| < \epsilon$ besteht. Setzen wir also $q' := q - \epsilon = q/2 \in \mathbb{Q}$, so gilt $q' > 0$, und mit (4) folgt die Abschätzung

$$b_n' - a_n' > q - \epsilon = q'$$

für alle $n \in \mathbb{N}$ mit $n > N(q') := \max\{N(q), \tilde{N}(\epsilon)\}$. Dies beweist die behauptete Repräsentantenunabhängigkeit.

Aufgabe 2.22.   Den Beweis von Lemma 2.21 überlassen wir dem Leser.

Aufgabe 2.25.   Reelle Nullfolgen, deren Folgenglieder alle irrationale Zahlen sind, sind beispielsweise die Folgen $\left(\frac{\sqrt{2}}{(n+1)^k} \right)_{n \geq 0}$ mit $k \in \mathbb{N}$, $k \geq 1$.

Aufgabe 2.30.   Wir beginnen mit der Überlegung, dass für eine rationale Zahl $a_0 \in \mathbb{Q}$, $a_0 > 0$, die folgenden Äquivalenzen

$$a_0 + \delta_0 = \sqrt{2} \iff (a_0 + \delta_0)^2 = 2 \iff 2a_0\delta_0 + \delta_0^2 = 2 - a_0^2 \iff \delta_0 = \frac{2 - a_0^2}{2a_0} - \frac{\delta_0^2}{2a_0}$$

mit einem Fehler δ_0 gelten. Setzen wir also

$$a_1 := a_0 + \frac{2 - a_0^2}{2a_0} = \frac{2 + a_0^2}{2a_0},$$

so folgt wegen $a_0 > 0$ die Abschätzung $a_1^2 > 2$, d. h. $a_1 > \sqrt{2}$. Dies impliziert unmittelbar $(2 - a_1^2)/(2a_1) < 0$ und damit gilt für

$$a_2 := a_1 + \frac{2 - a_1^2}{2a_1} = \frac{2 + a_1^2}{2a_1}$$

sowohl $a_1 > a_2$ als auch $a_2^2 > 2$, d. h. $a_2 > \sqrt{2}$. Wir betrachten nun die rationale Zahlenfolge $(a_n)_{n \geq 0}$ mit $a_0 \in \mathbb{Q}$, $a_0 > 0$, beliebig und

$$a_{n+1} := \frac{2 + a_n^2}{2a_n} \quad (n \in \mathbb{N}, n \geq 1). \tag{5}$$

Mit Hilfe von vollständiger Induktion zeigt man zuerst, dass sowohl $a_n > a_{n+1}$ für alle $n \in \mathbb{N}$, $n \geq 1$, als auch $a_n^2 > 2$, d. h. $a_n > \sqrt{2}$, für alle $n \in \mathbb{N}$, $n \geq 1$, gilt. Unter Zuhilfenahme dieser Abschätzungen beweist man dann in einem zweiten Schritt, dass $(a_n)_{n \geq 0}$ eine rationale Cauchyfolge ist. Diese rationale Cauchyfolge hat einen Grenzwert $\alpha \in \mathbb{R}$, $\alpha > 0$. Aufgrund der Rekursionsformel (5) erfüllt α die Gleichung

$$\alpha = \frac{2 + \alpha^2}{2\alpha} \quad \Longleftrightarrow \quad \alpha = \sqrt{2},$$

wie gewünscht.

Aufgabe 3.12. (a) Die Dezimaldarstellung $0,101001000100001\ldots$ ist weder abbrechend noch periodisch; somit kann diese Zahl nicht rational sein. In analoger Weise findet man weitere Beispiele, wie etwa die Zahl $0,121331222133331\ldots$

(b) Verwendet man die in der Lösung von Aufgabe 2.30 konstruierte rationale Cauchyfolge $(a_n)_{n\geq 0}$ zur Berechnung von $\sqrt{2}$, so erhält man $\sqrt{2} \approx 1,4142135623$ bis auf die ersten zehn Nachkommastellen genau, indem man beispielsweise $a_0 = 1$ wählt und viermal iteriert.

Aufgabe 4.2. Wir betrachten exemplarisch die Zahlenfolge

$$(a_n)_{n\geq 0} := \left(\frac{n^2 + 2}{2^n} \right)_{n\geq 0}.$$

Es gilt $a_0 = 2$ und $a_1 = a_2 = 3/2$. Für $n \in \mathbb{N}, n \geq 3$, zeigt man weiter die Ungleichung $2(n^2 + 2) > (n+1)^2 + 2$. Wegen

$$2(n^2 + 2) > (n+1)^2 + 2 \quad \Longleftrightarrow \quad \frac{n^2 + 2}{2^n} > \frac{(n+1)^2 + 2}{2^{n+1}} \quad \Longleftrightarrow \quad a_n > a_{n+1}$$

für $n \in \mathbb{N}, n \geq 3$, folgt somit insgesamt, dass die Zahlenfolge $(a_n)_{n\geq 0}$ monoton fallend, jedoch nicht streng monoton fallend ist. In analoger Weise zeigt man, dass die Zahlenfolgen

$$\left(12^{\frac{1}{n+1}} \right)_{n\geq 0}, \left(\frac{n^3 + 3}{3^n} \right)_{n\geq 0}$$

streng monoton fallend sind und die Zahlenfolge

$$\left(\frac{n^3 - 2}{n^2 - 2} \right)_{n\geq 0}$$

monoton wachsend ist. Die Zahlenfolge

$$\left(n^{\frac{1}{n+1}} \right)_{n\geq 0}$$

ist weder monoton wachsend, noch monoton fallend. Allerdings ist die Zahlenfolge

$$\left(n^{\frac{1}{n+1}} \right)_{n\geq 4}$$

streng monoton fallend.

Aufgabe 4.6. Die nach unten beschränkte Teilmenge $\mathfrak{M} \subseteq \mathbb{Q}$ bestehend aus allen Folgengliedern a_n mit $n \geq 1$ der in der Lösung von Aufgabe 2.30 konstruierten rationalen Cauchyfolge $(a_n)_{n\geq 0}$ besitzt die größte untere Schranke $\sqrt{2} \notin \mathbb{Q}$.

Aufgabe 4.7. Die größte untere Schranke der Menge $\{ \sqrt[x]{x} \mid x \in \mathbb{Q}, x \geq 0 \}$ wird bei $x = 0$ angenommen und ist gleich 0; die kleinste obere Schranke dieser Menge ist $\sqrt[e]{e}$.

Aufgabe 5.3. Den Beweis dieser Aufgabe überlassen wir dem Leser.

Aufgabe 6.7. Die Vervollständigung der offen gebliebenen Stellen in der Beweisskizze von Satz 6.5 überlassen wir dem Leser.

Lösungen zu den Aufgaben zu Kapitel V

Aufgabe 1.1. Die Lösung dieser Aufgabe überlassen wir dem Leser.

Aufgabe 1.8. Die Vervollständigung des Beweises von Satz 1.7 überlassen wir dem Leser.

Aufgabe 1.10. Es sei $\alpha = \alpha_1 + \alpha_2 i \in \mathbb{C}$, $\alpha \neq 0$. Ist $\alpha_2 = 0$ und $\alpha_1 > 0$, dann sind $\pm\sqrt{\alpha_1}$ die Lösungen der Gleichung $x^2 = \alpha$. Ist $\alpha_2 = 0$ und $\alpha_1 < 0$, dann sind $\pm\sqrt{|\alpha_1|}\,i$ die Lösungen der Gleichung $x^2 = \alpha$. Es bleibt noch, den Fall zu betrachten, dass $\alpha_2 \neq 0$ gilt. Dazu sei $\beta = \beta_1 + \beta_2 i \in \mathbb{C}$ mit $\beta_1 \neq 0$. Dann besteht die Äquivalenz

$$\beta^2 = \alpha \quad \Longleftrightarrow \quad (\beta_1^2 - \beta_2^2) + (2\beta_1\beta_2)i = \alpha_1 + \alpha_2 i \quad \Longleftrightarrow \quad \beta_1^2 - \beta_2^2 = \alpha_1, \, 2\beta_1\beta_2 = \alpha_2.$$

Setzen wir nun die zweite Gleichheit $\beta_2 = \alpha_2/(2\beta_1)$ in die erste Gleichheit ein, so erhalten wir die Gleichung $4\beta_1^4 - 4\alpha_1\beta_1^2 - \alpha_2^2 = 0$. Indem wir $y := \beta_1^2$ setzen, erhalten wir die quadratische Gleichung $4y^2 - 4\alpha_1 y - \alpha_2^2 = 0$, welche die Lösungen

$$y_{1,2} = \frac{\alpha_1 \pm \sqrt{\alpha_1^2 + \alpha_2^2}}{2} = \frac{\alpha_1 \pm |\alpha|}{2}$$

besitzt. Da nun $\beta_1 \in \mathbb{R}$ gilt, müssen wir jedoch nur die nichtnegative Lösung y_1 betrachten. Mit $\beta_1 = \pm\sqrt{y_1}$ und $\beta_2 = \pm\alpha_2/(2\sqrt{y_1})$ erhalten wir damit die Lösungsformel

$$\beta = \pm\frac{\sqrt{\alpha_1 + |\alpha|}}{\sqrt{2}} \pm \frac{\alpha_2 i}{\sqrt{2(\alpha_1 + |\alpha|)}}.$$

Insgesamt ergibt sich somit für die Lösungen der Gleichung $x^2 = \alpha$ die folgende Lösungsformel

$$x_{1,2} = \begin{cases} \pm\sqrt{\alpha_1}, & \text{falls } \alpha_1 > 0, \alpha_2 = 0; \\[2mm] \pm\sqrt{|\alpha_1|}\,i, & \text{falls } \alpha_1 < 0, \alpha_2 = 0; \\[2mm] \pm\left(\sqrt{\frac{|\alpha| + \alpha_1}{2}} + \sqrt{\frac{|\alpha| - \alpha_1}{2}}\,i\right), & \text{falls } \alpha_2 > 0; \\[2mm] \pm\left(\sqrt{\frac{|\alpha| + \alpha_1}{2}} - \sqrt{\frac{|\alpha| - \alpha_1}{2}}\,i\right), & \text{falls } \alpha_2 < 0. \end{cases}$$

Damit folgt, dass die Gleichung $x^2 = i$ die Lösungen $x_{1,2} = \pm(1 + i)/\sqrt{2}$, die Gleichung $x^2 = 2 + i$ die Lösungen

$$x_{1,2} = \pm\left(\frac{\sqrt{\sqrt{5} + 2}}{\sqrt{2}} + \frac{\sqrt{\sqrt{5} - 2}}{\sqrt{2}}\,i\right)$$

und die Gleichung $x^2 = 3 - 2i$ die Lösungen

$$x_{1,2} = \pm \left(\frac{\sqrt{\sqrt{13}+3}}{\sqrt{2}} - \frac{\sqrt{\sqrt{13}-3}}{\sqrt{2}} i \right)$$

besitzt.

Aufgabe 1.11. Da aufgrund der Lösung von Aufgabe 1.10 die Gleichheit $((1+i)/2)^2 = i/2$ gilt, ergibt sich mit quadratischer Ergänzung

$$x^2 + (1+i) \cdot x + i = 0 \iff \left(x + \frac{1+i}{2} \right)^2 + \frac{i}{2} = 0.$$

Substituiert man nun $y := x + (1+i)/2$, so erhält man die quadratische Gleichung $y^2 = -i/2$. Mit Hilfe der Lösungsformel aus Aufgabe 1.10 erhalten wir somit die Lösungen

$$x_{1,2} = y_{1,2} - \frac{1+i}{2} = \pm \frac{1}{2} \mp \frac{i}{2} - \frac{1+i}{2},$$

d. h. $x_1 = -i$ und $x_2 = -1$ sind die Lösungen der Gleichung $x^2 + (1+i) \cdot x + i = 0$, was man auch leicht durch Einsetzen nachprüft. In analoger Weise zeigt man, dass die Gleichung $x^2 + (2-i) \cdot x - 2i = 0$ die Lösungen $x_1 = i$ und $x_2 = -2$ besitzt.

Aufgabe 1.14. (a) Zuächst verifiziert man die Gleichheit $\overline{\alpha \cdot \beta} = \overline{\alpha} \cdot \overline{\beta}$ für alle $\alpha, \beta \in \mathbb{C}$. Damit ergibt sich

$$|\alpha \cdot \beta|^2 = (\alpha \cdot \beta) \cdot (\overline{\alpha \cdot \beta}) = \alpha \cdot \overline{\alpha} \cdot \beta \cdot \overline{\beta} = |\alpha|^2 \cdot |\beta|^2,$$

was die Behauptung beweist.

(b) Es seien $\alpha_1, \alpha_2, \beta_1, \beta_2 \in \mathbb{N}$. Mit Hilfe der Produktregel aus Teilaufgabe (a) für $\alpha = \alpha_1 + \alpha_2 i$ und $\beta = \beta_1 + \beta_2 i$ folgt

$$(\alpha_1^2 + \alpha_2^2) \cdot (\beta_1^2 + \beta_2^2) = (\alpha_1 \beta_1 - \alpha_2 \beta_2)^2 + (\alpha_1 \beta_2 + \alpha_2 \beta_1)^2.$$

Dies impliziert die Behauptung.

Aufgabe 2.3. Die Aussage der Bemerkung 2.2 ergibt sich sofort mit Hilfe der Produktregel aus Aufgabe 1.14 (a).

Aufgabe 2.5. Es sei $A \in M_2(\mathbb{R})$ eine beliebige invertierbare Matrix. Man überzeugt sich, dass die Abbildung $f_A \colon (\mathbb{C}, +, \cdot) \longrightarrow (M_2(\mathbb{R}), +, \cdot)$, gegeben durch

$$\alpha = \alpha_1 + \alpha_2 i \mapsto A \cdot \begin{pmatrix} \alpha_1 & \alpha_2 \\ -\alpha_2 & \alpha_1 \end{pmatrix} \cdot A^{-1},$$

ein injektiver Ringhomomorphismus ist. Insbesondere induziert f die Isomorphie $\mathbb{C} \cong \operatorname{im}(f)$, d. h. $\mathbb{C}$ ist isomorph zu dem Unterring $\operatorname{im}(f)$ von $M_2(\mathbb{R})$.

Aufgabe 2.8. Den Beweis dieser Aufgabe überlassen wir dem Leser.

Aufgabe 2.12. Wir bemerken zunächst, dass für zwei komplexe Zahlen $\alpha, \beta \in \mathbb{C} \setminus \{0\}$ mit den Polarkoordinatendarstellungen $\alpha = |\alpha| \cdot (\cos(\varphi) + i\sin(\varphi))$ bzw. $\beta = |\beta| \cdot (\cos(\psi) + i\sin(\psi))$ die folgende Formel für die Multiplikation gilt

$$\alpha \cdot \beta = |\alpha||\beta| \cdot \big(\cos(\varphi)\cos(\psi) - \sin(\varphi)\sin(\psi) + i\big(\sin(\varphi)\cos(\psi) + \cos(\varphi)\sin(\psi)\big) \big)$$

$$= |\alpha||\beta| \cdot \big(\cos(\varphi + \psi) + i\sin(\varphi + \psi) \big),$$

wobei wir für die zweite Gleichheit die Additionstheoreme für den Sinus und den Kosinus heranziehen. Damit folgt für $m \in \mathbb{N}$ die Gleichheit

$$\alpha^m = |\alpha|^m \cdot \big(\cos(m\varphi) + i\sin(m\varphi)\big).$$

Ebenso ergibt sich für $n \in \mathbb{N}$ mit $n \neq 0$ die Gleichheit

$$\alpha^{\frac{1}{n}} = |\alpha|^{\frac{1}{n}} \cdot \left(\cos\left(\frac{\varphi}{n}\right) + i\sin\left(\frac{\varphi}{n}\right)\right).$$

Dies liefert insgesamt den Beweis der allgemeinen Formel.

Aufgabe 4.4. Es sei p eine Primzahl. Dann ist $f(X) = X^2 - p$ ein Polynom vom Grad 2 mit ganzzahligen Koeffizienten und es gilt $f(\sqrt{p}) = 0$. Wir nehmen nun an, dass es ein Polynom $g(X) = aX + b$ $(a, b \in \mathbb{Z}, a \neq 0)$ vom Grad 1 mit $g(\sqrt{p}) = 0$ gibt. Dann muss aber $\sqrt{p} = -b/a \in \mathbb{Q}$ gelten, was einen Widerspruch darstellt. Somit haben wir gezeigt, dass $\sqrt{p}$ algebraisch vom Grad 2 ist.

Aufgabe 4.12. Wir überlassen es dem Leser, nach dem Muster der Liouvilleschen Zahl weitere transzendente Zahlen zu finden.

Aufgabe 5.8. Die Berechnung noch besserer Approximationen von e nach diesem Muster überlassen wir dem Leser.

Lösungen zu den Aufgaben zu Kapitel VI

Aufgabe 1.6. Beispielsweise hat das Polynom $X^2 + 1 \in \mathbb{H}[X]$ vom Grad 2 die Nullstellen $\pm i, \pm j, \pm k$ und jedes weitere rein-imaginäre Quaternion $\alpha_2 i + \alpha_3 j + \alpha_4 k \in \mathrm{Im}(\mathbb{H})$, das der Bedingung $\alpha_2^2 + \alpha_3^2 + \alpha_4^2 = 1$ genügt.

Aufgabe 1.7. Es ist klar, dass $\mathbb{R} \subseteq Z(\mathbb{H})$ gilt. Wir haben also $Z(\mathbb{H}) \subseteq \mathbb{R}$ zu zeigen. Dazu sei $\alpha = \alpha_1 + \alpha_2 i + \alpha_3 j + \alpha_4 k \in Z(\mathbb{H})$. Für jedes $\beta = \beta_1 + \beta_2 i + \beta_3 j + \beta_4 k \in \mathbb{H}$ gilt somit $\alpha \cdot \beta = \beta \cdot \alpha$. Wegen

$$\begin{aligned}\alpha \cdot \beta = {}& (\alpha_1\beta_1 - \alpha_2\beta_2 - \alpha_3\beta_3 - \alpha_4\beta_4) + (\alpha_1\beta_2 + \alpha_2\beta_1 + \alpha_3\beta_4 - \alpha_4\beta_3)i \\ & + (\alpha_1\beta_3 - \alpha_2\beta_4 + \alpha_3\beta_1 + \alpha_4\beta_2)j + (\alpha_1\beta_4 + \alpha_2\beta_3 - \alpha_3\beta_2 + \alpha_4\beta_1)k\end{aligned}$$

und

$$\begin{aligned}\beta \cdot \alpha = {}& (\beta_1\alpha_1 - \beta_2\alpha_2 - \beta_3\alpha_3 - \beta_4\alpha_4) + (\beta_1\alpha_2 + \beta_2\alpha_1 + \beta_3\alpha_4 - \beta_4\alpha_3)i \\ & + (\beta_1\alpha_3 - \beta_2\alpha_4 + \beta_3\alpha_1 + \beta_4\alpha_2)j + (\beta_1\alpha_4 + \beta_2\alpha_3 - \beta_3\alpha_2 + \beta_4\alpha_1)k\end{aligned}$$

gilt aber

$$\begin{aligned}\alpha \cdot \beta = \beta \cdot \alpha \quad &\Longleftrightarrow \quad 2(\alpha_3\beta_4 - \alpha_4\beta_3)i + 2(-\alpha_2\beta_4 + \alpha_4\beta_2)j + 2(\alpha_2\beta_3 - \alpha_3\beta_2)k = 0 \\ &\Longleftrightarrow \quad \alpha_3\beta_4 = \alpha_4\beta_3 \wedge \alpha_4\beta_2 = \alpha_2\beta_4 \wedge \alpha_2\beta_3 = \alpha_3\beta_2.\end{aligned}$$

Ist $\alpha_2 \neq 0$, so folgt aus der dritten Gleichung die Relation $\beta_3 = (\alpha_3\alpha_2^{-1}) \cdot \beta_2$ für jedes beliebige $\beta \in \mathbb{H}$. Dies stellt einen Widerspruch dar und somit muss $\alpha_2 = 0$ gelten. In gleicher Weise zeigt man, dass auch $\alpha_3 = 0$ und $\alpha_4 = 0$ gelten muss. Insgesamt folgt also $\alpha = \alpha_1 \in \mathbb{R}$. Dies beweist die Inklusion $Z(\mathbb{H}) \subseteq \mathbb{R}$.

Aufgabe 1.14.   (a) Zunächst stellen wir für ein Quaternion $\alpha = \alpha_1 + \alpha_2 i + \alpha_3 j + \alpha_4 k$ durch direkte Rechnung fest, dass

$$\alpha^2 = (\alpha_1^2 - \alpha_2^2 - \alpha_3^2 - \alpha_4^2) + 2\alpha_1\alpha_2 i + 2\alpha_1\alpha_3 j + 2\alpha_1\alpha_4 k$$
$$= -(\alpha_1^2 + \alpha_2^2 + \alpha_3^2 + \alpha_4^2) + 2\alpha_1\alpha \tag{6}$$

gilt. Daraus erkennen wir für $\alpha \in \mathrm{Im}(\mathbb{H})$ sofort, dass $\alpha^2 \in \mathbb{R}$ gilt; die Bedingung $\alpha \notin \mathbb{R} \setminus \{0\}$ ist dabei klar. Gilt umgekehrt $\alpha^2 \in \mathbb{R}$ und $\alpha \neq 0$, so folgt aus (6), dass $\alpha_1 = 0$ und damit $\alpha \in \mathrm{Im}(\mathbb{H})$ ist; für $\alpha = 0$ gilt ebenso $\alpha \in \mathrm{Im}(\mathbb{H})$.

(b) Dies ergibt sich durch eine direkte Rechnung.

Aufgabe 1.15.   Es seien $\alpha = \mathrm{Im}(\alpha) \cdot i$ mit $\mathrm{Im}(\alpha) = (\alpha_2, \alpha_3, \alpha_4)$ und $\beta = \mathrm{Im}(\beta) \cdot i$ mit $\mathrm{Im}(\beta) = (\beta_2, \beta_3, \beta_4)$. Wir berechnen

$$\alpha \cdot \beta = (\alpha_2 i + \alpha_3 j + \alpha_4 k) \cdot (\beta_2 i + \beta_3 j + \beta_4 k)$$
$$= (-\alpha_2\beta_2 - \alpha_3\beta_3 - \alpha_4\beta_4) + (\alpha_3\beta_4 - \alpha_4\beta_3)i + (-\alpha_2\beta_4 + \alpha_4\beta_2)j + (\alpha_2\beta_3 - \alpha_3\beta_2)k$$
$$= -\langle \mathrm{Im}(\alpha)^t, \mathrm{Im}(\beta)^t \rangle + (\mathrm{Im}(\alpha)^t \times \mathrm{Im}(\beta)^t) \cdot i,$$

was die Behauptung beweist.

Aufgabe 1.18.   Es seien $\alpha, \beta \in \mathbb{H}$. Wir berechnen

$$2 \cdot \langle \overline{\alpha}, \beta \rangle = 2 \cdot \mathrm{Re}(\overline{\alpha} \cdot \overline{\beta}) = \overline{\alpha} \cdot \overline{\beta} + \overline{\overline{\alpha} \cdot \overline{\beta}} = \overline{\alpha} \cdot \overline{\beta} + \beta \cdot \alpha.$$

Multiplikation dieser Gleichheit von rechts mit β ergibt

$$2 \cdot \langle \overline{\alpha}, \beta \rangle \cdot \beta = \overline{\alpha} \cdot \overline{\beta} \cdot \beta + \beta \cdot \alpha \cdot \beta,$$

was wegen $\overline{\beta} \cdot \beta = \langle \beta, \beta \rangle \in \mathbb{R}$ die Behauptung beweist.

Aufgabe 1.19.   (a) Die Gleichheit $\overline{\alpha \cdot \beta} = \overline{\beta} \cdot \overline{\alpha}$ verifiziert man durch eine direkte Rechnung.

(b) Mit Hilfe von Teilaufgabe (a) ergibt sich

$$|\alpha \cdot \beta|^2 = (\alpha \cdot \beta) \cdot \overline{\alpha \cdot \beta} = \alpha \cdot (\beta \cdot \overline{\beta}) \cdot \overline{\alpha} = |\beta|^2 \cdot (\alpha \cdot \overline{\alpha}) = |\beta|^2 \cdot |\alpha|^2 = |\alpha|^2 \cdot |\beta|^2,$$

was die Behauptung beweist.

(c) Es seien $\alpha_1, \alpha_2, \alpha_3, \alpha_4, \beta_1, \beta_2, \beta_3, \beta_4 \in \mathbb{N}$. Mit Hilfe der Produktregel aus Teilaufgabe (a) folgt

$$(\alpha_1^2 + \alpha_2^2 + \alpha_3^2 + \alpha_4^2) \cdot (\beta_1^2 + \beta_2^2 + \beta_3^2 + \beta_4^2)$$
$$= (\alpha_1\beta_1 - \alpha_2\beta_2 - \alpha_3\beta_3 - \alpha_4\beta_4)^2 + (\alpha_1\beta_2 + \alpha_2\beta_1 + \alpha_3\beta_4 - \alpha_4\beta_3)^2$$
$$+ (\alpha_1\beta_3 + \alpha_3\beta_1 + \alpha_4\beta_2 - \alpha_2\beta_4)^2 + (\alpha_1\beta_4 + \alpha_4\beta_1 + \alpha_2\beta_3 - \alpha_3\beta_2)^2.$$

Dies impliziert die Behauptung.

Aufgabe 1.21.   Die Vervollständigung des Beweises von Satz 1.20 überlassen wir dem Leser.

Aufgabe 1.25.   Die Verifikation der Aussagen dieser Beispiele überlassen wir dem Leser.

Aufgabe 1.27. Den Beweis dieser Aufgabe überlassen wir dem Leser.

Aufgabe 2.3. Die Aussage der Bemerkung 2.2 ergibt sich sofort mit Hilfe der Produktregel aus Aufgabe 1.19 (b).

Aufgabe 2.5. Es sei $A \in M_2(\mathbb{C})$ eine beliebige invertierbare Matrix. Man überzeugt sich, dass die Abbildung $f \colon (\mathbb{H}, +, \cdot) \longrightarrow (M_2(\mathbb{C}), +, \cdot)$, gegeben durch

$$\alpha = \alpha_1 + \alpha_2 i + \alpha_3 j + \alpha_4 k \mapsto A \cdot \begin{pmatrix} \alpha_1 + \alpha_2 i & \alpha_3 + \alpha_4 i \\ -\alpha_3 + \alpha_4 i & \alpha_1 - \alpha_2 i \end{pmatrix} \cdot A^{-1},$$

ein injektiver Ringhomomorphismus ist. Insbesondere induziert f die Isomorphie $\mathbb{H} \cong \mathrm{im}(f)$, d. h. $\mathbb{H}$ ist isomorph zu dem Unterring $\mathrm{im}(f)$ von $M_2(\mathbb{C})$.

Aufgabe 2.6. Wir zeigen, dass f eine $\mathbb{R}$-lineare Abbildung ist. Es seien $\alpha = \alpha_1 + \alpha_2 i + \alpha_3 j + \alpha_4 k \in \mathbb{H}$ und $\beta = \beta_1 + \beta_2 i + \beta_3 j + \beta_4 k \in \mathbb{H}$. Für beliebige $\mu, \nu \in \mathbb{R}$ gilt

$$\begin{aligned}
f(\mu\alpha + \nu\beta) &= f((\mu\alpha_1 + \nu\beta_1) + (\mu\alpha_2 + \nu\beta_2)i + (\mu\alpha_3 + \nu\beta_3)j + (\mu\alpha_4 + \nu\beta_4)k) \\
&= \begin{pmatrix} (\mu\alpha_1 + \nu\beta_1) + (\mu\alpha_2 + \nu\beta_2)i & (\mu\alpha_3 + \nu\beta_3) + (\mu\alpha_4 + \nu\beta_4)i \\ -(\mu\alpha_3 + \nu\beta_3) + (\mu\alpha_4 + \nu\beta_4)i & (\mu\alpha_1 + \nu\beta_1) - (\mu\alpha_2 + \nu\beta_2)i \end{pmatrix} \\
&= \mu \begin{pmatrix} \alpha_1 + \alpha_2 i & \alpha_3 + \alpha_4 i \\ -\alpha_3 + \alpha_4 i & \alpha_1 - \alpha_2 i \end{pmatrix} + \nu \begin{pmatrix} \beta_1 + \beta_2 i & \beta_3 + \beta_4 i \\ -\beta_3 + \beta_4 i & \beta_1 - \beta_2 i \end{pmatrix} \\
&= \mu f(\alpha) + \nu f(\beta),
\end{aligned}$$

d. h. f ist $\mathbb{R}$-linear. Die Verifikation der übrigen Aussagen überlassen wir dem Leser.

Aufgabe 2.9. Den Beweis dieser Aufgabe überlassen wir dem Leser.

Aufgabe 3.4. Den Beweis dieser Aufgabe überlassen wir dem Leser.

Aufgabe 3.6. Wir beweisen zuerst, dass jede $\mathbb{R}$-lineare Abbildung $v \mapsto A \cdot v$ ($v \in \mathbb{R}^3$) mit $A \in SO_3(\mathbb{R})$ eine orientierungserhaltende Drehung des $\mathbb{R}^3$ um eine durch den Koordinatenursprung verlaufende Achse ist. Hierfür beachten wir zunächst, dass für $A \in SO_3(\mathbb{R})$ wegen

$$\begin{aligned}
\det(A - E) &= 1 \cdot \det(A - E) = \det(A^t) \cdot \det(A - E) = \det(A^t \cdot (A - E)) \\
&= \det(E - A^t) = \det((E - A)^t) = \det(E - A) = (-1) \cdot \det(A - E)
\end{aligned}$$

die Gleichheit $\det(A - E) = 0$ gilt, was beweist, dass 1 ein Eigenwert von A ist. Es bezeichne nun a_1 einen (auf die Länge eins) normierten Eigenvektor von A zum Eigenwert 1. Wir werden sehen, dass die Abbildung $v \mapsto A \cdot v$ ($v \in \mathbb{R}^3$) eine Drehung um eine durch den Koordinatenursprung verlaufende Drehachse, welche durch a_1 bestimmt ist, beschreibt. Dazu ergänzen wir a_1 zu einer Orthonormalbasis des $\mathbb{R}^3$, indem wir einen weiteren (auf die Länge eins normierten) Einheitsvektor $a_2 \in \mathbb{R}^3$ wählen, der senkrecht auf a_1 steht und schließlich $a_3 := a_1 \times a_2$ setzen. Bezeichnet nun $S \in M_2(\mathbb{R})$ eine Matrix mit $S \cdot (1,0,0)^t = a_1$, $S \cdot (0,1,0)^t = a_2$ und $S \cdot (0,0,1)^t = a_3$, so muss $S \in SO_3(\mathbb{R})$ gelten. Weiter ergibt sich

$$S^{-1} \cdot A \cdot S \cdot (1,0,0)^t = S^{-1} \cdot A \cdot a_1 = S^{-1} \cdot a_1 = (1,0,0)^t,$$

was die Gleichheit

$$S^{-1} \cdot A \cdot S = \begin{pmatrix} 1 & 0 & 0 \\ 0 & \alpha & \beta \\ 0 & \gamma & \delta \end{pmatrix}$$

für gewisse $\alpha, \beta, \gamma, \delta \in \mathbb{R}$ impliziert. Da jedoch wegen $A, S \in SO_3(\mathbb{R})$ auch $S^{-1} \cdot A \cdot S \in SO_3(\mathbb{R})$ gilt, und somit

$$\begin{pmatrix} \alpha & \beta \\ \gamma & \delta \end{pmatrix} \in SO_2(\mathbb{R})$$

folgt, existiert ein eindeutig bestimmtes $\varphi \in [0, 2\pi)$ mit

$$S^{-1} \cdot A \cdot S = \begin{pmatrix} 1 & 0 & 0 \\ 0 & \cos(\varphi) & -\sin(\varphi) \\ 0 & \sin(\varphi) & \cos(\varphi) \end{pmatrix} =: D_\varphi.$$

Die Abbildung $v \mapsto D_\varphi \cdot v$ $(v \in \mathbb{R}^3)$ ist eine orientierungserhaltende Drehung in der x_2, x_3-Ebene vom Winkel φ um die x_1-Achse (im Gegenuhrzeigersinn, falls x_1 auf den Betrachter zeigt). Insgesamt haben wir somit gezeigt, dass die Abbildung $v \mapsto A \cdot v$ $(v \in \mathbb{R}^3)$ eine orientierungserhaltende Drehung in der a_2, a_3-Ebene vom Winkel φ um die a_1-Achse (im Gegenuhrzeigersinn, falls a_1 auf den Betrachter zeigt) ist.

Wir beschreiben jetzt umgekehrt eine beliebige orientierungserhaltende Drehung des $\mathbb{R}^3$ vom Drehwinkel $\varphi \in [0, 2\pi)$ um eine durch den Koordinatenursprung verlaufende Drehachse, welche durch den (auf die Länge eins normierten) Einheitsvektor $a_1 := (v_1, v_2, v_3)^t \in \mathbb{R}^3$ bestimmt ist. Dazu betrachten wir zunächst die Matrizen

$$D_1 := \begin{pmatrix} \frac{v_1}{\sqrt{v_1^2+v_3^2}} & 0 & \frac{v_3}{\sqrt{v_1^2+v_3^2}} \\ 0 & 1 & 0 \\ -\frac{v_3}{\sqrt{v_1^2+v_3^2}} & 0 & \frac{v_1}{\sqrt{v_1^2+v_3^2}} \end{pmatrix}, \ D_2 := \begin{pmatrix} \sqrt{v_1^2+v_3^2} & v_2 & 0 \\ -v_2 & \sqrt{v_1^2+v_3^2} & 0 \\ 0 & 0 & 1 \end{pmatrix} \in SO_3(\mathbb{R}).$$

Wenden wir im ersten Schritt D_1 auf a_1 an, so drehen wir a_1 derart um die x_2-Achse, dass $D_1 \cdot a_1$ in der x_1, x_2-Ebene liegt; wenden wir im zweiten Schritt D_2 auf $D_1 \cdot a_1$ an, so drehen wir $D_1 \cdot a_1$ um die x_3-Achse, so dass schließlich $D_2 \cdot D_1 \cdot a_1$ parallel zur x_1-Achse ist. Insgesamt lässt sich die betrachtete orientierungserhaltende Drehung somit durch die Abbildung $v \mapsto A \cdot v$ $(v \in \mathbb{R}^3)$ mit $A := D_1^{-1} \cdot D_2^{-1} \cdot D_\varphi \cdot D_2 \cdot D_1$ beschreiben. Durch Ausmultiplizieren ergibt sich

$$A = \begin{pmatrix} v_1^2\mu + \cos(\varphi) & v_1v_2\mu - v_3\sin(\varphi) & v_1v_3\mu + v_2\sin(\varphi) \\ v_1v_2\mu + v_3\sin(\varphi) & v_2^2\mu + \cos(\varphi) & v_2v_3\mu - v_1\sin(\varphi) \\ v_1v_3\mu - v_2\sin(\varphi) & v_2v_3\mu + v_1\sin(\varphi) & v_3^2\mu + \cos(\varphi) \end{pmatrix},$$

wobei $\mu := 1 - \cos(\varphi)$ gesetzt wurde; dies lässt sich nun leicht in die Form

$$A = E + \sin(\varphi) \cdot N + (1 - \cos(\varphi)) \cdot N^2$$

mit

$$N := \begin{pmatrix} 0 & -v_3 & v_2 \\ v_3 & 0 & -v_1 \\ -v_2 & v_1 & 0 \end{pmatrix}$$

zerlegen, wie behauptet.

Ausgewählte Literatur

Die nachfolgend angegebene Literatur zur elementaren Zahlentheorie und zur Algebra dient zur Ergänzung der Ausführungen des vorliegenden Buches, sie führt teilweise allerdings deutlich weiter. Die mathematisch historischen Werke vermitteln einen Einblick in die geschichtliche Entwicklung der Algebra und Zahlentheorie. Die Literatur zum Zahl- und Ziffernbegriff hat kulturhistorische Bedeutung. Abschließend listen wir für den interessierten Leser eine Auswahl an Literatur zur Didaktik der Algebra und Zahlentheorie.

Literatur zur elementaren Zahlentheorie

[1] A. Bartholomé, H. Kern, J. Rung: *Zahlentheorie für Einsteiger.* Vieweg+Teubner Verlag, Wiesbaden, 7. Auflage, 2010.

[2] S. I. Borevich, I. R. Shafarevich: *Zahlentheorie.* Birkhäuser Verlag, Basel Stuttgart, 1966.

[3] P. Bundschuh: *Einführung in die Zahlentheorie.* Springer-Verlag, Berlin Heidelberg New York, 6. Auflage, 2008.

[4] G. Frey: *Elementare Zahlentheorie.* Vieweg+Teubner Verlag, Wiesbaden, 1984.

[5] G. H. Hardy, E. M. Wright: *An Introduction to the Theory of Numbers.* Oxford University Press, 6th edition, 2008.

[6] H. Hasse: *Vorlesungen über Zahlentheorie.* Springer-Verlag, Berlin Göttingen Heidelberg New York, 2. Auflage, 1964.

[7] S. Müller-Stach, J. Piontkowski: *Elementare und algebraische Zahlentheorie.* Vieweg+Teubner Verlag, Wiesbaden, 2. Auflage, 2011.

[8] R. Remmert, P. Ullrich: *Elementare Zahlentheorie.* Birkhäuser Verlag, Basel Boston Berlin, 3. Auflage, 2008.

[9] R. Schulze-Pillot: *Einführung in Algebra und Zahlentheorie.* Springer Spektrum, 3. Auflage, 2015.

[10] A. Weil: *Number Theory.* Birkhäuser Verlag, Boston Basel Stuttgart, 2nd edition, 1984.

[11] J. Wolfart: *Einführung in die Zahlentheorie und Algebra.* Vieweg+Teubner Verlag, Wiesbaden, 2. Auflage, 2011.

[12] J. Ziegenbalg: *Algorithmen von Hammurapi bis Gödel.* Springer Spektrum, 4. Auflage, 2016.

Literatur zur Algebra

[13] H.-W. Alten et al.: *4000 Jahre Algebra.* Springer Spektrum, 2. Auflage, 2014.

[14] M. Artin: *Algebra.* Birkhäuser Verlag, Basel Boston Berlin, 1998.

[15] J. Bewersdorff: *Algebra für Einsteiger.* Springer Spektrum, 5. Auflage, 2013.

[16] S. Bosch: *Algebra.* Springer-Verlag, Berlin Heidelberg New York, 7. Auflage, 2009.

[17] B. Hornfeck: *Algebra.* Walter de Gruyter Verlag, Berlin, 3. Auflage, 1976.

[18] N. Jacobson: *Lectures in Abstract Algebra.* Van Nostrand, Toronto, 1951.

[19] S. Lang: *Algebra.* Springer-Verlag, Berlin Heidelberg New York, 3. Auflage, 2002.

© Springer Fachmedien Wiesbaden GmbH, ein Teil von Springer Nature 2022
J. Kramer und A.-M. von Pippich, *Von den natürlichen Zahlen zu den Quaternionen*,
https://doi.org/10.1007/978-3-658-36621-6

[20] F. Lorenz, F. Lemmermeyer: *Algebra 1: Körper und Galoistheorie.* Springer Spektrum, 4. Auflage, 2007.

[21] J. Stillwell: *Elements of Algebra.* Springer-Verlag, Berlin Heidelberg New York, 1994.

[22] B. L. van der Waerden: *Moderne Algebra.* Band I. Springer-Verlag, Berlin Heidelberg New York, 8. Auflage, 1971.

[23] G. Wüstholz: *Algebra.* Springer Spektrum, 2. Auflage, 2013.

Literatur zum Mengen-, Zahl- und Ziffernbegriff

[24] H.-D. Ebbinghaus: *Einführung in die Mengenlehre.* Springer Spektrum, 5. Auflage, 2021.

[25] H.-D. Ebbinghaus et al.: *Zahlen.* Springer-Verlag, Berlin Heidelberg New York, 3. Auflage, 1992.

[26] H.-D. Ebbinghaus, J. Flum, W. Thomas: *Einführung in die mathematische Logik.* Springer Spektrum, 6. Auflage, 2018.

[27] G. Ifrah: *Universalgeschichte der Zahlen.* Campus-Verlag, Frankfurt, 2. Auflage, 1991.

[28] K. Menninger: *Zahlwort und Ziffer, eine Kulturgeschichte der Zahl.* Vandenhoeck & Ruprecht, Band 1 & 2, Göttingen, 3. Auflage, 1979.

[29] R. Taschner: *Der Zahlen gigantische Schatten.* Vieweg+Teubner Verlag, Wiesbaden, 2004.

Literatur zur Didaktik der Algebra und Zahlentheorie

[30] R. Bruder, L. Hefendehl-Hebeker, B. Schmidt-Thieme, H.-G. Weigand: *Handbuch der Mathematikdidaktik.* Springer Spektrum, 2015.

[31] A. Büchter, F. Padberg: *Einführung in die Arithmetik.* Springer Spektrum, 3. Auflage, 2019.

[32] T. Leuders: *Erlebnis Arithmetik.* Springer Spektrum, 2010.

[33] F. Padberg, R. Danckwerts, M. Stein: *Zahlbereiche.* Springer Spektrum, 1995.

[34] H.-J. Vollrath, H.-G. Weigand: *Algebra in der Sekundarstufe.* Springer Spektrum, 3. Auflage, 2007.

[35] H. Winter: *Entdeckendes Lernen im Mathematikunterricht.* Springer Spektrum, 3. Auflage, 2016.

Index

© Springer Fachmedien Wiesbaden GmbH, ein Teil von Springer Nature 2022
J. Kramer und A.-M. von Pippich, *Von den natürlichen Zahlen zu den Quaternionen*,
https://doi.org/10.1007/978-3-658-36621-6

Printed in the United States
by Baker & Taylor Publisher Services